JN235556

応用植物科学実験

監 修

大阪府立大学 教授　大阪府立大学 教授　大阪府立大学 教授
山口　裕文・堀内　昭作・森　源治郎

2000

東 京
株 式 会 社
養 賢 堂 発 行

編集委員・執筆者一覧

【編集委員（○印　編集委員長）】
　尾形　凡生　　　広渡　俊哉
　大門　弘幸　○山口　裕文
　土井　元章

【執筆者】（大阪府立大学大学院農学生命科学研究科）

阿部　一博	原田　二郎
池田　英男	平井　規央
石井　実	平井　宏昭
稲本　勝彦	広渡　俊哉
今堀　義洋	古川　一
上田　悦範	村井　淳
大江　真道	望岡　亮介[2]
大木　理	森　源治郎
太田　大策	森川　利信
尾形　凡生	保田　謙太郎
尾崎　武司	簗瀬　雅則
小田　雅行	矢野　昌裕[3]
塩崎　修志	山口　俊彦
大門　弘幸	山口　裕文
平　知明	山田　朋宏
田附　明夫[1]	
樽本　勲	1）現　茨城大学農学部
土井　元章	2）現　香川大学農学部
東條　元昭	3）農水省農業生物資源研究所
中山　祐一郎	

はじめに

　人口増加，国際化，環境問題，境界領域の発展など多様に変化する社会的要請に応じて農業や園芸にかかわる技術科学は新たな展開方向にあり，大学の教育においてもその内容が変化している．応用植物科学の技術が対象とする場も耕地や庭園などだけでなく都市や自然の場へ展開し，教育や学修の目標も固定的でなく多様に変化する社会的要請に迅速に対応できる内容が必要となっている．

　本書は，このような視点から農業や園芸産業を中核とした幅広い植物産業に貢献する人材の育成にあたって，調査や実験という体験的学修をとおして応用植物科学の基礎的理論や技術基盤の理解を深める目的で編纂したものである．内容は，4年制大学の2，3年生で行う実験の教科書として基本的に重要な項目を収録し，基礎的学問要素から応用技術の習得に関わる項目までを含んでいる．実験や調査の基礎，植物科学の基礎，開発・生産・保護・利用の技術に関する項目と，調査・実験の計画と結果のとりまとめに必要な統計的手法から構成されている．執筆は，大阪府立大学大学院農学生命科学研究科の教員がおもにあたっている．これまでの教育研究経験を通した執筆により，完成度の高いものとなっている．一部については用語や様式に統一を欠く感を抱くところもあるが，それぞれの領域における実験や調査の遂行やその基礎の理解にもっともよい構成を採用し，領域間の違いをあえて統一させなかったためである．

　大学のカリキュラムのなかでの限られた時間数では応用植物科学にかかわる実験項目をすべて遂行するのは不可能である．本書は，さらに学修を深めたいと志向する学生や大学院生にとって有用なガイドであると同時に，試験研究の場や職業教育，自然教育など多方面において活用できる内容となっている．同時に編纂された姉妹編「応用植物科学栽培実習マニュアル」とともに活用戴ければ幸いである．

2000年4月

　　　　　　　　　　　　　　　　　　編集委員長　大阪府立大学大学院教授　山口裕文

目　　次

第1章　応用植物科学実験の基礎……1
1.1 光学顕微鏡……1
基本構造と機能……1
使用方法……1
芯だし操作……2
油浸系対物レンズの使用方法……3
1.2 実体顕微鏡……3
実体顕微鏡による観察……3
1.3 顕微画像の解析……3
画像解析……3
コンピュータへの画像の取り込み……3
解析ソフトの使用……4
1.4 写真撮影……4
カメラの基本構造と機能……4
フィルムの種類と選び方……5
写真撮影の基本操作……6
1.5 植物試料の採取・調整および保存……7
植物試料の採取……7
植物試料の調整および保存……7
1.6 単位系と基本秤量……8
単位系……8
SI基本単位……9
基本秤量……9
1.7 汎用機器の使用法……10
容量の測定……10
器具の洗浄……11
可視光・紫外光吸収量の測定……11
遠心分離……12
1.8 高圧ガスの取り扱い方……12
1.9 化学薬品の取り扱いと廃液処理……13
化学薬品の取り扱い……13
化学物質の廃棄……15

第2章　植物の基本構造と機能……16
2.1 植物の基本構造と植物分類……16
イネ科植物の基本構造と分類……16
植物の学名の表記法……16
植物図鑑の採用と植物の同定……17
2.2 花の形態……18
花の基本構造……18
花式図と花式……19
花　序……19
花の形態観察の実際……20

2.3 果実の形態と機能……21
果実の形態観察……22
果実の生長の観察……23
2.4 球根の形態……23
球根の分類……23
球根類の観察の実際……27
2.5 根の形態と機能……27
2.6 茎と葉の構成……28
茎と葉の関係……29
葉の配列……29
イネ科植物の分枝……29
2.7 花粉の形態と発芽……30
花粉の形態観察……30
花粉の発芽の観察……32
2.8 形態調査の方法と顕微技術……33
永久標本（パラフィン切片）作製法……33
樹脂包埋切片の作製法……34

第3章　植物の分子生物学……37
3.1 タンパク質の分析……37
種子タンパク質のSDS－PAGE分析……37
アイソザイムの分析……39
3.2 DNA分析……40
DNAの抽出……40
サザンブロット法……42
プラスミドDNAの抽出……44
3.3 RNA分析……46
植物体からのRNA抽出……46
ノーザンブロット法……46
3.4 DNA塩基配列の決定……49
ダイデオキシ・シークエンス法の原理……50
3.5 大腸菌へのDNA導入（形質転換）……52
3.6 PCR法……53
PCRの原理と実際……53
RAPD法……54

第4章　植物の遺伝……56
4.1 染色体の観察……56
体細胞分裂……56
減数分裂……57
4.2 遺伝分析法……59
単因子遺伝……59
二因子遺伝……61

4.3　植物集団の遺伝……………… 63
　　　メンデル集団と遺伝的パラメーター… 63
　　　量的形質の分析……………………… 64
　　　遺伝的集団構造の評価……………… 64

第5章　植物の生理……………………… 66
　5.1　光合成機能の計測……………… 66
　　　クロロフィル含量の測定…………… 66
　　　光合成量の計測……………………… 66
　5.2　物質の転流と貯蔵……………… 67
　　　転流速度の定量的測定……………… 67
　　　師管液の成分分析…………………… 68
　5.3　呼吸量の測定…………………… 68
　　　ワールブルグ検圧計による呼吸量
　　　　（O_2消費速度）の測定……………… 69
　　　ガスクロマトグラフィーによる呼吸量
　　　　（CO_2排出速度）の測定……………… 69
　5.4　水分生理………………………… 70
　　　水ポテンシャル……………………… 70
　　　通導性………………………………… 71
　　　蒸散流………………………………… 72
　5.5　植物の栄養……………………… 72
　　　作物の養水分吸収特性に関する実験… 73
　　　要素の欠乏と過剰に関する実験…… 74
　　　全窒素の分析法……………………… 74
　5.6　植物ホルモンの分析…………… 78
　　　植物ホルモンの抽出と精製………… 78
　　　植物ホルモンの検出………………… 80
　5.7　酵素実験法……………………… 83
　　　分化，発育，老化にともなう
　　　　酵素活性の測定…………………… 83
　　　酵素の精製と性質…………………… 83
　5.8　植物の生長と発育……………… 84
　　　植物の運動…………………………… 84
　　　光質と茎の伸長……………………… 85
　　　芽の休眠とその制御………………… 87
　　　光周的花成誘導……………………… 88
　　　春化と脱春化………………………… 91
　　　有性生殖と単為生殖………………… 92
　　　離層形成と器官脱離………………… 93
　　　個体と器官の老化…………………… 94

第6章　育種の技術……………………… 96
　6.1　交配操作と稔性調査…………… 96
　　　自殖性作物の交配…………………… 96
　　　他殖性作物の交配…………………… 97
　　　稔性調査……………………………… 98

　6.2　遺伝資源の収集・評価・保存法…… 99
　　　植物遺伝資源………………………… 99
　　　特性評価法…………………………… 99
　　　保存法（系統維持）………………… 100
　6.3　交配計画と遺伝率……………… 101
　　　自殖性植物の遺伝分析……………… 101
　　　ダイアレル交配……………………… 101
　6.4　DNAマーカーと遺伝子マッピング
　　　………………………………………… 102
　　　DNAマーカーの検出と単一遺伝子の
　　　　マッピング………………………… 102
　　　量的形質遺伝子座（QTL）のマッピング… 103

第7章　開発生産の技術………………… 105
　7.1　植物組織培養の基礎…………… 105
　7.2　植物細胞工学…………………… 107
　　　プロトプラストの単離と培養……… 107
　　　形質転換植物の作出法……………… 107
　　　GUS活性の細胞組織学的検出法…… 108
　7.3　環境計測と環境制御…………… 109
　　　気象観測……………………………… 109
　　　コンピュータ利用による
　　　　施設環境計測制御法……………… 110
　　　生長解析法…………………………… 111
　7.4　収量調査………………………… 113
　　　水稲の収量調査……………………… 113

第8章　農業生態系の構造と生産性
　………………………………………………… 115
　8.1　作物の群落構造と物質生産…… 115
　　　層別刈り取りと相対照度の測定…… 115
　　　生産構造図の作成方法……………… 116
　8.2　土壌診断………………………… 116
　　　pHとECの測定……………………… 116
　　　全窒素および無機態窒素の測定…… 117
　8.3　農業生態系における窒素循環と
　　　　窒素固定…………………………… 118
　　　根粒菌の分離………………………… 118
　　　根粒着生の確認と窒素固定能の測定… 119
　　　アセチレン還元活性の測定………… 120
　8.4　大気汚染と植物の生育………… 121
　8.5　水質汚濁と植物の生育………… 123
　8.6　病害防除の基礎………………… 124
　　　病害防除と診断……………………… 124
　　　植物病害防除薬剤の生物検定……… 124
　8.7　雑草防除の基礎………………… 125
　　　雑草の生態…………………………… 126

除草剤抵抗性……………………………126
　　雑草の繁殖器官の取り扱い ……………126
　8.8 農業景観と生物多様性………………127
　　景観調査…………………………………127
　　群落における植物個体の分散構造……128
　　生物間相互作用の観察…………………129

第9章　収穫物の評価と品質管理
　　………………………………………………131
　9.1 収穫物の物理的・生理的変化………131
　　外観評価…………………………………131
　　物理的特性………………………………131
　　生理的特性………………………………132
　9.2 化学成分の変化………………………133
　　炭水化物の定量（デンプン，糖）……133
　　有機酸……………………………………136
　　タンパク質………………………………137
　　アミノ酸…………………………………137
　　ビタミン類………………………………137
　　色　素……………………………………138
　　フェノール物質…………………………139
　　ペクチン物質・細胞壁成分……………140
　9.3 官能検査法……………………………141
　9.4 貯蔵と品質管理………………………142
　　低温保蔵…………………………………142
　　ガス貯蔵（CA貯蔵，MA貯蔵）………142

第10章　植物と微生物
　………………………………………………144
　10.1 菌類病…………………………………144
　　菌類病の病徴観察と診断………………144
　　病原菌類の形態観察……………………145
　　病原菌類の接種と発病の観察…………147
　10.2 細菌病…………………………………148
　　細菌病の病徴観察と診断………………148
　　病原細菌の分離と同定…………………148
　10.3 ウイルス病……………………………148
　　ウイルス病の病徴観察と圃場診断……148
　　ウイルス感染植物材料の採集…………149
　　ウイルス粒子の電子顕微鏡観察………149
　　ウイルスの分離と接種…………………150
　　ウイルスの精製と定量…………………151
　　ウイルスの血清学的検出………………152
　　植物ウイルスの遺伝子診断……………154

第11章　植物と昆虫
　………………………………………………156
　11.1 昆虫の採集と標本作成………………156
　　昆虫の採集………………………………156
　　標本の作成………………………………156
　11.2 昆虫の形態……………………………157
　　昆虫の外部形態…………………………157
　　バッタ（直翅）目の外部形態…………158
　　チョウ（鱗翅）目の外部形態…………158
　　昆虫の内部形態…………………………159
　11.3 昆虫の分類と同定……………………161
　　昆虫の分類………………………………161
　　昆虫の同定………………………………161
　11.4 昆虫の行動……………………………162
　　寄主探索行動……………………………162
　　密度調節フェロモン……………………163
　11.5 昆虫の個体群・群集…………………164
　　区画法による密度・分布型の推定……164
　　標識再捕法による密度の推定…………165
　　こみあい効果……………………………166
　　昆虫による環境評価法…………………167

第12章　実験計画とデータの分析
　………………………………………………169
　12.1 サンプリングと実験配置……………169
　　乱数列を用いたサンプリングと実験配置…169
　12.2 データの要約と分布型………………170
　　データの種類……………………………170
　　データの要約……………………………170
　　分布型と適合度検定……………………171
　12.3 複データ群の比較：検定の方法……173
　　検定法の種類……………………………173
　　検定の考え方と手順……………………173
　　2群間の差の検定…………………………174
　　3つ以上の群間の差の検定………………175
　12.4 回帰分析と相関分析…………………178
　　回帰分析…………………………………178
　　相関分析…………………………………179
　12.5 実験計画法……………………………179
　　乱塊法による実験配置と分散分析……180
　　ラテン方格法による実験配置と分散分析…180
　　要因実験…………………………………181

引用・参考文献………………………………183
索　引…………………………………………187

第 1 章　応用植物科学実験の基礎

1.1 光学顕微鏡

　微生物や植物組織の構造を調べるためには，光学（生物）顕微鏡による観察が欠かせない．ここでは，光学顕微鏡を使うための基礎的知識と操作について述べる．

基本構造と機能

　主要部の名称を図1.1に示す．顕微鏡は2組の凸レンズと鏡筒から構成されている．試料側のレンズを対物レンズ，目でのぞくレンズを接眼レンズと呼ぶ．図1.2のように，対物レンズのわずか手前のABの位置に試料を置くと，対物レンズによって拡大された空間倒立像が A_1B_1 につくられる．この像を接眼レンズで拡大し虚像 A_2B_2 をつくる．このようにしてできた拡大像 A_2B_2 をわれわれは肉眼で観察している．倍率は対物レンズと接眼レンズのそれぞれの単独倍率の積で表される．

　標本の細部を識別できる限度を顕微鏡の分解能といい，分解能は主として対物レンズの性能によって左右される．顕微鏡の分解能は，2個の点（線）を識別できる最小の間隔（μm）で表す．対物レンズの分解能はそのレンズの開口数（NA）とそのときの光の波長λによってきまり，

　　分解能＝$\lambda / (2NA)$

で示される．したがって，光の波長の短いときの方が分解能は良く，同じ波長であれば開口数の大きいレンズほど分解能が高い．対物レンズの開口数は最大1.4程度である．仮に546 nmの単色光で観察すると，最小の識別距離は，

　　$546 / (2 \times 1.4) \fallingdotseq 0.2\ \mu m$

つまり，0.2 μm 程度が光学顕微鏡の分解能の限界となる．開口数は，対物レンズの鏡胴に倍率とともにやや小さい数字で示されている．0.25とか0.65という数字がそれである．

　対物レンズの性能を十分発揮させるためには，この他にコンデンサが必要である．コンデンサには集光器としての役割のほか，対物レンズの開口数をコントロールする役割がある．コンデンサは普通，一杯に上げた状態で使用する．通常，70〜80％に絞ると，適度なコントラストで良好な像が得られる．絞ると，コントラストは高くなるが，分解能は低下する．無染色の標本を観察するときには，コンデンサを下げてゆくと，コンデンサを絞った時のようにコントラストがはっきりしてくる．この方法だと，コンデンサを絞るよりもコントラストの変化が急速でなく，明るさの変化が少ない．

使用方法

　顕微鏡の使用にあたっては，目の健康を損なわない，いかにして適性な像と最大限の性能を引き出すか，光学系や機械系の損傷を防ぐという3点が重要である．観察手順を要約すると，
1) 顕微鏡のスタンドとベースを持ってケースから顕微鏡を取り出し，机の上に置く．なるべく机に

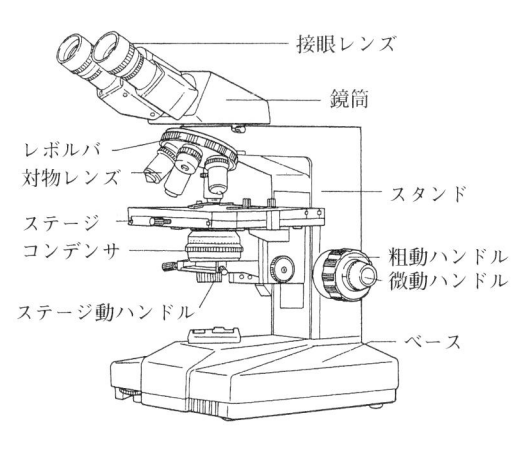

図1.1　光学顕微鏡の主要部の名称

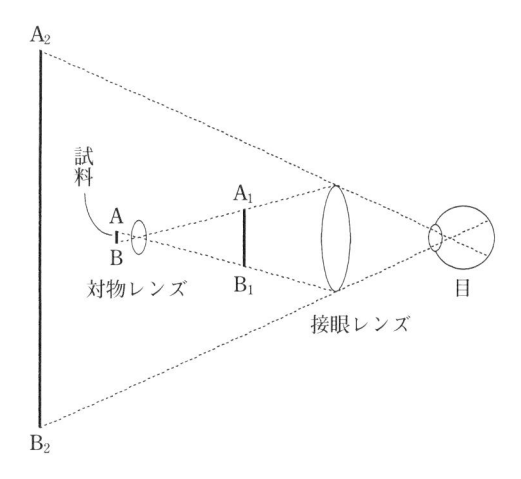

図1.2　光学顕微鏡のしくみ

近く腰掛ける．
2) メインスイッチを ON にし，調光ダイアルを適度な明るさに設定する．
3) レボルバを回して，10倍の対物レンズに光路を入れる．レボルバはカチッとクリックが入るまで回す．
4) ステージにプレパラートを置く．
5) ステージ動ハンドルを回し，標本が光路に入るように移動させる．
6) 右目で右側の接眼レンズを覗きながら粗動ハンドルを回してピントを合わせる．だいたいのピントが合ったら，微動ハンドルで微調整する．
7) 左目で左側の接眼レンズを覗きながら視野調整環のみを回し，ピントを合わせる．
8) 眼幅を調整する．
9) コンデンサの絞りと高さを調整し，標本に適した像質になるようにする．
10) 使用する対物レンズに切り替えて観察に適した光量に再調整し，ピントを合わせる．
11) 使用後は調光ダイアルで光量を最小にしてからメインスイッチを OFF にする．

芯だし操作

視野の中央に光軸がくるように調整する操作である．光のむらを防ぐため，写真撮影の前には必ず行う．
1) コンデンサを上限まで上げる．
2) 10倍の対物レンズで標本にピントを合わせる．
3) 光源の視野絞りを最小に絞る．
4) コンデンサの上下ハンドルを回して，絞りの像が視野内にはっきりみえるようにする．
5) コンデンサ芯だしつまみ（コンデンサの下部に2個ついている）を回して，視野の中心に絞りの像を移動させる．

顕微鏡による長さの測定（ミクロメーターの使用法）

標本の大きさを測定するためには対物ミクロメーターと接眼ミクロメーターが必要である．計測する前に，まず接眼ミクロメーターの1目盛が何 μm に相当するかを対物ミクロメーターの目盛を規準にして計算しておく必要がある．

まず，接眼レンズに接眼ミクロメーターを入れる．次に対物ミクロメーターをステージにのせ，対物，接眼両ミクロメーターの目盛が重なり合う位置で厳密に焦点を合わせる．次に，接眼ミクロメーターの目盛の1目盛が対物ミクロメーターの何目盛に相当するかを調べる．目盛の対比はなるべく長い距離について行う方がよい．図1.3で両者の目盛が完全に一致するのは a と b のところである．a，b 間に接眼ミクロメーターは x 目盛，対物ミクロメーターは y 目盛であるとする．対物ミクロメーターの1目盛が 0.01 mm（＝ 10 μm）であるので，接眼ミクロメーターの1目盛（μm）＝ $10 \cdot y/x$ となる．図1.3の例では，x ＝ 14，y ＝ 15 なので，接眼ミクロメーターの1目盛（μm）＝ $10 \cdot 15/14 \fallingdotseq 10.7$ となる．次に，対物ミクロメーターを外して試料をのせ，その試料が接眼ミクロメーターの何目盛に相当するかを調べる．試料の計測部位が5目盛分の長さであったとすると，$10.7\ \mu m \times 5 = 53.5\ \mu m$ がその長さとなる．

（東條元昭）

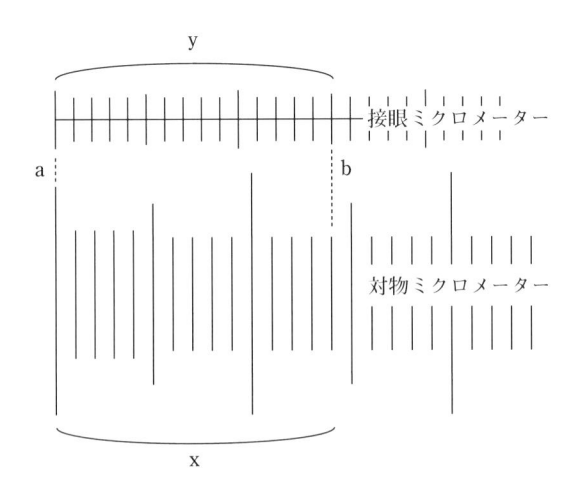

図1.3 接眼ミクロメーターと対物ミクロメーターの対比

6) 視野絞りを少しずつ開き，絞りの像を視野に内接させる．以上の操作で視野絞り（コンデンサ）の芯がでたことになる．
7) 実際の観察や写真撮影は，視野絞りを視野に外接する状態で行う．

油浸系対物レンズの使用方法

　プレパラートと対物レンズの間にイマージョンオイル immersion oil を滴下して観察する方法を油浸系 oil immersion system または液浸系 immersion system と呼ぶ．イマージョンオイルはガラスとほぼ同じ屈折率をもつため，プレパラートを通った光線が外側に屈折することがなく対物レンズに達する．このため，油浸系での観察はイマージョンオイルを用いない観察（乾燥系 dry system）に比べて良好な像質が得られる．側面に Oil 表示のある対物レンズは油浸系で使用することができる．40倍以下の低倍率の対物レンズは乾燥系が多く，100倍の対物レンズはほとんどが油浸系である．油浸系による観察は以下の手順で行う．

1) 低倍率の乾燥系対物レンズで標本にピントを合わせる．
2) 油浸系対物レンズに付属のイマージョンオイルを，標本の観察部位上に滴下する．
3) レボルバを回して油浸系対物レンズを光路に入れ，微動ハンドルでピントを合わせる．この時，オイルに気泡が入らないようにする．気泡の有無は，接眼レンズを取り外して視野絞りと開口絞りを全開にし，鏡筒部内の対物レンズの瞳をみることによって確認できる．気泡の除去は，レボルバを回して対物レンズを往復させたり，オイルをさらに加えたりすることによって行う．
4) 観察後は，レンズの先端に付着しているイマージョンオイルをエーテルとエタノール7：3の混合液，またはキシレンを極少量ガーゼに含ませて丁寧に拭き取る．

　　　　　　　　　　　　　　　　　（東條元昭）

1.2 実体顕微鏡

実体顕微鏡による観察

　基本構造と機能：構造は基本的に生物顕微鏡と同じであるが，生物顕微鏡が試料の倒立像を観察するのに対して，実体顕微鏡では光路内にプリズムが挿入され正立像を観察できること，試料を立体的に観察できることが特徴である．また，作動距離が長いため，検鏡しながら解剖などの作業ができる．通常10〜80倍程度の拡大率をもつものが一般的であるが，10倍以下から100倍以上の倍率までズーム式に連続して倍率変化できるものや，接眼レンズと対物レンズの交換により500倍を越える高倍率が得られるものがある．

　実体顕微鏡は，植物の茎頂部（頂端分裂組織，葉原基，花芽），種子，芽，茎，葉，根などの形態，昆虫の外部形態や解剖をともなう内部形態の観察などに用いる．

　使用方法：実体顕微鏡で試料を観察する場合には，落射照明が必要となる．透明度の高い試料では，架台を使って生物顕微鏡と同様に透明照明で観察する．一般的な検鏡の手順を以下に記す．

1) 試料を載物板の上に載せる．
2) 双眼鏡筒の視度補正環を標準の位置に合わせる．
3) 両視野が一つの円になるように目幅を調節する．
4) 照準ハンドルを操作してピントを合わせる．
5) 視度補正環を操作して，左右別々にピント合わせをする．

　注意事項：照明装置のトランススイッチのオン・オフは，目盛りを最小にした状態で行う．顕微鏡移送中に載物板（試料を載せる円形の板）が落下しないようにする．

　　　　　　　　　　　　　　　　　（広渡俊哉）

1.3 顕微画像の解析

画像解析

　顕微鏡で観察した試料の画像は，スキャナやビデオカメラを介しパーソナルコンピュータに取り込んで画像解析できる．画像解析ソフトを用いることによって，対象部位の面積，周囲の長さなどの形状特性を測定できる．パーソナルコンピュータ，画像取り込み装置，画像解析ソフトが必要である．以下にそれらを用いた一般的な方法を示す．

コンピュータへの画像の取り込み

　スキャナ：カメラで撮影した写真をフラットベッドスキャナでコンピュータに取り込むのがもっとも簡単である．スライドフィルムやネガフィルムから直接画像を取り込めるフィルムスキャナも市販されている．

　デジタルカメラ：顕微鏡の鏡筒にデジタルカメラ（CCDカメラ）を取り付けて，その画像を直接コンピュータに取り込む．検鏡と同時に観察画像のコンピュータへの取り込みができるため，時間のロスが少なくなる．

> **顕微鏡写真**
>
> 　顕微鏡撮影用のカメラとしては，通常のカメラと同様に，35mmカメラ，インスタントカメラ，CCDビデオカメラ，デジタルカメラなどがある．プリントの方法はカメラの違いによってさまざまで，印画紙現像，ビデオプリンタ，レーザープリンタなどを用いる方法がある．
>
> 　通常の顕微鏡写真撮影装置には，自動測光システムが装備されているので，写真撮影は比較的簡単である．しかし，試料が小さく背景が明るい場合には，適正露出が得られないことがあり，露出補正が必要となるが，背景を暗くすれば問題は解決する．デジタルカメラには，被写体に合わせた露出補正機能や明るさを一定に保つ機能を備えたものもある．また，立体的なものを撮影することの多い実体顕微鏡の写真撮影の場合，絞り値を大きくすれば，被写界深度が上がるので，より立体的な対象の撮影では絞り値にも注意する．
>
> 〈広渡俊哉〉

　フォトCD：カメラで撮影した画像をCD-ROMに焼き付ける方法がある．CD-ROMドライブを介してCD-ROMの画像をコンピュータに取り込む．

　いずれの場合でも，画像中に長さのスタンダードとなるものを一緒に撮影しておくとよい．また，コンピュータに取り込んだ画像は，汎用性の高い画像ファイル形式（PICT, TIFFなど）で保存する．

解析ソフトの使用

　画像解析ソフトには市販のソフトの他にもネットワークを通じて入手できるオンラインソフトもある．ここでは広く普及しているフリーウェアの画像解析ソフトNIH Image（Mac系用）を用いた面積と長さの測定例を説明する．

　まず解析ソフトNIH Imageを起動し，「File」メニューから「Open」を選択して，画像解析の対象となる画像ファイルを開く．

　面積測定：1) 面積の測定は画面上の黒ピクセル（画素）の計数によって行われるので，カラー写真あるいは階調のある白黒写真は単純な白黒2色へ変更（白黒2値化処理）する．この作業は「Option」メニューから「Threshold」を選択して行う．
2) 測定対象のアウトラインに毛羽立ちが目立つときには，「Binary」メニューから「Erode」を選択して毛羽立ちを押さえる．
3) 「Tools」の距離計をクリックし，画像の中の長さ既知のスタンダードをなぞる．この状態で距離計をダブルクリックすると，スケール入力のダイアログが表示され，なぞったスタンダードのピクセル数が表示される．このダイアログ内の「Unit」で測定単位を設定し，「Known Distance」にスタンダードの実際の長さを入力すると，画像内におけるピクセル数と長さの関係が表示される．
4) 「Analyze」メニューから「Option」を選択して測定項目選択のダイアログを表示させ，自分の必要とする測定項目のチェックボックスをチェックする．
5) 「Analyze」メニューから「Measure」を選択して実行すると測定結果が表示される．

　長さの測定：長さの測定は画面上のピクセル数をカウントすることによって行われるので，太さを無視できるように測定に先だって細線化を行う．この作業は「Process」メニューから「Binary-Skeltonize」を選択して行う．以後の作業は面積測定の3以下と同様であるが，長さを求める場合には「Analyze」メニューから「Option」を選択して「Perimeter/Length」のボックスをチェックする．

〈大江真道〉

1.4　写真撮影

　観察結果を忠実に残す記録媒体として，またその記録からさまざまな解析を行う中間媒体として，写真は生物実験には欠かせないものである．カメラのオート化やデジタル化によって，カメラの基本構造と撮影原理を知らなくてもそれなりの写真撮影ができるが，被写体の色や形をより忠実に撮影するには，カメラやフィルムに関する最低限の知識が必要である．ここでは，35ミリ一眼レフカメラを例に写真撮影の基本を述べる．

カメラの基本構造と機能

　カメラは，レンズ，シャッター，絞り，フィルム保持機構をもつ本体とファインダーからなっている（図1.4）．35ミリ一眼レフカメラは，35ミリ（通常24×35 mm）フィルムを使用し，目的に応じてレンズをかえることができる．

　ピント：一眼レフカメラでは，レンズの映像が45度の角度に設置されたミラーによってフィルム面と直角の焦点板上に投影されるので，これをファインダーからのぞくことによってピントをあわせる（focusing）．この操作を自動化した自動ピントあわせauto-focusing（AF）機構をもつ機種も多い．

　測光と自動露出機構：一眼レフカメラでは，レン

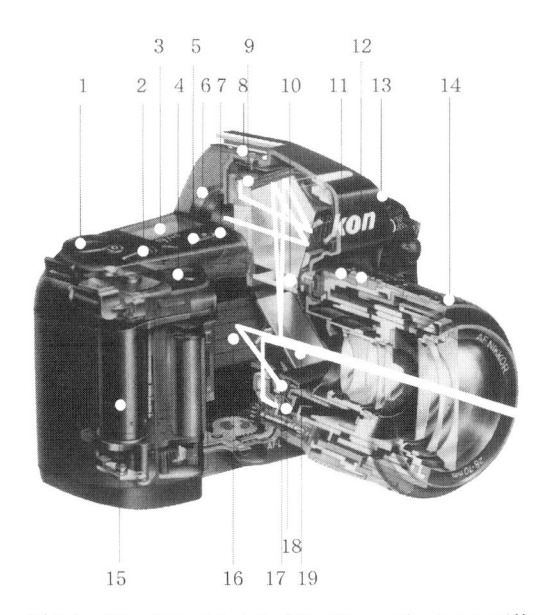

図1.4 AF一眼レフカメラ（28～70mmズームレンズ装着ニコンF90X）の構造
（ニコンカタログ（1997）より転写，一部改変）
1：コマンドダイアル，2：電源スイッチ，3：液晶表示パネル，4：シャッターボタン，5：露出補正・リセットボタン，6：ファインダー接眼窓，7：フィルム巻き戻しボタン，8：アクセサリーシュー，9：測光センサー，10：焦点板，11：絞り設定リング，12：ズームリング，13：フィルム感度・巻き戻し，フィルム給送，シンクロモード，露出モード各ボタン，14：ピント合わせリング，15：フィルム巻き上げドラム，16：シャッター，17：TTL自動調光センサー，18：AFセンサー，19：ミラー．
白線は光路を示す．

ズを透過しフィルムに照射される光そのものの明るさを測光している（TTL測光 photometering through the lens）．刻々と明るさが変化する被写体の撮影やフラッシュ撮影に対応するために，露出時にフィルム面から反射する光を測光して，適正露出を与えるように調光するダイレクト測光方式をとるものが多い．

　露出測定に基づいて，絞りとシャッタースピードの両者を撮影者が設定する場合がマニュアル露出モードである．これに対し，使用するフィルム感度（ISO値）を設定すれば，被写体の明るさに応じて絞り値やシャッタースピードが自動的に調節される機構を自動露出 auto exposure（AE）と呼び，絞り優先，シャッタースピード優先の他，両者を連動させて組み合わせを自動的に選択するプログラム機構を備えたものが開発されている．

　レンズ：カメラのレンズは，何枚かの凹凸レンズが組み合わされて全体としては凸レンズになるように設計されている．焦点距離（焦点を無限遠にあわせたときのレンズの中心から焦点面までの距離）が固定されたレンズと，一定範囲内で焦点距離を変化できるズームレンズがある．35ミリのフィルムを用いる場合，人間の視野に近い画角（50度前後）をもつ焦点距離（F）が45～58 mmのレンズを標準レンズといい，これよりも焦点距離の短いものを広角レンズ（画角60度以上），長いものを望遠レンズ（画角40度以下）という．

　レンズの明るさは，重要なレンズの特性値の一つであり，レンズの口径を1として焦点距離との比率で1：1.4のように表示する．この右側の数値（解放F値）が小さいほど明るいレンズである．絞りは，解放F値から1.4，2.8，4，5.6，8，11，16，22，32のように一つ絞るごとに像の明るさが半減するように目盛られている．

　絞りとシャッター：ピントあわせの後，シャッターボタンを押すと，まずミラーがはね上がり，解放状態の絞りが所定の位置まで絞られてシャッターが下り，映像がフィルム面に投影される．

　一眼レフカメラの絞りは，フィルム面に作用する光の量を調節すると同時に，被写界深度や焦点深度を調節する機能をもっている．被写界深度とは，ある点にピントを合わせた場合，被写体側で距離的に前後して鮮鋭と認められる許容範囲をさし，一方焦点深度とは焦点面（フィルム面）側でシャープに写すことのできる範囲（フィルム面の位置）をさす．

　シャッターは，フィルムに適当な時間だけ光を作用させるための開閉装置である．なお，マニュアル時のシャッタースピード目盛りは，1，1/2，1/4，1/8，1/15，1/30，1/60，1/125，1/250，1/500，1/1000のように1目盛りごとに露光時間が倍あるいは1/2となるよう目盛られており，露光量に関して絞り1目盛りと対応している．

フィルムの種類と選び方

　白黒フィルム：市販されている白黒フィルムは，反転用フィルムを除きすべてネガフィルムで，ISO 32～400のものが一般撮影用である．フィルムの感光度と乳剤の粒状性は相反するので，ISO値が大きくなれば画像は粗くなる一方，暗い場所での撮影が可能となる．

　カラーフィルム：カラーフィルムの構造は，図1.5に示すとおり，フィルムベース上に何層もの乳剤が塗布されており，このうち上層から青紫感乳剤層と，黄色フィルターを隔てた緑感乳剤層，赤感乳剤層があり，これらが感光層である．乳剤層には，露出の許容範囲 latitude を広くしたり，高感度フィルムの

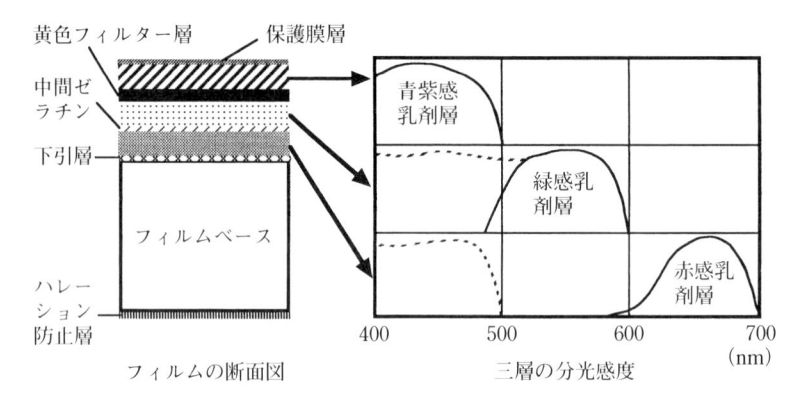

図1.5 カラーフィルムの構造と感光乳剤の分光感度(脇，1984)
分光感度図中の破線は，黄色フィルター層がない場合の分光感度を示す．

画質を改善するための工夫が施されている．

撮影によって被写体の色は三つの乳剤層によって三色分解され，発色現像の過程で青紫感乳剤層は黄，緑感乳剤層はマゼンタ，赤感乳剤層はシアンに発色して色合成する．ネガフィルムとリバーサルフィルムの違いは，原理的には反転現像処理を行うかどうかの違いである．リバーサルフィルムの場合，第一現像で三つの感光層に黒白のネガ像を形成させ，この黒化されない部分を感光（反転浴）させてから発色現像と漂白・定着を行うことで透明ポジカラー像を得ている．これに対して，ネガフィルムでは最初から発色現像と漂白・定着が行われる．その結果，フィルム上の画像は明暗が逆になっているだけでなく，色も逆（補色）で記録されたカラーネガ像となる．これをネガフィルムと同様の性質をもつ印画紙に焼き付ければ，被写体の色や明暗が再現されることになる．

生物実験におけるカラー写真の撮影には，リバーサルフィルムを使用することが多い．これは，撮影結果の判定が容易である，色の再現性が被写体に忠実である，拡大映写が可能であるなどの理由による．しかし，ネガフィルムからプリントする場合に行われる色補正や露光補正の工程がないので，フィルムや光源，露出の選択を間違えると撮影の失敗を招く結果となる．

ネガフィルムに比べてリバーサルフィルムでは，露出の許容範囲が狭い（1/2絞り以下）だけでなく，色温度に対する配慮がより必要である．リバーサルフィルムには，晴れた日の太陽光のもと（色温度5500°K内外）での撮影を前提とした昼光用フィルムとタングステンランプ下の色質（色温度3200〜3400°K）を基準とした電灯光用フィルムがある．生物の撮影では必ずしも被写体が指定された光のもとにあるとは限らないので，青色系（朝夕，電球用）やアンバー系（曇天，蛍光灯用）の色温度変換フィルター（LBフィルター）をこまめに使用する．

未撮影のフィルムは，乾燥した冷暗所に保存し，有効期限内に使用する．また，現像されたフィルムの保存についても同様でよいが，長期保存による色の変化は免れない．

写真撮影の基本操作

撮影準備：一眼レフカメラ，標準マクロレンズ，三脚，35 mmカラーリバーサルフィルム，リフレクタランプ，やや深みのある植物などの被写体（鉢植えの花など），黒または濃青色の布．

フレーミング：光が前方からあたるように被写体を布の前に置き，カメラを三脚にセットする．次に，目的とする被写体をどのような位置に置きどの範囲（上下左右，奥行き）をとるかを決める．ここでは標準マクロレンズを用いているが，自然状態にある被写体では，それに応じたレンズの選択も必要となる．また，被写体までの距離や撮影場所，光源の種類によって，レンズのみならずフィルターやフィルムの選択もかわってくる．AFの一眼レフカメラでは，その汎用性の高さから広角から望遠域をカバーするズームレンズが一般に使用されており，これは実験区をならべて比較するような記録写真の撮影に便利である．

引き続き画角を調節してピントをあわせる．カメラを手持ちで撮影する場合には，シャッタースピードが1/125以下にならないようにする．

ライティング：被写体が暗い場合，常に一定条件で撮影したい場合には，室内でライティングして撮影する．ライティングには写真撮影用のリフレクタランプが用いられ，被写体に対して斜め45度，上方45度の位置からの照射が最も標準的な採光法であ

る．カラー写真の撮影には，電灯光用フィルムを用いるか，昼光用フィルムを用いる場合にはLBフィルターで色温度を補正しなければならない．

露出の決定と露出補正：露光量を表す数値としてのEV値 exposure value（実質的には被写体の明るさを示すLV値 light valueと同じ）の適正値を求めるのが基本的な方法である．ISO 100のフィルムでF1, 1秒の露出量をEV 0として，これより絞りを1段絞るかシャッタースピードを1段速めるごとにEV値は1ずつ増加する．適正露出を決定するには，反射率18％の灰色の標準反射板を被写体と同じ位置に置き，その明るさを測定して，ISO, 絞り，シャッタースピードの組み合わせを求める．

カメラの露出計で露出を測定した場合には，その測光部によって，また背景の明るさによって，目的とする被写体に露出があわない場合が生じ，補正が必要となる．背景が暗い場合には露出補正ボタンなどによって露出量を減らす方に，背景が明るい場合には増やす方に補正し，目的とする被写体に適正な露出を得る．

被写界深度を深くとりたい場合には絞り優先モードを選択して絞りを絞り込み，動いているものを撮影するような場合にはシャッター優先モードを選択してシャッタースピードを速く設定する．絞りと被写界深度には，1)絞り込むほど深くなり，画面全体の鮮鋭度が増す（絞り込みすぎると逆に鮮鋭度は低下する），2)ピントを合わせた点を中心に奥に深く，前に浅い，3)同一絞りでは，遠距離撮影で深く，近距離撮影で浅い，4)同一絞りでは，焦点距離の短いレンズほど深いといった関係がある．被写界深度をどのようにとるかは写真の出来映えに影響するので十分な配慮が必要である．

接写の方法：マクロレンズは，焦点距離の10倍内外の近距離で最もシャープな像を結ぶように設計されている．標準マクロレンズを用いると，フィルム面における像の最大の大きさは実物の約1/2となるが，クローズアップレンズ，中間リング，コンバーター，リバースリングなどを利用すると，さらに高倍率の撮影が可能である．標準マクロレンズは，汎用性も高く，生物写真撮影用にぜひ1本準備したい．

接写の方法は基本的には一般撮影の方法と同様であるが，近接撮影では被写界深度が極端に浅くなることから，奥行きのある被写体の場合には絞りをある程度絞り込む必要がある．そのためには被写体は十分明るくなければならない．また，絞り込みによってシャッタースピードが落ちカメラ振れが生じやすいので，三脚などを用いカメラを固定する．試験管やガラス容器内の培養物を接写撮影する際には，ガラス面で反射された光の悪影響を除去するため，光を側方から与えたり，偏光フィルターを使用するなどの工夫が必要となる．

〔土井元章〕

1.5 植物試料の採取・調整および保存

植物の器官や組織に関して，構造の調査や構成成分や含有量の調査をすすめるには，対象とする植物の種類，栽培歴などを配慮して観察や分析のための試料を採取し，必要に応じて保存する．ここでは，成分分析の試料を例として，一般的方法を述べる．

植物試料の採取

穀類やその製粉物からは，比較的簡単に試料を得ることができる．できるだけ多量の試料から偏ることなく多数の部分や場所から少量の試料をとり出し，よく混ぜ合わせて分析試料とする．無水固形物あたりの成分量を求める場合には，水分含量を測定する．

生の植物体や青果物より分析試料を得る場合には，個体差を考えなければならない．これまでは一定の手法で個体の一部分を採り，混ぜ合わせた後，その一部をとる縮分法の採用が多かったが，最近は個体毎に分析し，その平均値と標準誤差で結果を表すことが多い．個体内のどの部分を採るかなどの配慮も必要で，果実では果柄部と果頂部で糖度がかなり違ったり，葉菜類では葉の中心部では周辺部に比べてビタミンC含量が多かったり，不均一な場合がある．分割や採取に際しては全体を代表するように注意を払う．不均一が前もってわかっている場合には，均一な場所ごとに採取する．市販の青果を数個だけ分析し，その平均と標準誤差をその青果物の代表値としてはならない．

栽培した植物から試料を採取するには，栽培条件や天候，年次などの影響を配慮し，実験計画に基づいて採取する．

植物試料の調整および保存

ビタミンCのような非常に変化しやすい成分を測定するときは，試料の採取日に分析を終えなければならないが，分析件数や項目が多い場合には分析試料として安定な状態まで調整して保存する．

80％アルコール抽出法：青果物など水分の多い試料に適する．99％エタノールを環流管につけて煮沸し，植物試料の細片を投入して，エタノール濃度が80％になるように混和（組織重を水とみなす）

し，環流を15分間続ける．たとえば20gの組織を約80mlの熱エタノールに投入し，試料を冷却した後，乳鉢，乳棒を使ってよく破砕し，80％エタノールで定容する．定容した液はろ過し，上澄みと残査に分ける．上澄み液（エタノール抽出液）は冷蔵庫に保存し，糖，有機酸，フェノール物質，遊離アミノ酸などの分析に用いる．沈殿をさらにエタノールやエーテルなどで洗浄し，吸引ろ過の後，エーテルなどを減圧吸引して除きデシケーター内で乾燥剤とともに保存する（アルコール不溶性物質）．これらからはデンプン，ペクチン，細胞壁構成糖などを分析する．

エタノール抽出液は，図1.6に示すようにイオン交換樹脂を利用して，糖区分，アミノ酸区分，有機酸区分に分けられるが，カートリッジ型の使い捨てイオン交換樹脂やC18逆相カラムを利用して区分，脱脂することもしばしばである．

冷凍貯蔵法：植物組織試料を調整し，秤量した後，冷凍庫に入れて保存する．どのような試料にでも適用できる．より迅速，確実に冷凍するため，あらかじめドライアイスや液体窒素で試料を凍結させる．$-20°C$程度の冷凍では細胞内に不凍部分が相当残るので，酵素反応が時間をかけて進行してしまう．たとえば未熟豆をそのまま冷凍すると異臭が感じられるが，これはリポキシゲナーゼの働きで脂質が酸化したためである．このような場合には$100°C$，1〜2分程度のブランチングを行って冷凍するか，あるいは$-40°C$以下の冷蔵庫に保存する．

酵素を保存する場合には，$-70°C$程度の超低温で保存するのが無難である（凍結で失活する酵素もある）．冷凍試料は解凍，磨砕中に酵素が変化することもあるので，試料を貯蔵前に液体窒素で冷凍した後，粉砕し，容器に入れて保存すると，以後の抽出操作が容易となる．

凍結真空乾燥法：成分分析のための試料保存では，超低温冷凍機の普及により凍結乾燥の必要がなくなったが，食品の風味成分は冷凍後の解凍により変質してしまうことが多いので，風味分析のための試料は凍結乾燥品として保存する．凍結乾燥は，容器の中を高い真空状態（0.2 mmHg以下）に保ち，試料を凍結させ（あるいは凍結したものを入れ），試料中の氷を直接昇華させて低温のトラップに水分を氷結させる方法である．少量の試料でも乾燥には一晩は必要である．凍結乾燥品はデシケーター内で乾燥剤とともに室温で保存できるが，脂質や色素などは光条件下では酸化するので冷暗所に置く．

（上田悦範）

1.6 単位系と基本秤量

単位系

国際的に標準とされている単位系は，1960年の国際度量衡総会において決められたSI単位系 international system of unitsであり，基本単位7，補助単

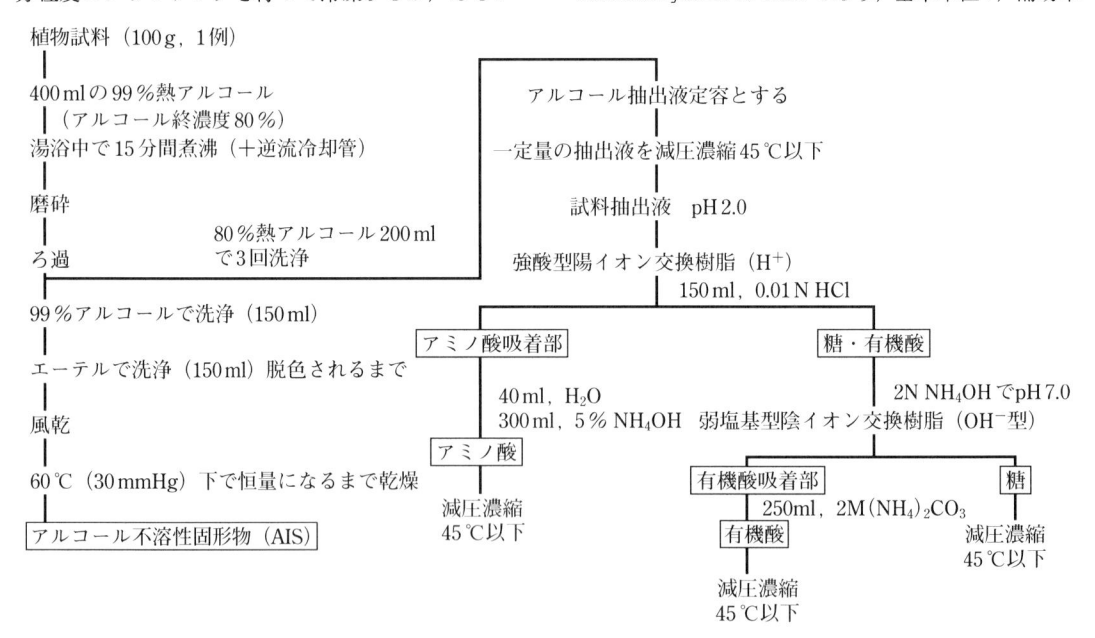

植物試料（100g，1例）
│
400mlの99％熱アルコール
　（アルコール終濃度80％）
│
湯浴中で15分間煮沸（＋逆流冷却管）
│
磨砕
│
ろ過 ──── 80％熱アルコール200mlで3回洗浄
│
99％アルコールで洗浄（150ml）
│
エーテルで洗浄（150ml）脱色されるまで
│
風乾
│
60℃（30mmHg）下で恒量になるまで乾燥
│
アルコール不溶性固形物（AIS）

アルコール抽出液定容とする
│
一定量の抽出液を減圧濃縮45℃以下
│
試料抽出液 pH2.0
│
強酸型陽イオン交換樹脂（H^+）
150ml，0.01N HCl
├── アミノ酸吸着部
│   40ml，H_2O
│   300ml，5％NH_4OH
│   │
│   アミノ酸
│   │
│   減圧濃縮45℃以下
│
└── 糖・有機酸
      2N NH_4OHでpH7.0
      弱塩基型陰イオン交換樹脂（OH^-型）
      ├── 有機酸吸着部
      │   250ml，2M $(NH_4)_2CO_3$
      │   │
      │   有機酸
      │   │
      │   減圧濃縮45℃以下
      │
      └── 糖
            減圧濃縮45℃以下

図1.6　糖，アミノ酸，有機酸のアルコール抽出とイオン交換樹脂を用いた分画方法およびアルコール不溶性固形物の作成方法（茶珍，1981）

位2，およびそれらの利便性を高める接頭語16が定められている．また，基本単位を使って表現できる量であっても，そのうちのいくつかには組立単位として特に固有の名称が与えられている．その他，特定の分野でSI単位系と併用される単位，暫定的にSI単位系と併用が認められている単位，慣用的に使われている非SI系単位などがあるが，通常はSI単位系を使用する．

SI基本単位

長　さ（単位：メートル，記号：m）：18世紀末に子午線の北極から赤道までの1000万分の1の長さを1メートル（m）とすることが国際的に取り決められた．現在はさらに厳密性と不変性を高めて，1秒の1/299792458の時間に光が真空中を伝わる距離を1mとして定義している．

重　さ（単位：キログラム，記号：kg）：物体とキログラム原器とにはたらく重力の比がaであるとき，その物体の質量はaキログラム（kg）である．1 kgは4℃の水1lの質量と定められ，これに基づいて18世紀末にキログラム・デザルシーブ（標準器）が作られた．1889年には白金90：イリジウム10の合金製の国際キログラム原器が完成し，この質量が現在の1 kgの定義となっている．

温　度（単位：ケルビン，記号：K）：一般に用いられているセ氏温度（C）やカ氏温度（F）は，1気圧のもとでの水やアルコールの凝固点を0，沸点を100として1度の幅を決めたいわば目盛の刻み方に関する取決めである．SI単位系では熱力学温度の単位として，水の固相，液相，気相が平衡に達する状態（水の3重点：0.01℃，610.6 Pa）の熱力学温度の1/273.16を1ケルビン（K）とすると定められており，1 Kの温度差は1℃である．なお，セ氏温度とカ氏温度との関係は，$F = 9C/5 + 32$となる．

時　間（単位：秒，記号：s）：秒は，もともと地球の自転周期（1日）の$1/(24 \times 60 \times 60)$にあたる時間の長さである．現在は，^{133}Cs原子の基底状態における二つの超微細準位間の遷移に対応するスペクトル線の9192631770周期にあたる時間と定義されている．

物質量（単位：モル，記号：mol）：1 molは^{12}Cの0.012 kg中に含まれる原子の数（アボガドロ数：6.02252×10^{23}）と同数の要素粒子（原子，分子，イオン，遊離基，電子，光量子）を含む物質の量と定義される．

光　度（単位：カンデラ，記号：cd）：可視光線の視覚的な量をあらわし，ある方向に向かって放射強度が1 W（ワット）/ sr（ステラジアン）の1/683で，周波数540×10^{12} Hzの一方向の単色放射を放出する光源があるとき，その方向から見た光源の光度を1 cdと定義する．単位時間当たりに伝搬される可視光線の量をあらわす光束（cd・sr）（単位：ルーメン，記号：lm），単位面積当たりの光束量を示す照度（m^{-2}・cd・sr）（単位：ルクス，記号：lx）は光度を構成要素とする組立単位である．

電　流（単位：アンペア，記号：A）：無限に長く無限に小さい円形断面積を有する2本の直線状導体を真空中に平行に置き，各導体に等しい電流を流すとき，これらの導体の長さ1mごとに2×10^{-7}m・kg・s^{-1}（N）の力を生じさせる電流の量を1 Aとする．

基本秤量

長　さ：平面上の直線の長さおよび2点間の距離はものさしで測定する．線を引くための定規にも長さの目盛りが刻まれているものが多いが，公的な検定を受けたものさし（日本ではJISマークがうたれている）だけが長さを測る正式な器具である．通常1目盛りの1/10まで目分量で読み取る．不規則な曲線あるいは平面上にない2点間の距離は，糸を添わせて長さをうつしとったり，曲線をいくつかの近似直線に分割したり，あるいは巻き尺を用いてはかる．球状あるいは管状のものの外径および内径はノギスを用いて測定する．直接ものさしをあてることのできないものの長さを知りたい場合には，長さに比例しかつ測定可能な他の性質で換算する（例：束になった針金の長さの場合，切り取った短い針金の重量と長さから算出する）か，ものさしをあてられるものに投影するなどの工夫が必要である．微小物の長さはマイクロスケールを装着した顕微鏡を用いて測定する．

面　積：直線で構成される図形および多角形に近似できるものの面積は，全体を多数の三角形に分割しそれぞれの区画の面積を測定して合計すればよい（三角法）．植物の葉のような不規則な形の面積は，トレース，コピーなどによって紙に形を投影して輪郭を切り抜き，面積が既知で同質の紙の重量と比較して面積を算出したり，方眼紙を重ねてマス目を数えて測る．コンピューターの画像解析ソフトを用いてスキャナーで取り込んだ画像から面積を求める方法もある（第1章1.3参照）．

体　積：液体の体積はメスシリンダー，メートルグラス，メスフラスコなどの秤量器具を用いて測定する．固体については，たとえば，水を入れたメス

シリンダーに物体を沈め水面の上昇量から体積を測るなど，測定が容易な他の媒体に置き換えて測定するとよい．水に浸せない場合にも，均一な小粒体あるいは粉体（鉛球，砂，セライトなど）で測定物の体積を置き換えることができる．また，測定物をばねばかりに吊るして静水中に沈めると，測定物の体積に等しい水の質量が浮力として加わりその分だけ重さが軽くなるので，そこから測定物の体積がわかる．気体の体積は，水中で水を満たして逆さに立てた測容器具内に測りたい気体を吹き込んで測る．気体が水に溶けて生じる誤差をなくすため，測定前に目的ガスを水中に通して十分に飽和させる必要がある．水圧の影響を受けないように器具の内外の水面の高さを一致させて目盛りを読む．

密度，比重：密度は単位体積当たりの質量で，単位は $kg \cdot m^{-3}$ を用いる．比重は標準物質の密度との比で無名数である．一般に水を標準物質とするが，水の密度は約 $1\,kg \cdot m^{-3}$ であるから，密度と比重の値はほぼ同じになる．

重　さ：天秤とばね秤は，いずれも既知質量の標準物体と測定したい物体の重さの比を測定する器具である．天秤では，標準物体と測定物体が常に同じ測定地点にあるから加わる重力加速度も同じで，それぞれの重さの比は両物体の質量の比と一致する．すなわち，天秤は物体の質量を測定する器具である．これに対してばね秤は，測定物体に加わっている重力を，規準重量（規準地点における標準質量の物体の重さ）との比較によってはかる．すなわち，ばね秤は重力自体の大きさを測定している．

天秤は支点で支えられた1本の腕（桿）から成り，腕の両端（重点と力点）に荷重をかける構造をもつ．力点と重点の中点が支点で，腕が均質かつ左右対称であるとき，これを等比天秤といい，測定したいものの重さ（重点）と分銅の重さ（力点）が釣り合うときの分銅の質量が測定物の質量である．化学天秤や上皿天秤はこの原理に基づく．不等比式直示天秤は，天秤の重点と力点にともに分銅を荷重して釣り合わせておいてから，重点側の分銅と測定したいものとを置き換え，釣り合いが復帰した時点で取り除いた分銅の質量と測定物の質量が一致するという置換法によるタイプで，腕の等比性を必要としない．上皿電子天秤は，力点側に電磁石を備え，釣り合いを保つのに要する電流値を質量に換算している．

天秤は専用の天秤机か振動の影響を受けにくい台の上に置く．使用前には水平性をよく確認する．空気の動きはたとえ微少であっても天秤の安定性を著しく損なうので，設置場所は風の当たらない場所を選び，風防がある場合は必ずそれを完全に閉じて釣り合いが安定した後に指針を読むようにする．

温　度：温度は温度計を用いて測るが，測りたい対象の性質・形状や予想される測定温度域に適した温度計を選ぶ必要がある．ガラス製の温度計が最も汎用的で，アルコール温度計は低温域用，水銀温度計は高温域および精密な温度の測定に用いられる．

温度を電気的に測定するには抵抗温度計，熱電対温度計があり，温度の経時変化を記録する場合にはこれらと電圧計およびレコーダーを接続して用いる．レコーダーにはチャート紙上に電圧変化を記録するものとメモリー内にデータをデジタル記憶するものがある．

〈尾形凡生〉

1.7　汎用機器の使用法

容量の測定

ガラス製測容器具の使い方：ガラス製の入れものは中に入れた液体がよく見え，硬質ガラスは耐熱性や耐薬品性に優れ，中に入れた物質への影響が少ないため，液体の測容器具として一般に用いられている．ガラス製測容器具にはメスシリンダー，メスフラスコ，メスピペット，ホールピペット，ビュレット，メートルグラス，マイクロシリンジなどがあり，はかりたい液量や精度などによって適当な器具を選ぶ．ビーカーや三角フラスコの側面の目盛りはおよその目安であって正確ではないのでこれらは測容器具としては使用できない．

器具の容量はある温度でのみ保証された値であるので厳密な試験の場合には容量補正が必要である．ガラス容器は高温を加えたり長い時間力を加えるとその形状に歪みを生じて容量が変化するので，取扱い時や保管時には注意が必要である．測容器具内で薬品を溶かしたり液体を混ぜあわせると，熱反応や混合の不徹底の危険を伴うので避けること．

測容器具の目盛りの読み方：液体には自身の分子間で引きあう力が働いており，液体の小粒子は表面積の最も小さい球の形状をとろうとする．この力を表面張力という．液体と容器の分子同士が引きあう力を付着力と呼ぶ．液体を容器に入れたとき，付着力が表面張力より強い場合，液体と容器が接触する最上部は液面より高くなり，付着力が表面張力より小さい場合は液面が容器との接触線より高く盛り上がる．目盛りを読む時は，容器との接触線ではなく液面の位置を読む．秤量容器が水平面に置かれていなかったり，目盛りをうつむいてあるいは見上げ

て読むと正しい値を読み取れないので，容器は鉛直に立てて，液面と目の位置を同じ高さにする．目盛りは普通10分の1の値までを読み取る．

ピペットの使い方：ガラス製のホールピペットとメスピペットが一般的である．ピペットの先端を，測容したい液中に十分な深さまで入れて（浅すぎると，先端を液面より上に上げてしまって空気と液を吸い込んでしまう），口を使って液を標線よりやや上位まで吸い上げ，すばやく人さし指でピペットの上端を塞ぐ．その後，人さし指をわずかにゆるめるかもう片方の手でピペットをゆっくりとまわして空気を入れ，液を流出させながら液面の高さを標線に合わせる．標線およびメスピペットの目盛りは使用者の目と水平の位置に置くこと．また，ピペットの外壁に付着した余分な液は，ピペットの下端を溶液容器の壁面に添わせて十分に除去する．濃い酸・アルカリあるいは毒性のある溶液を扱うときは直接口で吸うのはたいへん危険なので，安全ピペッター，シリンジ，あるいはアスピレーターなどを用いて溶液をピペッター内に吸い上げる．

定容した液は，液を入れる容器の壁面にピペットの先端を添わせ，ゆっくりと指をゆるめて流下させる．ピペット内に残った液は，ピペットの上端を指で塞ぎ，液溜め部あるいは胴体部をもう片方の手のひらでつつんで，ピペット内の空気を膨張させて押し出す．

器具の洗浄

洗浄器具：洗浄ブラシには植毛部の大きさと柄の長さによって試験管用，フラスコ用，ビュレット用などがある．タワシにはシュロ製，スポンジ製，硬質ナイロン製などがある．金属タワシは器具表面に傷をつけるのでガラス製やプラスチック製器具には用いない．細長いガラス管は細い鎖や先端に錘をつけた紐を通して洗浄すると容易である．ブラシの届かない箇所は川砂やたくさんの小さな鉛玉を洗剤とともに器具に流し込み，手やフタで封をして揺り動かして洗う．超音波洗浄器は洗剤を入れた水槽内に洗いたい器具を入れ洗浄液に振幅の短い強い振動を与えて汚れを落とす器具で汎用性があり便利である．

洗浄法：ごく簡単な汚れの場合は水道の流水で洗えばよい．外まわりを先に，次に開口部の首周りを，そして内側を後に洗うのが基本である．一般の汚れには石鹸，クレンザーを用いる．ブラシやタワシを石鹸液につけ，洗い漏らしのないように十分にこする．石鹸液に浸して煮沸すると洗浄力は高まるが，測容器具には高温を加えてはならない．落ちにくい油脂，酸，アルカリなどは石油ベンジン，3％水酸化ナトリウム，硝酸などを用いて洗う．

可視光・紫外光吸収量の測定

物質に可視光 visible radiation や紫外光 ultraviolet radiation をあてたとき，与えた光エネルギーは，その物質を構成する分子中の基底状態 ground state にある電子を励起状態 excited state に遷移 transition させ，電子遷移エネルギー electric transition energy に置換される．このとき物質が光を吸収 absorption したという．物質がどの波長の光をよく吸収するかという度合い（吸収スペクトル absorption spectrum）は個々の物質に特有の性質であり，また，吸収の強さは物質の濃度に比例するので，いろいろな波長の単色光を物質にあて，その吸収度を調べれば，物質の同定や定量分析ができる．

強度 I_0 の単色光が物質層を通過して強度 I になったとき，$I/I_0 = t$（透過度），$100\,t = \%\,T$（透過率），$-\log t = A$（吸光度）が算出される．可視光・紫外光吸収量は，通常，試料を溶液の状態にし，分光光度計 spectro photometer を用いてはかる．分光光度計は，光源としてタングステンランプ（可視光：350〜2500 nm）あるいは重水素ランプ（紫外光：190〜400 nm）を備え，回折格子（間隔のきわめて短い溝を刻んだガラス板）で分光しスリットを通して取りだした単色光を，試料溶液を入れたガラス製（可視部用，使用波長 370 nm 以上）あるいは石英製（紫外・可視部両用）吸収セルに通し，その透過光を光電子増倍管で光電流に変換して電流計で測定する機器である．

分光光度計を使用する際，溶媒は測定波長域における光吸収が少なく，試料をよく溶かし，また，試料と相互作用のないものを選択する．揮発度の高い溶媒は測定中に溶液濃度が変化しやすいので，ふた付きセルを用いる．試料液中に不溶物が存在すると測定値が著しく不正確になるので，希釈倍率を上げるか溶媒を再検討する．$A = 0.25 \sim 0.7$ の範囲で分光光度計の測定精度が最も高くなるため，予備試験を行い，この範囲で主たる測定が行えるように試料の希釈倍率を決めるとよい．試料の希釈・定容には小型のメスフラスコを用いる．セルの光透過面の傷，試料や指紋の付着，結露は正確な測定を妨げるので，事前に使用するセルを点検して傷のあるセルの使用を避け，また，汚れのある場合は専用の布やガラス拭き用の紙で十分に拭取る．ゼロ調整は溶媒のみを入れたブランクセルの吸光度を測定して行う．

遠心分離

遠心機 centrifuge は 2 液間，あるいは液体と固体や気体間の密度の違いを利用して，遠心力による分離を行う機器で，沈殿の分離，脱水，ろ過，濃度段階の作成などに用いられる．回転数は毎分数百回転から数千回転のものが一般的で，生化学実験用の数万回転が可能なものは特に超高速遠心分離機とよばれる．遠心力の大きさは重力（g）との比を用いて表わされる．回転軸から r cm の距離で質量 1 g の粒子を毎分 n 回転（rpm）させるとき，

遠心力　$F(\times g) = 1.117 \times n^2 r \times 10^{-5}$

となる．

遠心機は，回転軸にローターあるいは懸架具を取り付け，そこに試料を入れたガラスあるいはプラスチック製沈殿管（遠心分離管）を斜立あるいは懸垂させて，電動機で軸を高速で回転させる構造である．生物実験では，回転室を冷却して低温下での操作が可能な冷却遠心器も汎用される．

遠心分離管は試料の量に合ったものを選び，また，回転中には強い力がかかるので，操作中に破損事故のないよう傷などをチェックする．遠心分離管とローターや懸架具は大きさのあった専用のものを用いる．遠心機の回転軸に非対称な力がかかると回転中の振動によって遠心分離管を破損したり，遠心機自体が壊れる危険がある．特に高速で回転させる場合ほど遠心分離管同士の重さをバランサーで慎重に一致させ，試料点数が合わない場合は溶媒のみを入れた管を用意してセットする．ローターにふたがある場合は，ふたのはめ込みやネジ止めを確実に行う．

1.8 高圧ガスの取り扱い方

大量の気体を耐圧容器内に圧縮した各種高圧ガス high pressure gas が研究用に一般の実験室で汎用されている．高圧ガスには取り扱い方を誤れば甚大な事故を引き起こすものがあるので，使用に際しては，各ガスの諸特性を十分に把握し，安全対策に配慮しなければならない．

高圧ガスの諸特性と注意事項

可燃性：可燃性ガスは支燃性ガス（空気，酸素，塩素，フッ素など）と爆発範囲の割合で混合したとき，発火源があると燃焼，爆発を起こす．特に混合組成が完全燃焼組成付近にあるとき（たとえば水素 2：酸素 1）瞬時に激しく爆発するため破壊力が強い．これらのガスを使用する室内には消火設備を設け，電気設備は防爆型とし，また使用時には石鹸水などを用いて流路のガス漏れを徹底的にチェックし，換気も十分に行うこと．可燃性ガス使用前後には装置内を不活性ガスで置換する．ガスの放出は急激すぎると圧力で流路や機器を破損したり，接続部がはずれることがある．主な可燃性ガスとその爆発範囲，発火点および支燃性ガスは以下のとおりである．

可燃性ガス：水素（爆発範囲 4.0～75.6 vol %［対空気］，発火点 585 ℃），一酸化炭素（12.5～74 vol %，609 ℃），メタン（5.0～15.0 vol %，537 ℃），アンモニア（15～28 vol %，651 ℃），エチレン（2.7～3.6 vol %，450 ℃），プロパン（2.2～9.5 vol %，466 ℃），硫化水素（4.0～44 vol %，260 ℃），酸化エチレン（3.6～80 vol %，429 ℃），シアン化水素（5.6～40 vol %，537 ℃），アセチレン（2.5～80.5 vol %，299 ℃），ブタジエン（2.0～12 vol %，429 ℃），ブチレン（1.8～9.7 vol %，323 ℃），プロピレン（2.4～11 vol %，410 ℃）．

支燃性ガス：空気，酸素，フッ素，塩素．

毒性：毒性ガスは高濃度で被曝すると機能障害を生じたり死に至る危険のある気体であり，これらの使用に際しては，許容量や生体への影響を十分に把握するとともに，専用防毒マスクの使用や避難経路の確保，除毒剤の準備などを徹底する．排ガスは完全に無毒な状態にしてから放出する．主な毒性ガスには次のようなものがある．

一酸化炭素，酸化窒素，アンモニア，二酸化硫黄，塩化水素，ホスゲン，フッ化水素，フッ素，硫化水素，塩素，酸化エチレン，シアン化水素．

腐食性：腐食性のあるガスはボンベや流路の腐食，さび，劣化を招きやすい．また，可燃性や毒性を同時に備えるものも多く，ガス漏れ対策および点検は特に慎重に行う．主な腐食性ガスには次のようなものがある．

アンモニア，二酸化硫黄，塩化水素，ホスゲン，フッ素，フレオン，硫化水素，塩素，二酸化窒素．

汎用高圧ガスと取扱い上の注意

酸素ガス：容器は黒色．ガス自体には毒性や燃性はないが，酸化力がきわめて強く，また，ほとんどすべてのものは純酸素中で発火する．特に，油脂類，有機物，還元性物質は酸素に触れると酸化発熱し，燃焼，爆発するので非常に危険である．調節器や圧力計は酸素専用のものを用い，流路や接続部分に可燃性素材を含まないように注意する．

水素ガス：容器は赤色．火気厳禁．爆発範囲が広く，酸素と化合して爆発的に燃焼する．使用時は必ず換気をよくし，排ガスは室外の大気中に放出する．

ボンベから急激に放出したときには火源がなくとも発火する危険がある.

塩素ガス：容器は黄色.支燃性がある.眼,鼻,のどを強く刺激し,また,水分があると強い腐食性を示す.調整器は専用のものを使用する.

アセチレン：容器は褐色.火気厳禁.非常に燃えやすく燃焼温度が高い.支燃性ガスと混合しなくとも自己分解性の爆発を起こすことがある.容器は使用中,貯蔵中とも直立させておく.

不活性ガス：窒素,ヘリウム,二酸化炭素など不活性ガスには毒性や燃性はないが,高圧であるから一般的な取扱い注意に十分留意する.また,酸素濃度が17%以下では人間は酸素欠乏症に陥り,酸欠条件下では数分で死に至るので,換気には十分注意する.

高圧ガス関連器具

ボンベ：高圧ガス容器には用途,内容量,容器の登録番号,検査合格月日などが刻印され,ガスの種類別に塗色,性状の記載がなされている.貯蔵時は未消費のものと空ボンベとを分け,酸素と水素,可燃性ガスを同じ場所に置かない.ボンベは換気のよい貯蔵庫内に立て転倒の危険のないよう固定して保管する.貯蔵室内は火気厳禁とし,ボンベの近辺には発火性や引火性のある薬品を置かない.

バルブ：ボンベには容器弁(バルブ)が装着されている.ガス出口の形状にはA型(雄ネジ)とB型(雌ネジ)がある.ネジの切り方はガスの種類によって決められている.また,バルブを開く時は,急激な操作は配管や圧力調節器内の残存ガスを圧縮して発熱することがあるので危険であるから,ゆっくりとハンドルあるいは専用レンチを1回から1回半まわす.ガスを使用しないときにはバルブの破損防止のため保護キャップを装着しておく.ガス出口の反対側には金属キャップを備えた安全弁がつけられているので,これをガス出口と間違わないようにすること.

圧力調整器：ボンベから取り出したガスは,一般には圧力調整器によって減圧して使用する.圧力調整器は普通2個の圧力計を備え,1次圧計はボンベ側の圧力を,2次圧計は圧力調整器を通って減圧されたガスの圧力を示し,2次圧計に使用するガス圧が示されるように調整ハンドルで圧力を調節する.2次圧調整ハンドルは締め込むとガスが流れる逆ネジ式である.

(尾形凡生)

1.9 化学薬品の取り扱いと廃液処理

化学薬品の取り扱い

植物実験で取り扱われる化学物質は多種多様である.薬品には化学的分析の際に使用する薬品類,植物を育成する際の農薬や燃料,さらに植物生長調節物質やワックスなどの品質保持剤などがあり,それらには取り扱いに注意を要するものがある.ここでは法規の区分にしたがって概略を述べる.

劇毒物：一般の化学薬品は,急性毒性として致死量で測った危険度で区分され,劇物(経口致死量が30〜300 mg/1 kg体重),毒物(30 mg以下/1 kg体重),さらに毒物中特に危険度が高い指定毒物とに区別される.それ以外に慢性毒性や発ガン性を加味した労働安全衛生法で定められた特定化学物質がある(表1.1).これらの物質を扱う場合は特別の注意と定期検診が必要である.

新種の薬品を扱う際にはメルクインデックス(メルク社出版)で毒性を調べる.実験室は常に清潔に保ち,天秤台に何かわからない白い粉がこぼれているというようなことがあってはならない.ピペットを直接口で吸うことは厳禁である.化学実験の際は,安全眼鏡の着用を習慣づける.実験後の廃液も安全確保と環境汚染防止のために廃棄者の責任のもとに処理されなければならない.

危険物：爆発や火災を起こす危険物は消防法により,その性質と危険度が示されている(表1.2).

このうち実験室においてに取り扱い上,特に注意

表1.1 労働安全衛生法に定められている特定化学物質

ジクロルベンジジン,αナフチルアミン,塩素化ビフェニル(PCB),オルト-トリジン,ジアニシジン,ベリリウム,ベンゾトリクロリド,アクリルアミド,アクリロニトリル,アルキル水銀化合物,石綿,エチレンイミン,塩化ビニル,塩素,オーラミン,カドミウム,オルト-フタロジニトリル,クロム酸,クロロメチルメチルエーテル,五酸化バナジウム,コールタール,三酸化ひ素,シアン化カリウム(ナトリウム),シアン化水素,3・3'ジクロロ4・4'ジアミノジフェニルメタン,臭化メチル,重クロム酸,水銀とその無機化合物,フッ化水素,トリレンジイソシアネート,ニッケルカルボニル,ニトログリコール,パラ-ジメチルアミノアゾベンゼン,パラ-ニトロクロルベンゼン,βプロピオラクトン,ベンゼン,ペンタクロルフェノール(PCP),マゼンダ,マンガン,ヨウ化メチル,硫化水素,硫酸ジメチル

表 1.2　消防法による危険物

第 1 類　(酸化性固体：酸素を出して可燃物と反応し，火災爆発を起こす)
　　　　塩素酸塩，過塩素酸塩，次亜塩素酸塩，過マンガン酸塩，重クロム酸塩，硝酸塩，無機過酸化物
第 2 類　(可燃性固体：低温で引火，着火しやすい固体)
　　　　硫化リン，金属粉，
第 3 類　(自然発火性および禁水性物質：空気または水と反応)
　　　　アルカリ金属，アルキルアルミニウム，金属水素化物
第 4 類　(引火性液体)
　　　　特殊引火物　(発火点が100℃以下，または引火点が－20℃以下で沸点が40℃以下の物)
　　　　　　ジエチルエーテル，アセトアルデヒド，酸化プロピレン
　　　　第 1 石油類　(引火点が21℃以下の物)
　　　　　　ガソリン，ベンゼン，酢酸エチル，メチルエチルケトン，ジメチルケトン　アルコール類 (炭素数3以下の1価アルコール)
　　　　第 2 石油類　(引火点が21－70℃未満のもの)
　　　　　　灯油，軽油，氷酢酸
　　　　第 3 石油類　(引火点が70－200℃未満のもの)
　　　　　　重油，グリセリン
　　　　第 4 石油類　(引火点が200℃以上の物)
　　　　　　潤滑油，動植物油脂
第 5 類　(自己反応性物質)
　　　　有機過酸化物，硝酸エステル類，ニトロ化合物，アゾ化合物，金属のアジ物
第 6 類　(酸化性液体)
　　　　過塩素酸，過酸化水素，硝酸

を要するのが引火性液体 (第4類) である．たとえばエチルエーテルを使って物質を抽出する際には気化したガスを還流冷却して外に出さないようにするとともに，火気に注意しなければならない．少量でも流しに捨ててはならない．これらの引火性有機物はほとんどの場合焼却処分されるが，危険を伴うので危険物倉庫に貯留した後，廃棄業者に引き取らせる．この際塩素を含む有機溶媒は区別して貯留する．最近，有機溶媒の健康面での害が問題視され (労働安全衛生法)，これを恒常的に取り扱う者には血液検査などが求められている．ベンゼンは発ガン性のためさらに危険度の高い特定化学物質 (前掲) に入れられている．クロロホルムも長期間蒸気を吸引すると発ガンの恐れがある．

加えて実験室で注意しなければならない物質としては，爆発性のある自己反応性物質 (第5類) がある．ピクリン酸のようにそれ自身爆発性が明らかなものはだれでも注意するが，実験中に生成する過酸化物，たとえばエーテル蒸留中に生成する過酸化物などにも注意が必要である．爆発の可能性のある実験や激しい化学反応を伴う実験では，目を保護する防災眼鏡を着用する．水と反応して爆発的に発火する金属ナトリウム (第3類) は石油エーテルに浸して保管するなど特に注意が必要である．

強酸・強アルカリ：強酸や強アルカリは実験室でしばしば災害を引き起こす物質である．大量に浴び

実験の安全確保と緊急措置

　安全な環境で実験を行うことを心掛ける．火災の起こりにくいように，また起こっても検知器による早期発見に努め，火災が広がらないように消火器の設置は勿論，地震に際しても火災が軽微になるようにボンベ，機器，薬品等の転倒防止措置をすすめる．起こり得る事故に対する緊急措置について述べる．

　ガラスなどによる外傷は破片を除去したのち，損傷部を直接圧迫 (3分以上) して止血する．動脈の損傷でも，指やガーゼによって直接圧迫することにより止血できる．

　広範囲のやけど (約体表面の10％以上)，小範囲でも痛みを感じないぐらいの灰白色や褐色にやけただれた場合には，至急総合病院に運び込む．軽症のやけどの場合は，まず冷却することが最も大切である．軟膏などは塗ってはならない．

　農薬や化学薬品を飲み込んだときには，救急救命センターや専門医と直ちに連絡をとり，問題の化学薬品の種類，量，中毒状況，発生時刻を告げる．事故者がけいれんをおこしたり意識不明の場合，至急救急車を手配する．呼吸を維持する以外は素人は手を下してはならない．青酸 (シアン) を飲み込んだ場合には直ちに吐かせる．その後，亜硝酸アミルを嗅がせ，シアノメトヘモグロビンにして無毒化する．

(上田悦範)

た場合には大量の水で洗い流す．そのため実験室または近接の洗面場所に専用のシャワーを設けるのがよい．

放射性同位元素：実験によっては，放射性同位元素を使用する場合があるが，放射線障害防止法に基づき，科学技術庁から認定を受けた使用施設で各施設の使用内規に則って使用する．その際，教育訓練と健康診断の後，取り扱い従事者として許可されるが，さらに熟練者との同席実験訓練が必要とされる．放射性同位元素は通常の化学反応では消滅しないので，廃棄物は放射性同位元素協会に引き取ってもらう．

化学物質の廃棄

実験室から出る化学物質の廃棄物のほとんどは，環境汚染物質と考えてよい．一般の生活排水に流せるものは無機酸性または塩基性の水溶液の中和後のもの，無害な塩類の希釈水溶液，エタノールのような易生分解物質の希薄溶液だけである．次に無機物質と有機物質の廃棄処理について述べるが，一般的な注意として，それらの容器も一般廃棄物として出す前によく洗浄する．大学や研究所において適当な単位ごとに安全委員会を組織し，責任者を設け，廃棄についても監督する．

無機物質：集約処理施設のある研究機関では，規定の廃棄場所に収集または施設に通ずる排水系統に破棄すればよい．集約施設では以下の物質の処理を想定して処理工程が設けられている．水銀系，シアン系，6価クロム系，一般重金属系，高濃度の無機酸またはアルカリ系．このうち強酸，強アルカリの濃厚液は薄めて排水処理系統に流す．アルキル水銀については10倍量の硫酸銅の添加を義務づけている．処理施設がない場合には上記の区分で貯留し，免許のある廃棄業者に引き取ってもらう．

有機物質：焼却が一般的な処理方法であるが，焼却炉の維持や低温焼却によるダイオキシン発生の問題などがあるので，有機物質も収集の後業者に引き取ってもらう．よく燃えるもの，難燃性のもの，塩素を含むもの，廃油などの区別で収集する必要がある．悪臭を呈するもの，特にメルカプタン類はそのまま放出するとガス漏れと誤解されるので，硝酸で処理して酸化させた後に廃棄処理する．

〔上田悦範〕

第2章　植物の基本構造と機能

2.1 植物の基本構造と植物分類

植物の体は，葉，茎，根という基本器官の変形から作られ，植物は固有の形態的特徴を示す器官の機能によって多様な生活を営んでいる．形態的特徴の違いや生活様式には植物の種類によって共通点や固有性が見られるので，それらの差異は植物の分類や同定に利用される．ここではイネ科植物を事例として植物の基本的構造の多様性と分類・同定への活用について述べる．

イネ科植物の基本構造と分類

イネ科 Poaceae（Gramineae）植物の基本的器官は特殊化した形態を示し，とりわけ風媒に適応した花器の構造は特異的である．イネ科植物では花器の特徴，特に花序や小穂の構造，有稔小花数，不稔小花の位置，穎の形，大きさ，小脈の数などが，その植物の所属する分類群（Taxon：連 Tribe，属 Genus，種 Species など）を知る重要な手がかりとなる．花器の構造や開花習性の理解は，分類・同定だけでなく，採種や交配などの技術習得の上でも大切である．

イネ科植物の茎は，稈 culm とよばれ，節間と節からなっている．節には通常一つの芽と葉を着ける．葉は葉身と葉鞘からなっている．一般に，イネ科植物の花は偽花構造をとり，これが分類形質として重視される．花序 inflorescense は，稈の頂上に付き，円錐花序 panicle や穂状花序 spike となる．花序は，一つまたは多数の小穂 spikelet からなり，一つの小穂が偽花にあたる（図2.1）．小穂は，2個または多数の小花 floret からなる．イネ科植物の基本的な小穂は2個の小花から構成され，2枚の護穎（苞穎 glume）に包まれる．一つの小花には外穎 lemma と内穎 palea があり，穎は，2枚のりん被 lodicule と3本の雄ずい stamen と1本の雌ずい pistil を包む．雄ずいは花粉を入れた葯 anther と花糸 filament からなり，雌ずいは子房 ovary と先端が2分岐した羽状の1本の柱頭 stigma からなる．

通常，芒 awn は外穎の中央部や先端につくが，これは穎の脈が伸長したり，癒合して発達したものである．受精が終わると子房は急速に肥大し，穎果 caryopsis となる．穎果は果実 fruit に相当し，種子 seed を果皮 pericarp が包んだ構造となっている．

イネ科植物には農業上重要な種が多い（表2.1）．

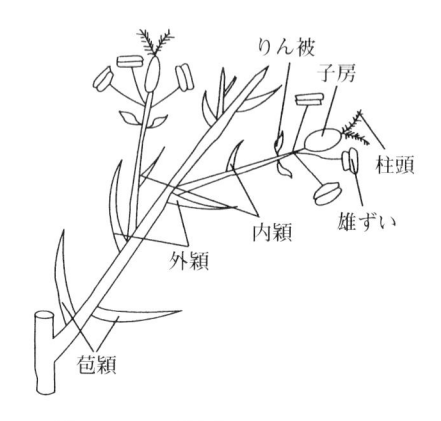

図2.1　イネ科植物の小穂の基本構造
（田村（1975）より作成）

それぞれの種は，基本的構造から変化した小穂や花器を持っている．

実　験：イネ科の栽培植物および野生植物5種を選び，種を同定した後，花序と小穂の構造を観察し，図示する．また，表2.1を参照し，同定した種の学名と和名を連ごとに整理する．

準　備：スケッチ用具（ケント紙，鉛筆），レポート用紙，植物図鑑（イネ科植物が掲載されたもの）．

注　意：植物学，農学など研究領域の違いによって，護穎，苞穎，外穎などの用法が異なるので，植物図鑑などの使用にあたっては，凡例などを確認する．器官と器官の付着点，毛の長さ，穎と小穂の長さの比，穎の先端の分岐や形状，芒の表面など注意して観察する．色や光沢よりも器官の輪郭が明瞭となるように描画する．

植物の学名の表記法

植物の名前は，民族や文化の違いによってさまざまに使われる．国毎の名前を使用すると植物に関する発見や知見が混乱するので，これを回避するために，植物名の表記に関する学術上の国際的な取り決めがある．植物の学名については国際植物命名規約（ICBN）が，栽培植物の品種名については国際栽培植物命名規約（ICNCP）がある．品種や植物種を正しく示すためには，これらの規則に従わなければならない．ICBN は閉鎖分類法，ICNCP は解放分類法で扱われる．種以下の分類群については，二つの命名規約で異なるので注意を要する．

表2.1　イネ科の主要な連とその特徴（館岡（1957）より作成）

亜科，連	染色体の大小と基本数 (x)		光合成回路	農業上重要な属
ファルス亜科（9連）				
タケ連	小，中型	x = 12	C_3	*Bambusa, Phyllostachys*
イネ連	小型	x = 12	C_3	*Oryza, Zizania*
ダンチク亜科（16連）				
ハネガヤ連	小型	x = 11, 12	C_3	*Stipa*
ダンチク連	小，中型	x = ?	C_3	*Arundo, Phragmites*
イチゴツナギ亜科（4連）				
ウシノケグサ連	中，大型	x = 7	C_3	*Festuca, Briza, Dactylis* *Lolium, Poa, Bromus*
コムギ連	大型	x = 7	C_3	*Agropyron, Triticum* *Secale, Hordeum, Elymus*
ヌカボ連	大型	x = 7	C_3	*Avena, Trisetum,* *Phalaris, Alopecurus*
スズメガヤ亜科（4連）				
ヒゲシバ連	小型	x = 9, 10	C_3	*Cynodon, Eragrostis* *Chloris, Eleusine*
シバ連	小型	x = 10	C_3	*Zoysia*
キビ亜科（9連）				
キビ連	小，中型	x = 9, 10	C_4	*Pennisetum, Setaria, Panicum,* *Paspalum, Echinochloa*
ヒメアブラススキ連	小−大型	x = 5, 9	C_4	*Imperata, Miscanthus,* *Saccharum, Sorgum*
トウモロコシ連	中型	x = 5, 9	C_4	*Zea, Coix*

　イネの品種'日本晴'は，*Oryza sativa* cv. Nipponbare もしくは *Oryza sativa* 'Nipponbare' と示される．

　ダイコンの品種'守口大根'は，ICNCPでは，*Raphanus sativus* cv. Moriguchi となるが，ICBNでは，*Raphanus sativus* L. var. *hortensis* Becker f. *longissimus* Kitamura となる．

　イネの品種'アキヒカリ'は「ふ系104号」または「N 238号」ともよばれる．「 」内の系統名は，ICNCPもICBNも関与しないので注意する（'ふ系104号'のように示してはいけない）．品種名にも学名にも優先権が認められており，すでに発表された名前を再度使うことや同じものに違う名前を与えることはできない．誤って使用した場合は，後の名前は自動的に失格する．品種名は江戸時代の版画印刷や写本によって複写されたものでも優先権を持つ．種苗法や特許法など日本の国内法による品種登録は，産業上での取り決めであり，品種名の設定は学術上の命名規約とは独立している．しかし，学術上の混乱を招くような品種名の登録は避けるほうがよい．

植物図鑑の採用と植物の同定

　通常，植物図鑑は，簡明な図と植物の特徴を説明した説明文（記載文）より構成されている．見出しの学名は，その著者がもっとも正しいと考えているもの，次に述べている学名はシノニム（異名）といい，別の学者が使った採用すべきでないものである．図鑑には研究の成果を十分に吟味して公表したものも，専門的でない人が利便のためにまとめたものもあるので採用に当たっては注意を要する．

　植物の種の同定にあたっては，身近な図鑑や写真集で検索表を用い，見当をつけた後
　野生植物では，
「日本の野生植物」全5巻 平凡社
「日本植物誌」大井次三郎著 全2巻 至文堂
「新日本植物誌」シダ篇中池敏之著 全1巻 至文堂
　栽培植物では，
「世界有用植物事典」全1巻 平凡社
　などを用い，記載文の内容を熟読し，種や分類群を特定する．

　種の同定にあたっては研究者が当該種の原標本や原記載にあたるのが当然であるが，やむを得ず専門家による同定を必要とする場合は，花もしくは果実など種属の特徴を示す器官をつけた乾燥標本（押し花）を2枚以上作成し（1枚を手許に残し），大学や博物館，植物園の標本館へ持参または郵送し，同定を依頼する．標本には採集場所，採集日，採集者など基本的な情報を必ずつけ，その標本は標本館へ寄贈する．

　研究や実験に用いた種や品種では，証拠となる植

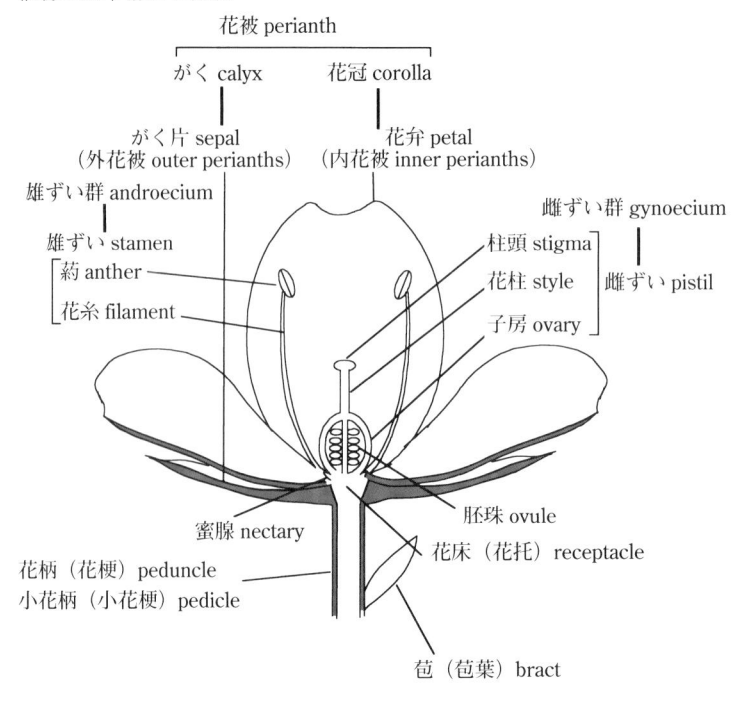

図2.2 花の各部位の名称(福住(1981)を修正) 太線の上に記された名称は集合体を示す.

物標本を作成し,残すのが望ましい(分類学上の知見に寄与するような場合には必ず残さねばならない).証拠標本があれば,和名や品種名,学名の採用を誤った場合でも,後日修正できる.

(山口裕文)

2.2 花の形態

花の基本構造

種子植物の花 flower は茎と葉が有性生殖のために特殊な形態変化をとげたものと考えることができ,茎に相当する花床と,葉に相当する花葉 floral leaf からなる.花葉にはがく片(外花被片),花弁(内花被片),雄ずい,心皮 carpel(雌ずいはその上部)の4種類の器官分化がみられる(図2.2).以下に被子植物を中心とした花の外部形態観察の際の要点を述べる.

完全花と不完全花,花の性表現:多くの植物種において花は上で述べた4種類の器官をすべて備えている(完全花 complete flower)が,どれか一つでも欠いた花を不完全花 imperfect flower とよぶ.特に,雄ずい,雌ずいの両方を備えた両性花 bisexual

---

植物標本の作製法

植物標本(さく葉)は,植物体の採集,乾燥,台紙への貼り付けの3段階の作業によって作成する.草本では花や果実をつけた全草,木本や蔓本では花や果実をつけた枝を採集する.根は良く洗って土を落とす.余分な枝や根や葉は,切り落とす.良く乾燥した4つ折りの新聞紙を多数準備する.全草もしくは一枝を花や葉が重ならないように配置して,4つ折りの新聞紙に挟み,その上下に植物体を入れない新聞紙(吸水紙)でさらに挟む.これらを複数重ね,上に板を載せその上にさらに重石を載せる.吸水紙を乾燥したものと順次取り替えると,植物体は乾燥する.乾燥の初期は吸水紙は毎日取り替え,乾燥が進んだら適宜取り替えの間隔は延ばしても良い.植物体を摘んで立てたときにしおれずピンと立つ状態になったら乾燥を終了する.次に,植物体を標本台紙(32×47cm)に貼り付ける.ラベル(8×12cm)に基本情報(採集日,採集場所,採集者名)および植物名を記入し,台紙に貼り付ける.植物名は判らなくとも良いが,基本情報は必ず正確に記入する.採集者名の次に採集者ごとに通し番号(生涯同じ番号を使わない)を付けると良い.球根や大きな果実など分厚いものは扁平に切り落とす.サツマイモなどのように多肉の植物ではあらかじめ,高濃度のアルコールで葉や茎の離層組織を殺し,葉や枝の脱落を防止する.野生植物の種子や果実のように脱落するものは,小袋に入れ,乾燥させ,同じ台紙に貼り付ける.植物の状況に応じて採集,乾燥,貼り付けの方法を工夫する.

(山口裕文)

flower に対して，雄ずいを欠いた雌性花 female flower と雌ずいを欠いた雄性花 male flower を単性花 unisexual flower とよび，これらが同一個体内に存在する場合と個体ごとにどちらかを着生する場合に対して，両性雄性花同株 andromonoecism, 両性雌性花同株 gynomonoecism, 雌雄性花同株 monoecism, 雌雄性花異株 dioecism に区別する．

　器官の配置：正面から見て対称軸が2本以上ある放射相称花 actinomorphic flower（例　ユリ，サクラ，キュウリ）と，1本だけしかない左右相称花 zygomorphic flower（例　ラン科植物，マメ科植物の多く）がある．

　器官相互の変化：花冠がない，あるいは花冠が退化した植物では，他の器官が発達し装飾的になっている場合が多くみられる．また，いわゆる八重咲きの花は，花弁自体の増加のほか，がく，雄ずい，雌ずいのいずれか，あるいは二つ以上が花弁へ変化することによってできる．

　数　性：たとえばユリ科の花において，外花被片，内花被片，外側の雄ずい，内側の雄ずいがそれぞれ三つずつあり，中心に3枚の合生心皮からなる雌ずいが存在するように，それぞれの構成器官が同数あるいはその倍数となっている場合がみられる．単子葉植物では3数花が基本であり，双子葉植物では4数，5数，6数のものが多い．

　離生と合着：がく片と花弁には離生するものと合着するものがある．双子葉植物は，離弁花類 choripetalae と合弁花類 gamopetalae との二つに大きく分類されてきたが，近年の分類学的見解によると，離弁・合弁は必ずしも類縁関係とは一致しない．

　子房の位置：子房の位置が花弁や雄ずいの基部より上にあれば，子房上位 hypogynous, 下にあれば子房下位 epigynous, それらの中間的なものを子房中位 perigynous という．

　子房および胎座の形態：子房がいくつの心皮で形成されているか，子房内がいくつに仕切られているか，また，胚珠が子房に着生する位置（胎座）などは，果実の形状にも関わる重要な特徴である（図2.3）．

花式図と花式

　花を構成する花葉の種類と配列を断面の形態を用いて模式化したものが花式図 floral diagram で，それを記号で表したものが花式 floral formula である（図2.4）．花式ではがくを K，花冠を C，雄ずいを A，雌ずいを G で示す．また，がくと花冠の区別が困難な場合は，花被として P で示す．各文字の後ろにその数を示し，合着している場合は（）で囲む．また，子房上位の場合は G の下に，子房下位の場合は上に − を引く．放射相称花は ☆ を，左右相称花は ↓ を花式の先頭に付す．

花　序

　茎軸の先端あるいは葉腋に花を一つだけ着生する植物もあるが，多くの植物では複数の花が茎軸に着生し，その状態あるいは花の集合体を指して，花序

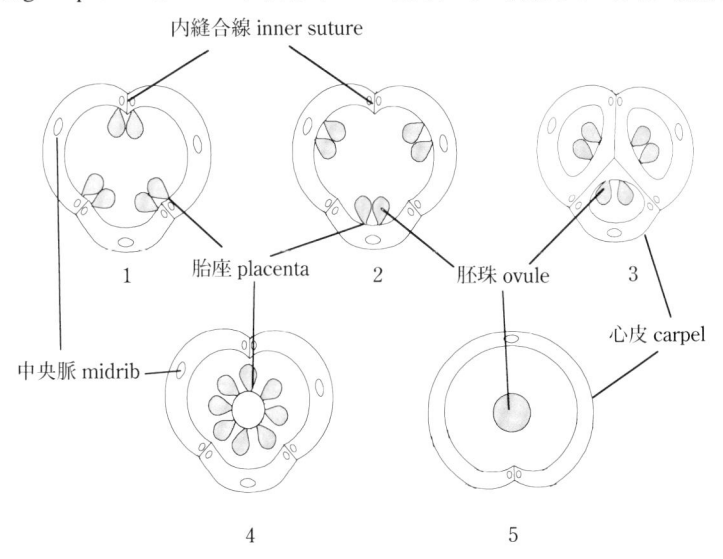

図2.3　胎座の模式図（福住，1981）
1：側膜縁辺胎座 parietal, marginal placenta, 2：側膜中脈胎座 parietal, laminal placenta, 3：中軸胎座 axial placenta, 4：特立中央胎座 free central placenta, 5：中央胎座 central placenta

図 2.4 花式図と花式の例　左：ユリ　右：ツツジ

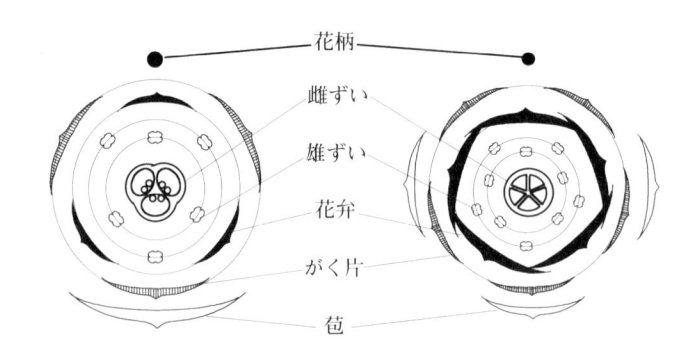

☆$P_{3+3}A_{3+3}G_{(3)}$　　☆$K_5C_{(5)}A_{5+5}G_{(5)}$

inflorescence という（図 2.5）．花序には多くの種類があるが，主軸が生長しながらその側部に花を形成する単軸分枝型の総穂花序 botrys（図 2.5, 1〜7）と，主軸の先端に最初の花が着き，次の花が主軸から出た分枝の先に着く仮軸分枝型の集散花序 cyme（図 2.5, 8〜12）に大別される．また，特定の分類群にだけ見られるきわめて特殊な花序（図 2.5, 13〜16）もある．一つの花序の中に異なった基本的花序が組み合わされている場合も多く，例えば「頭状総状花序」のように部分の形態に全体の形態名をつけて示す．

花の形態観察の実際

5月初めに入手できる植物の例と特徴を表 2.2 に示す．花序や花の構造全般を知るためには，花序のついた枝ごと採取し，できるだけ若いつぼみから咲き終わった花まで揃うようにする．上に述べたような外部形態の要点に注目しながら，初めに花序など大きな構造の観察から順次分解を進め，細かい観察は実体顕微鏡やルーペを用いて行う．胎座の種類や胚珠の形などは，鋭利な刃物で子房の断面を作り，実体顕微鏡で観察する．観察結果はスケッチし，花式や花式図などで示すほか，近接撮影や顕微鏡に取り付けたカメラで撮影を行う．

大きな子房の組織や維管束系は，徒手切片をサフラニン溶液で染色し，光学顕微鏡で検鏡する．小さな子房，花弁，花柱，葯などの器官の横断面の構造はパラフィン切片を作成して検鏡する．花弁の表皮などの微細構造は走査型電子顕微鏡で観察する．

（稲本勝彦）

表 2.2　花の形態観察材料の例

植物名	科	花序	相称型	子房位置	雄ずい数	雌ずい数	心皮数	心房室数	胎座位置
デルフィニウム	キンポウゲ	総穂花序（総状花序）	左右	上位	多数	3	3	3	中軸
ツツジ	ツツジ	総穂花序（散形花序）	放射	上位	5または10	1	5	5	中軸
スカシユリ	ユリ	総穂花序（散形花序）	放射	上位	6	1	3	3	中軸
アマリリス	ヒガンバナ	総穂花序（散形花序）	放射	下位	6	1	3	3	中軸
ディル	セリ	総穂花序（複散形花序）	左右	下位	5	2	2	2	中軸
ガーベラ	キク	総穂花序（頭状花序）	左右	下位	5	1	2	1	中央
カーネーション	ナデシコ	集散花序（単出集散花序）	放射	下位	10	2	2	1	特立中軸
アヤメ	アヤメ	集散花序（単出集散花序）	放射	下位	3	3	3	3	中軸
バラ	バラ	単生または総穂花序	放射	上位	多数	多数	多数	1	中央
パンジー	スミレ	単生（腋生）	左右	上位	5	1	3	3	側膜

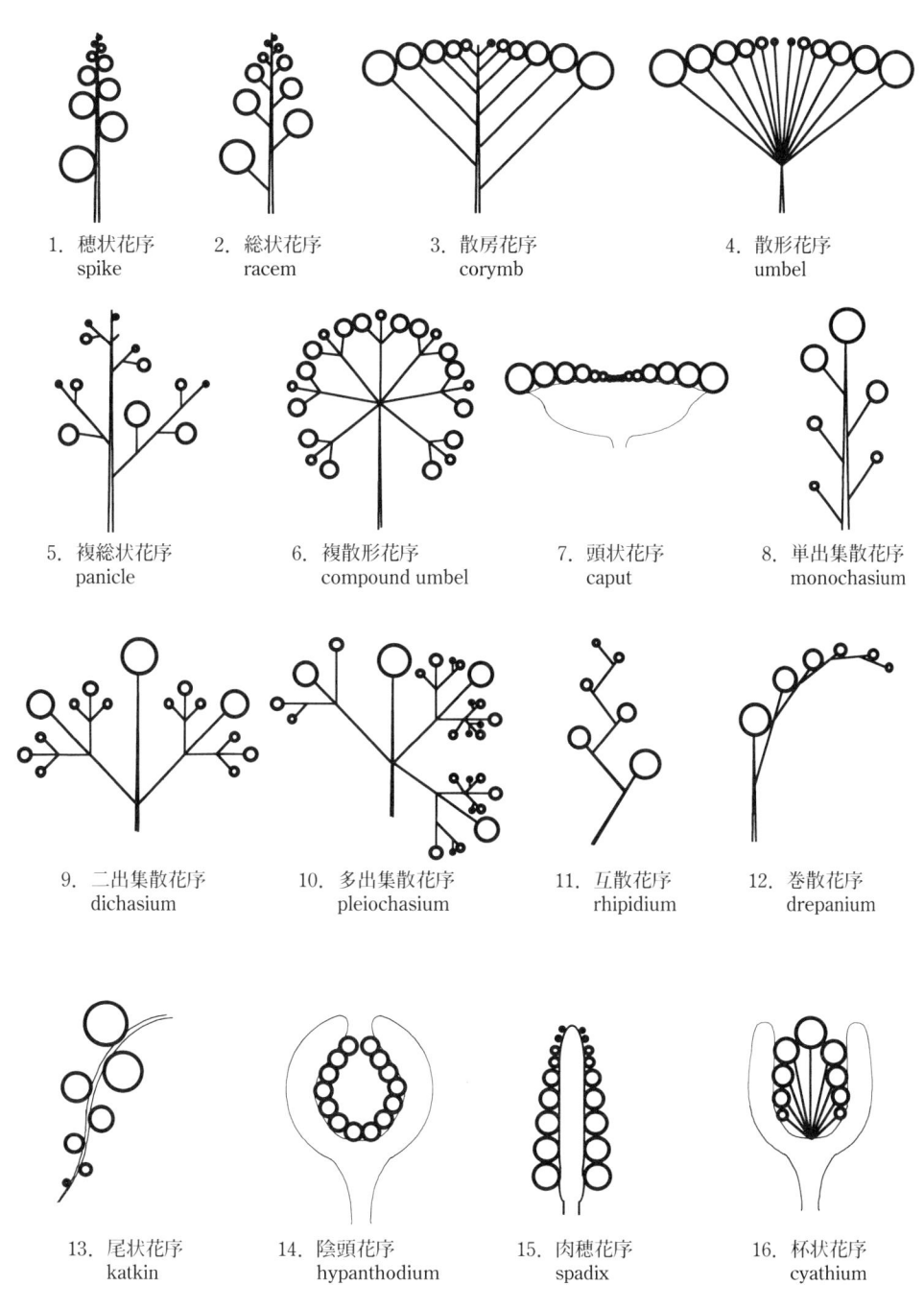

1. 穂状花序 spike	2. 総状花序 racem	3. 散房花序 corymb	4. 散形花序 umbel
5. 複総状花序 panicle	6. 複散形花序 compound umbel	7. 頭状花序 caput	8. 単出集散花序 monochasium
9. 二出集散花序 dichasium	10. 多出集散花序 pleiochasium	11. 互散花序 rhipidium	12. 巻散花序 drepanium
13. 尾状花序 katkin	14. 陰頭花序 hypanthodium	15. 肉穂花序 spadix	16. 杯状花序 cyathium

図 2.5 おもな花序の模式図
大きな円で描かれた小花が早く開花する.

2.3 果実の形態と機能

　果実 fruit は一般に花が咲いた後にできる．そのため，果実を正しく理解するには花から果実ができるようすを観察するのがよい．雌ずいの一部である子房 ovary が生育・肥大したものを真果 true fruit，子房とその付属した部分が生育・肥大したものを偽果 false fruit，pseudocarp とよぶ．子房は1〜複数個の心皮 carpel が癒合して形成されており，子房を構成する心皮の数により1心皮雌ずい〜多心皮雌ずいに区別される．植物の種類によって心皮数はほぼ決まっている．受精後，子房壁は果皮 pericarp となっ

て種子を包み保護する．果皮は，一般に外果皮 exocarp，中果皮 mesocarp，内果皮 endocarp の 3 層からなる．多肉果ではその区別が容易であるが，果実の種類によっては区別が困難なものもある．

真果と偽果の区別はすでに花の時期にみられ，真果は，がく，花冠（花弁）より子房が上部に着生する子房上位，および内面に子房を着けたカップ状の花托のへりにがく，花冠（花弁）が着生する子房中位（子房周位）の花に由来し，偽果は，がく，花冠（花弁）より下部に子房が着生し，子房が花托と合着している子房下位の花に由来する．

また，真果や偽果の違いに関わらず，1本の雌ずいに由来する果実を単果 simple fruit，単一の花に複数の雌ずいが存在し，小果の集合体を形成する果実を集合果 aggregate fruit，複数の花から形成された小果が癒合し，全体が 1 個の果実のように見える果実を複合果 multiple fruit という．単果には大部分の穀物，果樹，果菜類などが，集合果にはイチゴ，キイチゴ，バラ，ハス，キツネノボタン，コブシなどが，複合果にはパイナップル，クワ，イチジク，オナモミ，ミズバショウなどが含まれる．なお，集合果や複合果は全体で 1 個の果実と見なされるので，子房の着生位置に関わらず偽果である．

さらに，成熟時の果実の外観から，乾燥している乾果 dry fruit と果肉部分が多肉多汁質となる液果（湿果，多肉果）sap fruit，fleshy fruit に大別することもできる．液果は果皮や花托などが肥大しているものが多い．

果実の内部構造は，真果では種子，胎座，果皮からなる．一方，偽果は種子，胎座，果皮，花床（花托）の皮層，がく筒からなり，集合果や複合果ではこれらに果軸（果柄）も含まれて 1 個の果実を形成する．果実の可食部は複雑で，真果の内果皮は，カンキツ類では可食部であるが，モモでは硬化して胚を包む核となる（図 2.6）．

栽培植物の果実は，品種改良などにより利用部位が野生種と比べると著しく肥大している．

果実の形態観察

材料採取後ただちに観察する方がよいが，液漬標本を用いる場合もある．液浸に用いる保存液には通常，エタノール（60〜70 %）や FAA を使用する．ただし，成熟した乾果の場合，そのまま乾燥標本として保存する．

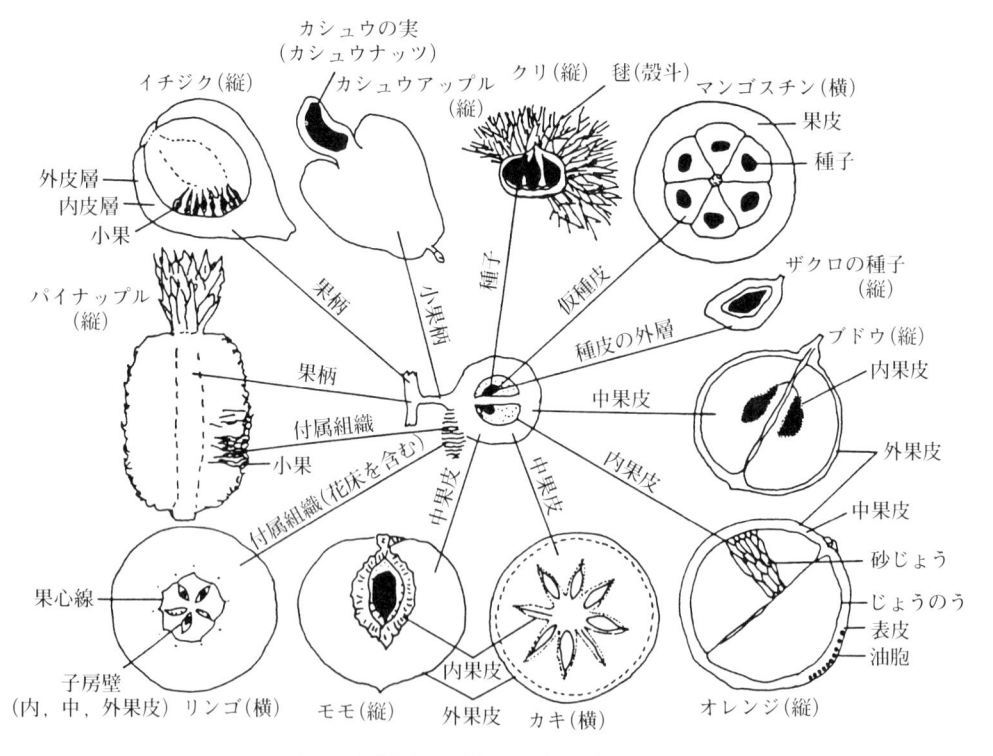

図 2.6 果樹類の可食部に発達する組織と器官
（縦：縦断面，横：横断面）（Coombe（1976）および新居（1991）より作成）

果実の表面は多くの場合，ろう状物質（クチクラ）で覆われており，気孔，毛，皮目（果点）などが存在したり，表皮細胞にさまざまな色素を含んでいたりする．外果皮の外側の細胞膜はクチクラで覆われる．気孔の分布や数は果実の種類により一定ではない．たとえば，カンキツ，イチジク，モモなどの果実では多数の気孔があるが，カキでは気孔がない．ナシでは表皮の下に数層の石細胞があり，機械的な補強の働きをする．

内部形態の観察において組織学的な調査を行うには，材料や研究目的に応じて適切な切片作製法と染色法を選ばなければならない．乾果の内部形態を観察するには，薄い水酸化ナトリウム水溶液などで煮沸して皮層の木化組織を軟化させる．液浸保存した果実では，細胞内物質が保存液中に溶出することがあるので，注意を要する．

実　験：リンゴ，カンキツ，モモ，キュウリなどの果実の縦断面における器官を図示し，それぞれが真果か偽果か分類する．

果実の生長の観察

一般に，受粉・受精が行われた後，果実は旺盛な生長を開始する．しかし，受精しないで果実を形成したり（単為結果 parthenocarpy），受精した後，胚や種子の生育が停止して退化した状態で果実を作る（偽単為結果 pseudo-parthenocarpy）こともある．これらの果実ではおおよその場合無種子となるが，しいな empty seed（発芽能力のない種子）を生ずることもある．また，受精しなくても発芽力のある種子を生ずる場合があり，卵細胞から種子が形成される場合を単為生殖（処女生殖 parthenogenesis）といい，体細胞から形成される場合をアポミクシス apomixis という．

果実の生長は均一に進まない．いま，平面グラフの縦軸に果径（縦径，横径），果重，容積，乾物重などを，横軸に時間の経過を対比させて得られる生長曲線 growth curve をみると，生長曲線のパターンには，大きく次の 2 型がある．1）生長の初期と末期には肥大が緩慢で，生長中期に著しい肥大を示す S 字型生長曲線を示すグループで，リンゴ，ナシ，ビワ，カンキツ，クリ，クルミ，パイナップル，バナナ，アボカド，イチゴ，トマト，メロン，キュウリ，ナス，ピーマンなどが属する．2）二重 S 字型生長曲線を示すもので，モモ，ウメ，スモモ，カキ，ブドウ，イチジク，オリーブ，ブルーベリー，ラズベリーなどがある．後者の果実では，二つの S 字をつなぐ中間に一時的な肥大停止期がある．全生長期を三つに分けて，急激な生長を示す第 1 期（迅速生長期），生長が一時停止するかまたは緩慢になる第 2 期（硬核期あるいは一時生長停滞期），再び肥大を示す第 3 期（成熟前第 2 迅速肥大期）とよんでいる．

果実の生長曲線を得る場合，個体差によるデータの振れを最小限にするため，できるだけ大きさの揃った多数の個体を用い，同じ日に開花した個体を測定に用いるのが望ましい．この場合，生長の指標として果径を用いると，同一果実を開花期から収穫期まで連続して調査できる利点がある．そのため，測定開始時に果梗などに毛糸やテープなどを結んで目印を付けておくと便利である．また，あらかじめ果実のどの部分を測定するかを油性マジックなどで果面に線を引いておくとよい．果重の測定では，果径の測定より個体差が生じやすい．

〔望岡亮介〕

2.4　球根の形態

多年生草木植物において，葉，茎，根など植物の器官の一部が特別に肥大し，その組織内に大量の養分を貯え，球状あるいは塊状になったものを一般に球根とよび，球根を形成する植物を球根植物 bulbous plant とよんでいる．球根は，乾燥などの不良環境下での生存，繁殖，次の生育期における速やかな生育開始の準備のための適応的形態であると考えられる．球根類は肥大した器官の種類や形態上の特徴，1 年ごとの更新の有無によって図 2.8 のように分類される．以下に球根の種類ごとの形態的特徴と分球様式について述べる．なお，球根という言葉はおもに花き類において用いられる用語であるが，他の栽培植物の地下貯蔵器官も含めて例挙することにする．

球根の分類

有皮りん茎

更新型：外皮をもつ球根である有皮りん茎 tunicate bulb (laminate bulb) では，葉が変形した外皮と養分を貯蔵したりん片（りん葉 scaly leaf）と外皮が，極度に短縮した茎である底盤上に着生している（図 2.9 上左）．更新型有皮りん茎では，りん片の腋部に腋芽にあたる子球が形成されている．この子球は母球の貯蔵養分あるいはシュートの光合成に由来する養分を蓄積して肥大し，開花後には母球を突き破って，図 2.9 上右のような形状を呈する．母球のりん片はシュートと子球に養分を供給し，開花する頃には萎縮，消失する．チューリップ *Tulipa gesneriana* L. では，このようなりん茎の更新が毎年みられる．

非更新型：アマリリス *Hippeastrum* spp. のりん茎

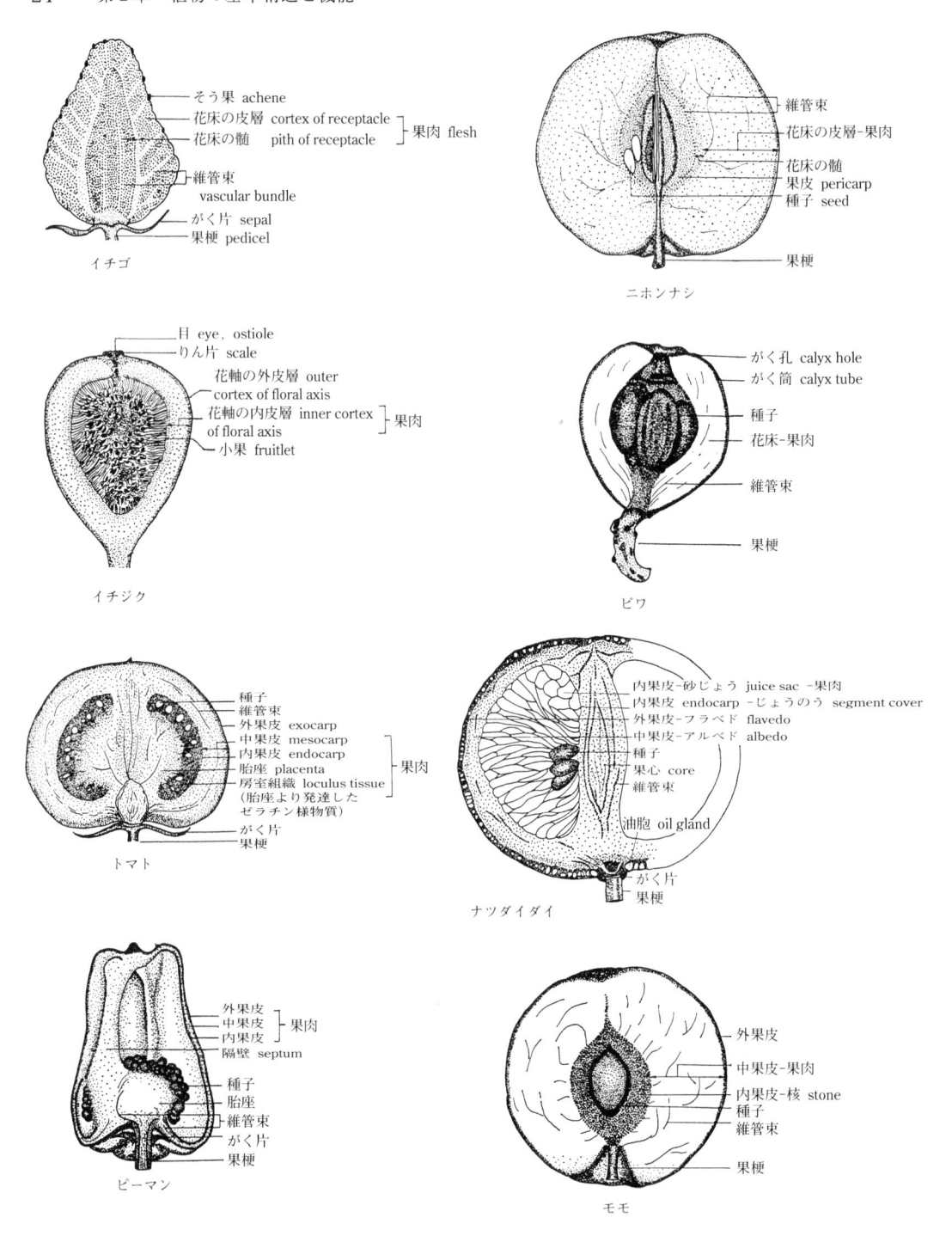

イチゴ
- そう果 achene
- 花床の皮層 cortex of receptacle
- 花床の髄 pith of receptacle } 果肉 flesh
- 維管束 vascular bundle
- がく片 sepal
- 果梗 pedicel

ニホンナシ
- 維管束
- 花床の皮層-果肉
- 花床の髄
- 果皮 pericarp
- 種子 seed
- 果梗

イチジク
- 目 eye, ostiole
- りん片 scale
- 花軸の外皮層 outer cortex of floral axis
- 花軸の内皮層 inner cortex of floral axis } 果肉
- 小果 fruitlet

ビワ
- がく孔 calyx hole
- がく筒 calyx tube
- 種子
- 花床-果肉
- 維管束
- 果梗

トマト
- 種子
- 維管束
- 外果皮 exocarp
- 中果皮 mesocarp
- 内果皮 endocarp
- 胎座 placenta
- 房室組織 loculus tissue（胎座より発達したゼラチン様物質）} 果肉
- がく片
- 果梗

ナツダイダイ
- 内果皮-砂じょう juice sac -果肉
- 内果皮 endocarp -じょうのう segment cover
- 外果皮-フラベド flavedo
- 中果皮-アルベド albedo
- 種子
- 果心 core
- 維管束
- 油胞 oil gland
- がく片
- 果梗

ピーマン
- 外果皮
- 中果皮 } 果肉
- 内果皮
- 隔壁 septum
- 種子
- 胎座
- 維管束
- がく片
- 果梗

モモ
- 外果皮
- 中果皮-果肉
- 内果皮-核 stone
- 種子
- 維管束
- 果梗

図 2.7　各種の果実の断面（松井，1981）

ではおおむね葉が4枚分化するごとにその茎軸の頂端に花序が形成され，上位より2番目の葉腋に新しい茎軸が形成される繰り返しが続く．新しい軸に着生した葉は伸長し，やがて地上部に現れて光合成を行うが，次第にその基部が養分を貯蔵して肥厚し，り

ん片を形成する．このような球根を非更新型有皮りん茎とよぶ．チューリップのりん片は葉全体が肥大したものであるのに対し，アマリリスでは各葉の基部がりん片となる点が異なる．また，一つのりん茎内にはこのような軸が数次にわたって同時に存在し，

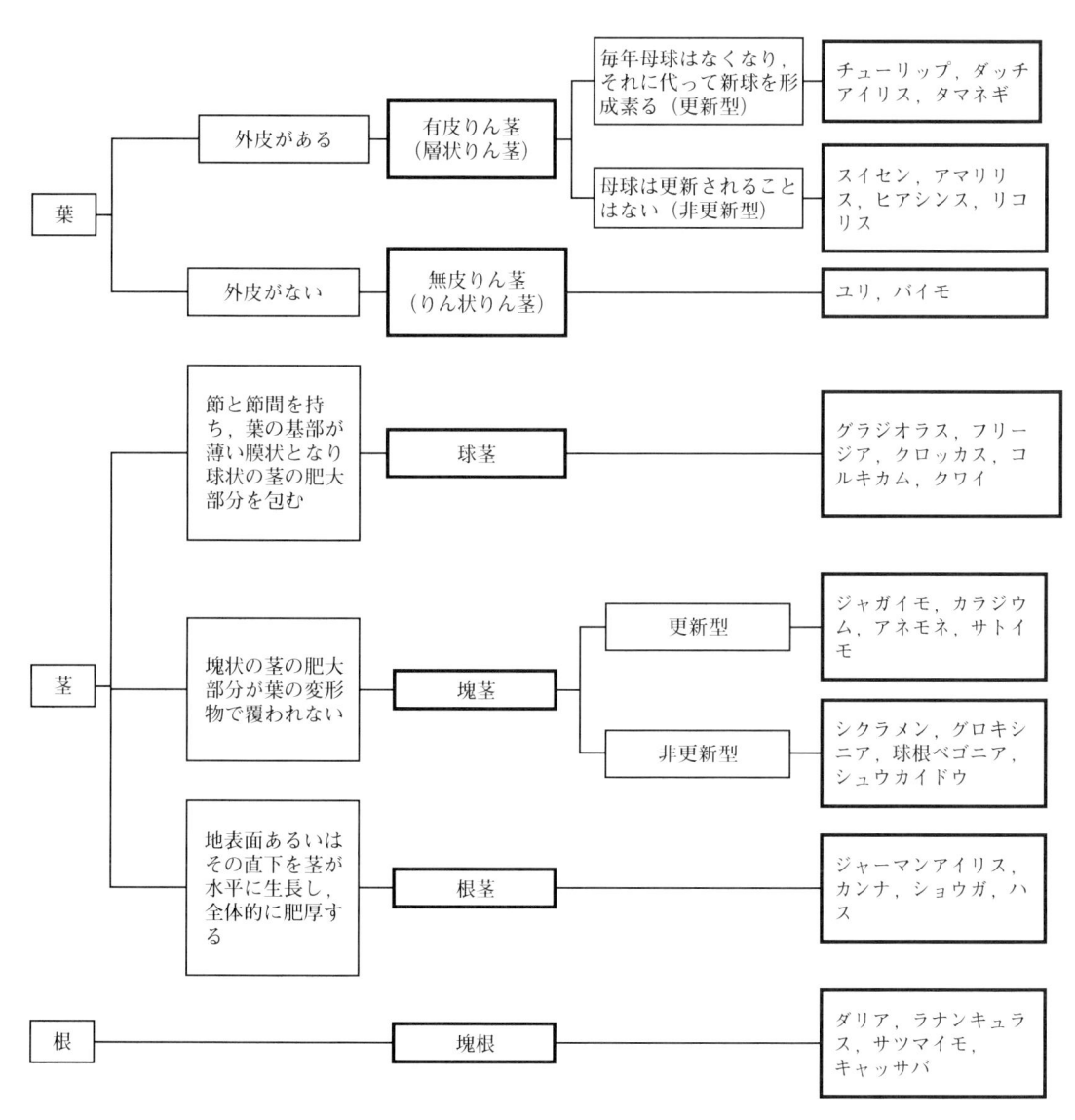

肥大（肥厚）部分	形態上の特徴	分類名	更新の有無	例
葉	外皮がある	有皮りん茎（層状りん茎）	毎年母球はなくなり，それに代って新球を形成する（更新型）	チューリップ，ダッチアイリス，タマネギ
			母球は更新されることはない（非更新型）	スイセン，アマリリス，ヒアシンス，リコリス
	外皮がない	無皮りん茎（りん状りん茎）		ユリ，バイモ
茎	節と節間を持ち，葉の基部が薄い膜状となり球状の茎の肥大部分を包む	球茎		グラジオラス，フリージア，クロッカス，コルキカム，クワイ
	塊状の茎の肥大部分が葉の変形物で覆われない	塊茎	更新型	ジャガイモ，カラジウム，アネモネ，サトイモ
			非更新型	シクラメン，グロキシニア，球根ベゴニア，シュウカイドウ
	地表面あるいはその直下を茎が水平に生長し，全体的に肥厚する	根茎		ジャーマンアイリス，カンナ，ショウガ，ハス
根		塊根		ダリア，ラナンキュラス，サツマイモ，キャッサバ

図2.8 球根類の分類検索（今西，1981）

みかけ上は1個のりん茎が数年にわたって消失することなく肥大し続けることになる．各軸は頂端にそれぞれ花序を持つが，条件によっては小さなうちにりん茎内で枯死する．最外部のりん片はやがて乾燥萎縮し，外皮となる．

無皮りん茎

生育中のユリ類 *Lilium* spp. のりん茎では，中心の茎の腋部に次の茎軸が形成され，何枚かのりん片がすでに形成されている．ユリ類のりん茎は常に前年生のりん片と当年生のりん片とで構成され，りん片は形成されてから2年で消耗し，消失していく．外皮はなく，このため無皮りん茎 non-tunicate bulb またはりん状りん茎 scaly bulb とよばれる．種類によっては茎の地下あるいは地上部の葉腋に小球根が形成され，それぞれ木子 bulblet あるいはむかご（珠芽）aerial bulblet，bulbil とよばれる．これらも葉が肥厚した小さなりん茎である．

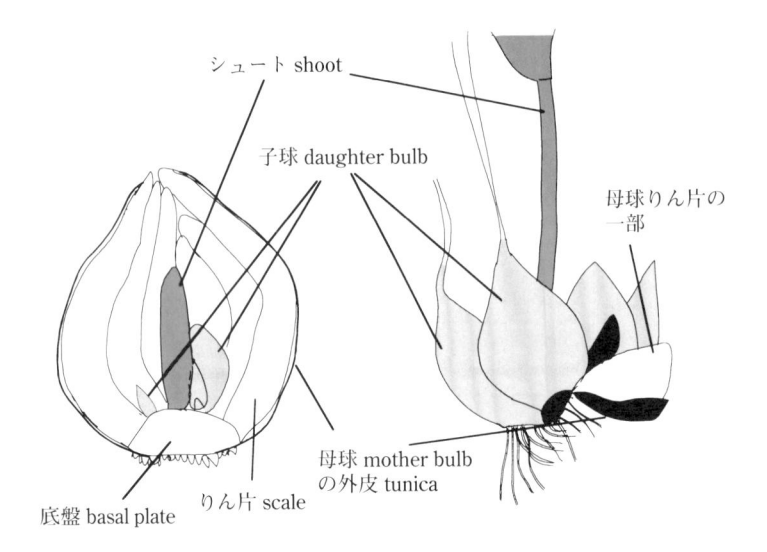

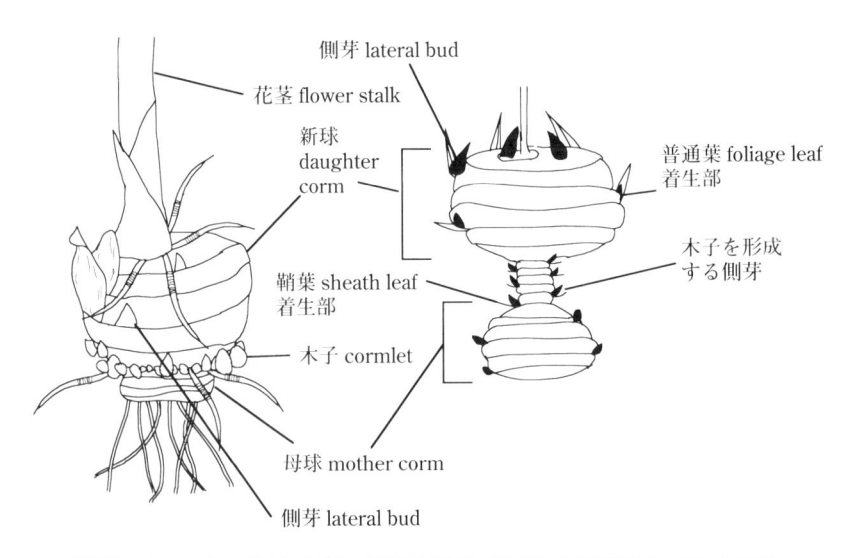

図 2.9 チューリップ（りん茎）の植付け直後（上左）と開花時（上右）の様相，
ならびにグラジオラス球茎の開花後の外観（下左）とその模式図（下右）

球茎

　グラジオラス *Gladiolus* spp. の球根の横断面では，不斉中心柱を持った維管束系がみられることから，この球根は茎の変形したものであることがわかる．このような球根を球茎 corm とよぶ．グラジオラスの開花後の株を掘上げ，肥大部分の外皮を除いて観察すると，球根はいくつもの節で構成され，その節ごとに芽がある（図 2.9，下左・下右）．茎の下部には新球があり，さらにその下に萎縮した前年度の母球がある．また，その間にごく短縮した茎が数節あり，その部分に木子 cormel，cormlet とよばれるごく小さな球根が多数認められる．

塊茎

　塊茎 tuber は茎あるいは胚軸が肥大して球状あるいは塊状となったものである．球茎とは異なり，外皮で覆われない．シクラメン *Cyclamen persicum* Mill. の塊茎は，胚軸に起源し，分球することなく年々肥大を続ける非更新型である．一方，サトイモ *Colocasia esculenta* Schott やアネモネ *Anemone coronaria* L.，ジャガイモ *Solanum tuberosum* L. では，側芽の基部が肥大することにより，分球，増殖する．また，後者は植付け時の塊茎がやがて消失して新球と交替する更新型である．ヤマイモ類 *Dioscorea* spp. の肥大部は，茎と根との中間的な性

質を持ち，担根体とよばれるが，その断面は茎の特徴である並列型維管束をもつことから，塊茎の一種と見なすこともできる．

ジャガイモの塊茎は，種いもより発生した主茎の地下部の節から側枝である匍枝（ストロン stolon）が伸長し，その先端が肥大したものである．匍枝の種類や塊茎化の過程については，株を早掘りすると観察しやすい．地下部の主茎から最初に直接発生する1次匍枝はほとんどが塊茎に発達するが，同じ節から遅れて発生する後生の1次匍枝では，一部が先端で塊茎となるにすぎない．また，1次匍枝より分岐して発生する2次匍枝の形成は少なく，その塊茎化はほとんどみられない．

根　茎

カンナ Canna × generalis L. H. Bailey やショウガ Zingiber officinale Rosc. の根茎 rhizome は，茎が全体的に肥厚し，地表面あるいはその下を水平に生長する茎である．根茎には葉の痕跡を残した節があり，各節には腋芽がみられる．

塊　根

ダリア Dahlia hybrida，サツマイモ Ipomoea batatas Poir.，キャッサバ Manihot esculenta Crantz の塊根 tuberous root は根の一部が肥大したものである．横断面を観察すると，根の特徴である放射状の維管束が観察され，塊茎であるジャガイモなどの複並立維管束と異なる．

球根類の観察の実際

一般的に開花時期から地上部の枯れ上りにかけての時期，すなわち秋植え球根（チューリップ，ダッチアイリス，スイセン，ユリ，フリージア，クロッカス，アネモネなど）については5月上中旬，春植え球根（グラジオラス，カンナ，ダリアなど）については9月頃が分球様式の観察に好適である．母球内に新たに形成される茎軸や新球を観察するために，ナイフあるいはカミソリ，ルーペなどを準備する．図2.8に示した特徴に着目しながら観察し，必要に応じて分解しながらスケッチをする．

（稲本勝彦）

2.5　根の形態と機能

根 root は維管束植物の地下部を構成する器官である．根の主要な機能は水や無機塩類の吸収と植物体の固定および支持である．根は茎葉部と根の先端部との養水分の通路ともなっている．このため，通常，根は土壌中に長く枝分かれした形態をとるとともに，発達した維管束系が認められる．根の組織を観察するには各種の包埋切片法を用いるが，適当な太さの比較的若い根の横断面構造は徒手切片法でも簡便に観察できる．ここでは根の横断面を簡単に観察し，根を構成している基本的な組織やそれらの配置を理解する．

徒手切片法による切片の作製

支持台としてニワトコやアジサイの髄あるいは長さ数 cm，直径数 mm の棒状に整形したニンジンやダイコンをあらかじめ半分に縦断しておく．試料とする根（比較的太いものが観察しやすい）の先端あるいはそれより基部の数 mm の部分を切り取って支持台にはさみ（ニンジンやダイコンを用いる場合には根をはさむ部分に縦の溝を設けておくと良い），輪ゴムでとめる．支持台の先端を根を中心に直径3-4 mm ほどに削って整える．支持台を左手，安全カミソリの替え刃を右手に持ち，両肘を軽く体側に固定して右手首を前後に動かして切片を作製する．この際に左手の親指により支持台を僅かに送り出しながら切片の厚さを調節する．安全カミソリの替え刃の表面に付着した切片を，あらかじめ時計皿あるいはシャーレに用意した染色液に筆先で落とし込む．染色液は，たとえば数 ml の蒸留水に1％サフラニン50％エタノール溶液を数滴滴下したものを用いると良い．ある程度多数の切片が浮遊したら染色液とともにスポイトで吸い上げてスライドグラス上に滴下し，カバーグラスをかけて光学顕微鏡下で観察する．観察にはできるだけ薄く切断された切片を選ぶとともに，一部が厚い切片であっても薄い部分を数多く観察して総合的に理解するように努める．また，根の組織は先端から基部に向かって分化成熟程度の進んだものが配列していることに注意して観察する．

内部形態の観察

根の一次組織 primary tissue は外部から表皮 epidermis, 皮層 cortex, 中心柱 stele, central sylinder と同心円状に配列している．以下に記述する各組織の同定を試みる．

表皮は根の最外の通常1層の組織で土壌粒子や土壌溶液と直接接し，土壌からの水や無機塩類はこの組織を通過して吸収される．大多数の植物の根では表皮の一部の細胞が根毛 root hair を形成する．根毛は表皮細胞の表面が突出・伸長したもので，直径や長さは種や生育条件により著しく変動する．1本の根では，根毛は軸方向において比較的先端よりの部

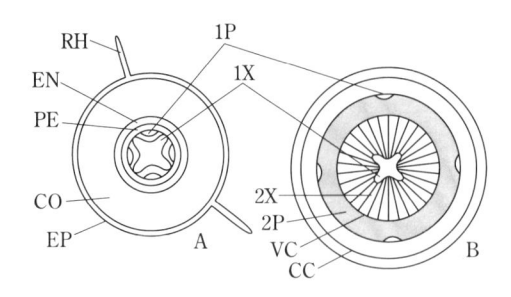

図 2.10 根の横断面の模式図（原田，1987）
A：一次生長部分の横断面，B：二次生長部分の横断面，1P：一次師部，1X：一次木部，2P：二次師部，2X：二次木部，CC：コルク形成層，CO：皮層，EN：内皮，EP：表皮，PE：内鞘，RH：根毛，VC：維管束形成層

位で観察され，それより基部側では根毛は枯死して収縮するか脱落して観察できない．根毛は根の表皮の表面積を拡大することにより養水分の吸収面積を著しく増大させていると考えられている．

皮層は表皮と中心柱の間に位置する多層の組織で，その最外層を外皮 exodermis，最内層を内皮 endodermis と呼ぶ．外皮と内皮にはさまれた皮層組織は通常，細胞間隙に富む比較的大型の柔細胞からなる．この部分の細胞には成熟するとデンプンなど貯蔵養分を蓄積する場合があるほか，水生植物の根などでは細胞が崩壊して通気のための空隙を形成することもある．また，イネ科植物の根など，表皮や外皮の内側あるいは内皮の外側の数層の細胞が比較的小型化して厚壁組織となっている場合もある．内皮は U 字型に肥厚した細胞壁を形成するので比較的識別しやすい．内皮の細胞層には細胞間隙は形成されず細胞壁にはスベリンなど疎水性の物質を含むため中心柱内を移動する養水分が外部に透過しにくい構造となっている．外皮の細胞壁は肥厚して内皮と同様の機能を果たす場合もある．

中心柱は根の中心部を占める組織系で，最外層の細胞層を内鞘 pericycle という．内鞘の細胞は比較的遅くまで細胞の分裂能力を保持して分枝根原基や形成層の分化に寄与する．中心柱の主要な部分は木部 xylem および師部 phloem で構成され，養水分の根軸方向の移動に役立っている．木部と師部は根の横断面でみると交互に放射状に配列した放射中心柱 actinostele を形成している．木部あるいは師部の数は，種や根の種類，太さにより異なり，中心柱は木部の数により2原型，3原型…多原型などに区別される．中心柱の中心部を木部が占める場合と，柔組織細胞が中心部を占めて髄 pith を形成する場合がある．髄の構成細胞は根の基部では厚壁化することも

ある．いずれにせよ成熟した根の中心柱は厚い細胞壁をもつ導管や厚壁細胞がその大部分を占め，根に機械的な強度を付与している．

木部は導管 vessel あるいは仮導管 tracheid が主体をなす．木部の最周辺部にはやや細い原生木部導管 protoxylem vessel が形成され，根の先端に近い伸長中の部分において機能している．根の中心部となるにしたがい比較的太い後生木部導管 metaxylem vessel が形成され，根の伸長生長を終わった部分においてこの導管は成熟し機能している．このほかに木部には柔細胞や厚壁細胞も付随する．師部では師管 sieve tube が主体をなす．木部と同様に師部の周辺部に原生師部 protophloem が，中心側に後生師部 metaphloem が配列している．師管には比較的原形質に富んだ柔細胞である伴細胞 companion cell が付随し，その他の柔細胞，厚壁細胞も師部の構成に加わっている場合もある．

根の最先端では，その内部に存在している頂端分裂組織を根冠が覆っている．したがって根の先端部の横断面では根冠の組織が環状に観察されることがある．根冠の細胞は土壌に接する外縁部で脱落し，内部から新たに形成されてきた細胞と置きかわる．根冠の脱落細胞は，根冠や根の先端の周縁部に分泌される粘質物質や枯死・脱落した根毛とともに生きている根の周囲土壌に常に供給されている．これらの有機物は土壌微生物のエネルギー源となるとともに生活の場を提供し，根圏 rhizosphere と呼ばれる特殊な土壌生態圏を形成するもととなっている．

二次肥大する根においては，根の先端からある程度隔たった部位より基部側に維管束形成層 vascular cambium が分化している．維管束形成層は並層分裂を行い，同心円状に内側に二次木部 secondary xylem，外側に二次師部 secondary phloem の細胞群を形成し，根が肥大する．したがって，二次師部では必ずしも明瞭ではないが，とくに二次木部では根の横断面における細胞は放射状の配列をなして認められる．二次肥大の顕著な根では，一次組織周縁部の表皮や皮層の一部が崩壊，脱落する．このような根においては二次師部の外側にコルク形成層 cork cambium が分化して周皮 periderm を形成している場合がある．

〔原田二郎〕

2.6 茎と葉の構成

茎と葉は，無秩序に独立して生長しているようにみえるが，じっくりと観察すると，それぞれが規則的な関係をもって生長していることがわかる．本項

では，茎に対する葉の着生の規則性と，イネ科植物を例にとり，葉の抽出と分枝の出現の規則性について記述する．

茎と葉の関係

維管束植物の器官は，茎・葉・根の三つに分けられるが，茎と葉の総称をシュートshootとよぶ．シュートは苗条，葉条，芽条ともよばれる．

葉の配列

葉　序：茎における規則的な葉の配列様式を葉序phyllotaxisとよぶ．葉序は節に着生する葉の枚数にもとづき，互生葉序alternate phyllotaxis，輪生葉序whorl verticillate phyllotaxisに分けられる．葉序は種特異的なものであり，外的要因によって変化することの少ない安定した性質である．

開　度：開度divergence angleは茎に着生するある葉（第n葉）とその次葉（第n＋1葉）とが茎軸を中心として挟む角度を示し，その最大値は180度となる．開度180度の場合には1/2葉序，120度は1/3葉序，144度は2/5葉序で示される．

基礎らせん：互生葉序のうち，一節に一葉ずつ生じた葉が一定の開度で配列する形式をらせん葉序spiral phyllotaxisとよぶ．葉の着生位置を上方向あるいは下方向にたどっていくとらせんを描けるが，このらせんを基礎らせんgeneric spiralとよぶ．1/2葉序の場合には基礎らせん一回転に2枚の葉，1/3葉序では3枚の葉を確認することができる．また，2/5葉序では基礎らせん二回転に5枚の葉を確認できる．らせん葉序については，開度の数量的な扱いが容易であることから，いくつかの法則がみいだされた．ドイツの植物学者SchimperとBraunによるシンパー・ブラウンの法則Schimper-Braun's lawは，葉序の開度と級数（フィボナッチ級数またはシンパー・ブラウン級数）の関係を説明する代表的な法則である．この法則は葉序の開度と全周の比がいずれも級数で表されることを説明するものである．

葉序の観察法：葉序は，同心円をたくさん描いた用紙を用意し，植物体の真上から観察し葉の配列を書き込むと理解しやすい．用紙上の同心円を茎に見立てて，一番上に展開している葉の位置を最も内側の円上に描き，次の葉を2番目の円上に，さらに基部に向かって作業を続ける（図2.11）．なお，複数の葉が同一の節に着生している場合は，同一の円上にそれぞれの葉を描くことになる．完成図の一つ一つの同心円は節を表し，この図をもとにして葉の配列の特徴が容易に理解できる．

イネ科植物の分枝

分げつ：シュートには側芽lateral budが分化し，それが伸長して側枝lateral branchとなる．もとのシュートを主軸main axis，側枝を側軸lateral axisとよぶが，イネ科の植物ではそれぞれを主稈（主茎main culm），分げつtillerとよぶ．まず主稈上の節から分げつが出現し，さらに出現した分げつからも新たな分げつが出現する（図2.12）．出葉期間中の一株の茎数は，分げつ出現のくり返しによって理論上は指数的に増加することになる．

分げつの種類と表記：主稈の節から出現する分げつを一次分げつ，一次分げつの節から出現する分げつを二次分げつとよぶ．生育の条件や環境が良好な場合には，二次分げつから三次分げつ，三次分げつからさらに四次分げつが認められることもある．分げつは，出現した節によって次のように表される．主稈の第N節から出現した一次分げつは，第N節分げつとよび，Nと表記する（例：3）．Nの分げつの第M節から出現した二次分げつはMNと表記し（例：33），NMという二次分げつの第L節から出現した三次分げつはNMLのように表記する（例：334）．ただし，その他にもいくつか表記法があり，一次分げつの出現節のみをローマ数字で表す方法（例：III 34）や算用数字の前に分げつTillerの英頭文字Tを付して表記する方法などもみられる（例：T 334）．

図2.11　葉序の観察（原ら（1995）より作成）

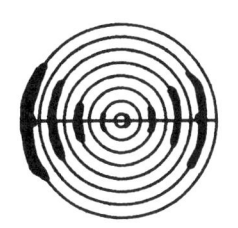

1/2葉序(開度180度)　　1/3葉序(開度120度)　　2/5葉序(開度144度)　　対生葉序

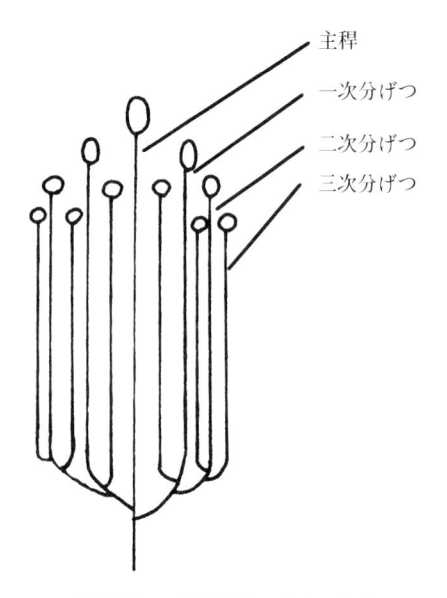

図 2.12 イネ科植物の分げつ様式
（星川（1987）より作成）

分げつ出現の規則性：分げつ出現は主稈の葉の抽出と時期的に規則性をもち，主稈上のある葉が抽出したときに，その3枚下の葉の葉鞘から分げつが出現する．また出現した分げつの葉数増加も，主稈の葉数増加と規則的な関係をもつ．この規則性は同伸葉・同伸分げつ理論（片山，1951）とよばれ，主稈と一次分げつだけではなく，一次分げつと二次分げつ，二次分げつと三次分げつの間にも認められる．しかし，生育環境，栄養状態などの外的，生理的要因によって規則性に乱れが生じることもある．

（大江真道）

2.7 花粉の形態と発芽

花粉の形態観察

花粉 pollen は葯の中で作られ，葯組織の発達と密接に関わりあって発育する．まず，葯の表皮直下の体細胞の一部である胞原細胞 archesporium (archesporial cell) が分裂して花粉母細胞 pollen mother cell となり，これが減数分裂により花粉4分子期 tetrad を経て4つの花粉小細胞（小胞子 microspore）に分かれる．さらに，これらの花粉小細胞は発達して花粉となる．

花粉は肉眼で見ると単なる黄色い粉末のように見えるが，顕微鏡で観察すると，さまざまな形態をもち，表面には複雑な模様が認められる（図2.13）．その形態や模様は植物の種類ごとに特徴があるため，花粉の観察によってその植物の種類を特定できる．

乾燥した状態と水分を吸収した膨潤の状態では，形態が著しく異なって見えることがあり，前者を乾燥型，後者を膨潤型という（図2.14）．花粉表面の模様（彫刻，彫紋 sculpture）を観察するにはどちらでも大差はないが，発芽孔 germinal pore の観察には膨潤型が適している．

光学顕微鏡による観察

準　備：ピンセット，スライドグラス，カバーグラス，エタノール（90～100％），グリセリンゼリー，0.01％ゲンチアナバイオレット・エタノール溶液，キシレン（油脂質の多い花粉の場合）．

観　察：スライドグラスの中央にエタノール（90～100％）を1,2滴たらし，その上に花粉を落として，エタノールが揮発するのをまつ．花粉はエタノールにより固定されるとともに，スライドグラスに付着する．次に，花粉表面の油脂質の付着物を除去するため，スライドグラスを少し斜めにして，スポイドで少量のキシレンを，花粉が流出しないようにゆっくりと滴下する．

次にスライドグラスを水平にして，ゲンチアナバイオレット・エタノール溶液を1,2滴落として染色し，自然にエタノールが揮散するのをまって，再びスライドグラスを斜めにして，100％エタノールを滴下し，余分の色素を除く．しばらく放置し，スライドグラスが十分乾燥した後，花粉の近くに2～3mm角のグリセリンゼリーを置き，スライドグラスの下から弱い火で暖めてゼリーを溶かし，カバーグラスで花粉ごと封じた後，顕微鏡で観察する．花粉の大きさ，形，表面の模様，発芽孔の数・形・位置などを観察・記録する．急いで観察したい時には，直接45％エタノールで封じて観察する．

走査型電子顕微鏡による観察

FAA溶液（または2％グルタルアルデヒド固定液），50％，70％，80％，90％，95％，100％のエタノール（またはアセトン）溶液，遠沈管，両面テープ，金属製試料台を準備する．

試料を走査型電子顕微鏡 scanning electron microscope (SEM, 図2.15) で観察する場合，試料の脱水と乾燥が極めて重要な操作となる．花粉の表面微細構造（彫紋）のみを観察する場合や花粉外膜が丈夫なものであれば，自然乾燥やアルコールで脱水処理をしただけでも十分きれいなSEM像が得られる．しかし，花粉外膜の薄いものを自然乾燥やアルコール脱水すると凹凸ができたり，発芽孔が内側にめりこんでしまう場合がある．ここでは，植物試料にお

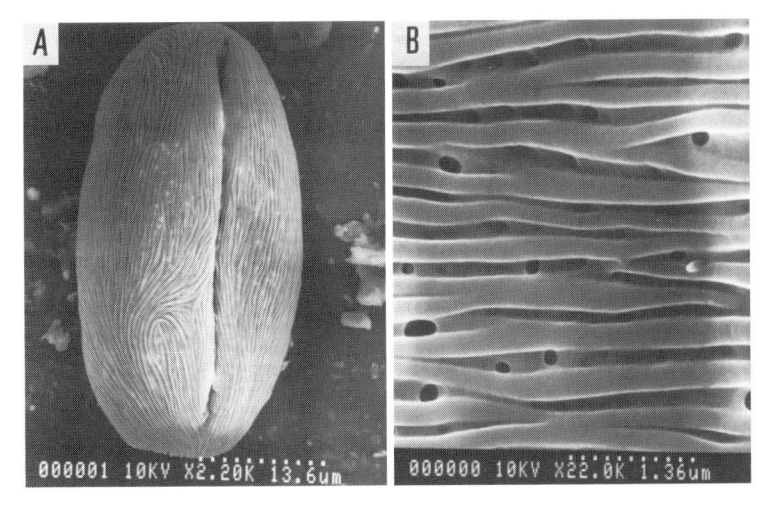

図 2.13　ウメ '南高' 花粉の走査型電子顕微鏡写真
A：乾燥花粉の全体像，B：表面微細構造の拡大（村井ら，1996）

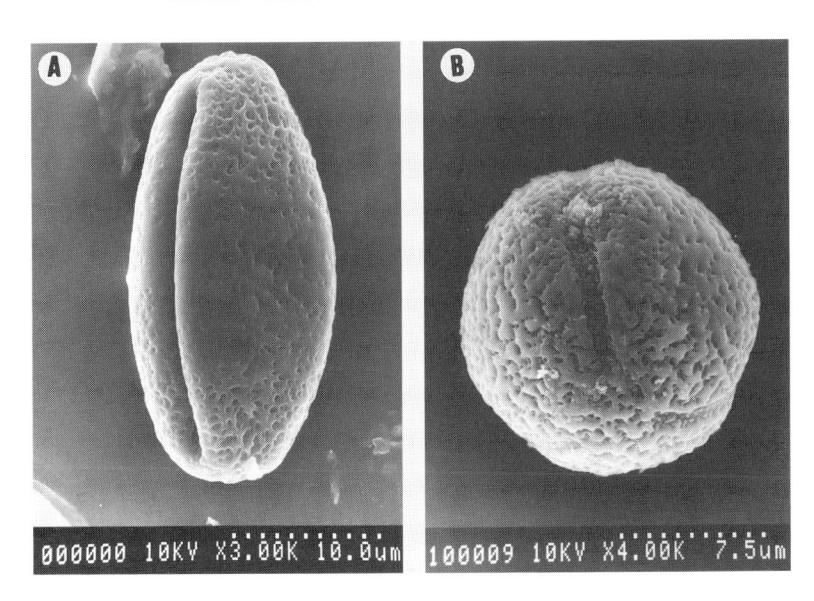

図 2.14　ブドウの乾燥花粉（A）と湿潤花粉（B）の走査型電子顕微鏡写真

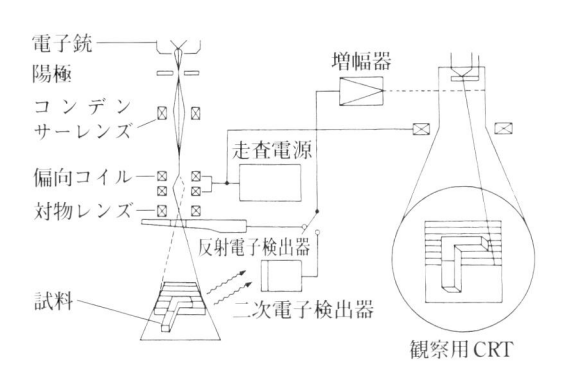

図 2.15　走査型電子顕微鏡装置の模式図（田中，1995）

いて最も優れた乾燥法である臨界点乾燥法 critical point drying method による，膨潤型花粉の観察例を示す．

　固　定：遠沈管に試料の花粉を入れ，FAA 溶液あるいは 2 % グルタルアルデヒド固定液を加えて攪拌し，数時間〜半日程度固定する．固定時間が長いと，組織表面を覆っている粘液物質が溶出するので，粘液物質を除去したい場合は固定時間を長く設定する．固定時間が短時間であれば室温条件でも大きな問題はないが，一般に 0〜4 ℃ の固定温度が無難とされる．

　脱　水：固定が終了すれば遠心分離し，上澄み液を捨て，脱水液（エタノールまたはアセトン）を加え

て攪拌する．脱水液の濃度を，50 % → 70 % → 80 % → 90 % → 95 % → 100 % と段階的に高め，同じ操作を繰り返す．濃度 100 % の条件では液を 2 回交換する．それぞれの脱水液に浸漬する時間は 20〜30 分である．この操作の後，さらに酢酸イソアミル液に置換することもあるが，省略してもよい．

臨界点乾燥：100 % 脱水液あるいは酢酸イソアミル中の花粉を薬さじやスポイドで取り，内側をろ紙で囲んだ臨界点乾燥用の試料カゴに入れ，すばやく臨界点乾燥する．

液体が気化する時に生じる表面張力は試料の微細構造を変形させるので，高圧下で温度を上げ，試料を浸した液体に表面張力が生じない臨界状態を作り，温度を一定に保ちながら圧力を下げて乾燥させるのが臨界点乾燥法の原理である．この時，試料を浸しておく液体は，できるだけ低温・低圧で臨界点に達するものが望ましい．現在はほとんどの場合，液化二酸化炭素が用いられている．

臨界点乾燥が終了したら，金属製試料台に両面テープを貼り，薄く花粉を貼り付ける．

蒸　着（金属コーティング）：花粉は非伝導性であり，そのまま SEM 観察すると，帯電による像障害が起こったり，二次電子の放出量が少ないため鮮明な画像が得られない．そのため試料表面を金属の薄膜で被覆する．これが蒸着である．蒸着のもう一つの役割は，試料表面を保護し，電子線による損傷を防止することである．蒸着にはおもに金 Au，白金 Pt，白金-パラジウム Pt-Pd などが用いられる．

長期保存した花粉では，脂質物質が表面に蓄積し，表面微細構造が閉塞していることが多い．その場合，KOH-アセトリシス法を用いると鮮明な表面微細構造が得られるが，花粉全体の構造が崩壊する場合もある．簡易的には，脂溶性有機溶媒に長期間浸漬貯蔵するか，5 ℃下でニトロメタン（CH_3NO_2）に 36 時間ほど浸漬処理すると，表面微細構造は回復する．

花粉の発芽の観察

花粉は柱頭上だけでなく，それと似た条件下でも発芽して花粉管を伸ばす．人工発芽床（人工培地）での花粉の発芽実験は，花粉管の伸長の観察や測定に極めて好都合である．ここでは，その概略を述べる．

材　料：カボチャ，ツユクサ，ツバキなどの花粉．

準　備：蒸留水，寒天，ショ糖，ホウ酸（またはホウ砂），平底シャーレ，スイライドグラス，カバーグラス（または乾いた筆），ろ紙，恒温器．

ショ糖-寒天培地の作り方：試験管または三角フラスコにショ糖 10 g，ホウ酸（またはホウ砂）を 5〜20 mg とり，蒸留水で全体量を 100 ml とする．培地に添加する最適ショ糖濃度は植物の種類により異なるので，既報（岩波，1980）を参考にして加減する．培地の pH は，大部分の植物で pH 6 前後が適している．次に，寒天 1〜2 g を添加し，湯煎にかけて静かに溶かす．寒天が溶けて液が透明になったら，熱いうちに，平底シャーレに 1〜2 mm 程度の厚みになるよう流し込む．培地が固まったら，1.5 × 2.0 cm に切り取り，スライドグラス上にとる．

置　床：培地に花粉を置床した時，密度の高い部分はよく発芽し，花粉管伸長も盛んになるため（花粉の密度効果 density effect of pollen grains），発芽試験の効果が著しく左右される．そのため，花粉はできるだけ粗密にならないよう置床する．発芽率の調査には乾いた筆を用い花粉を置床する方法が良く，花粉管の伸長の観察や伸長速度の測定にはカバーグラスを用いる方法が適している．

筆による置床法では，花粉を乾いた筆に着け，培地を掃くようにして花粉を広げる．1 回の操作で筆はかなり湿るため，置床の都度，筆を交換する．

カバーグラスによる置床法では，まず花粉を平底シャーレに取り，均一に広げ，その上にカバーグラスを垂直に立てて花粉をつける．次に，そのカバーグラスを培地の上に静かに垂直に触れさせる．その際，花粉が培地の内部に入り込まないよう，あまり強くカバーグラスを押さえない．

培地に花粉を置床したら，湿らせたろ紙を敷いたシャーレの中にスライドグラスを置き，ふたをして恒温器内で培養する．花粉発芽の適温は，多くの種で 20〜30 ℃ の温度域にあるが，気温の低い時期に開花する植物では比較的低温域に，気温の高い時期に開花する植物では高温域にある．また，発芽に要する時間も植物の種類によりかなり異なる．

培地条件や発芽条件が調査する植物に適していれば，必ず 1 個の発芽孔から発芽し，花粉管はスムーズに伸長するが，不適当であると複数の発芽孔から発芽したり，異常な伸長がみられる．なお，ショ糖濃度が不適当な場合，花粉の内容物が発芽孔から突出して強制的に発芽させられたような形になることもあるので，花粉管が花粉の直径の 2 倍以上に伸びたものを発芽花粉とみなせば安全である．

〔望岡亮介〕

2.8 形態調査の方法と顕微技術

永久標本（パラフィン切片）作製法

　植物の組織や内部形態を光学顕微鏡で観察する場合，生体のまま観察できれば理想的であるが，これには種々の障害がある．たとえば，ハンドセクションで標本を作成すると，細胞が幾重にも重なり合っているために微細構造が不明瞭となるし，時間の経過にともなって乾燥あるいは病変するおそれがでてくる．このような欠点を補う観察しやすい方法がいくつかある．ここでは，連続切片を作るために広く採用されているパラフィン切片法（永久標本作製）を説明する．

　パラフィン切片法は，連続切片の作製が可能なことから，組織化学的な研究以外にも植物の茎頂部における花芽形成の観察など形態学的な研究に有効な手法である．次に永久標本作製の手順の概略を示す．

　固　定：細胞の生きている時の構造をできるだけ保持し，かつ観察に便利でしかも目的とする形態や成分に変化が起こらないように細胞を殺し，固めることである．固定液には，アルコール，オスミック酸，ピクリン酸，昇こう，ホルマリンなどを使用するが，固定の適，不適は標本のできばえ，ひいては実験結果にも大きな影響を及ぼすから，植物材料や研究目的に応じて最も適当な固定液を選ぶ必要がある．最も一般的なものは，FAA（ホルマリン，氷酢酸，エチルアルコール）で，植物材料の含水量に応じてその比率を変化させるが，5：5：60：30（水）が多くの植物組織に適合している．

　脱　水：脱水前に余分の固定液を洗い去るのが普通で，通常流水で6〜24時間洗う．FAA使用の場合は，以下の脱水法を採用する限り洗浄不要である．脱水法としてはエチルアルコール法が一般的であるが，材料の硬化を防ぐためにブチルアルコール（第3ブチルアルコールがよい）が用いられることがある．いずれにしても，材料を低濃度のアルコールから徐々に高濃度のアルコールに入れ換えて脱水を行うものである（図2.16）．

　パラフィン誘導：材料を透明にし，かつ材料の組織内にパラフィンをしみ込ませるために，キシロール法，クロロホルム法など種々の方法が考案されているが，ここでは脱水と同時にパラフィン誘導ができるRandolph（1935）の簡便法を紹介する．

　手順は図2.16のとおりで，エチルアルコールとn-ブチルアルコールの混合液中のn-ブチルアルコールの比率を徐々に高め，最終的に水をn-ブチルアルコールに完全に置換した後，これを42℃で加熱融解したパラフィン（柔らかいパラフィン：軟パラ）内にしかるべき時間置き，さらに最終的には52℃で融解可能な硬いパラフィン（硬パラ）に置き換える方法である．

　パラフィン包埋：パラフィン誘導したサンプルは枠型を利用してパラフィンに包埋し，固化する．なお，パラフィンは融点52℃付近のものを使用するのが一般的であり（室温が18〜20℃のときに適している），固化の際には急激に冷却してパラフィンを結晶化させないよう注意が必要である．使用済みのパラフィンをろ過して何度も再利用することでも結晶化が防止できる．サンプルの包埋時にはサンプルの方向にも充分注意する．

　ミクロトームでの連続切片の作製：実験材料を薄い切片に切るためにはミクロトームを使用する．ミクロトームにはその用途によって種々の型がある

```
FAA固定
  ↓
85%エチルアルコール
  ↓
80%エチルアルコール(65cc)＋n-ブチルアルコール(35cc)    48時間
  ↓
90%エチルアルコール(45cc)＋n-ブチルアルコール(55cc)    1時間
  ↓
100%エチルアルコール(25cc)＋n-ブチルアルコール(75cc)   1時間
  ↓
n-ブチルアルコール                                    1時間
  ↓
n-ブチルアルコール                                    1時間
  ↓
パラフィン
```

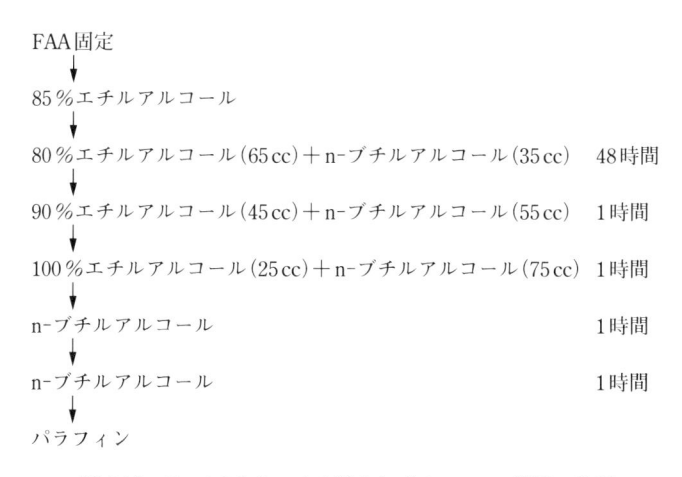

図2.16　Randolph法による脱水とパラフィンの透撤の手順

が，パラフィン連続切片を作製する時はミノット型ミクロトームを使用する．パラフィンに包埋した材料を適当な大きさに切り離して小木片に固着し，それをミクロトームにセットしたのち，ミクロトームを回転しながら切りすすむと，すべての条件が良ければ連続切片ができあがる．ただし，しばしば以下のような問題が起こる．

1) 切片が連続せずに離れやすくなる．これは室温に対してパラフィンが硬すぎるときや，パラフィンの品質が劣悪な場合に起こることが多い．このような時には，軟らかい良質のパラフィンに包埋しなおすのがよい．刀の角度をかえてみるのも一法である．
2) 連続切片に著しくしわがよる．これはパラフィンが軟らかすぎるためである．硬いパラフィンを用いるか，室温を下げて作業をする．
3) 連続切片が一方に湾曲する．パラフィン片の上下両面が平行でない，とくに刀に対してパラフィン片が歪んでとりつけられたときや，材料がパラフィン片の一方に遍在するとき，または材料の一部が軟らかくて他の部分が硬い場合などに起こる．
4) パラフィン切片に孔があく．パラフィンが材料内に均一に浸潤していないためである．
5) 連続切片に縦に白線が入る．刀に傷のあるとき，材料の一部が特に硬いとき，あるいは硬い夾雑物

パラフィン溶除去

30〜50％アルコールまたは水洗後，染色　　10〜30分

水洗

35％，50％アルコール　　各5分

塩酸アルコール

70％アルコール

85％，95％アルコール　　各5分

100％アルコール

キシロール／100％アルコール（等量）　　5分

キシロール　　10分

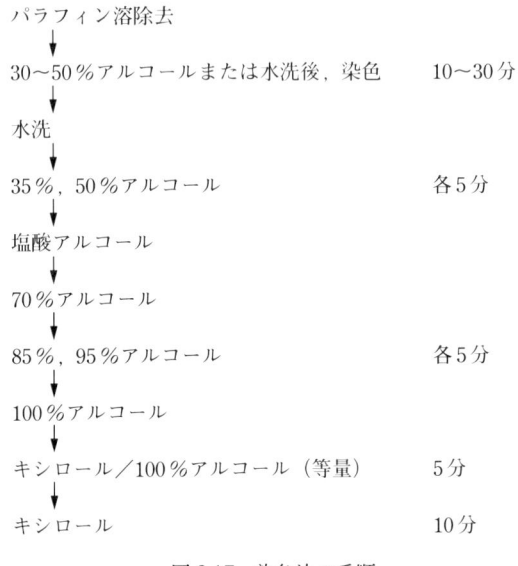

図2.17　染色法の手順

表2.3　植物組織切片の染色に用いられる主要な染色液

色素（濃度）	溶媒	染色部位	備考
単染色用染色液			
ヘマトキシリン（0.5％）	水	核，染色体	ハイデンハインのヘマトキシリン 媒染剤として鉄ミョウバン4％水溶液を使用
（0.65％）	エタノール，メタノール アンモニア・ミョウバン飽和水溶液，グリセリン（1：4：12：4）	核，染色体	デラフィールドのヘマトキシリン
（0.1％）	水	核，染色体	メイヤーのミョウバン・ヘマトキシリン 媒染剤として1％ミョウバン水溶液を使用
塩基性フクシン（0.5％）	水，1N塩酸（20：1）	核，染色体	10％異性重亜硫酸ナトリウム溶液を5％添加
複染色用染色液			
サフラニン（0.5〜1％）	水	染色体，仁，木化組織	ファストグリーン，クリスタルバイオレットと併用 染め分け剤としてチョウジ油を使用
ファストグリーン（0.5％）	無水エタノール	細胞質，セルロース	
クリスタルバイオレット（1％）	水	紡錘体，仁	
ゲンチアンバイオレット（1％）	水	紡錘体	サフラニン，オレンジGとの3色染色に使用
エリスロシンB（1％)	無水エタノール	細胞質，セルロース	クリスタルバイオレットと併用
オレンジG（1％）	水	細胞質	チョウジ油1％を染め分け剤として添加することがある

セルロース，繊維，ペクチン質，木質，コルク質，脂質，粘液中の主要成分を染色する特殊染色法については西山（1961）などを参照されたい．

が混入していることなどに起因する.
6) 切片作製時にパラフィンが帯電し,どこにでも付着して処置に困る.このような時には,日を替えて再度切り直すようにした方がよい.

切片貼着:まずスライドガラス上に1滴卵白液を落として,指頭で全面にゆきわたるようになすりつける.次に蒸留水をスライドガラスの全面に滴下して,適当な長さに切ったパラフィンリボンを一方の側から順序正しくならべる.

次に,これをパラフィン伸展器(45℃前後)上で温めてパラフィンのしわを伸ばし,しわが充分伸びたあと,水を除いてスライドガラスに貼着させる.貼着の操作中は水で潤した細い毛筆でパラフィンリボンを取り扱うのが便利である.

染 色:生物の細胞および組織は通常無色または無色に近いものであるから,微細な構造をそのまま顕微鏡下で観察することは非常に困難である.また,組織に固有の成分を染色できれば,その組織がどのような組織かも見分けることができる.したがって,通常染色してから検鏡するが,染色の出来,不出来は標本の仕上がりに大きな影響を及ぼすので,植物材料の種類や研究目的に応じて染色液を選ぶ必要がある.

なお,植物組織によく用いられる染色液の種類と染色成分を表2.3に示した.以下に,デラフィールドのヘマトキシリン法を例に説明する.方法は,図2.17の手順にしたがって行うが,色素は70%エチルアルコールに溶解しておき,パラフィン溶除後30%アルコールから順次脱水していき,70%に達したときに染色液に移す.

脱水および透明化:染色した材料はアルコールで順次脱水し,最後に無水アルコールで完全に無水状態にする.次に,透明剤で材料を透明にするが,透明剤は同時に封入剤のカナダバルサム(またはオイキット)の溶媒である.普通キシロールが使用される(表2.3).

封 入:カナダバルサム(またはオイキット)を切片を貼着したスライドグラス上に1〜数滴々下し,気泡が入らないようにカバーグラスで封入する.

顕微鏡観察:植物の茎頂部の切片では,生育ステージあるいは部位によって,ダイナミックに変化する内部形態を観察することができる.とくに栄養生長から生殖生長に移る時の形態変化は急激でありその後の花器分化のようすを観察できる.

(山口俊彦)

樹脂包埋切片の作製法

樹脂包埋切片の作製法は,パラフィン包埋切片法と同様に植物の組織や内部形態を観察する際に用いられ,包埋剤としてパラフィンのかわりに樹脂で作製したブロックをミクロトームで切る方法である.この場合には樹脂の物理的特性からパラフィンのように連続切片は作製しにくいが,ガラスナイフで切れば$0.1〜1\mu m$程度の薄い切片を作製できるので,より詳細な構造の観察ができる.樹脂にはメタクリル樹脂やエポキシ樹脂などがあり,親水性か疎水性かによっても区別される.親水性のメタクリル樹脂を用いればパラフィン包埋法のような脱パラフィンをせずに染色できるのも本法の優れた点である.ここでは,標本の光学顕微鏡観察のために,親水性メタクリル樹脂で組織を包埋してミクロトームで切片を作製する.なお,固定から切片作製までの一連の手順は,用いる試薬を除けばパラフィン切片作製法とほぼ同様である.

準 備:固定剤,緩衝液,脱水用エチルアルコール系列,樹脂,ミクロトーム,真空ポンプ,実体顕微鏡,伸展機など.

手 順

固 定:5 mlの蒸留水にパラフォルムアルデヒドparaformaldehyde 0.3 gを加え,ドラフト内でホットスターラーを用いて60℃まで湯せん加熱する.加熱後,溶液が透明になるまで1〜2滴の1N水酸化ナトリウム溶液を滴下する(6%パラホルムアルデヒド溶液).2 mlの8%グルタールアルデヒドglutaraldehyde溶液,4 mlの0.4 Mカコジル酸緩衝液,2 mlの蒸留水を混合したもの(2%グルタールアルデヒド溶液)と室温まで冷却した上述の6%パラホルムアルデヒド溶液を体積比1:1の割合で混合した後にpHを7.2に調製する.この溶液を固定液として用いる.なお,本固定液は使用の都度調製するのが望ましい.固定瓶に分注した固定液に標本を浸漬してから真空ポンプを用いて脱気し,標本と固定液を十分になじませる.固定時間は,標本の大きさにもよるが2〜24時間程度とする.すぐに切片を作製しない場合には4℃の冷蔵庫で保存する.

脱水および樹脂の浸透:ここでは,親水性メタクリル樹脂の一つであるテクノビット7100を用いる際の手順について述べる.標本を入れた固定瓶から固定液をパスツールピペットで除去し,0.4 Mカコジル酸緩衝液で数回すすぐ(1回10分程度の浸漬).次に,図2.18に示した手順にしたがって室温

70％エチルアルコール　　　　　　　2〜6時間
↓
96％エチルアルコール　　　　　　　2〜6時間
↓
100％エチルアルコール　　　　　　1〜2時間
↓
100％エチルアルコール／　　　　　2〜3時間
↓テクノビット100　等量
テクノビット100浸せき液（A液）＊　24時間以内

図2.18　包埋用試料の脱水と樹脂浸透の手順
＊市販の樹脂テクノビット7100 100mlとそれに添付されている硬化剤Ⅰ（過酸化ジベンゾイル）1gを混合したものをテクノビット7100浸漬液（A液）とする.

で脱水し，樹脂を標本に浸透させる．

重合および切片の作製：テクノビット7100に添付されている硬化剤Ⅱ（バルビツール誘導体）とA液（図2.18）を混合して30〜60秒間十分に撹拌し，ブロック作製用の容器（ビーム社のカプセルやヘレウスクルツアー社のヒストフォームなどを利用）に少量注入して，A液に浸せきしておいた標本をその中におく．室温で1時間，続いて37℃で1時間静置して樹脂を重合させる．重合した樹脂を容器から取り出し，片刃の剃刀で整形してからミクロトームで切片を作製する．得られた切片は，スライドグラス上にあらかじめ1滴ずつ滴下した蒸留水上に置いていく（1枚のスライドグラスに10〜15程度滴下）．実体顕微鏡下で解剖針を用いて標本を伸展させてから60℃に設定した伸展機の上で10〜15分間乾燥させる．ガラスナイフを用いて光学顕微鏡用切片を作製する場合には，ウルトラミクロトームに装着したブロックを剃刀またはナイフで大まかに削ってから切片作製用のガラスナイフで切る．

染色および封入：パラフィン切片と同様に染色および封入をして観察するが，染色の際に樹脂を除去する必要はない．

〈大門弘幸〉

第３章　植物の分子生物学

3.1 タンパク質の分析

タンパク質は，生物の細胞の主要成分として含まれる一群の高分子含窒素有機化合物である．種子タンパク質やアイソザイム（同一の触媒反応を行う酵素群）は，ポリアクリルアミドゲル電気泳動（SDS-PAGE）やデンプンゲル電気泳動によって，比較的簡単に支持体上に検出される．

種子タンパク質のSDS-PAGE分析

タンパク質のS－S結合を切断する作用をもつ2-メルカプトエタノールで処理されたタンパク質は，SDS溶液中で1gあたり1.4gのSDSと結合し，電荷密度がほぼ一定の複合体をつくるため，ポリアクリルアミドゲルを支持体とした電気泳動によって分子量の差だけに依存して分画される．タンパク質を特異的に結合する色素によって染色するとゲル上にバンドが検出される．この一連の分析をSDS-PAGE分析と呼び，同時に既知の分子量マーカを電気泳動するとタンパク質の分子量も推定できる．タンパク質性種子は，種子内に多量の貯蔵タンパク質を含む．SDS-PAGE分析によって，それら貯蔵タンパク質の種類と分子量を推定することができるので，種分化の研究や種内の遺伝的多様性の評価に広く利用されている．ここでは，アズキとその近縁種を例として種子タンパク質の種間差異を検出する．

準　備：電気泳動用プレート（RAB型とRA型），電気泳動層，クリップ，シリコンスペーサー，サンプルコーム（20レーン），注射器，金槌．

手　順：

1) 試料の抽出とSDS化：種子を薬包紙で包み，金槌で叩き粉砕する．マイクロチューブ（1.5 ml）に約0.3g入れ，サンプル抽出用緩衝液0.3 ml（表3.1）を加え，混ぜる．ウォーターバスの中で突沸に注意しながら，90℃で15分間加熱し，タンパク質とSDSを結合させた後，10℃，10,000回転で遠心分離し，上清を試料として使う．

2) ゲル板の組立：100％エタノールを染み込ませたキムワイプで電気泳動用プレートRAB型とRA型の表面に付着したほこりをふき取る．電気泳動用プレートRAB型を水平に机の上に置く．その上にシリコンスペーサーをはめ，電気泳動用プレートRA型でふたをする（図3.1）．最後に，クリップで動かないようにとめる（図3.2）．

3) ゲルの作製：神経毒であるアクリルアミドモノマーを用いてゲルを作製するので，ここからはビニール手袋をはめて実験を進める．分離ゲルのアクリルアミド水溶液の濃度は，目的とするタンパク質の分子量によって使い分ける（50～200 Kda：7.5％，30～70 Kda：10％，12～45 Kda：15％）．ここでは最も一般的に使われる10％分離ゲルを使用する．30％アクリルアミド水溶液は，アクリルアミド29.2gとメチレンビスアクリルアミド0.8gを蒸留水100 mlに溶解して作製する．分離ゲル溶液は，表3.2に従いビーカ

表3.1　抽出用緩衝液（西方，1997）

組成	10ml
0.5M Tris-HCl (pH6.8)	1ml
10％SDS	2ml
2-メルカプトエタノール	0.6ml
グリセロール	1ml
蒸留水	5ml
1％BPB	0.4ml

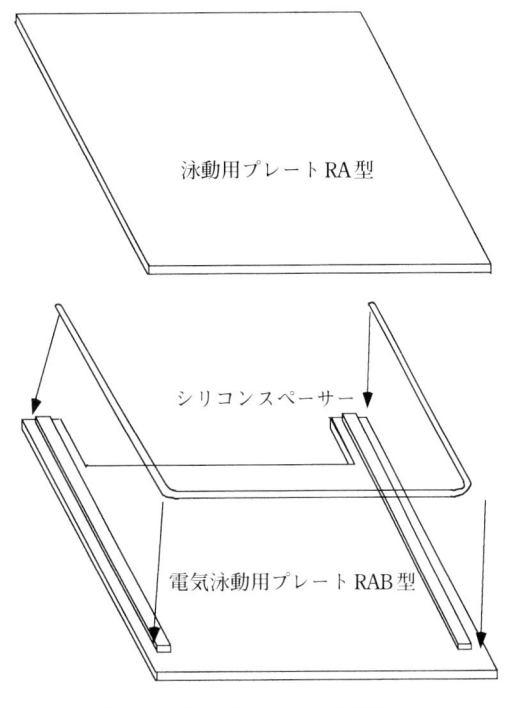

図3.1　ゲル板の組立方法（アトー株製品取扱書）

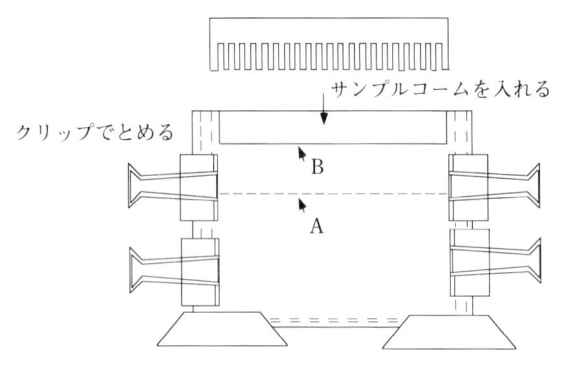

図3.2 ゲルの作製方法

表3.2 10％アクリルアミド分離ゲルの組成
（高木, 1996）

組成	40ml
1.5M Tris-HCl pH8.8	10.0ml
30％アクリルアミド水溶液	13.3ml
蒸留水	14.3ml
10％SDS	0.4ml
1％過硫酸アンモニウム	2.0ml
TEMED	0.02ml

表3.3 4％アクリルアミド濃縮ゲルの組成
（高木, 1996）

組成	20ml
0.5M Tris-HCl pH6.8	5.0ml
30％アクリルアミド水溶液	2.7ml
蒸留水	11.1ml
10％SDS	0.2ml
1％過硫酸アンモニウム	1.0ml
TEMED	0.015ml

表3.4 電気泳動用緩衝液の組成
（西方, 1997）

組成	1000ml
トリス	3.0g
グリシン	14.4g
SDS	1.0g

pHの調節は不要

表3.5 タンパク質染色液の組成
（高木, 1996）

組成	1000ml
CBB R-250	1.0g
イソプロピルアルコール	250ml
酢酸	100ml
蒸留水	650ml

（100ml）に順次溶液を入れて作製する．TEMEDを加えるとゲルの重合が始まるので，その後の作業はすみやかに行う．1％過硫酸アンモニウムは保存できないので実験の直前に毎回調合する．分離ゲル溶液をゲル板のAの位置（図3.2）まで入れる．その後，分離ゲル溶液の液面上に注射器を用いて丁寧に水を厚さ1cmくらい注ぎ込み，分離ゲルと空気との接触を遮断して重合を促進する．濃縮ゲル溶液は，表3.3に従いビーカ（100ml）に順次溶液を入れて作製する．分離ゲルが固まったら，重合促進用の水を捨て，少量の濃縮ゲル溶液をゲル板の中に入れて分離ゲルとの接点を洗浄する．濃縮ゲル溶液をゲル板のBの位置まで流し込み，直後にサンプルコームを差し込む（図3.2）．1時間ほどして濃縮ゲルが固まったら，クリップとシリコンスペーサーを外す．電気泳動用緩衝液（表3.4）を電気泳動層の下層に入れる．ゲル板の下の部分に気泡がたまらないようにゲル板を斜めにしながらゆっくりと電気泳動層にセットする．電気泳動層の上層に電気泳動用緩衝液を加える．ゲル板から丁寧にサンプルコームを抜き取る．電気泳動用緩衝液の一部を注射器で吸い，その溶液を使ってサンプル溝の周りを洗浄する．

4）電気泳動：ピペットマンを使って試料（0.01ml）をサンプル溝の中に注入し，電気泳動を開始する（20mA, 150～300V）．BPBがゲルの下端より少し上（5mm）に達したら，電源を切り，電気泳動を終了する．

5）染色と脱色：電源の切断を確認した後，電気泳動層からゲル板を外す．電気泳動用プレートRAB型が下になるようにしてゲル板を机の上に置く．電気泳動用プレートRA型を外す．濃縮ゲルをスパチュラナイフで切り捨てる．ゲルを染色皿の中に水平に移し，ゲルが十分浸かるように染色液（表3.5）を入れる．3時間ほど染色した後，染色液を染色瓶の中に戻す．染色液は再利用できる．次に脱色液（10％酢酸）を脱色用バットの中に入れてゲルに付着した不要な染色液を取り除く．キムワイプを丸めて入れておくとキムワイプが染色液を吸着し効果的に脱色できる．脱色液は3回ほど再利用できる．約3時間ほどすると十分脱色されて青色のバンドがゲル上に鮮明に現れるので，それぞれどのような種子タンパク質をもつかを比較する．

アイソザイムの分析

生物の組織から抽出した酵素は，さまざまな分子量と電荷密度をもつので，アクリルアミドゲルもしくはデンプンゲルを支持体とした電気泳動によって分画される．特定の酵素群をザイモグラムとして検出する活性染色によってアイソザイムはゲル上のバンドとして検出される．この一連の分析をアイソザイム分析（酵素多型分析）と呼ぶ．検出されたバンドは，メンデル遺伝し，共優性を示し，また，ある程度の種特異性をもつので，アイソザイム分析は，集団遺伝学における対立遺伝子頻度やヘテロ接合体の頻度の検出，種内の遺伝的多様性の評価，倍数性の進化の研究，連鎖地図の作製および種分化の研究に利用されている．

ここでは，ダイコン（*Raphanus sativus* L.）の栽培品種である '糸巻きダイコン' と '源助' を用いて，それらが5つの酵素（MDH, PGM, IDH, 6PGD, PGI）についてどのようなアイソザイムを持つかを同時に比較する．なお電気泳動の支持体にはデンプンゲルを使用する．

準　備：電気泳動層，ゲル板，アクリル板（0.5 mm，1 mm），糸のこ，ピアノ線．
材　料：発芽1週間後のダイコンの実生．
手　順：

1) 酵素の抽出：酵素の発現には組織と発育段階による違いがあり，酵素活性の高い部位や器官が材料として適するので，材料として発芽1週間後のダイコンの第一葉（約1 cm^2）を使う．抽出用緩衝液は，プレ抽出用緩衝液（表3.6）20 ml に2-メルカプトエタノール0.025 ml とポリビニルピロリドンを0.1 g を加えて調整する．葉を乳鉢に入れ，抽出用緩衝液 0.5 ml とセパデックス 0.1 g を加える．葉を乳棒ですりつぶし，抽出液を 1.5 ml 容マイクロチューブに入れる．4 ℃，5,000 回転で3分間遠心分離し，その上清を試料とする．酵素活性は，高温によって失われるので，氷などで冷やしながら実験を進める．通常のゲル板の大きさでは，一回の実験における試料の数は 30 くらいが適量である．

2) デンプンゲルと泳動用緩衝液の調整：枝付きフラスコ（1000 ml）に電気泳動用緩衝液（表3.7）を4倍希釈したゲル緩衝液 500 ml を入れる．ゲル緩衝液にデンプン 55〜60 g（11〜12 %）を加え，その後，ホットプレートで加熱する．溶液の温度を均一に上昇させるため撹拌器で撹拌しながら作業を進める．溶液がゲル状になり，沸騰し始め

表3.6　プレ抽出用緩衝液の組成
（Soltis *et al.*, 1983）

組成	1000ml
トリス	12.11g
EDTA（Na$_4$・4H$_2$O）	0.452g
KCl	0.75g
MgCl$_2$・6H$_2$O	2.03g

塩酸を加えて pH7.5 に調節する

表3.7　電気泳動用緩衝液の組成
（Soltis *et al.*, 1983）

組成	1000ml
L-Histidine	10.09g

クエン酸を加え pH6.5 に調節する．

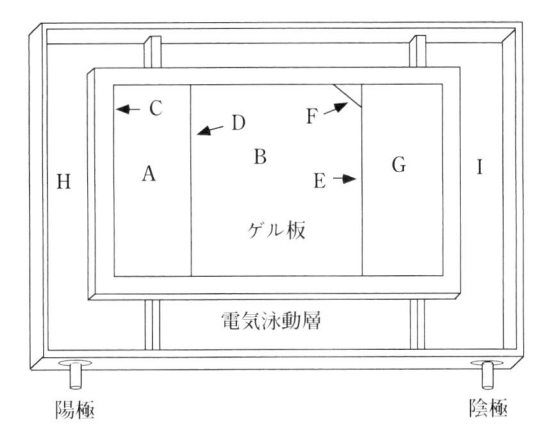

図3.3　ゲル板と電気泳動層

たら（約65〜70 ℃），加温と撹拌を止め，アスピレーターで 30 秒ほど脱気してから，ゲルをゲル板に流し込む．熱いので軍手をはめて作業を行う．30 分ほどしたらゲルが固まるので，表面が乾燥しないようにラップで被い，冷蔵庫に入れ，4 ℃まで冷やす．

3) 電気泳動：スパチュラーナイフを用いゲル端から約 40 mm（図3.3）でゲルを二分する．幅 3 mm，高さ 15 mm に切りそろえたろ紙（以後，ウイックス）に試料の上清を染み込ませる．余分な試料を他のろ紙で吸い取り，ウイックスを等間隔でゲルの切り口（図3.4）に差し込む．両端には電気泳動の進み具合を明らかにするため BPB（1 %）を染み込ましたウイックスを差し込む．ゲルのCの部分に厚さ 1 mm のアクリル板を差し込む（図3.4），ゲル A を B に詰め，切り口での漏電を

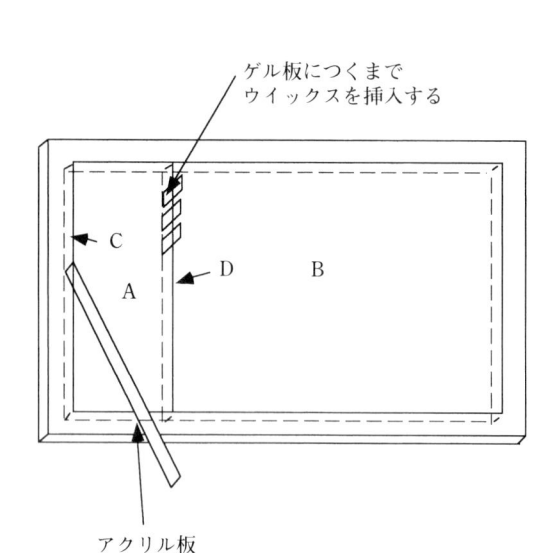

図3.4 試料のセット

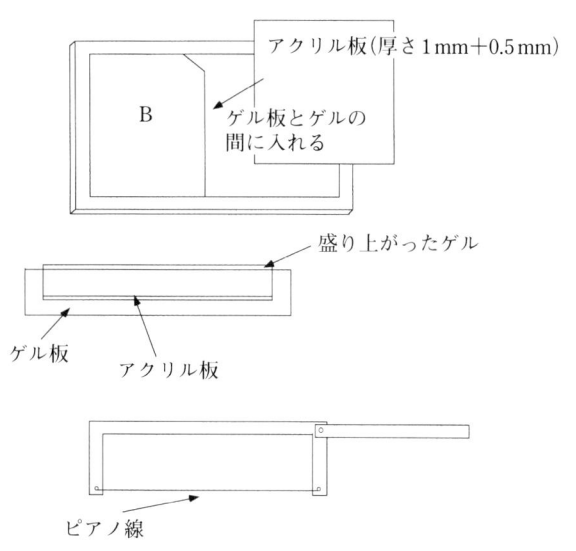

図3.5 ゲルのスライス方法

防止する．約4℃条件下で電気泳動を行うので，電気泳動層を冷蔵庫に入れる．電気泳動層のHとIの部分に電気泳動用緩衝液（表3.7）を入れる．電気泳動層の上にゲル板を図3.3の向きで置き，電気泳動層のHとIの部分とゲルのAとGの部分にセーム皮を掛ける．電源のスイッチを入れ，電気泳動（25 mA，200 V～300 V）を開始する．20分ほどしたら，一度電源を止め，ウイックスを抜き取る．漏電防止用のアクリル板を前と同じ場所に新たに一枚差し込み，電源を入れ，電気泳動を再開する．陰極側のセーム皮のかかる部分（E）にBPBの先端が到着したら，電源を止め，電気泳動を終了する．

4) ゲルのスライス：ゲルのAとGの部分をスパチューラーナイフで切り捨てる．ゲルの方向がわかるようにゲルの一端Fを斜めに切り取る．ゲルより僅かに面積の大きい厚さ1.5 mm（1.0 mm＋0.5 mm）のアクリル板をゲルとゲル板の間に差し込む（図3.5）．刃の部分をピアノ線に改造した糸のこで，ゲル板から盛り上がった部分をスライスする（2 cm/秒）．1枚目のゲルは予備として保存する．2枚目と3枚目のゲルを裏返して染色皿に移す．3枚目，4枚目，5枚目のゲルは，そのままの向きで染色皿に移す．染色するまで，冷蔵庫の中で一時的に保存できる．

5) 活性染色：ビーカ（100 ml）に0.2 MTris-HCl pH 8.0を50 ml入れる．アガロースを1 g加え，ホットスターラーで攪拌しながら加熱して溶液を沸騰させる．染色液（表3.8）をMg^{2+}，基質，補酵素（$NADP^+$，NAD^+），酵素（6 PDH），MTT，PMSの順で加え調整する．酵素 IDH，6 PGD，PGM，PGI用の染色液には沸騰したアガロース溶液を10 ml加えて素早くかき混ぜる．アガロースを加えた染色液をゲルの全表面を被うように注ぐ．酵素 MDHの染色液は，染色皿に直接入れ，ゲルを染色液の中に完全に浸ける．染色液を加えたゲルから順に恒温器にいれ，37 ℃暗所の条件で反応させる．約30分したら青色のバンドがゲル上に出現するので，どのようなアイソザイムパターンをもつかを比較する．

(保田謙太郎)

3.2 DNA分析

DNAの抽出

植物組織からのDNA抽出と解析は，植物分子生物学実験のなかでも最も基礎的な実験技術の一つであり，研究目的と対象植物に適した方法が独自に開発されている．ここではまず，植物組織からDNAを抽出する際に留意すべき点をいくつか述べたあと，一般的な実験法の一例を紹介する．しかし，分子生物学実験では，一つの決まった方法に固執するのではなく，試行錯誤を繰り返しながら定法を少しずつ改変し，自分に適したやり方を作り上げていくという心構えが大切である．

さまざまなDNA抽出法のうち，どの方法が自分の実験に適しているのかをよく検討しなければならない．まず，核DNAとオルガネラDNAの分画が必要かどうかを考える．また，実験に用いる植物組

表3.8 活性染色溶液 (Soltis et al., 1983)

酵素		IDH (EC 1.1.1.42)	MDH (EC 1.1.1.37)	PGI (EC 5.3.1.9)
緩衝液	0.2M Tris-HCl pH8.0	10ml	80ml	10ml
	1.0M MgCl$_2$・6H$_2$O	0.5ml		0.5ml
補酵素	NAD$^+$		10mg	
	NADP$^+$	5mg		5mg
基質	DL-Isocitric acid	20mg		
	1M Malic acid pH8.0		2.0ml	
	Fructose-6-phosphate			20mg
G6PDH				20units
染色液	MTT	5mg	10mg	5mg
	PMS	2mg	4mg	2mg

酵素		PGM (EC 5.4.2.2)	6PGD (EC 1.1.1.44)
緩衝液	0.2M Tris-HCl pH8.0	10ml	10ml
	1.0M MgCl$_2$・6H$_2$O	0.5ml	0.5ml
補酵素	NAD$^+$		
	NADP$^+$	5mg	5mg
基質	Glucose-1-phosphate	20mg	
	6-Phosphogluconic acid		20mg
G6PDH		5units	
染色液	MTT	5mg	5mg
	PMS	2mg	2mg

織中のヌクレアーゼ活性やポリフェノールオキシダーゼ活性,さらに最終標品に混入しやすい多糖類の含量がどの程度かにも配慮する.抽出方法の簡便性とともに,実験目的に必要なDNA量は,どれだけの組織量があれば抽出できるかということも検討する.また,得られるDNA標品に求められる純度は,計画している実験によっても異るということも考慮に入れて,抽出法を選択する.すなわち,PCR反応の鋳型に用いたりDNA-ブロット解析に用いるのか,多数の検体からDNAサンプルを抽出し,制限酵素で切断したあとRFLPマッピングを行うのか,さらにゲノムDNAのクローニングを目指すのかに応じて,それぞれの実験に最も適した方法を選ぶべきである.

通常,植物組織からDNAを抽出する際には,多糖類の混入が問題となることが多い.ここでは,核酸とcetyltrimethlyammonium bromide (以下,CTAB)の複合体が,低塩濃度では不溶性になる性質を利用して多糖類混入の少ないDNA標品を得る方法を紹介する.本法では,制限酵素による切断を容易に行うことができ,PCRの鋳型としても使用できるサンプルを得ることができる.

コムギ実生からの全DNAの抽出
試薬溶液:
- 2×CTAB抽出液
  2% (w/v) CTAB, 0.1M Tris-HCl (pH 8.0), 1.4M NaCl, 1% (v/v) ポリビニルピロリドン
- 10×CTAB抽出液
  10% (w/v) CTAB, 0.7M NaCl
- 1×CTAB抽出液
  1% (w/v) CTAB, 5mM Tris-HCl (pH 8.0), 5mM NaCl
- TE緩衝液
  10mM Tris-HCl (pH 8.0), 1mM EDTA
- 1M NaCl-TE
  1M NaCl, 10mM Tris-HCl (pH 8.0), 1mM EDTA
- 3M 酢酸ナトリウム (pH 5.2)
- RNase-TE
  最終濃度1mg/mlのRNaseを溶かしたTE緩衝液

手順:
1) 約0.1〜0.3gのコムギ実生を乳鉢に秤取し,液体窒素を注いで組織をパウダー状になるまで素早く磨砕する.
2) パウダー状になった組織を冷えたスパーテルを使って,マイクロチューブに移す.これに55℃で保温しておいた1mlの2×CTAB抽出液と2.5μlのメルカプトエタノールを加え,軽く転倒緩和した後,55℃で20〜40分間保温する.
3) 2本の新しいマイクロチューブに分注した後,同容量のクロロホルム・イソアミルアルコール (24:1) を加え,30分間撹拌する.CTABと

DNA の複合体形成が起こりにくくなるので，試料溶液は 15 ℃以下にならないように注意する．
4) 10,000 × g, 4 ℃で 20 分間遠心分離した後，上層を回収する．
5) 回収した上層に等容量のクロロホルム・イソアミルアルコール（24 : 1）を加え，10 分間撹拌する．
6) 10,000 × g, 4 ℃で 20 分間遠心分離した後，上層を回収する．
7) 1/10 量の 10 × CTAB 抽出液とポリビニルピロリドン（50 g/l），さらに等容量の 1 × CTAB 抽出液を加えて軽く転倒緩和する．
8) 室温で 30 分から半日程度静置する．
9) 10,000 × g, 4 ℃で 20 分間遠心分離した後，上清を除去し，沈殿に 0.3 ml の 1 M NaCl-TE を加え 55 ℃で保温する．
10) あらかじめ冷やしておいた 0.3 ml のイソプロパノールを加えて転倒緩和する．
11) 10,000 × g, 4 ℃で 20 分間遠心分離した後，上清を除去する．
12) 沈殿に 0.6 ml の 70 % エタノールを加えて転倒緩和する．
13) 10,000 × g で 10 分間遠心分離した後，上清を除去する．
14) マイクロチューブを逆さに立てて放置し，試料を乾燥させる（乾燥させすぎない）．乾燥した試料に 0.7 ml の TE 緩衝液を加えて DNA を溶かし，7 μl の RNase（1 mg/ml）を加えて 55 ℃で約 30 分間保温する．
15) 等容量の中性フェノールを加えて激しく撹拌する．
16) 10,000 × g で 15 秒間程度遠心分離した後，上層を回収する．
17) 等容量のフェノール・クロロホルム（6 : 5）を加えて激しく撹拌する．
18) 10,000 × g で数分間遠心分離した後，上層を回収する．
19) 乾熱滅菌したパスツールピペットでエチルエーテルを適量加えて激しく撹拌した後，10,000 × g で数分間遠心分離する．
20) 上層（エーテル層）をパスツールピペットで除去する．
21) 1/10 量の 3 M 酢酸ナトリウムと 2.5 倍量のエタノールを加えて転倒緩和した後，室温で約 10 分間静置する．
22) 10,000 × g, 4 ℃で 10 分間遠心分離した後，上清を除去する．
23) 70 % のエタノールを加えて軽く転倒緩和する．
24) 10,000 × g で数分間遠心分離した後，上清を除去する．
25) マイクロチューブを逆さに立てて放置し，試料を乾燥させる（乾燥させすぎない）．乾燥した試料に 60〜100 μl の TE 緩衝液を加えて，−20 ℃で保存する．

（平 知明・村井 淳・太田大策）

サザンブロット法

原　理：相補的な 1 本鎖 DNA は塩基間の水素結合により 2 本鎖 DNA を形成する．1 本鎖としたサンプル DNA を標的になる DNA 領域の 1 本鎖 DNA 断片と溶液中などで混合すると，両者は結合し雑種 2 本鎖核酸分子を形成する．これをハイブリダイゼーションという．サザンブロット法（サザンハイブリダイゼーション法）は，電気泳動でサンプル DNA を分画した後，これをナイロン膜などに固定し，標的 DNA（プローブ）とハイブリダイゼーションさせることによって，特定の DNA 領域の存在を確認する手法である．

応　用：サザンブロット法では，特定の遺伝子や DNA 領域が①サンプル内に存在するかどうか，②核ゲノム内にいくつ存在するか（コピー数）などを推定できる．たとえば，形質転換植物の作出においては，導入した遺伝子の有無や核内のコピー数の推定に利用される．また，制限酵素で切断された DNA 断片には，栽培植物の品種や系統によって長さに特異性があるので，この制限酵素断片の多型（RFLP）をサザンブロット法で検出することによって，品種の識別，雑種性判定や親子関係や類縁関係の推定などに利用される．

実　際：化学発光によるサザンブロット法（ナイロン膜 20 cm × 5 cm）の手順を以下に説明する．

試　薬：
・制限酵素（BamH I，Hind III，EcoR I など）
・滅菌蒸留水（蒸留水または純水をオートクレーブで滅菌する）
・DIG プローブ合成キット
・電気泳動用アガロース
・0.5 × TBE（0.045 M Tris，0.045 M ホウ酸，0.001 M EDTA）
・エチジウムブロマイド 0.5 × TBE 溶液（45 mM Tris，45 mM ホウ酸，2 mM EDTA，10 μg/μl エチジウムブロマイド）
・ゲルローディング緩衝液（50 % グリセロール，1 mM EDTA，0.25 % ブロモクレゾールブルー，

0.25％キシレンシアノール）
- アルカリトランスファ緩衝液（0.4 M NaOH）
- 加水分解液（0.25 M HCl）
- 変性溶液（1.5 M NaOH，0.5 M NaCl）
- ハイブリダイゼーション緩衝液（0.75 M NaCl，75 mM クエン酸ナトリウム／pH 7.0，1％ブロッキング試薬，N-ラウロイサルコシル，0.02％SDS）
- 洗浄液1（0.3 M NaCl，0.03 M クエン酸ナトリウム／pH 7.0）
- 洗浄液2（0.015 M NaCl，0.015 M クエン酸ナトリウム／pH 7.0）
- 緩衝液1（0.1 M マレイン酸，0.15 M NaCl／pH 7.5）
- 緩衝液2（1％ブロッキング試薬，0.1 M マレイン酸，0.15 M NaCl／pH 7.5）
- 緩衝液3（0.1 M Tris，0.1 M マレイン酸／pH 9.5）
- 抗 DIG-AP 標識抗体 25 mM CDP-Star

器　具：マイクロ遠心チューブ，マイクロピペット，恒温槽，電気泳動槽，電源装置，トランスイルミネータ，ブロッティング装置，ハイボンド N＋，ハイブリ用プラスチックバッグ，オートラジオグラフィー・カセット，高感度フィルム，ラップフィルム，バット

手　順：

1) ゲノム DNA 10 μg に，制限酵素 100 ユニット，反応緩衝液および滅菌蒸留水を加えて 25 μl とし，37℃の恒温槽で一晩（16時間程度）放置する．これにより，DNA は制限酵素が認識した部位で切断される．この反応液にゲルローディング緩衝液 5 μl を加えて泳動サンプルとする．

2) 電気泳動槽に 0.8％アガロースゲルを図 3.6 のようにセットする．ウェルはマイナス極側に位置させる．0.5×TBE 緩衝液をゲルの上面 1 cm まで満たし，ゲルのウェルに 30 μl の泳動サンプルをマイクロピペットで入れる．

3) 電気泳動槽の電極間 3 V/cm の電圧で，ゲルローディング緩衝液の色素ブロモクレゾールブルーがゲルの 2/3 程度に移動するまで電気泳動する．次に，エチジウムブロマイドでゲルを染色して，DNA が切断されているかどうかを調べる．電気泳動によって，DNA 断片は順に分画される．

4) バットにゲルと加水分解液を入れ，5分間室温で振とうする．これによって，DNA 断片のナイロン膜への転写効率が向上する．

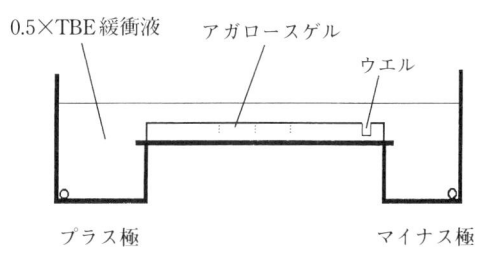

図 3.6　DNA の電気泳動

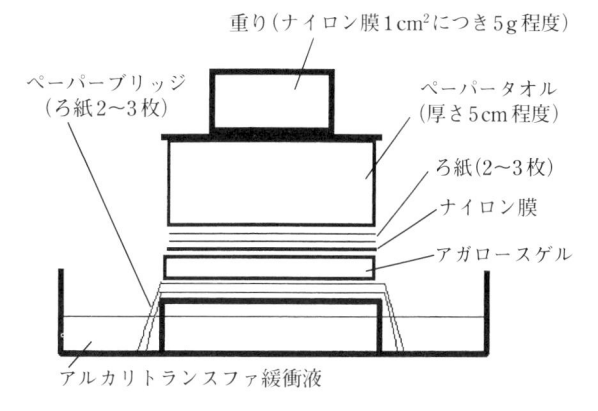

図 3.7　ブロッティング装置

5) 新しいバットに変性溶液とゲルを入れ，15分間室温で振とうする．変性溶液を捨て，新しい変性溶液を入れて，再び 15 分間室温で振とうする．

6) ゲル，ナイロン膜，ペーパータオル，ろ紙を図 3.7 のように配置してブロッティング装置を組み立てる．ペーパーブリッジにアルカリトランスファ緩衝液を染み込ませると，アルカリトランスファ緩衝液はペーパーブリッジ，下のろ紙，ゲル，ナイロン膜，上のろ紙，ペーパータオルの順に移動していく．この状態で 3 時間から一晩放置する．アルカリにより水素結合が切断され，DNA は 1 本鎖 DNA になり，アルカリトランスファ緩衝液の流れによってナイロン膜に転写される．

7) DNA が転写されたナイロン膜の面に鉛筆でマークをつけ，ナイロン膜のゲルと接していた面を下にして，ラップフィルムの上に置く．こうしてトランスイルミネータで 2 分間紫外線を照射する．紫外線照射により DNA とナイロン膜は強く結合し，固定される．

8) ハイブリ用プラスチックバッグにナイロン膜とハイブリダイゼーション緩衝液 30 ml を入れ，シーラーで密封する．68℃の恒温槽に入れ，3

9) ハイブリダイゼーション緩衝液を捨てる．ハイブリ用プラスチックバッグにDIGプローブ合成キットで作製した濃度が1～3μg/ml程度のPCRプローブを含むハイブリダイゼーション緩衝液4mlを加えて，シーラーで密封し，68℃の恒温槽に入れて一晩放置する．このナイロン膜について以下の操作を行う．

10) 60mlの洗浄液1で5分間，室温で振とうして余分なプローブを洗い流す．これを2度繰り返す．さらに60ml洗浄液2で15分間，60℃で振とうして余分なプローブを洗い流す．この洗浄も2度繰り返す．

11) 60mlのDIG緩衝液1で2分間，室温で振とうする．

12) 30mlのDIG緩衝液2で30分間，室温で振とうして，ナイロン膜に余分な抗体が付着しにくいようにする．ついで，75m units/ml DIG抗体液10mlで，30分間，室温で振とうし，抗原抗体反応を促進する．

13) 60mlのDIG緩衝液1で15分間，激しく振とうして余分な抗原を洗い落とす．これを2回繰り返す．

14) 30mlのDIG緩衝液3に2分間浸す．

15) ナイロン膜にCDP-Star 300μlを添加し，これをラップフィルムにはさんでよく伸ばすようにゆきわたらせる．この状態のまま37℃で30分放置し，化学発光反応を促進させる．

16) DNA断片が転写された面と高感度フィルムを密着させてオートラジオグラフィー・カセットに装着し，1時間露光してナイロン膜上の化学発光を検出する．

（古川 一）

プラスミドDNAの抽出

遺伝子のクローニングは，特定の遺伝子配列を細菌のDNA増殖系に挿入し，その遺伝子配列を複製増殖させて大量に得る技術である．その中でもプラスミドベクターを用いるクローニング法は最も一般的であり，大量増幅させたプラスミドDNAを抽出した後，その後の実験へ供試する．ここでは比較的純度の高いプラスミドDNAが得られるアルカリ-SDS法による大腸菌からのpBI121（広宿主域プラスミド）の抽出例を紹介する．

アルカリ-SDS法
準 備：
- pBI121を保有する大腸菌（*Esherichia coli*, DH5α系統など）
- カナマイシン添加LB（Luria Broth）液体培地
  トリプトン1g，酵母エキス0.5g，NaCl 1gを蒸留水に溶かし，1N NaOHを100μl加えた後全量を100mlとし，200mlメジューム瓶に移し，高圧滅菌処理（121℃，15分）を行う．培地の温度が下がってから50g/lカナマイシンを100μl加え，冷蔵保存する．
- カナマイシン添加LBプレート培地
  上記の作業の高圧滅菌処理を行う前に，LB液体培地を200ml三角フラスコに移し，1.5gアガロースを加える．アルミホイルで蓋をして高圧滅菌処理（121℃，15分）の後，培地の液温が65℃まで下がったら，50g/lカナマイシンを100μl加えて撹拌し，プラスチック製滅菌シャーレに約15mlずつ分注する．乾燥を防ぐために密封容器に入れて冷蔵保存する．
- TE緩衝液 10 mM Tris-HCl + 10 mM EDTA（pH 8.0）
- 溶液 I
  50 mM グルコース，25 mM Tris-HCl（pH 8.0），10 mM EDTA（pH 8.0）を混合する．あらかじめ調製し，ろ過滅菌の後，冷蔵保存する．
- 溶液 II
  0.2 N NaOHと1% SDSを混合する．当日調製し，室温保存する．
- 溶液 III
  5M酢酸カリウム60mlと酢酸11.5ml，蒸留水28.5mlを混合する．あらかじめ調製し，冷蔵保存する．

手 順：
1) カナマイシン添加LBプレート培地に大腸菌を画線培養して，シングルコロニーを分離する．
2) 分離したコロニーをカナマイシン添加LB液体培地2ml中で，37℃で一晩（～18時間）振とう培養する．容器には蓋付きの15ml容チューブまたはオートクレーブした試験管を使う．
3) 1.5ml容のマイクロチューブに大腸菌培養液を1.5ml分注して，遠心分離（15,000 rpm，1分，4℃）の後，菌体を沈殿させる．残った培養液は，グリセロールストックとする．
4) 上清を吸引し，可能な限り培養液を取り除く．
5) 菌体の沈殿を100μlの溶液Iに懸濁する．
6) 200μlの溶液IIを加え，2～3回上下反転して内

7) 150 μl の溶液Ⅲを加え，ボルテックスミキサーでよく混合した後，5分間氷冷する．
8) 10 μl のクロロホルムを加え，ボルテックスミキサーでよく混合する．
9) 遠心分離（15,000 rpm，5分，4℃）した後，上清を注意深く回収し，新しい 1.5 ml 容マイクロチューブに移す．
10) 回収された上清（約 400 μl）に等量のイソプロピルアルコールを加え，マイクロチューブを激しく振り，内容物をよく混合した後，室温で2分間静置する．
11) 遠心分離（15,000 rpm，10分，室温）した後，上清を取り除く．
12) 沈殿に 1 ml の 70％エタノールを加え，ボルテックスミキサーで軽く撹拌する．
13) 遠心分離（15,000 rpm，2分，室温）した後，上清を取り除く．
14) 減圧乾燥の後，20～100 μl の TE 緩衝液に溶解する．

　この方法で得られたプラスミド DNA には，大量の RNA が混入しているが，プラスミド DNA の制限酵素断片を解析する場合には，制限酵素処理と RNase 処理を同時に行えばよい．しかし，シークエンス反応や植物への遺伝子導入実験に供試する場合は，必要に応じて後述の RNase 処理や PEG 沈などにより精製する．

RNase 処理
準　備：
- RNase A 溶液（10 mg/ml，DNase free）
- PCI 溶液（フェノール：クロロホルム：イソアミルアルコール = 25：24：1）
  フェノール（平衡化済み）50 ml，クロロホルム 48 ml，イソアミルアルコール 2 ml，0.1 M Tris-HCl（pH 8.0）約 10 ml を混合し，4℃で遮光保存する．使用の際には，有機層（下層）を用いる．
- TE 緩衝液（10 mM Tris-HCl + 10 mM EDTA, pH 8.0）

手　順：
1) アルカリ-SDS 法で得られたプラスミド DNA を 100 μl の TE 緩衝液に溶解した後，RNase A 溶液を 1 μl 加え，37℃で 30 分間静置する．
2) 100 μl の PCI 溶液を加え，ボルテックスミキサーでよく混合する．
3) 遠心分離（15,000 rpm，2分，室温）後，水層（上層，約 100 μl）を新しい 1.5 ml 容マイクロチューブに移す．
4) 10 μl の 3 M 酢酸ナトリウム（pH 5.2）と 250 μl のエタノールを加え，よく混ぜた後，室温で 2 分間静置する（エタノール沈澱）．
5) 遠心分離（15,000 rpm，10分，室温）後，上清を取り除く．
6) 沈殿に 1 ml の 70％エタノールを加え，ボルテックスミキサーで軽く撹拌する．
7) 遠心分離（15,000 rpm，2分，室温）した後，上清を取り除く．
8) 減圧乾燥の後，20～100 μl の TE 緩衝液に溶解する．さらに精製する場合は，以下のポリエチレングリコールによる精製を行う．

ポリエチレングリコールによるプラスミドの精製（PEG 沈）
準　備：
- PEG 溶液
  1.6 M NaCl に 13％（w/v）ポリエチレングリコール（分子量：8,000）を加える．
- TE 緩衝液（10 mM Tris-HCl + 10 mM EDTA, pH 8.0）

手　順：
1) TE 緩衝液に溶解したプラスミド DNA に，等量の PEG 溶液を加えて，ボルテックスミキサーでよく混合した後，4℃で 1 時間静置する．
2) 遠心分離（15,000 rpm，20分，4℃）後，上清を注意深く取り除く．
3) 沈殿に 1 ml の 70％エタノールを加え，ボルテックスミキサーで軽く撹拌する．
4) 遠心分離（15,000 rpm，2分，室温）後，上清を注意深く取り除く．
5) 減圧乾燥の後，20～100 μl の TE 緩衝液に溶解する．

　この方法で得られたプラスミドは充分精製されており，シークエンス反応の鋳型として用いることができる．収量が少ない時には，最初のアルカリ-SDS 法で数倍のプラスミドを回収して，その後の操作を続ける．
　アルカリ-SDS 法から PEG 沈まで，全ての作業にはほぼ一日を必要とするが，市販のプラスミド抽出キットを用いると約 30 分で全ての作業を終了する．

〈尾崎武司・山田朋宏〉

3.3 RNA分析

形質を支配する遺伝子や導入した遺伝子は，DNAからRNAへの転写，RNAからタンパク質への翻訳という段階を経て発現する．この項では，遺伝子の発現機構を転写レベルで分析するための，RNAの抽出法と検出法について説明する．ここでは，キュウリモザイクウイルス（CMV）感染タバコ葉からの全RNAの抽出とノーザンハイブリダイゼーションによるCMVゲノムRNAの検出法について述べる．

RNAはRNaseの混入により変性したり，分解したりするので，分析には細心の注意を払う．RNaseは，RNAを抽出する細胞はもちろんのこと，汗や唾液，皮膚などあらゆるところに存在し，また熱に対する安定性も極めて高く，高圧滅菌処理を行っても完全には失活しない．したがって実験に用いる器具や試薬に一度RNaseが混入するとその後の成果を望むことは難しくなる．RNaseの混入を未然に防ぐために，ピペットマンなどの器具や試薬はRNA専用のものを用意し，チューブなどは使い捨てにする．なお，多少高価であるが数多く専用キットも市販されている．

植物体からのRNA抽出

ここでは，SDSフェノール法やグアニジンチオシアネート法に比べて良質のRNAが抽出できる改変CTAB法を紹介する．

改変CTAB法
準　備：
・2 × CTAB液
　2 %　Cetyltrimethylammonium bromide（CTAB）
　0.1 M　Tris‐HCl（pH 9.5）
　20 mM　EDTA
　1.4 M　NaCl
　1 %　β-メルカプトエタノール（使用直前に加える）
・TE緩衝液　10 mM Tris‐HCl + 10 mM EDTA（pH 8.0）
・10 M　塩化リチウム液
・3 M　酢酸ナトリウム液（pH 5.2）
・TE飽和フェノール（pH 9.0）
・クロロホルム液（クロロホルム48 mlとイソアミルアルコール2 mlを混合し，室温で遮光保存する）
・PCI溶液（フェノール（平衡化済み）50 ml，クロロホルム48 ml，イソアミルアルコール2 ml，0.1 M Tris‐HCl（pH 8.0）約10 mlを混合し，4℃で遮光保存する．使用の際には，有機層（下層）を用いる）

手　順：
1) 液体窒素中で0.5 g程度のCMVに感染したタバコの葉を乳鉢と乳棒で粉砕し，1.5 mlチューブへ移す．
2) 試料を10倍量（w/v）の2 × CTAB液に溶かした後，65℃で10分間静置する．
3) 等量のクロロホルム液を加え，撹拌する．
4) 遠心分離（15,000 rpm，10分，室温）後，水層を回収する．
5) 上記の操作を繰り返す．
6) 回収した水層に，1/4倍量の10 M塩化リチウム液を加え，2時間以上−20℃に放置する．
7) 遠心分離（15,000 rpm，10分，4℃）後，沈殿を100 μlのTE緩衝液に溶解する．
8) 多糖類を除去するために，遠心分離（15,000 rpm，10分，4℃）を行い，上清を回収する．
9) 100 μlのTE飽和フェノール（pH 9.0）を加えて撹拌する．
10) 遠心分離（15,000 rpm，10分，室温）後，水層を回収する．
11) 100 μlのPCI溶液を加えて撹拌し，10)の操作を繰り返す．
12) 回収した水層に，100 μlのクロロホルム液を加えて撹拌し，10)の操作を繰り返す．
13) 回収した水層に，25 μlの10 M塩化リチウム液を加え，2時間以上−20℃に放置する．
14) 遠心分離（15,000 rpm，10分，4℃）を行い，水層を取り除く．
15) 沈殿に1 mlの70 %エタノールを加え，上下反転，遠心分離（15,000 rpm，2分，4℃）して洗浄の後，上清を取り除く．
16) 減圧乾燥の後，滅菌水またはTE緩衝液に溶解する．この方法で得られたRNAを鋳型としてRT‐PCRを行う時は，70 %エタノールで2回洗浄する方が良い．mRNAだけを分離したいときは，全RNAをオリゴdTセルロースカラムに吸着させ，低塩濃度緩衝液を通して回収する．なお，mRNA抽出キットやオリゴdTセルロースカラムは，市販されている．

ノーザンブロット法

ノーザンブロット（ハイブリダイゼーション）は，特定のRNAの量やサイズを調べる最も一般的な方法である．基本的にはDNAを定量的に調べるサザンブロット法（3.2参照）と同様の作業を行うが，電気泳動の際にRNAを分子量に応じた泳動速度で分

離するために，RNAの高次構造を変性させて直鎖状分子にする必要がある．変性剤としては，ホルムアルデヒドなどを泳動ゲルに添加する．特定のRNAの量やサイズは，電気泳動により分離したRNAをニトロセルロース膜やナイロン膜にブロッティングし，プローブ（特定の塩基配列を検出するために何らかの修飾を施した核酸）とハイブリダイズさせることにより決定する．プローブには，目的のRNAと相補的な塩基配列のDNAまたはRNA断片を用い，あらかじめプローブに放射活性を持たせたり，化学修飾を行っておけば，プローブがハイブリダイズしたRNAのみがメンブレンから検出されることになる．

ここでは，CMV感染タバコ葉から抽出した全RNA中からのCMVゲノムRNAの検出法について説明する．

ホルムアルデヒド変性ゲル電気泳動
準　備：
- DEPC処理水
  1,000 mlの純水に1 mlのDEPC（diethylpyrocarbonate）を加え，スターラーで撹拌しながら室温で一晩放置する．さらにDEPCを除去するために，高圧滅菌処理（121℃，20分）する．
- 20×MOPS泳動緩衝液
  0.4 M MOPS（3-morpholinopropanesulfonic acid）（pH 7.0）
  100 mM 酢酸ナトリウム
  20 mM EDTA
  1) 83.7 gのMOPSを，約800 mlのDEPC処理水に溶解する．
  2) 13.61 gの酢酸ナトリウム3水和物（$CH_3COONa \cdot 3H_2O$，MW = 136.08）を加えて溶解する．
  3) 7.45 gのEDTA・2Na・$2H_2O$を加えて溶解する．
  4) 2N NaOHでpHを7.0に合わせ，DEPC処理水で1 lにする．
  5) 0.2 μmのフィルターでろ過滅菌した後，室温で遮光保存する．
  MOPS泳動緩衝液を希釈する際には，DEPC処理水を用いる．また，このストック溶液は，色が明るい淡黄色のうちは問題なく使用できるが，濃くくすんだ感じになったら作り直す．
- ホルムアミド
  ホルムアミドは核酸分析用の高純度のものを使用し，すぐに分注して-20℃で保存する．変性して着色しているものは使用しない．
- ゲルローディング緩衝液
  50％　グリセロール
  1 mM EDTA（pH 8.0）
  0.25％　ブロモフェノールブルー（BPB）
  0.25％　キシレンシアノール（XC）

手　順：
最終濃度が1％（w/v）のアガロースゲルを100 ml作る場合
1) アガロース1 gを秤量して三角フラスコに入れ，77 mlの蒸留水を加えて電子レンジにかけ，アガロースを完全に溶かす．
2) スターラーで撹拌しながら室温で放置し，温度を60℃まで下げる．
3) 5 mlの20×MOPS泳動緩衝液と18 mlのホルムアルデヒド（37％含量）を加え，混合する．
4) ゲルの型枠に流し込み，コームをセットする．
5) 以下の試薬をマイクロチューブに入れて混合し，RNAサンプルを調製する．
   全RNA（10～30 μg）　5.5 μl
   10×MOPS泳動緩衝液　1.0 μl
   ホルムアルデヒド　3.5 μl
   ホルムアミド　10.0 μl
6) サンプルを65℃で15分間加熱し，RNAの高次構造を変性させる．
7) 氷の中でマイクロチューブを急冷する．
8) 軽く遠心した後，2 μlのゲルローディング緩衝液を加える．
9) ゲルを泳動槽にセットし，1×MOPS泳動緩衝液をゲルの上面1 cmくらいまで満たす．
10) RNAサンプルをゲルにローディングし，電気泳動（3～4 V/cm）する．
11) 青紫色のBPBがゲルの2/3程度まで泳動されたら，電気泳動を止める．

ナイロン膜へのブロッティング
目的のRNAをノーザンハイブリダイゼーションにより検出するために，電気泳動により分離されたRNAをナイロン膜へブロッティングする．

準　備：
20×SSC
6.0 M NaCl
0.6 M クエン酸三ナトリウム二水和物
（$C_6H_5Na_3O_7 \cdot 2H_2O$）
3 MM濾紙
ナイロン膜
キムタオル

操　作：
1) 金属製バットの上に滅菌チューブの蓋を足としてガラス板を置き，その上にガラス板の幅より左右に15 cm程度長い3 MMろ紙を1枚，さらにゲルの大きさに切った3 MMろ紙を3枚重ねる．
2) はみ出した両端はガラス板に沿って下に折り曲げバットの内側へ入れる．
3) 3 MMろ紙の両端が浸る程度にバットを20×SSCで満たし，ろ紙全体が湿るようにガラス板の上からも20×SSCを滴下する．
4) その上に，電気泳動終了後不要な部分を除去したゲルを気泡が入らないように裏向きに載せ，ブロッティングする部分以外はラップで覆う．
5) ゲルと同じ大きさのナイロン膜1枚と3 MMろ紙2枚を20×SSCで湿らせた後，気泡が入らないように順に重ね，さらに厚さ約5 cmのキムタオルとガラス板を載せる．
6) ガラス板の上には，500 g程度の重りを置き，一晩（12時間以上）静置する．
7) 取り出したナイロン膜をキムタオルで挟み，80℃にセットした乾熱オーブンに2時間入れ，ブロッティングされたRNAを固定する．

プローブの作製

　従来の核酸実験では放射性同位元素（アイソトープ）を用いた核酸の標識が多かったが，人体への影響や設備の問題から，最近では非アイソトープ標識への移行がみられる．なかでも，ジゴキシゲニン（DIG）は，多くの研究者によって扱われており感度も良いとされる．ここでは，CMV検出用のDIG標識RNAプローブの作製法を紹介する．なお，CMVゲノムは分子量の大きい方からRNA 1，RNA 2，RNA 3と呼ばれる3種類の分子から構成されているが，外被タンパク質はRNA 3から転写されるサブゲノミックRNA 4より翻訳される．

準　備：
・pCP3TS501：CMVのゲノムRNA 1〜4の共通配列である3'末端200塩基に相当するcDNA断片の5'末端にXba I認識配列を，3'末端にEco RI認識配列を付加し，プラスミド（pBluescript II SK+）へクローニングしたもの．
・TE緩衝液 10 mM Tris-HCl + 10 mM EDTA（pH 8.0）
・PCI溶液（フェノール：クロロホルム：イソアミルアルコール＝25：24：1）
・T7ポリメラーゼ
・10×緩衝液，50 mM DTT（dithiothreitol）ポリメラーゼに添付
・10 mM NTP（−U）：それぞれ10 mMになるようにATP，CTP，GTPを混合する
・10 mM UTP
・DIG-UTP
・RNase Inhibitor
・DEPC処理水（前述）
・STE緩衝液：0.438 gのNaClを40 mlのTE緩衝液へ溶かし，pH を8.0に調製した後，TE緩衝液で50 mlとする
・ProbeQuant™ G-50 Micro Columns

操　作：
1) pCP3TS501をXba Iで消化し，DNAテンプレートを作製する．
　① 制限酵素処理の項を参照し，20 μlの反応系によりpCP3TS501をXbaIで消化する．
　② 60 μlのTE緩衝液と160 μlのPCI溶液を加え，ボルテックスミキサーで激しく混合する．
　③ 水層（上層）を新しい1.5 ml容マイクロチューブに移し，エタノール沈殿を行う．
　④ 乾燥の後，TE緩衝液で0.5 μg/μlに調製し，DNAテンプレートとする．
2) 以下を混合して反応液を調製し，37℃で1時間静置する．
　　DNAテンプレート　3 μl
　　RNase Inhibitor　1 μl
　　10×緩衝液　2 μl
　　50 mM DTT　1 μl
　　T7ポリメラーゼ　1.5 μl
　　10 mM NTP（−U）　1 μl
　　5 mM UTP　1 μl
　　DIG-UTP　1 μl
　　DEPC処理水　8.5 μl
　　（全20 μl）
3) 転写産物に取り込まれなかったNTPやDIG-UTPを取り除く．
　① ProbeQuant™ G-50 Micro Columnsを1.5 ml容マイクロチューブにセットし，遠心処理（3,000 rpm，1分，室温）を行う．
　② そのProbeQuant™ G-50 Micro Columnsを新しい1.5 ml容マイクロチューブにセットする．
　③ STE緩衝液で50 μlとした反応液を中心に滴下し，遠心処理（3,000 rpm，2分，室温）を行う．
4) カラムにかけた後のDIG標識転写産物1 μlを電気泳動し，200 bp付近に目的のバンドだけが複

製されていることを確認する．なお，DIG 標識された転写産物は，未標識のものより若干遅く泳動されるので，それを目安として確認する．
5) うまく転写されていれば，プローブ液として −20℃で保存する．

ハイブリダイゼーション
準　備：
- ハイブリダイゼーション緩衝液
  5 × SSC
  50% ホルムアミド
  50 mM リン酸ナトリウム緩衝液（pH 7.0）
  7% SDS
  2% ブロッキング試薬
  0.1% lauroylsarcosine
- プローブ液（前述）　5 μl
- 洗浄液 I　2 × SSC + 0.1% SDS
- 洗浄液 II　0.1 × SSC + 0.1% SDS

手　順：
1) ハイブリダイザーのボトルにナイロン膜と，ナイロン膜 100 cm^2 あたり 20 ml のハイブリダイゼーション緩衝液を入れ，42℃で 1 時間プレハイブリダイゼーションを行う．
2) 古いハイブリダイゼーション液を取り除き，ナイロン膜 100 cm^2 当たり 2.5 ml の新しいハイブリダイゼーション液とプローブ液 5 μl を加え，42℃で 6 時間ハイブリダイゼーションを行う．
3) ハイブリダイゼーション終了後，液を取り除き，ナイロン膜を洗浄する．まず，室温で，洗浄液 I による 5 分間洗浄を 2 回行う．次に，68℃で洗浄液 II による 15 分間の洗浄を 2 回行う．

後述の酵素結合抗体反応によりポジティブコントロールの検出ができないときは，加えるプローブ液の量を増やすか，ハイブリダイゼーション時の温度を低くする．一方，非特異のバンドが多く検出されるときは，加えるプローブ液の量を減らすか，ハイブリダイゼーション時の温度を高くする．いずれを試みても検出できないときは，プローブを作り直す．

酵素結合抗体反応によるハイブリダイズ RNA の検出
準　備：
- 10% ブロッキング剤
- 緩衝液 1　0.1 M マレイン酸 + 0.15 M NaCl（pH 7.5）
- 緩衝液 2　10% ブロッキング剤を緩衝液 1 で終濃度 1% に希釈する
- 緩衝液 3
  100 mM　Tris-HCl
  100 mM　NaCl
  50 mM　MgCl$_2$（pH 9.5）
- 希釈抗体溶液
  抗 DIG-AP（アルカリフォスファターゼ）標識抗体を緩衝液 2 で 150 mU/ml に希釈する．
- 発色溶液
  10 ml の緩衝液 3 に，45 μl の NBT（nitroblue tetrazolium salt）溶液と 35 μl の BCIP（5-bromo-4-chloro-3-indolyl-phosphate toluidinium salt）溶液を加える．
- TE 緩衝液
  10 mM Tris-HCl + 10 mM EDTA（pH 8.0）

手　順：
1) ハイブリダイゼーションの後，洗浄したナイロン膜を緩衝液 1 で，1 分間簡単に洗浄する．
2) 100 ml の緩衝液 2 でナイロン膜を 30 分間ブロッキングし，液を取り除いた後，20 ml の希釈抗体溶液を加え，30 分間振とうし，抗体を反応させる．
3) 反応後，100 ml の緩衝液 1 で 15 分間の洗浄を 2 回行い，未結合抗体を取り除く．このとき，バックグラウンドを抑えるために激しく洗浄する．
4) 洗浄後，20 ml の緩衝液 3 に 2 分間浸して平衡化（pH 7.5 → pH 9.5）する．
5) 暗所下で，約 10 ml の発色溶液を反応させてバンドを検出する．
6) 目的のバンドが検出されたら，50 ml の TE 緩衝液で 5 分間ナイロン膜を洗浄する．
7) キムタオルに挟んで自然乾燥させ，そのまま保管する．

発色の反応時間は 16 時間まで可能であるが，多くの場合，5 分から 30 分ほどでおおよそのバンドは確認できる．わずかな RNA を検出する際は，長時間発色させることになるが，発色させ過ぎるとバンドがにじんでしまうので注意が必要である．なお，以上の作業は，全て室温で行う．記述した液量は，100 cm^2 のナイロン膜用である．容器には，プラスチック製の密閉容器を用いる．

〔尾崎武司・山田朋宏〕

3.4　DNA塩基配列の決定

遺伝子は生体分子（タンパク質）の設計図であり，その設計図に書かれている情報にしたがって，さまざまな生理機能を担う各種のタンパク質が合成される．したがって，一連の分子生物学実験において，遺

伝子やcDNAを新しくクローニングすることは，タンパク質の設計図を手に入れることにほかならない．つまり，クローン化したDNA断片の塩基配列（シークエンス）の解読とは，生体分子の設計図を読み取ることであり，生命現象を分子レベルで理解していく上で必要不可欠である．解読したDNAシークエンスを解析することで，その遺伝子がどのようなイントロン・エクソン構造をとり，どんな翻訳領域をもっているか，それにコードされているタンパク質の構造にはどのような特徴があるのか，さらになんらかの機能モチーフが保存されているかといったことを調べることができる．いい替えれば，その遺伝子のDNAシークエンスがわからなければ，形質転換体作製などの実験に進むこともできないのはいうまでもない．

分子生物学の黎明期には，Maxam–Gilbert法という，化学的方法によってDNAシークエンスが決定されていたこともあったが，その後，大腸菌のDNAポリメラーゼIの酵素反応を利用した，簡便で迅速なSangerのdideoxy chain termination sequencing法（以下ダイデオキシ・シークエンス法）が一般的となった．現在では，耐熱性細菌由来のDNAポリメラーゼを用い，PCR（polymerase chain reaction）を利用してダイデオキシ・シークエンス反応をおこなう方法が一般的である．試薬メーカーから，DNA蛍光標識試薬と由来の異なるさまざまな耐熱性DNAポリメラーゼを組み合わせたシークエンシングキットが多数発売されているので，実際にはそのいずれかを選択して使用する．ここではすべての方法に共通であるダイデオキシ・シークエンス法の原理について簡潔に紹介するにとどめ，それぞれのキットの特長や独自の工夫，PCRの反応条件などについての解説はしない．現在では以下に述べるダイデオキシ・シークエンス法がそのまま使用されることはないと思われるが，その原理を知ることは大変重要である．

ダイデオキシ・シークエンス法の原理

ダイデオキシ・シークエンス法が開発された当時は，PCRはまだ発明されていなかったので，大腸菌のDNAポリメラーゼIを用いてシークエンス反応を行った．DNAポリメラーゼIは，3'末端に水酸基を持ったプライマーと4種類のdeoxyヌクレオシド-3リン酸（dNTP：dATP, dCTP, dGTP, dTTP）を基質とし，鋳型DNAに正確な相補鎖を合成する酵素である．プライマーとは鋳型DNAに相補的な配列をもつ短いDNA断片のことで，DNAポリメラーゼIは鋳型DNAにアニールしたプライマーから，一個ずつヌクレオチドを付加しながら5'→3'の方向に相補的なDNA鎖を伸長していく．まず，シークエンスを決定しようとするDNA断片をM13ファージベクターに組み込み一本鎖DNAを回収する．得られた一本鎖DNAはシークエンス反応の鋳型とする．M13ファージベクターのマルチクローニングサイト近傍のDNAシークエンスを元にプライマーを設計し，そこから相補鎖の合成を開始する．そして，どのような相補鎖が合成されるかを解析することによって，DNAシークエンスの解読ができる．大腸菌DNAポリメラーゼIには5'→3'エキソヌクレアーゼ活性があり，プライマーの5'末端から合成された相補鎖が分解されてしまうので，実際には大腸菌DNAポリメラーゼIの部分分解物で，5'→3'エキソヌクレアーゼ活性を持たない酵素（Klenow Fragment）を使用する．

前述のように，相補鎖の合成反応におけるDNAポリメラーゼIの基質としてdNTPを用いるが，シークエンス反応の時には，それぞれの構造類縁体であるダイデオキシヌクレオチド（ddNTP）を入れておく．ddNTPはヌクレオシド-3リン酸の3'の位置のOH基がH基に置換された化合物であるが，大腸菌DNAポリメラーゼIの基質となりえるので，低い効率ながら相補鎖に取り込まれる．しかし，次のヌクレオチドとのリン酸エステル結合に必要な3'の位置のOH基がないため，いったんddNTPが相補鎖に取り込まれると，そこでDNA鎖の伸長は停止する．

実際のシークエンス反応では4種類の塩基についてそれぞれ反応を行なう．各反応液には4種類すべてのdNTPと1種類のddNTPを加えておく．ここでは，ddATPを添加しておこなう相補鎖合成反応を例にとって説明する．通常ならば，鋳型DNAの配列がチミン（T）のところには，相補鎖側にdATPが取り込まれていく．しかし，この反応液中では，非常に低率ではあるがddATPが取り込まれることがあり，その時は相補鎖合成反応がそこで停止する．すなわち，ddATPが取り込まれないかぎり相補鎖の合成は続くが，いったん取り込まれるとそこでDNA鎖の伸長は停止するのである．その結果，ddATP存在下の反応では，3'末端にダイデオキシアデノシン-3リン酸をもつさまざまな鎖長のDNA断片が合成される．

このように，4種類のddNTPを1種類ずつ用い，それぞれの反応を独立して行うと，5'末端にはすべての反応に共通のプライマーを含み，それぞれddG，ddC，ddA，ddTで反応の停止したさまざまな長さのDNA断片が合成される（図3.8）．この反応系に

3.4 DNA塩基配列の決定　51

サブクローニングされたDNA

――TTCGAACTTAAG――
　　3'　　　　　　5'

↓ プライマーをアニール

プライマー
5'―■■■―3'　　――TTCGAACTTAAG――
　　　　　　　　　3'　　　　　　5'

↓ DNAポリメラーゼ
シークエンス反応

ddC 存在下での反応	ddG 存在下での反応	ddT 存在下での反応	ddA 存在下での反応
dCTP + ddCTP	dCTP	dCTP	dCTP
dGTP	dGTP + ddGTP	dGTP	dGTP
dTTP	dTTP	dTTP + ddTTP	dTTP
[α-^{32}P]dATP	[α-^{32}P]dATP	[α-^{32}P]dATP	[α-^{32}P]dATP + ddATP

↓

■― AAGCTTGAATTddC　　■― AAGCTTddG　　■― AAGCTTGAATddT　　■― AAGCTTGAddA
■― AAGddG　　　　　　■― AAddG　　　　■― AAGCTTGAddT　　　■― AAGCTTGddA
　　　　　　　　　　　　　　　　　　　　■― AAGCTddT　　　　　■― AddA
　　　　　　　　　　　　　　　　　　　　■― AAGCddT　　　　　■― ddA

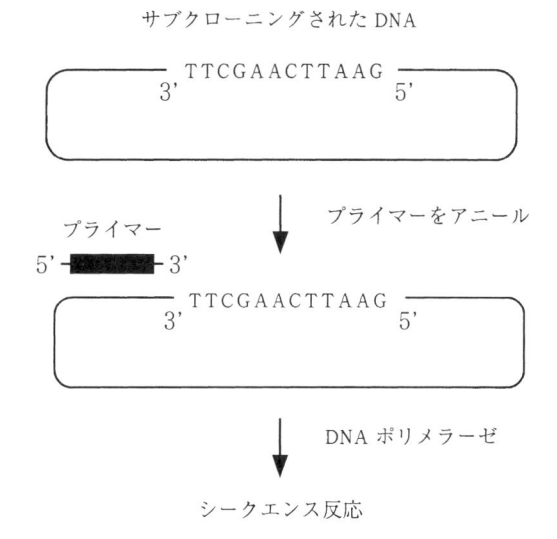

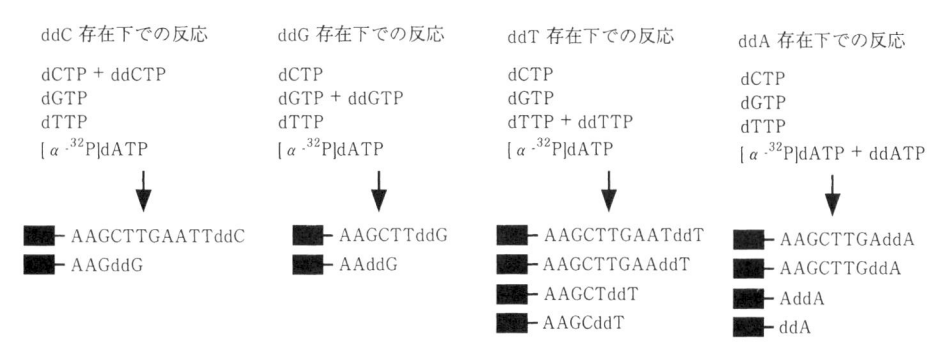

上記シークエンス反応産物をポリアクリルアミドゲル電気泳動で
分離し，オートラジオグラフィーで解析する

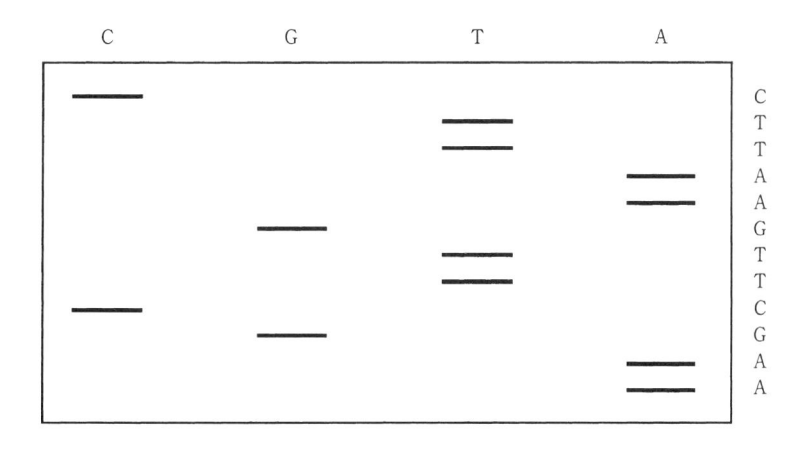

```
   C      G      T      A
                ―――
                ―――          C
                        ―――  T
                        ―――  T
                             A
          ―――                A
                ―――          G
                ―――          T
   ―――                       T
          ―――                C
                             G
                        ―――  A
                        ―――  A
```

シークエンスの決定
5'-AAGCTTGAATTC-3'

図3.8　ダイデオキシ・シークエンス法

放射性同位元素（RI）でラベルされたヌクレオチドを混ぜておくと，それらは相補鎖として合成されたDNA断片に取り込まれる．次に，合成したDNA断片は，それぞれの鎖長を1塩基長の違いで区別するため，高精度のポリアクリルアミドゲル電気泳動によって分離する．これらのDNA断片はRIで標識されているので，断片鎖長の違いをオートラジオグラフィーによって検出し，それを解析することでシークエンスが決定する．

すなわち，ddG，ddC，ddA，ddTを添加して反応させた反応液をそれぞれ別々のレーンでポリアクリルアミドゲル電気泳動し，分離されたバンドの位置をオートラジオグラムで読み取ることで，DNAシークエンスを解読する（図3.8）．まず，最も短いDNA断片のバンドがG，C，A，Tのどのレーンに現れるかを確認し，さらにその次の鎖長のバンドがG，C，A，Tのいずれかに現れるかを調べる．これを繰り返して行き，オートラジオグラムに現れたバンドを短いものから長いものへ順番にならべると，DNAシークエンスをプライマーから5'→3'の方向に読んでいくことになる．

（平　知明・村井　淳・太田大策）

3.5 大腸菌への DNA 導入（形質転換）

組換えDNA実験において，外来DNA（プラスミドにサブクローニングされたcDNAなど）を大腸菌や培養細胞内に強制的に取り込ませて発現させることを形質転換（トランスフォーメーション）という．大腸菌の形質転換は，遺伝子操作の各ステップで何度も行なわなければならない基本技術であり，一連の実験を成功に導くためには，高効率で形質転換できるシステムをもつことがたいへん重要である．形質転換には，冷 $CaCl_2$ で洗浄するなどの処理をして外来DNAを取り込みやすくした大腸菌（コンピテント細胞）を使用するが，その効率はコンピテント細胞の調製法によって著しく左右されるので，これまでに形質転換効率を高めることを目的として，さまざまな方法が開発され改良されてきている．ここでは，調製されたコンピテント細胞が高い形質転換効率を示し，かつ長期間保存できるということから，もっとも広く用いられているHanahanの方法に基づいて，1×10^8 cfu/μg プラスミド程度の形質転換効率をもったコンピテント細胞を作る手順を紹介する．cfu（colony formation unit）は1 μgのプラスミドで形質転換すると何個のコロニーが得られるかという形質転換効率の指標である．

準　備：
- 形質転換緩衝液（TFB）
10 mM PIPES，15 mM $CaCl_2 \cdot 2H_2O$，250 mM KClをまず900 ml程度の水にとかし，KOHでpHを6.7に合わせる．そこに50 mM $MnCl_2$ を加え，1 lにメスアップする．フィルターろ過により滅菌したあとで4℃で保存する．
- SOB
Bacto Tryptone　20 g
Bacto Yeast Extract　5 g
5 M NaCl　2 ml
2 M KCl　1.25 ml
蒸留水　900 ml
オートクレーブで滅菌し，室温で保存する．使用前に別に用意しておいた Mg^{2+} 液（0.1 M $MgSO_4 \cdot 7H_2O$ と 0.1 M $MgCl_2 \cdot 6H_2O$ の混液）を90 ml 当たり10 ml加えて100 mlとする．
- SOC
100 mlのSOBに1 mlの2 Mグルコース（オートクレーブ滅菌済み）を加える．
- LB
Bacto Tryptone　10 g
Bacto Yeast Extract　5 g
NaCl　5 g
蒸留水　1 l
オートクレーブで滅菌し，冷蔵庫で保存する．
- LBプレート（アンピシリン入り）
1 lのLB培地あたり15 gのBacto Agarを加え，オートクレーブする．冷却後，50 mg/lになるようにアンピシリンを加え，プレートに分注する．固まったら冷蔵庫で保存する．

コンピテント細胞の調製
1) 大腸菌のシングルコロニーを10 mlのLB液体培地に植菌し37℃で一晩振とう培養する．次の朝，培養した大腸菌液から0.5 mlをとって，20℃に保温しておいた250 mLのSOBに植菌する．
2) 20℃で振とう培養を続ける．
3) OD 600＝0.4〜0.8に達したら培養をやめ，三角フラスコを氷上で冷却する．
4) 十分冷えたら，4℃で遠心する．つぎのステップでの懸濁を容易にするため，できるだけ低速で遠心する．
5) 上澄みを除いた後，沈殿（大腸菌）を4℃で保温しておいた125 mlのTFBに懸濁する．沈殿は指でやさしくはじきながら懸濁する．ピペッ

ティングで懸濁してはならない．
6) 氷上に10分間おく．
7) 十分冷えたら，4℃で遠心する．つぎのステップでの懸濁を容易にするため，できるだけ低速で遠心する．
8) 上澄みを捨てたあと，4℃で保温しておいた20 mlのTFBに懸濁する．沈殿した大腸菌を指でやさしくはじきながら懸濁する．ピペッティングで懸濁してはならない．
9) 7%（v/v）となるようにDMSOを添加し氷上に10分間おく．
10) 0.5 mlずつに分注し，液体窒素中で急速凍結する．
11) -80℃で保存する．

形質転換

1) 凍結保存してあった感受性菌を氷上で溶かす．
2) マイクロチューブに0.1 mlずつ分注し，そこにDNAサンプルを加える（DNAサンプルは10 μl以下）．
3) 氷上に30分間おく．
4) 42℃，30秒間のヒートショックを加え，氷上で1～2分間おいたのち，0.8 mlのSOCを加え，37℃で1時間振とう培養したのち，プレーティングする．

実際に形質転換を行なうときには，あらかじめどのようなコントロール実験を行うかをよく検討しておく．たとえば，制限酵素で切断していないプラスミドで形質転換して，コンピテント細胞の調製や形質転換操作がうまくいっているかどうかを調べたり，切断しただけのプラスミドで形質転換して，未切断のプラスミドが残っていないかどうかを調べる．

（平 知明・村井 淳・太田大策）

3.6 PCR法

PCRの原理と実際

PCR（Polymerase chain reaction）は，酵素反応だけで特定のDNA領域を増幅する技術であり，応用植物分野では，特定遺伝子の検出，多型の検出，遺伝子発現の解析，品種や雌雄の判別などに利用されている．

原 理：PCRの原理は，熱変性，アニーリングおよび伸長反応からなるDNA合成反応を一つのサイクルとし，このサイクルを繰り返すことにある．まず，温度を93～95℃程度にし，二本鎖DNA（鋳型DNA）の水素結合を切断して，二本の一本鎖DNAにする（熱変性）．つぎに，温度を37～65℃程度まで低下させると，増幅すべきDNA領域の5'側でセンス鎖，3'側でアンチセンス鎖となる配列をもつ2組のオリゴデオキシリボヌクレオチド（プライマー）が，熱変性で生じた一本鎖DNAと結合する（アニーリング）．そして，温度を72℃程度まで上昇させると，DNAの材料になるdNTPとDNAを合成する酵素（DNAポリメラーゼ）によって，結合したプライマーの3'側を開始点とし，一本鎖DNAと相補的な新たな一本鎖DNAが3'側から5'側へ合成されていく（伸長反応）．

一回のサイクルで合成されたDNAは，つぎの反応の鋳型となるので，指数関数的にDNAが増幅されることになる．このため30サイクル程度の反応でエチジウムブロマイドの染色によって検出できるほどの量になる．このようにPCRよって増幅させたDNAをPCR増幅産物という．

DNAの増幅の実際：鋳型DNAには，核，葉緑体あるいはミトコンドリアなどの二本鎖DNAが利用可能である．これらの鋳型DNAの純度は高いほうが良いが，固定標本や遺跡から出土した植物体などから抽出されたDNAや，タンパク質や多糖類などの不純物を多く含んだDNAでも増幅は可能である．

PCRによって指数関数的に増幅がおこなわれるのは，最初の13～15サイクルまでであり，30～36サイクルを越えると増幅はおこらなくなる．この状態を飽和状態（プラトー）といい，増幅産物の電気泳動像は高分子側に尾をひくようになる（図3.9，レーン

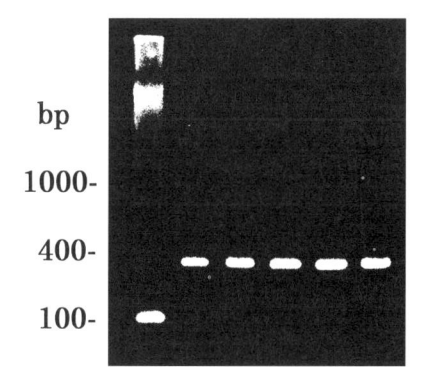

図3.9 メロンGAPDH遺伝子におけるPCR増幅産物の量とサイクル数の関係
レーン1：100bpラダーマーカー（分子量マーカー）
レーン2：サイクル数24，レーン3：サイクル数26，レーン4：サイクル数28，レーン5：サイクル数30，レーン6：サイクル数32
レーン5および6では，PCR増幅産物の量が飽和状態（プラトー）に達している．（古川，原図）

5および6).一般に,プライマーは20塩基程度で,アデニンとグアニンの割合が55〜60％程度になるように設計する.PCRの成功はプライマーによって決まることが多い.

実 験:メロンの核DNAを鋳型としたPCRによる特定DNA領域の増幅と確認

準 備:
- 試薬類 0.5 units/μl Taq
- PCR反応緩衝液
- 1.5 mM dNTP
- 50 ng/μl 核DNA溶液
- 100 μMの遺伝子特異的プライマー1組
- 電気泳動用アガロース
- 0.5×TBE(45 mM Tris,45 mM ホウ酸,2 mM EDTA)
- エチジウムブロマイド 0.5×TBE溶液(45 mM Tris,45 mM ホウ酸,2 mM EDTA,10 μg/μl エチジウムブロマイド)
- 滅菌蒸留水
- ミネラルオイル

機器類:マイクロピペット,マイクロピペットのチップ,PCR用マイクロチューブ,マイクロ遠心器,DNA増幅装置,電気泳動装置,トランスイルミネータ.

手 順:
1) 0.5 ml容PCR用マイクロチューブに,滅菌蒸留水76.5 μl,反応緩衝液10 μl,dNTP 8 μl,2種類の遺伝子特異的なプライマー各0.5 μl,DNAポリメラーゼ0.5 μl,核DNA溶液4 μl(200 ng)を加える.
2) 反応液が蒸発しないようにミネラルオイルを20 μl程度加えてから撹拌し,マイクロチューブを軽く遠心して,撹拌時に飛散した反応液をマイクロチューブの底部に落とす.
3) マイクロチューブをDNA増幅装置に設置し,熱変性(94 ℃,0.5分),アニーリング(60 ℃,0.5分),伸長反応(72 ℃,1分)のサイクルを25回から30回繰り返す.

結果の確認:

PCR増幅産物は,0.5×TBE緩衝液中で1.5％アガロースゲルを用いて電気泳動し,エチジウムブロマイドで5〜10分間程度染色した後,トランスイルミネータで紫外線を照射して検出する.なお,100 bp間隔ごとにラダー状にDNAがならんだ100 bpラダーマーカーなどの分子量マーカー(図3.9 レーン1)を同時に電気泳動して,PCR増幅産物のおおよそのサイズを確認する.

注 意:
1) 目的遺伝子の増幅に先駆けて,確実に特定のDNA領域を増幅できる遺伝子(ポジティブコントロール)を見つけておく.PCRがうまくいかないときは,サンプルとともにこの遺伝子(β-アクチン遺伝子やGAPDH遺伝子などを利用)を増幅して,その原因を明らかにすることができる.
2) イネ,ニンジン,キュウリ,キャベツ,トマト,ナスなどのように核ゲノムDNA量が少ないものでは,熱変性は0.5分程度でよいが,ユリ,タマネギ,アスパラガス,コムギなど核ゲノムDNA量が多いものでは,1サイクル目の熱変性については4分程度とし,以降は前述の条件で反応させる.

RAPD法

RAPD(Random amplified polymorphic DNA)法は一度に複数のゲノム領域をPCRで増幅し,ゲル上に検出されたこれらのPCR増幅産物のサイズや有無を多型として検出する方法である.

原 理:アニーリング温度を37〜42 ℃にすると,プライマーは相補性があまり高くないDNA領域にも再現性よく結合できる.このような条件でPCRを行なうと,ゲノムの複数のDNA領域から,数種類

オワンクラゲのGFP遺伝子の利用

オワンクラゲ(*Aequorea*)から得られた緑色蛍光タンパク質GFP(Green Fluorescent Protein)は強い蛍光発色を示す.すでにクローニングされているこのGFP遺伝子による蛍光発現には,基質や特別なコファクターの添加が必要なく,蛍光顕微鏡と適当なフィルターがあれば容易に確認できる.したがって,GFPをレポーター遺伝子として,特定の遺伝子の発現やタンパク質の細胞内での局在性を確認したり,ウイルスやバクテリアなどのモニタリングを行うことが盛んに行われている.試料の固定が必要なく,生体観察が可能なので,細胞,組織の経時的な動的変化が観察できる点が優れている.GFPは,238アミノ酸からなるタンパク質であり,現在までに多くの改良型のGFP遺伝子が作出され,動物,植物,微生物それぞれの分野においてレポーター遺伝子としての利用が広まっている.

(大門弘幸)

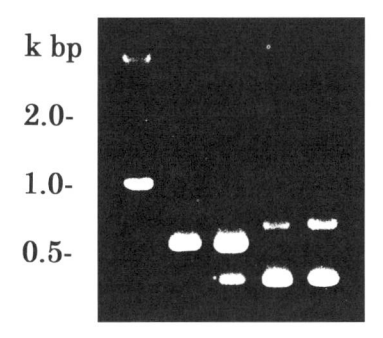

図 3.10 RAPD法によるPCR増幅産物の多型
レーン1は1kbpマーカー（分子量マーカー），レーン2および3は，同じプライマーを使用しても，系統が異なるので多型を示している．レーン4および5は，レーン2および3とは異なるプライマーを使用したので，多型が検出できない．（古川，原図）

から数十種類の増幅産物が得られる．これらの増幅産物のサイズは，鋳型DNAのゲノムの一次構造とプライマーの塩基配列によって決定され，増幅したDNA領域の一次構造が異なれば，バンドパターンも異なり多型が検出される（図3.10）．

利用と実際：電気泳動によって検出された多型は，特定の形質や遺伝子と連鎖している場合はそれらの分子マーカーとして，また，種間の系統・類縁関係を明らかにするための分子情報として利用されている．実用面では，スイカなどのF_1品種の雑種性検定に用いられており，ホップやアサなどでは雌雄の判別が可能であるとされる．

特定のDNA領域を増幅する場合は，一般に塩基数が20程度のプライマーを用いるが，RAPD法では，塩基数が10～12程度のものを用いることが多い．これは，塩基数を少なくすれば，ゲノム中に存在するプライマーと相補的な領域の存在する確率が高くなるためである．

実　験：ナスにおけるRAPD法による多型の検出
準　備：RAPD用プライマー，その他は核DNAを鋳型としたPCRと同じ．
操　作：核DNAを鋳型としたPCRで用いた反応液にRAPD用プライマーを1μl添加する．反応条件は，熱変性を94℃，1分間，アニーリングを37℃，1分間，伸長反応を72℃，2分間とし，サイクル数は40～45回とする．

（古川　一）

モデル植物

　植物科学分野における分子生物学の発展に最も寄与した植物は何かと問えば，多くの研究者がシロイヌナズナ（*Arabidopsis thaliana* (L.) Heynth.）と答えるであろう．研究者間では「アラビド」と属名を省略した呼称をもらっている本植物は，従来から多くの変異体が作られ，遺伝学の実験材料に用いられてきた．国際的なゲノムプロジェクトの進展によって，その遺伝子解析が進み，現在ではショウジョウバエやセンチュウと同様に分子遺伝学のモデル生物の一つにあげられている．シロイヌナズナは，アブラナ科の草本であり，ゲノムサイズが小さく，*Agrobacterium*を利用した形質転換体の作出方法も確立されている．また，植物体の大きさもグロースチャンバーで生育させるのに適当であり，世代期間（播種してから次世代の種子が採れるまでの期間）が1～2カ月と短いといったモデル植物としての優れた点を持っている．最近では，インターネットの整備とともに，シロイヌナズナのさまざまな情報がデータベース化され，研究者一人一人が実験室に居ながらにしてそれらを入手できるようになっている．現在，このモデル植物の活用によって，植物特有のさまざまな遺伝子のクローニングや機能解析が進められている．

（大門弘幸）

第4章　植物の遺伝

4.1 染色体の観察

体細胞分裂

　体細胞分裂 mitosis は，一つの細胞から同じ染色体数をもった二つの娘細胞を形成する連続した過程である．前期 prophase には，染色体は弛緩した染色糸となり核膜全域にからまりながら広がる．1本の染色糸は，すでに倍加して2本の染色分体からなっている．中期 metaphase になると核膜は消え，染色糸は凝縮して染色体となり，染色分体がはっきりと見えてくる．また，動原体もすでに倍加している．染色体は細胞の赤道面上に集まり，紡錘糸が動原体に付着する．この分裂では相同染色体 homologus chromosome どうしは対合しない．後期 anaphase になると動原体がまず分裂し，その後，2本の染色分体は縦裂しながら細胞の別々の極に移動する．終期 telophase には核膜が再び形成され，二つの娘核ができる．細胞板が形成されて細胞質分裂が完了すると，同じ数の染色体をもつ二つの娘細胞ができる．

　植物の根端や展開前の若葉などの分裂組織を用い，分裂を観察する．特に，分裂の中期には，植物種に固有な染色体の数や形態（核型）の違いがわかる．ここでは，ネギ（*Allium fistulosum*, $2n = 16$）の初生根の根端分裂組織を用いた方法を説明する．

　準　備：検鏡用具，ピンセット，ハサミ，45％酢酸，ホイルゲン液，1 N HCl，酢酸カーミン液，蒸留水，アルコールランプ，ガーゼ，竹ぐし，安全カミソリの刃，ろ紙．

　方　法：試料の採取　ネギの乾燥種子を湿ったろ紙を入れたシャーレに播種し，20℃の恒温暗黒下で発芽させる．初生根の長さが1〜2 cmのとき，根端分裂組織を含む根を先端から1 cmほど採取する．中期像を含む細胞の比率を高め，染色体を凝縮させるために前処理をし，後に固定する．

　前処理：根端分裂組織を含む根を水を満たしたサンプル瓶に入れ，氷の入ったアイスジャーや冷蔵庫の中で16〜24時間冷水処理（0℃）する．また，0.025〜0.25％コルヒチン，0.002 M 8-ヒドロキシキノリン（硫酸塩）あるいはα-ブロモナフタレンの飽和溶液で2〜3時間処理する方法もある．

　固　定：根端分裂組織を含む根を水洗してから水分をよく取り除き，ファーマー液（エチルアルコール3：酢酸1の混合液，使用直前に調整する）に入れ換え，室温下で固定する．長期保存する場合は，ファーマー液に1〜3日間浸漬した後，70％アルコール溶液と交換し，冷蔵庫で保存する．

　ホイルゲン染色：サンプル瓶に冷えた1 N HClを入れ，根端分裂組織を含む固定した根をその中に入れる．次に，サンプル瓶に発泡スチロールのフロートを付けて，60℃の温水に6分間浮かべて組織を加水分解する．その後，水を張ったシャーレに1 N HClと共に直接流し出し，組織が壊れないように注意して十分に水洗する．加水分解の時間は，コムギやエンバクでは9分，タバコでは8分が最適である．加水分解した材料をホイルゲン液に室温下で5〜10分間浸し，根端分裂組織が赤紫色に変わるのを待つ．

　酢酸カーミン染色：固定材料を加水分解せずに，サンプル瓶に入れた酢酸カーミン液の中に3〜24時間浸す．アルコールランプを使って，サンプル瓶の底から3〜4秒加熱し，組織の解離と染色を同時に促す．この時，酢酸カーミン液が突沸しないように注意する．

　プレパラートの作成：染色された根をスライドグラスの上に乗せ，安全カミソリで赤紫色に染った根端分裂組織を切り取り，残りの組織はすてる．分裂組織の上に45％酢酸を1滴おとし，カバーグラスをかける．竹ぐしでカバーグラスの上から軽くたたき，細胞を散らす．その際，カバーグラスとスライドグラスとの間に安全カミソリの刃を入れ隙間を作ると細胞が散りやすい．染色が淡いようであれば，45％酢酸を酢酸カーミン液にかえるとよい．

　観　察：低倍率（100倍）で検鏡し，体細胞分裂像を探す．分裂中期像があれば，アルコールランプで軽く加熱してからプレパラートをろ紙ではさみ，ずれないように真上から母指で押しつぶす．次に，分裂中期の染色体が重ならずによく散らばっているかどうか観察する．染色体を数えることができたら，気泡が入らないようにカバーグラスの縁をラバーセメント（天然ゴム系の接着剤）で封じる．

　ネギ'九条細'の体細胞分裂図（図4.1）を参考にして，それぞれの分裂期の特徴を理解する．分裂中期像を正確にスケッチし，種に固有な染色体の数や核型を記録する．

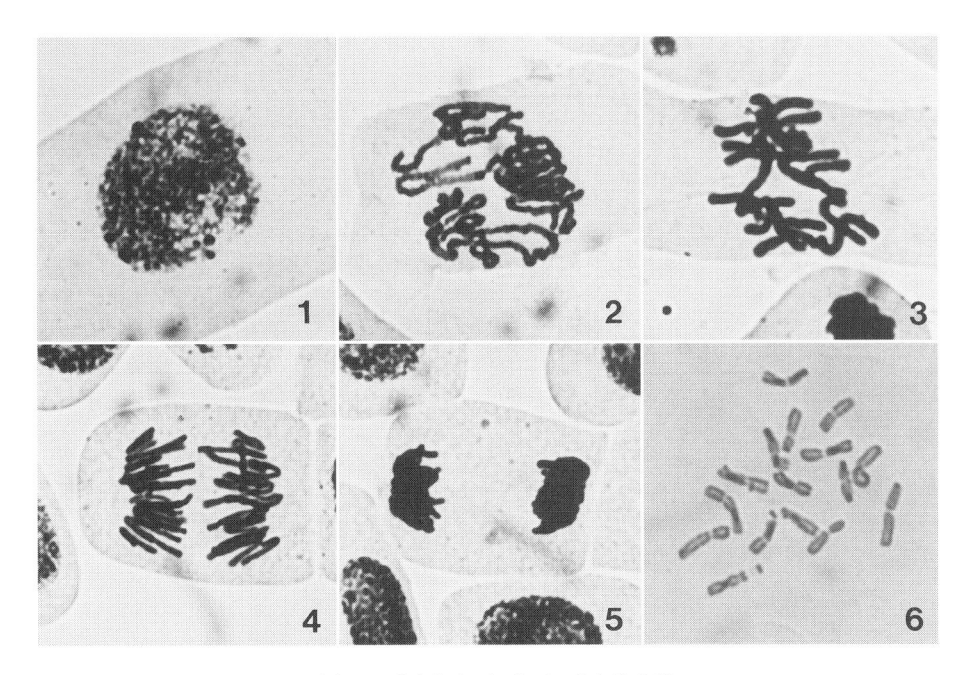

図4.1　九条細ネギにおける体細胞分裂
1：静止期，2：前期，3：中期，4：後期，5：終期，6：前処理した時の中期像

減数分裂

　減数分裂 meiosis は，成熟分裂ともよばれ，配偶子形成のために花粉母細胞 pollen mother cell（PMC）と卵母細胞で行われる．この分裂は連続した二つの細胞分裂からなっている．第一分裂では，相同染色体の対合によって二価染色体が形成される．二価染色体の二つの動原体に紡錘糸が付着するので，動原体は二つに分裂せず相同染色体が両極に分離する．この時，娘細胞当りの動原体数は母細胞の半分になるので，この第一分裂を減数分裂 reduction division とよぶことがある．

　第二分裂では，体細胞分裂と同じ様式で動原体が二つに分裂し，娘染色分体は均等に両極に分かれて行く．この第二分裂は等分裂 equitional division とよばれることがある．この減数分裂が完了すると，母細胞の染色体数が半減した四つの細胞ができる．

　ここでは，ライムギ（Secale cereale，2n = 14）の若い葯に含まれる花粉母細胞を用いた観察方法を説明する．

　準　備：体細胞分裂と同じ．

　方　法：試料の採取　減数分裂期の PMC を多数含むライムギの幼穂は，出穂直前の止葉（最上位葉）の葉鞘に包まれている．ライムギの減数分裂を観察する適期は，植物種や品種によっても異なるが，止葉とその直下葉の間の長さが約 4～5 cm の時である．適期の分けつ枝を見つけ，葉鞘に包まれた幼穂を穂首節で切り取り，葉鞘を取り除き固定する．

　固　定：簡易的に材料を固定するには，幼穂を多量のファーマー液に直接浸漬する．長期保存する場合は，材料を 70 % エチルアルコール溶液に入れ換え，冷蔵庫で低温保存する．厳密に固定する材料を選ぶには，同一小花内の同調分裂している 3 本の葯の 1 本で分裂時期を確認する．

　適期の小花の残り 2 本の葯を固定する．1 % FeEDTA を数滴加えたカルノア液（エチルアルコール：クロロホルム：氷酢酸 = 6：3：1）を固定に用いると材料の組織が柔かになり，酢酸カーミン液で染色する場合に染色力が鉄イオンによって強められ，鮮明な染色体像が得られる．

　染　色：固定した葯をスライドガラスにのせ，その上に酢酸カーミン液を 1 滴落して PMC を染色する．アルコールランプでスライドガラスを少し加熱すると，PMC は十分に染色される．新しいスライドガラスの上に 45 % 酢酸を 1 滴落し，染色した葯をその中に入れる．葯の中央をピンセットの先で切り PMC を十分に押し出し，葯を取り除いてからカバーガラスをかける．

　観　察：低倍率（100 倍）で検鏡し，移動期 diakinesis や第一分裂中期像を探す．PMC がまだ第一分裂前期であったり，すでに成熟花粉になっている場合は上記の操作を繰り返す．第一分裂中期像が

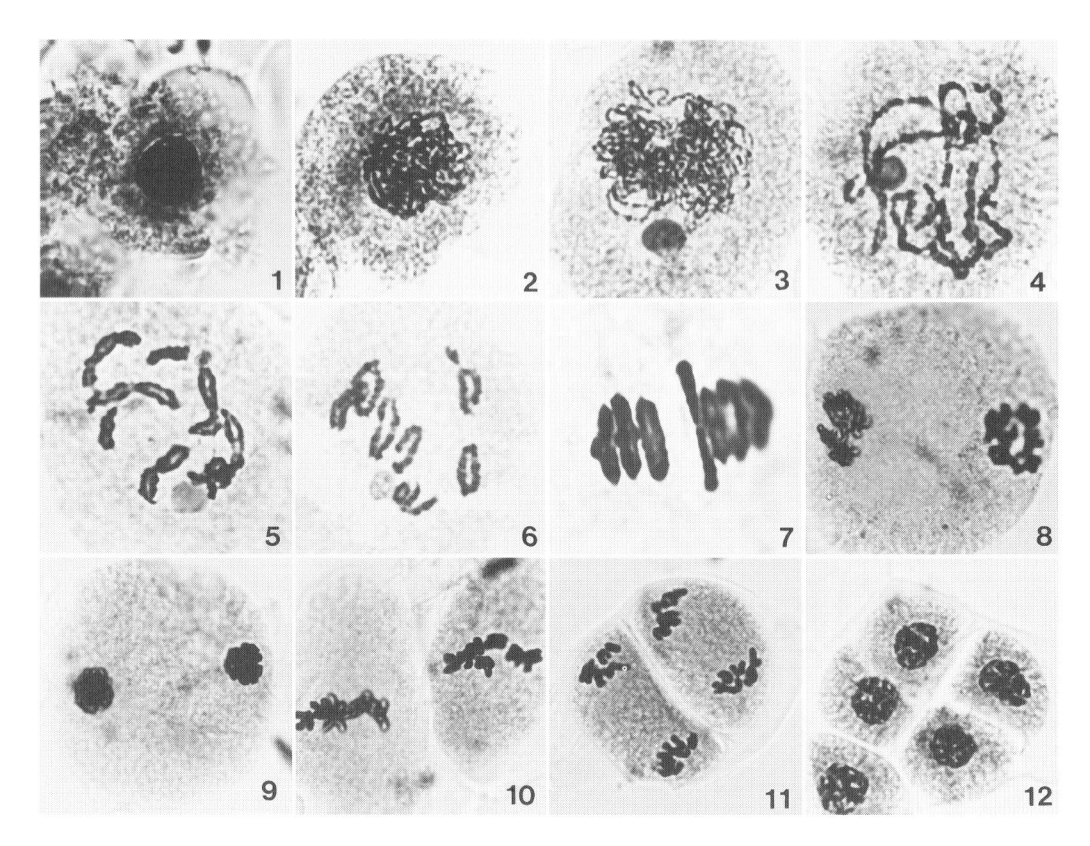

図 4.2 ライムギにおける減数分裂
1：静止期，2：細糸期，3：接合期，4：太糸期，5：複糸期，6：移動期，7：第一中期，
8：第一後期，9：第一終期，10：第二中期，11：第二後期，12：四分子期．

確認できたら，少し加熱してからスライドガラスにろ紙をかけてずれないように真上から母指で押しつぶす．そして，カバーガラスの縁をラバーセメントで封じる．

ライムギの減数分裂（図4.2）を参考にして，各分裂期の特徴を観察する．最初に，最も出現しやすい四分子期 tetrad の細胞を探して4個の核を観察する．次に，移動期や第一分裂中期の細胞を探して7対の二価染色体を観察する．

コムギ五倍性雑種の染色体対合

染色体対合や染色体消失率を調べると，染色体行動様式からゲノムの概念と奇数倍数体の不稔性の原因を知ることができる．四倍性のポーランドコムギ（*Triticum polonicum*）と六倍性のスペルトコムギ（*T. spelta*）の雑種（五倍性雑種）ではDゲノムの染色体には対合相手がないので，減数分裂第一中期では主に 14 II + 7 I の対合型がみられる（図4.3の1）．Dゲノムの7本の一価染色体は理論的には $(0.5 + 0.5)^7$ の二項分布に従って，両極に分配される．したがって，配偶子 (n) は 14 + 0, 14 + 1, 14 + 2, 14 + 3, 14 + 4, 14 + 5, 14 + 6, 14 + 7 の8通り形成されるはずである．一価染色体は減数分裂第一後期で両極に引っ張られ縦裂するため，遅滞染色体になりやすく（図4.3の2），一部は四分子期に小核となって観察される（図4.3の3）．そのため，一価染色体は核内にとりこまれずに消失することがある．これがコムギ五倍性雑種の不稔性の原因と考えられる．

材 料：スペルトコムギとポーランドコムギの五倍性雑種の花粉母細胞（PMC）を含む葯．

準 備：検鏡用具，ピンセット，柄付針，酢酸カーミン，45％酢酸，ろ紙，数取器

方 法：酢酸カーミンで五倍性雑種のPMCを染色し，第一分裂中期，第一分裂後期および四分子期の細胞を探す．第一分裂中期の染色体対合を調べ，一価染色体，二価染色体および多価染色体の頻度を記録する．第一分裂後期を調べ，遅滞染色体を観察する．四分子期を調べ，小核数別に合計200個の小胞子を数える．下記の式に従って染色体消失率を求める．

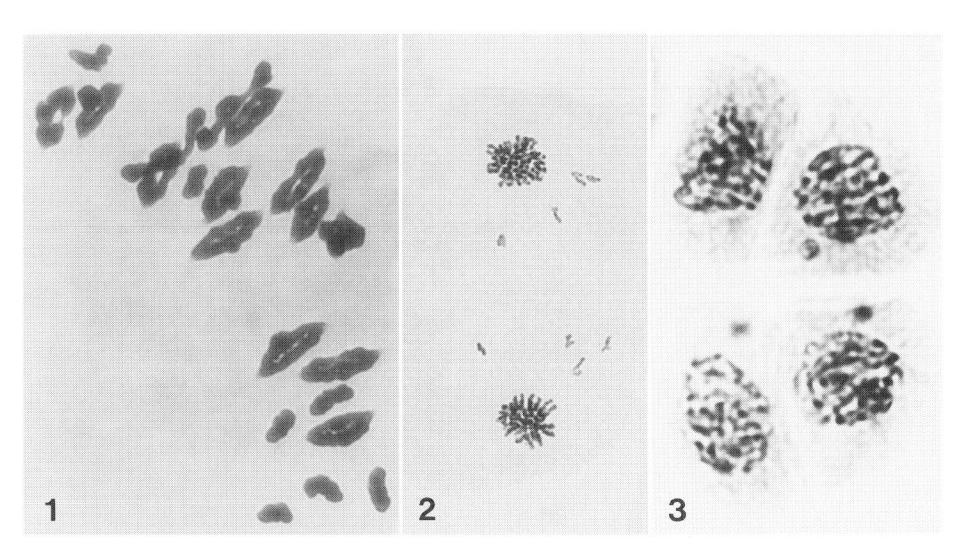

図 4.3 コムギの五倍性雑種における減数分裂（スペルトコムギ×ポーランドコムギ）
1：第一分裂中期，2：第一分裂後期，3：四分子期

表 4.1 コムギ五倍性雑種における配偶子の理論的頻度と実験例（松村，1936）

消失率	$(p+q)^n$	染色体数								計
		14	15	16	17	18	19	20	21	
0 %	$(0.5+0.5)^7$	0.78	5.47	16.41	27.34	27.34	16.41	5.47	0.78	100
20 %	$(0.6+0.4)^7$	2.80	13.07	26.13	29.03	19.35	7.74	1.72	0.16	100
実験値	（松村，1936）	7.8	13.7	21.6	22.6	16.7	9.8	5.9	2.0	100

染色体消失率（％）＝$\sum f \cdot X/(0.5 \times N \times n) \times 100$
$X=$小胞子中にみられる小核数，$f=$各小核数に応ずる小胞子数，
$N=\sum f=$小胞子数，$\sum f \cdot X=$小核の総数，
$n=$一価染色体数（ここでは 7）

解説：第一分裂中期では，ABゲノムが二価染色体，Dゲノムが一価染色体を形成するので，主に 14 II＋7 I の対合型を示す．第一分裂後期では，対合相手のない 7 本の D ゲノム染色体が遅滞染色体になる．小核形成から推定した染色体消失率は，約 20 % となる．$(0.6+0.4)^7$ の二項展開から得られるそれぞれの配偶子の期待頻度は，実験値（松村，1936）とほぼ一致するのが知られている（表 4.1）．

（森川利信）

4.2 遺伝分析法

単因子遺伝

一つの遺伝因子に支配される形質の遺伝様式を単因子遺伝といい，メンデルの優劣および分離の法則に従う形質を単位形質という．メンデルの法則に従う遺伝子 gene は核のゲノム genome に存在するので，雌性生殖細胞と雄性生殖細胞をとおして遺伝する．細胞質の葉緑体やミトコンドリアのゲノムに存在している遺伝子は雌性生殖細胞をとおして遺伝（母性遺伝）する．植物の貯蔵デンプンの特性であるモチ性は核に存在する一つの遺伝子に支配されるので，配偶子世代（花粉）で遺伝子の分離を調べることができる．また，葉緑体突然変異のアルビノは幼苗期に簡単識別できる．

イネのモチ性の遺伝

イネ（*Oryza sativa* L.）の貯蔵デンプンは花粉と胚乳に蓄積し，ヨード・ヨードカリ液による呈色反応によってウルチとモチを簡単に染め分けできる．花粉は一度に多数扱うことができるし，胚乳では遺伝子の発現に量的効果や花粉の影響がすぐ現れるキセニア xenia がみられる．モチ性の遺伝では，一世代早く遺伝子型 genotype を知ることができる．

モチとウルチ：デンプンはぶどう糖が重合してできた化合物であり，その中に直鎖分子のアミロースと分子の中に多数の分岐点をもつアミロペクチンの

2種類がある．イネのウルチ性デンプンは約20％のアミロースと約80％のアミロペクチンの混合物である．モチ性デンプンはすべてアミロペクチンから成りアミロースを含んでいない．

Wx 遺伝子座：モチは Wx 遺伝子座において，劣性の wx 遺伝子をホモ（$wxwx$）にもつとき発現する．モチ性の胚乳や花粉のデンプンはアミロペクチンのみとなるので，ヨード反応は赤褐色となる．ウルチは Wx 遺伝子をもつとき（$WxWx$ あるいは $Wxwx$）に発現し，ヨード反応は青紫色となる．Wx 遺伝子座がヘテロ（$Wxwx$）であれば花粉（配偶子世代）にその分離がみられる．

花粉における分離の観察

目　的：Wx 遺伝子座ヘテロ個体（$Wxwx$）の花粉を用いて，対立遺伝子の分離を調べる．

材　料：イネのウルチ性品種'農林19号'（P_1）とモチ性品種'祝モチ'（P_2）および両品種の雑種第1代（F_1）．

準　備：検鏡用具，70％エチルアルコール，0.2％ヨード・ヨードカリ液，ピンセット，シャーレ，パスツールピペット

方　法：'農林19号'，'祝モチ'および両品種の F_1 雑種を栽培し，開花直前の小花を多数含む穂を選び，70％エチルアルコールで穂のまま固定する．スライドグラスの中央に，0.2％の薄いヨード・ヨードカリ液を過剰にならないように1滴落とす．固定した小花から葯を1本とりだし，スライドグラス上のヨード・ヨードカリ液の中につけ，葯の中央をピンセットの先で切り二分する．次に葯を軽くたたき，葯内の花粉をヨード・ヨードカリ液中に浮遊させる．花粉が十分出たら葯を取り除く．カバーグラスを静かに乗せ，約2分間花粉のデンプンが染色されるのを待つ．低倍率（100倍）で検鏡し，デンプンの呈色反応を確認する．

注　意：プレパラートの中央部と周辺部では花粉の量がかなり異なるので，視野を移動させてカバーグラスの全域をよく観察する．材料が低温保存されていた場合は染まりにくいので，4・5分間待ち，十分に染色する．ヨード・ヨードカリ液が濃すぎたり多すぎると，デンプンの呈色反応による青紫色と赤褐色が区別しにくくなる．

ヨード・ヨードカリ1％液と0.3gのヨードカリ（KI）を10ml の蒸留水に完全に溶かし，これに0.1gのヨード（I）を徐々に加えてつくる．

検　定：青紫色に染まった花粉は Wx 遺伝子をもち，赤褐色に染まった花粉は wx 遺伝子を持っている

```
           ウルチ性品種        モチ性品種
P₁         '農林19号'   ×    '祝モチ'         P₂
           ($WxWx$)     ↓     ($wxwx$)

F₁                  ($Wxwx$)
                       ↓

        花粉    $Wx$   :   $wx$
        比率     1    :    1
                       ↓

F₂ 胚   ($WxWx$) : ($Wxwx$) : ($wxwx$)
比率        1   :    2    :    1
```

図4.4　花粉と植物体（胚）における Wx 遺伝子の分離
（ ）は植物体または胚における遺伝子型を示す．

と判断する．約500の花粉粒を調べ，その数を色別に集計する．F_1 雑種の Wx 遺伝子座における遺伝子の分離が期待値（$Wx:wx=1:1$）に適合しているかカイ2乗検定を行う．X^2 値を有意水準5％で自由度（セル数 -1）$=1$ の χ^2 値と比較する．

胚乳における分離の観察

目　的：F_2 雑種集団の胚乳を用いて，モチとウルチの表現型 phenotype の分離を調べる．

材　料：イネのウルチ性品種'農林19号'（P_1）とモチ性品種'祝モチ'（P_2）との雑種第2代（F_2）の種子．

方　法：F_1 雑種を成熟期まで栽培し，開花前の穂に袋掛けをして自殖種子（F_2）を得る．

種子は十分登熟させ，デンプン特性の判断が難しい青米とならないようにする．1穂から約100粒の F_2 の種子を手で脱穀し，実験用もみすり器またはピンセットで頴を取り除き，玄米に調整する．玄米の胚乳の色や光沢を調べて，モチ（乳白色）とウルチ（透明感のある白色）に分ける．区別が困難であれば，カッターナイフで玄米を半分に切り，切り口にヨード・ヨードカリ液をかけて，呈色反応により判断する．

検　定：F_2 雑種集団の表現型の分離を期待値（ウルチ：モチ $=3:1$）に適合するかどうかカイ2乗検定する．

二因子遺伝

2対の遺伝子が存在する場合，個々の遺伝子対は互いに無関係に遺伝する．これをメンデルの独立の法則という．2対の遺伝子をAとaおよびBとb(ただし，AとBは，それぞれ，aとbに対して優性)とすると，2遺伝子雑種(両性雑種)AaBbは，4種類の配偶子(AB，Ab，aB，ab)をすべて同数に作り出す．この分離は卵でも花粉でも同様であるから，F_2の表現型の分離比はAB：Ab：aB：ab＝9：3：3：1となる．これは，2対の遺伝子が異なる染色体上にあるときに成り立つ．そして，それらは独立遺伝しているという．しかし，2対の遺伝子が同じ染色体上にあるとき，それらは連鎖遺伝しているという．親の配偶子(AB)と(ab)によって両性雑種個体を形成する時，この遺伝子配列を相引couplingといい，親の配偶子(Ab)と(aB)による場合は，相反repulsionという．二つの遺伝子座の間で相同染色体の交叉crossing overが起こると，遺伝子の組換えrecombinationが起こる(図4.6)．全配偶子の中にしめる組換え型の比率を組換え率といい，組換え率は2遺伝子座間の距離に比例する．

ここでは，検定交配，連鎖の検出および組換え率の算出法を説明する．また，エンバクの平衡致死遺伝子系統の分離比の歪みと正常ホモ型の欠如から完全連鎖と致死遺伝子の存在を知り，二因子遺伝の様式を理解する．

検定交配

F_1の配偶子の遺伝子型を直接的に調べることは通常できないので，配偶子の遺伝子型の頻度を間接的に調べるために戻し交配を用いる．目的の遺伝子について，劣性ホモ型の親個体をF_1に交配するとF_1で生じる配偶子の遺伝子型の頻度が，次代BC_1における表現型の頻度として現れる．このような，劣性ホモ型の親個体をF_1への戻し交配することを検定交配という．

連鎖の検出

AB/AB×ab/abの交配組み合わせにおいて生じた両性雑種F_1(AB/ab)の自殖あるいは2重劣性(ab/ab)との戻し交配世代における分離についてカイ2乗検定をする．これらの分離世代における4表現型とその観察数を

AB/ab	Ab/ab	aB/ab	ab/ab	計
a	b	c	d	N

とする．まず，各形質(A，aおよびB，b)の分離についてカイ2乗検定し，形質aおよびbが単劣性と判断されれば，以下の式で両遺伝子の独立性を検定する．

戻し交配：$X^2 = (a-b-c+d)^2/N$
(自由度＝1)

F_2：$X^2 = (a-3b-3c+9d)^2/9N$
(自由度＝1)

表4.2 *Wx*遺伝子座における遺伝子の分離

	花粉粒のヨード反応		計
	青紫色(*Wx*)	赤褐色(*wx*)	
観察値	Ao	Bo	N
期待値(1：1)	Ae	Be	N

$X^2 = (Ao-Ae)^2/Ae + (Bo-Be)^2/Be$，N＝Ao＋Bo，AeとBeは期待値，自由度＝級の数－1

```
         ウルチ性品種           モチ性品種
   P1   '農林19号'      ×      '祝モチ'      P2
         (WxWxWx)      ↓      (wxwxwx)

   F1              (WxWxwx)
                      ↓
         花粉      Wx    :    wx
         比率      1     :    1
                      ↓
   F2   胚乳    (WxWxWx) : (wxwxwx)
                (Wxwxwx)
                (WxWxwx)
                 ウルチ   :   モチ
         比率      3      :    1
```

図4.5 花粉と胚乳でのW_X遺伝子の分離
( )は胚乳における遺伝子型を示す．

表4.3 胚乳におけるモチとウルチの表現型の分離

	胚乳デンプン		計
	ウルチ	モチ	
観察値	Ao	Bo	N
期待値(3：1)	Ae	Be	N

N＝Ao＋Bo，AeとBeは期待値

相引型　相反型

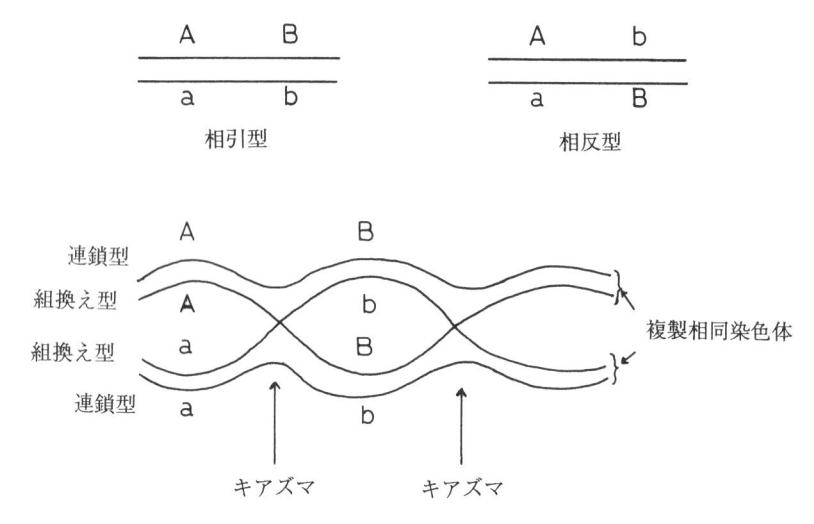

図4.6　遺伝子配列，相同染色体の交叉および遺伝子組換えの関係

X^2 値が5％水準で有意ならば，両遺伝子は連鎖していると推定されるので組換え率を算出する．

組換え率の計算

組換え率を計算する方法は，形成される配偶子の遺伝子型の種類と頻度を直接知ることである．しかし，高等植物では花粉で形質発現する遺伝子（Wx 遺伝子等）を除いて，それを直接知ることは不可能なことが多いので，通常，戻し交配世代を用いる．戻し交配で大量の種子を得ることが困難なイネやオオムギなどの自殖性植物では，F_2 における表現型の分離頻度から，組換え率を計算する方が効率的である．

戻し交配よりの組換え率の算出

F_1（AB/ab）に2重劣性 ab/ab を戻し交配すると，BC_1 では，F_1（Ab/ab）の配偶子比（AB：Ab：aB：ab）と等しい比の表現型の分離（AB/ab：Ab/ab：aB/ab：ab/ab）が観察される．これらの観察頻度より，組換え率 p は以下の式によって算出する．

$$p = \frac{b+c}{a+b+c+d}$$

ここで a，b，c および d は，いずれも表現型の頻度（実際の観察数）を示す．また，F_1 における配偶子 AB，Ab，aB および ab の頻度をそれぞれ $1-p$，p，p および $1-p$（相引の場合の組換え率を p）とすれば，標準誤差（Sp）は，

$$Sp = \sqrt{p(1-p)/N}$$

で与えられる．N は全観察数．

エンバクの致死遺伝子とアルビノ遺伝子の連鎖

材　料：二倍性エンバク *Avena strigosa*（2 x, 2 n = 14）の平衡致死遺伝子系統はアルビノ標識遺伝子 al と致死遺伝子 l を相反型に完全連鎖している突然変異系統である．後代で正常ホモ系はすべて接合致死になるので，自殖後代は常にアルビノと正常ヘテロ型が分離するヘテロ集団になる．

準　備：ろ紙，アクリルバット，3％アンチフォルミン溶液，ピンセット，イオン交換水，インキュベーター

方　法：約200粒の平衡致死遺伝子系統の種子を貯蔵缶から無作為に取る．穎を取り除いた後，3％アンチホルミン溶液で約20分間種子を消毒し，水洗する．アクリルバットに湿ったろ紙を二重にひき，胚を上にして種子を置床する．20℃の恒温暗黒下のインキュベーターで2日間催芽させる．発芽後，自然光を与えて葉緑素を形成させる．播種1週間後にアルビノ，正常および不発芽個体を数えて記録する．

検　定：集計表の観察値と単因子遺伝の F_2 分離比の期待値から X^2 値を求め，有意水準5％でカイ2乗検定を行う．有意（不適合）であれば，連鎖が認められたことになる．致死遺伝子とアルビノ遺伝子が相反型で完全連鎖していると（図4.7）仮定して，正常：アルビノ＝2：1の期待値に適合するかを調べる．致死遺伝子をもつ配偶子の受精能力を正常配偶子の50％と仮定して，正常：アルビノ＝1：1の期待値に適合するかを調べる．

考　察：後代の正常ホモ系はすべて接合致死になるので，自殖集団では常にアルビノ・ホモ型と正常ヘテロ型が分離する．したがって，正常遺伝子と

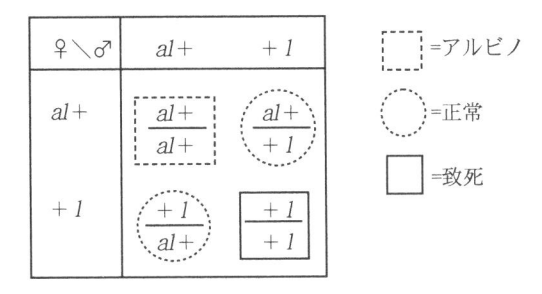

$$\frac{al\ +}{+\ \ l} \times \frac{al\ +}{+\ \ l}$$
↓
正常 ： アルビノ
2 ： 1

♀\♂	al+	+l
al+	al+/al+	al+/+l
+l	+l/al+	+l/+l

□ =アルビノ（破線）
○ =正常（破線円）
□ =致死

図4.7 致死遺伝子とアルビノ遺伝子の相反型完全連鎖系統の自殖次代における分離

完全連鎖する致死遺伝子の存在を仮定する．アルビノが多く出現し，正常型：アルビノ＝1：1の期待値に適合するので，アルビノ遺伝子と致死遺伝子が相反型で完全連鎖しており，致死遺伝子を持つ配偶子の受精能力は正常配偶子の約50％と考えられる．

（森川利信）

4.3 植物集団の遺伝

ふつう，植物は，いくつかの個体が集まって集団（個体群 population）として生活している．一つの種をみると，種は通常いくつかの地域個体群（地域集団 local population）から構成され，一つの地域個体群はいくつかの小さな亜個体群（分集団 subpopulation）からつくられている．このような構造をメタ個体群 metapopulation という．栽培植物ではある地域に作付けされている品種と一筆ごとの集団の様子がこれにあたる．一つの個体群は生育場所の環境条件の違いに対応して適応し，個体群または亜個体群の間ではさまざまな程度の遺伝子交換があるため，一つの地域または地方品種には遺伝的に異なる個体群が平面的に分布する．このような個体群レベルでの遺伝的変異の存在様式を遺伝的集団構造 genetic population structure という．集団レベルの遺伝的多様性を把握する手法として，ここでは，遺伝的支配が明瞭な質的形質とポリジーン支配の量的形質を例として，集団遺伝学の基礎と遺伝的集団構造の解析方法を述べる．

メンデル集団と遺伝的パラメーター

ランダムに交配している無限に大きい集団（メンデル集団）において，突然変異が起こらず，移住や移入もなく，選択が働かない場合には一つの遺伝子座にある対立遺伝子の頻度は世代が経過しても変化しない．この状態を平衡状態 equilibrium といい，その時の遺伝子型の頻度構成をハーディワインベルグの配列という．この状態では遺伝子頻度だけでなく遺伝子型頻度も変化しない．遺伝子頻度や遺伝子型頻度が何らかの要因で変化すると進化が起こる．遺伝子頻度の変化は，おもに突然変異，選択，遺伝的浮動によって起こる．集団の遺伝的特徴は遺伝子頻度とそれから期待される平衡状態からのずれによって把握できる．

遺伝子頻度の推定方法：ある形質が一つの遺伝子座に座乗する2個の対立遺伝子に支配されているとき，任意の集団において，優性表現型個体数f_1，ヘテロ接合表現型個体数f_2，劣性表現型個体数f_3とすると，優性遺伝子の頻度p，劣性遺伝子の頻度qおよびその推定誤差（±）は次式で与えられる．

$$p = (2f_1 + f_2) / 2(f_1 + f_2 + f_3) \pm \sqrt{\Delta}$$
$$q = (f_2 + 2f_3) / 2(f_1 + f_2 + f_3) \pm \sqrt{\Delta}$$
$$但し，\Delta = (2f_1 + f_2) \cdot (f_2 + 2f_3) / (8(f_1 + f_2 + f_3)^3)$$

優性遺伝の場合はf_2の個体数が不明であり，さらに自殖性植物の場合は，f_2の個体数は0に近似するので，遺伝子頻度は次式によって推定する．

・任意交配集団で完全優性遺伝の場合（f_2はf_1に含まれる）

$$q = \sqrt{f_3/(f_1+f_3)} \pm \sqrt{f_1/(4(f_1+f_3)^2)}$$

・自殖性集団で完全優性の場合

$p = f_1/(f_1+f_3)$, $q = f_3/(f_1+f_3)$. ∵ $f_2 = 0$

ハーディワインベルグの配列の検定：ヘテロ接合表現型の個体数が明らかな場合には，平衡状態にあるかどうか検定できる．
$X^2 = (p^2n - f_1)^2/p^2n + (2pqn - f_2)^2/2pqn + (q^2n - f_3)^2/q^2n$ を求め（但し，$n = f_1 + f_2 + f_3$），X^2が$\chi^2_{(\phi=1, 0.05)}$より小さければ平衡状態にある（ヘテロ接合型の個体数が不明な場合は自由度が0となるため，遺伝子頻度の推定はできるが平衡状態の検定はできない）．

実　験：路傍や空き地の植物群落においてシロツメクサ（*Trifolium repens* L.：他殖性）の葉の斑紋の有無，ニワゼキショウ（*Sisyrinchium rosulatum*

Bickn.：自殖性）の花の色，またはネズミムギ（*Lolium multiflorum* Lam.：他殖性）の葯の色のような変異について，適当に設定した分集団毎にその頻度を調査し，遺伝子頻度を推定する．斑紋無し，赤花，黄色葯を劣性形質として頻度を求める．

量的形質の分析

植物体の大きさや収量などの量的形質は，微少な影響を与える多数の対立遺伝子（ポリジーン）に支配されると仮定して分析する．このポリジーンの一つの遺伝子は任意の量的効果をもち，等しい環境変動の影響を受ける．一つの集団における量的形質は，平均値 μ と分散 V によって定義される．N 個体よりなる集団において，サンプリングした n 個体の i 番目の個体の計測値を X_i とすると
平均値は，
$$\mu = \sum X_i / n$$
分散は，
$$V = \sum (X_i - \mu)^2 / (n-1)$$
$$= (\sum X_i^2 - (\sum X_i)^2 / n) / (n-1)$$
で与えられる．

2 個以上の集団がある場合，平均値の差を遺伝子の違いによる効果，個体間の変動を環境の影響による効果としたとき，全分散は平均値の分散（遺伝分散）と平均した個体間分散（環境分散）の和と定義される．純系の集団における個体間分散は環境分散に等しいので，二つの純系由来の雑種集団では両親の平均値の分散が遺伝分散となる．

実験例：交配用母本品種 10 品種について，収量構成要素の 5 形質を選び，それぞれ平均値と分散を求める．

注　意：これらでは形質の直線性を仮定しているので，分散の計算に当たっては，直線性を検討する．簡便には，平均値と分散の間に有意な相関が有るかどうかを調べる．グラフの軸に平均値と分散をとり，サンプル（品種）を打点する．点のばらつきに傾斜があれば，対数変換や指数変換を試みる．形質毎の性質をあらかじめ調べておくと良い．

遺伝的集団構造の評価

固定指数：遺伝子頻度の階層構造

植物の集団はふつう無限大になることはない．集団の個体数が有限であることによって起こる遺伝子頻度の変化が遺伝的浮動 genetic drift である．植物は，通常，メタ個体群構造をとるので，さまざまな要因によって分集団の間に遺伝的な差異が生じる．

いま，大きい地域個体群が図 4.8 のように N_e 個体からなる分集団 a 個から成り立っているとする（q_i は遺伝子頻度，$q_i = 1 - p_i$）．ある分集団における任意の対立遺伝子の頻度を q_i とすると一世代の経過によって浮動する遺伝子頻度の分散 v は次式であらわされる．

$$v = q_i(1 - q_i) / 2N_e \quad \cdots\cdots (1)$$

また，分集団が創られた最初の世代の遺伝子頻度を q_0 とすると，k 代目における遺伝子頻度の分散 v_k は次式で現される．

$$v_k = q_0(1 - q_0) \cdot [1 - (1 - 1/2N_e)^k] \quad \cdots (2)$$

すなわち分集団のサイズ N_e に依存して，分集団間には遺伝的な差異が生じることになる．

実験例：先に示したシロツメクサ，ニワゼキショウ，またはネズミムギにおける明瞭な形質について，その頻度を適当に設定した分集団毎に調査し，分集団がメンデル集団であり，変異に選択圧がかからず，調査地域全体の遺伝子頻度は世代の経過によって変化しないとするとき，それぞれの種が何世代を経て現在の集団構造をつくったかの推定を試みる．

手　順：

1) **調　査**：それぞれ 8〜10 分集団を選び，変異を調査する．
   ・対象植物の分集団ごとに調査区画（例：芝生地，グランドなど），個体数，変異体の頻度（例：赤花 12 個体，白花 36 個体など）および生育状況と観察事項（刈込みの程度高く，雑草の生育が稀など）を記録する．大きな区画では細分割したパッチを 1 分集団とする．分集団当たり 35 個体以上を計測するのが望ましい（同数に合わせなくてもよい）．

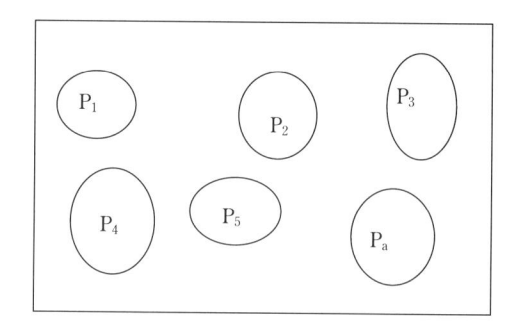

2) **分化程度の計算**：われわれが実際に知り得るのは対象とする分集団の個体数と遺伝子頻度である．前項を参考とし遺伝子頻度 q_i を求める．
   分集団の数：a，分集団の遺伝子頻度：q_i，分集団間の遺伝子頻度の分散（σ^2_{st}）とすると
   $$\sigma^2_{st} = \sum q_i^2 / a - (\sum q_i / a)^2,$$
   $$\bar{q} = \sum q_i / a \quad \cdots\cdots (3)$$

図 4.8　メタ個体群

表 4.4 分散分析表

要因	平方和（変動）	自由度	平均平方和（分散）	分散成分の構成式
群間	S_B	$\phi_B = a - 1$	$V_B = S_B/\phi_B$	$n\sigma_B^2 + \sigma_W^2$
群内	S_W	$\phi_W = an - a$	$V_W = S_W/\phi_W$	σ_W^2
全体	S_T	$\phi_T = an - 1$		

分集団の間の遺伝的な分化の程度を示す固定指数 F_{st} は,

$$F_{st} = \sigma^2_{st} / (\bar{q}(1-\bar{q})) \quad \cdots\cdots (4)$$

$F_{st} = 1$ のとき分集団の遺伝子頻度がそれぞれ 0 と 1 に固定していることを示し, $F_{st} = 0$ のとき分集団の遺伝子頻度がすべて等しい（分化が起こっていない）ことを示す.

3) **世代数の推定**: 世代の経過によって全体の遺伝子頻度は変わらないから, $\bar{q} = q_0$ であるので, (2) と (4) より, 次式が成立する.

$$F_{st} = q_0(1-q_0) \cdot [1-(1-1/2N_e)^k] / (\bar{q}(1-\bar{q})) = 1-(1-1/2N_e)^k \cdots (5)$$

すなわち, 集団の分化程度は繁殖集団の大きさ N_e と世代数 k の関数となる.

N_e は一般に知ることができないので, 便宜的に分集団の個体数の調和平均を集団のサイズとする. 分集団の個体数 n_i とすると,

$$a/N_e = \sum(1/n_i) \quad \cdots\cdots\cdots\cdots (6)$$

経過世代数は, F_{st} と N_e を式 (5) に代入して推定する.

群内相関：量的形質の階層構造

群内相関は群間分散 $\sigma_G^2 /$（群間分散 σ_G^2 +誤差分散 σ_N^2）と定義され, 集団のもつ遺伝的変異の量を表す. 群内相関の多寡は, 対象とする形質の個体群における遺伝的多様性を示す. ここでは分散分析による群内相関の推定を試みる.

理　論：個体数 n からなる分集団が a 個あり, 対象とする形質の計測値が x_{ij} であるとき, それぞれの分集団における平均値 $\bar{x}_i$, 全平均値を $\bar{\bar{x}}$ とすると, 全体の変動 S_T, 群間変動 S_B, 群内変動 S_W は次式であたえられる.

$$S_T = \sum\sum(x_{ij} - \bar{\bar{x}})^2/an = x_{ij}^2 - (\sum\sum x_{ij})^2/an,$$
$$S_B = \sum(\bar{x}_i - \bar{\bar{x}})^2/a = \sum(\sum x_{ij})^2/n - (\sum\sum x_{ij})^2/an,$$
$$S_W = \sum(x_{ij} - \bar{x}_i)/n = S_T - S_B$$

このときの分散分析表は, 表 4.4 のようになる. ここで分散＝分散成分の構成式とおくと, σ_B^2 および σ_W^2 を未知数とする連立方程式が得られる. これをといて求めた分散成分 σ_B^2, σ_W^2 をもちいて次式によって群内相関 t を推定する.

$$t = \sigma_B^2 / (\sigma_B^2 + \sigma_W^2)$$

交配集団において無作為に選んだ個体の次代系統を評価し, 系統を群としたとき群間分散は遺伝分散, 群内分散は環境分散＋誤差となるので, 群内相関は広義の遺伝率（力）heritability (h^2) に等しい. すなわち, $t = h^2$（広義）である.

実験例：ダイコンの品種間交雑由来の一任意交配集団からランダムに結実株を選び, 1 株由来の種子を 1 系統として確保する. 次に, 系統を群とした乱塊法の栽培を行い, 根の肥大能力と葉の長さを評価する. これを分散分析して, 遺伝力を求める.

（山口裕文）

第5章 植物の生理

5.1 光合成機能の計測

　光合成は植物が空気中の二酸化炭素を固定し，有機物を生産する物質生産の出発点であり，群落，個体，個葉，オルガネラ，分子などのさまざまなレベルで膨大な研究が行われてきている．ここでは，主に個葉レベルでの光合成機能の測定について述べる．

クロロフィル含量の測定

　高等植物の光合成は葉緑体で行われる．葉緑体はクロロフィルa，bなどの光合成色素を含んでいる．クロロフィルは図5.1のような構造をもつマグネシウム－ポルフィリンの一種で，有機溶媒を用いて植物体から抽出し，抽出液の吸光度を分光光度計で測定して定量する．葉のクロロフィル含量はストレスや老化などに伴う葉の黄化の指標としても用いられる．80％アセトン溶液中のクロロフィルaとbはそれぞれ663および645 nmに吸収極大をもつ．クロロフィルaとbの吸収スペクトルは重なっているので，645と663 nmの二つの波長で吸光度を測定し，Arnonの式に代入して計算する．

　方　法：1gの生葉を0.1gの炭酸マグネシウム，0.5gの石英砂，4 mlのアセトンとともに乳鉢でよく摩砕する．静置して生じた上澄みをガラスフィルター付きのろ斗でろ過する．残さには80％アセトン10 mlを加え，再び抽出する．抽出液に緑色が認められなくなるまでこの抽出を繰り返す．ろ液を合わせてメスフラスコを用いて80％アセトンを加え，最終容量を50 mlとする．比較セルの対照溶液を80％アセトンとし，A_{645}とA_{663}を分光光度計で測定する．以下のArnonの式により，抽出液中のクロロフィル濃度（mg/l）が計算される．

　　全クロロフィル（a + b）＝ $20.2A_{645} + 8.02A_{663}$
　　クロロフィルa ＝ $12.7A_{663} - 2.69A_{645}$
　　クロロフィルb ＝ $22.9A_{645} - 4.68A_{663}$

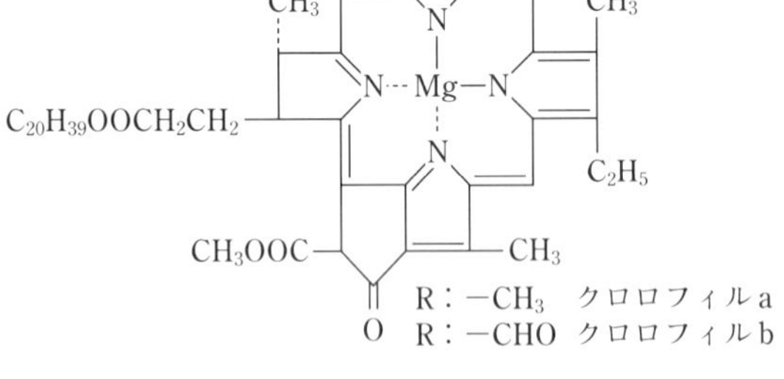

このようにして抽出したクロロフィルを分光光度計のセルに入れ，実体顕微鏡用の照明などの強力な平行光線を当てて側面から観察すると暗赤色の蛍光を発していることがわかる．これがクロロフィル蛍光であり，光によって励起されたクロロフィル分子の電子が基底状態にもどる際に放出されるものである．この蛍光に対応するエネルギーが光化学系における電子伝達，ひいては光合成の全過程を駆動する．生葉におけるクロロフィル蛍光を測定する装置を用いれば，葉のストレス状態が解析できる．

光合成量の計測

　葉緑体のチラコイド膜上にある光化学系Ⅱ（PSⅡ）は光エネルギーを利用して水から電子を奪い，酸素分子を発生させる．

$$\frac{1}{2}H_2O \rightarrow \frac{1}{4}O_2 + H^+ + e^-$$

この電子が電子伝達系を通る過程で光リン酸化によりATPが作られ，光化学系Ⅰ（PSⅠ）でNADP$^+$を還元し，NADPHとする．こうして作られたATPとNADPHがストロマにおけるCalvin-Benson回路を駆動し，CO$_2$が固定される．CO$_2$固定量とO$_2$発生量の間には，光呼吸の有無に関わらず1：1の化学量論的関係がある．そこで，光合成速度の測定には暗反応によるCO$_2$の固定速度と明反応によるO$_2$発生速度のいずれかを測定すればよい．ここではCO$_2$の固定速度の測定法について述べる．

赤外線ガスアナライザー法（IRGA）によるCO$_2$固定速度の測定

　CO$_2$は2.7と4.3 μm付近の赤外部に吸収をもつので，この部分の吸光によって空気中のCO$_2$濃度を定量できる．ただし，水蒸気も赤外線を吸収するので，塩化カルシウムや過塩素酸マグネシウムを詰めた除湿管や電子クーラーを用いて測定ガスを除湿する必要がある．

　IRGAを用いた個葉や植物体の光合成速度の測定には大きく分けて開放系と閉鎖系の2種類の方式がある．いずれの場合も，個葉または植物体を封入す

図5.1　クロロフィルの構造（南出，1981）

る同化箱を用いる．同化箱の構造は測定に大きく影響する．光合成速度は葉温や葉面境界層に大きく影響される．そこで，温度が制御された同化箱を用い，かつ熱電対で葉温を測定する．また，境界層抵抗を小さくするために同化箱内の空気がよく攪拌されるような構造にする必要がある．開放系と閉鎖式では，それぞれ特徴や注意点が異なっているので，以下にそれぞれの方式について述べる．

開放系によるCO_2固定速度の測定：図5.2(a)のように同化箱に流速v(l/min)で連続的に空気を送り込み，入り口と出口のCO_2の濃度をそれぞれC_i，C_0(mg CO_2/l)とすると，同化速度F(mg CO_2/min)は，

$F = (C_0 - C_i) \times v$

で計算される．Fの値は流量vに大きく依存する．浮子式流量計付きのニードルバルブを流量調節に用いる場合は，流量が温度の影響を受けるので，長時間にわたる連続測定で流量を一定に保つのは難しい．また，流量を温度に対して補正しなければならない．サーマルマスフローコントローラーは気体の質量流速を電気的に一定に制御できるので，長時間の測定に便利である．光合成速度は空気中のCO_2濃度の影響を大きく受けるが，開放系では，同化箱に入れる空気のCO_2濃度をほぼ一定とすることができるので，測定条件が安定する．その場合，CRGAはC_iとC_0のわずかな濃度差（±50 ppm）を測定できる差動型の方がよい．この場合，C_iの大きな変動は測定値を著しく乱すので，C_iを安定させるために，外気を大きなガスだめ（約1 m^{3}の気球）に蓄えて用いることが多い．

閉鎖系によるCO_2固定速度の測定：図5.2(b)のように同化箱を閉鎖系として空気を循環させ，系のCO_2濃度（C）の時間変化によってFを求める方式である．系の体積をV(l)とすると，

$F = VdC/dt$ である．

市販されている携帯用光合成測定装置の多くは閉鎖系を用いている．この方式は，一定のCO_2濃度下での定常状態における光合成速度の測定にはむかないが，圃場などで光合成速度の測定ができる．

（田附明夫）

5.2 物質の転流と貯蔵

植物の物質生産は，葉における光合成に由来する同化産物に依存しているが，作物の収量は光合成産物の分配や転流にも大きく依存する．葉などの光合成産物を供給する器官をソース，子実部などの光合成産物を受容する器官をシンクと呼び，ソース－シンク関係の解析が広範に研究されている．多くの植物において，炭素の主要な転流形態はスクロースであるが，ラフィノース，スタキオース，ソルビトール，マニトールなどを主な転流糖とする植物もある．転流の研究手法はアイソトープを利用した実験（68ページ参照）など，特殊な装置や技術の習熟を必要とするものが多い．ここでは，アイソトープを用いない比較的マクロなレベルでの実験を述べる．

転流速度の定量的測定

シンク器官への輸入速度の定量的推定－シンク器官の生長解析を用いる方法

生長にともなって乾物率や炭素含量が大きくは変化しないシンク器官においては，器官の体積または新鮮重における生長速度と呼吸量を測定すれば，その器官への光合成産物の転流速度を推定できる．

実　験：キュウリの幼果の体積生長を非破壊的に推定して，果実温が果実の体積生長と呼吸に及ぼす影響を調べる．

方　法：植物体に1果のみを結果させて果実間の競合が起こらないようにし，晴天日が続いて光合成産物が十分供給される条件で実験を行う．長さ約9

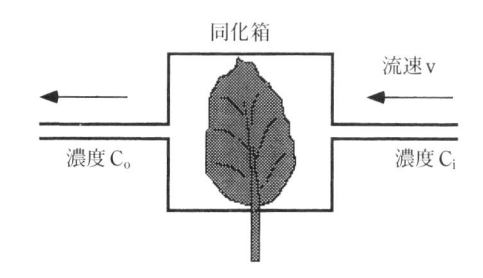

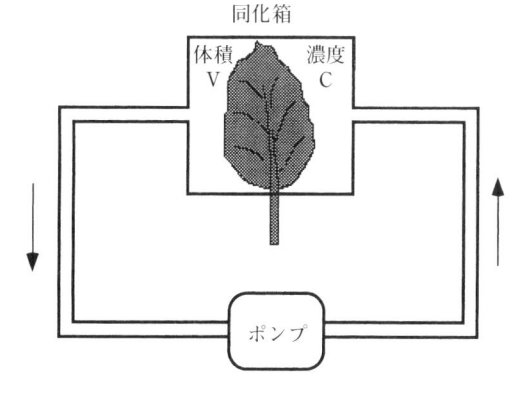

図5.2　CO_2固定速度の測定方法

cmの着果したままの果実を一定温度に制御したチャンバーに入れた後1日間の果実体積の相対生長率（RGR）および体積当たりの呼吸活性を測定する．15～30℃の範囲では$Q_{10} \fallingdotseq 2$の温度反応を示し，一定時間の間の体積生長量と呼吸量は果実温度によらずほぼ比例する．

考 察：このことは，ソースが制限要因にならない場合には，シンクへの転流速度がシンクの代謝活性と関係するシンク活性に大きく依存することを反映している．これは転流速度がシンク側の要因によって影響されることを示す例である．

師管液の成分分析

転流の研究においては，しばしば師管液が採取，分析される．師管内は高圧になっており（10～30 atm），師管を切断したり穴をあけると，そこから師管液が溢泌する．師管液の厳密な採取では，アブラムシなどの師管液を吸う昆虫の吻針を切断して師管液を得る方法（アブラムシ技法）が最も信頼性が高いとされているが，装置や技術的習熟の点で容易ではない．

EDTAによる師管液の採取

茎に切り込みを入れ，師部を切断すると師管液が溢泌してくるが，短時間で停止してしまう．これは師管内にカロースが形成されて師管をふさいでしまうためである．切り口に20 mMのEDTAを与えるとカロースの形成が妨げられ，長時間溢泌が持続する．EDTAを用いると，師管以外の細胞に由来する成分（特にアミノ酸）が溶出してくる．しかし，師管液の成分を大まかに調べることは，比較的容易である．ここでは，ダイズ葉柄から師管液を採取し糖成分を測定する方法の例（Layzell and LaRue, 1982）を示す．

方 法：ダイズの第4～6節の葉を切除し，葉柄を20 mM EDTA（pH 7.0／KOH）2.0 m*l* につけ，23℃，高湿・暗黒条件に6時間（日中）または10時間（夜間）おく．溶液の全糖，還元糖濃度をソモギ・ネルソン法（第9章2項）などを用いて測定する．篩管液がうまく採取されていれば，非還元糖（スクロース）が還元糖（グルコース，フルクトースなど）に比較して圧倒的に多いことがわかる．

（田附明夫）

5.3 呼吸量の測定

呼吸量は，器官の活力や老化程度あるいは収穫物の貯蔵性を示す指標となる．呼吸量の測定は酸素O_2の消費量を測定する方法と，二酸化炭素CO_2の排出量を測定する方法の二つに大別される．O_2消費量を求める場合にはワールブルグ検圧計による方法，CO_2の排出量を求める方法としてガスクロマトグラフィーやCO_2センサーを用いる方法が簡便である．

アイソトープ実験法

目的とする分子の特定の原子を同位元素に置換したものを特定の時間・特定の部位に与えると，その後の代謝，移動を時間および部位にわたって追跡することが可能となる．こうした実験をトレーサー実験といい，生物学研究の全般で広く利用されている．転流の研究においても，トレーサー実験は重要な手法の一つとなっている．同位元素は非放射性の安定同位元素（^{13}C, ^{15}Nなど）と，原子核の変化に伴って放射線を出す放射性同位元素（^{14}C, ^{3}H, ^{32}P, ^{45}Caなど）がある．放射性同位元素はごく微量でも検出可能であり，解像度も優れているが，実験に危険が伴う．安定同位元素は感度の点で劣るが，圃場実験も含めて使用が制約されない．放射性同位元素は，実験者の被曝，ならびに環境汚染の危険性をもっており，その取り扱いは，法律によって厳しく規制されており，実験は科学技術庁により許可のおりた施設内で行うことが義務づけられている．従って，事故を未然に防ぐためにも，実験は未経験者が単独で実験書などを見ながら行うものではなく，経験者の立ち会いのもとで行う必要がある．

光合成で同化された炭素の転流は^{14}Cを用いたトレーサー実験によって調べられる．葉で固定された光合成産物の挙動を調べる場合，次のように行う．^{14}Cでラベルされた炭酸塩（$Na_2^{14}CO_3$や$NaH^{14}CO_3$など：日本アイソトープ協会を通じて購入）に乳酸などの弱酸を反応させ，$^{14}CO_2$を発生させる．得られた$^{14}CO_2$を密封した同化箱中に入れた葉または植物体全体に短時間吸収（同化）させる．その後一定時間後に植物体を収穫し，各部位ごとに乾燥し，乾燥試料を粉砕する．一定量の粉末試料をとり，粉末試料中の放射能を測定する．放射能の測定には，測定効率などの面からも液体シンチレーションカウンターを用いることが多い．測定に至るまでの試料調製は，粉末試料の炭素化合物を完全燃焼させ，発生したCO_2をシンチレーター溶液にほぼ自動的に捕捉させるサンプルオキシダイザーという装置を用いると短時間で行うことができる．^{14}Cがどのような物質に含まれるかを調べる場合は，各器官を80％エタノールで抽出後，イオン交換樹脂や各種クロマトグラフィーで分画・同定した後，各分画について放射能を測定する．

（田附明夫）

ワールブルグ検圧計による呼吸量（O_2消費速度）の測定

ワールブルグ検圧計は，植物試料を導入した容器内のガス圧の変化をマノメーター（検圧計）で読むことによって呼吸量を求める装置である．

装置はマノメーター，容器，振とう装置，恒温水槽で構成されている．マノメーターは閉脚と開脚をもつU字型のガラス毛細管でできており，ガス圧の変化を読みとる装置である（図5.3）．容器は主室と副室からなり，主室に植物試料，副室にCO_2吸収剤を入れて使用する．容器の容積は大きいもので30 ml程度であるため，導入する試料の量は制限される（図5.4）．呼吸で放出されるCO_2は容器の側室に入れたCO_2吸収剤に吸収され，O_2は呼吸によって消費されるために容器内は減圧となり，マノメーターの液面の高さが変化する．振とう装置は容器内のガス平衡を保ち，また恒温槽は容器内の温度を一定にする．

容器の主室内に測定試料，副室内にCO_2吸収剤としてKOH（20 %　0.4 ml，ひだ状に折ったろ紙にしみこませて用いる）を入れる．マノメーターに容器を装着し，恒温水槽のホルダーにセットし，容器の部分のみを恒温水槽の温水（夏作物の場合は30℃，冬作物の場合には20℃に設定）に沈めて振とうを開始する．グラフ用紙を用意して，5分ごとにマノメーターの値をプロットする．値を読む際には，液面調節ネジで閉脚側の液面を0にあわせ，開脚側を小数点第1位の桁まで読みとる．20分程度を経過し，プロットが安定した時点を測定開始点（0分）とする．なお，大気圧や恒温槽の温度変化による測定値変動の補正のために，容器に測定試料と同量の水を入れた対照を設ける．O_2消費量（QO_2）は得られた直線の傾きに容器恒数を乗じて求める．実験結果は以下に示した単位時間・単位乾物重当たりのO_2消費量すなわちO_2消費速度で示される．

QO_2 = 消費O_2（μl）/ mg（乾物重）/ hr

なお，容器恒数とはマノメーターの閉脚の0点から容器までの気相の容積で，これは容器とマノメーター内に水銀を満たして測定するが，水銀の温度や比重を考慮して厳密に測定する必要がある．

ガスクロマトグラフィーによる呼吸量（CO_2排出速度）の測定

検出器にTCDを備えたガスクロマトグラフィーを用いて試料からのCO_2の排出量を測定して呼吸量を求める方法である．

ガスクロマトグラフィー（カラムはポラパックQ），ダブルゴム栓を装着した三角フラスコ（密封ビンでもよい），恒温水槽，ガスタイトシリンジ（1～2 ml）を準備する．なお，ガラス製のガスタイトシリンジの代わりに，安価な医療用の使い捨て注射器を用いてもよい．

フラスコのなかに測定試料を入れ，フラスコ内のCO_2の濃度を数分から数十分ごとに測定する．測定中はフラスコを恒温水槽（夏作物の場合は30℃，冬作物の場合には20℃に設定）に入れておく．密封ビンを用いる場合には，ガス採取口として蓋に2～5 mm程度の穴をあけてビニールテープを張り付けるか，ガスクロマトグラフィーの試料導入部に用いる交換用ゴムセプタムを加工してとりつけておくとよい．数分から数十分間隔で1～2 ml程度のガスをシリンジで採取し，ガスクロマトグラフィーに注入する．容器内のCO_2濃度（ppm）は標準CO_2（1,000 ppm程度）の測定値から換算して求める．呼吸量は単位時間・単位乾物重当たりのCO_2濃度上昇量すな

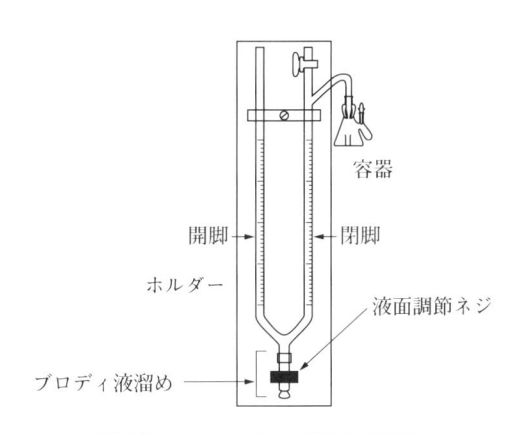

図5.3　マノメーター（上田，1981）

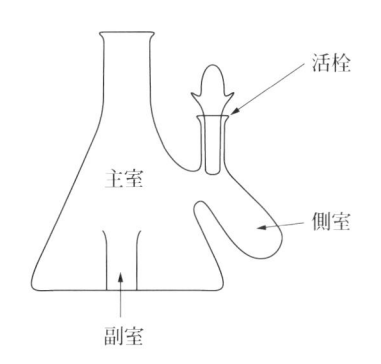

図5.4　容器（上田，1981）

わち CO_2 排出速度（CO_2 mg/g・hr）で示される．

CO_2 排出速度の算出例：容器容積 A（ml），試料容積 B（ml），試料乾物重・単位時間当たり CO_2 濃度上昇速度 C（ppm/g・hr），測定時の温度を 30 ℃ とするとき，

容器内で増加した CO_2 のモル数 X は，

X (mol) $= (A - B) \times C \times 10^{-6} / \{22.4 \times (273 + 30℃)/273\}$,

容器内で増加した CO_2 量 Y は，

Y (mg) $= 44$ (CO_2 分子量) $\times X = 44 \times (A - B) \times C \times 10^{-6}/24.9$ であるので，

Y (mg) $= 1.77 \times (A - B) \times C \times 10^{-6}$ となり，試料乾物重・単位時間当たり単位乾物重当たり CO_2 量の上昇速度（CO_2 排出速度）Z は，

Z (CO_2 mg/g・hr) $= (A - B) \times C \times 1.77 \times 10^{-6}$

となる．

組織呼吸量の測定時の一般的注意

実際の測定の際には，傷害による呼吸量増加の影響，測定試料の量による密封容器の容積の減少効果，また，サンプリングの時間，供試する作物種のちがい，測定試料の量あるいは生育時期による影響を考慮する．測定に先立って予備的に測定条件を検討するのが望ましい．

（大江真道）

5.4 水分生理

丈夫な細胞壁に囲まれた植物の細胞は，数気圧の膨圧 turgor をもち，体形を維持している．しかし，吸水が細胞の水分損失に追いつかなくなると，膨圧が低下して組織がしおれ，水ストレスにさらされることになる．通常，体内の 20～30 ％ の水が失われると，しおれは回復しなくなり，植物にはやがて死が訪れる．

植物体の 90 ％以上は水であるが，その植物体内には正圧の部位と負圧の部位が同居しているので，水はこの差を埋めるべく移動しようとする．栽培中の植物を想定すると，土壌中の水は，根の表皮から内皮を経て導管に入り，維管束鞘，葉肉細胞に達し，気孔を通って大気へ流れる（soil‐plant‐atmosphere continuum，図 5.5）．

植物や植物を取りまく環境の水分状態を数量的に把握するには水ポテンシャル water potential を計測し，水の動き易さに関しては，経路上の抵抗値を計測する．さらに，実際に茎を流れる水の速度を測定することも行われる．すなわち，二点間の水の流れ（電流に相当）と，両点間の水ポテンシャルの差（電

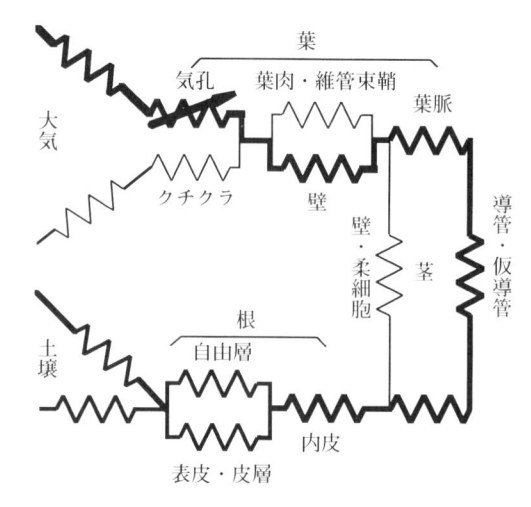

図 5.5 土壌‐植物‐大気系における水の流れの主経路（佐伯，1981）
太線は主に通ると考えられる経路．
気孔の矢印は可変性を示す．

圧に相当），水の通導抵抗（電気抵抗に相当）との間に，オームの法則のアナロジーを適用することができる．

ここでは機器による植物の水分生理パラメータの計測方法を習得し，植物およびそれを取りまく環境の水分状態を数量的に表現する方法を述べる．

準　備：植物材料，サイクロメーター，プレッシャーチャンバー，ポロメーターなどの計測機器，カミソリの刃，リーフパンチ，ピンセット，濃度が既知の NaCl またはショ糖溶液など．

水ポテンシャル

水ポテンシャル（単位：Pa）は，水の化学ポテンシャル（J/mol）を水の部分モル体積量（m^3/mol）で割った熱力学的なエネルギー量である．水ポテンシャル ϕ は，

$\phi = (\mu - \mu_0)/V$

で定義される．ただし，μ は対象とする水の化学ポテンシャル，μ_0 は計測温度における純水の化学ポテンシャル，V は対象とする水の部分モル体積量を表す．

この式からもわかるように，純水の水ポテンシャルはゼロと定義されており，純水を基準としてどれだけエネルギー的な化学ポテンシャル差があるかを量的に表している．一般には，水に物質が溶けていたり，他の物質との間に張力が働いていたりするので，ポテンシャルエネルギーの低下が起こり，水ポテンシャルは負の値となる．熱力学第二法則より，

自然に起こる状態の変化は，エネルギー量が減少する方向，すなわち水ポテンシャルの高い方から低い方への水の移動であり，両者が等しくなって平衡状態に達する．

この水ポテンシャルは，重力ポテンシャル gravitational potential (ϕ_g)，圧ポテンシャル pressure potential (ϕ_p)，マトリックポテンシャル matric potential (ϕ_m)，浸透ポテンシャル osmotic potential (ϕ_o) を構成成分として，

$$\phi = \phi_g + \phi_p + \phi_m + \phi_o$$

と表わされる．植物細胞内の水を考える場合には，ϕ_g と ϕ_m を十分小さい値として無視できるため，細胞の水ポテンシャルは，浸透圧に負の記号をつけた浸透ポテンシャルと，細胞壁に押されて生じる膨圧としての圧ポテンシャル（正の値）の合計値として計算できる（図5.6）．一方，アポプラストでは膨圧は存在せず，かわってマトリックポテンシャルが水ポテンシャルの重要な構成成分となる．

水ポテンシャルは，成分別に計測してそれを合計することで得られるが，全体を直接計測することもできる．以下はその代表的な計測法である．

サイクロメーター法：一定圧力（通常大気圧），恒温下の水の液相と気相の平衡状態を考えたとき，気相の水蒸気分圧（相対湿度）を測定して液相の水ポテンシャルを求めることができ，

$$\phi = \frac{RT \cdot \ln(RH/100)}{V}$$

なる関係式が成り立つ．ここで，R はガス定数，T は絶対温度，RH は液相と平衡状態に達した気相の相対湿度を示す．

サイクロメーターは，試料を入れるチャンバーとチャンバー内の湿度センサーである熱電対，その出力測定を行うナノボルトメーターからなっており，葉片などの試料を入れて2～3時間密封し，平衡状態に達した気相の相対湿度を熱電対のペルチェ効果を利用して測定する．しかし，この方法ではセンサー部への結露がしばしば問題となり，試料から気相への水の移動が実際値より低い水ポテンシャルを計測する原因となることから，センサー部に試料とほぼ同じ水ポテンシャルをもつ既知の濃度のショ糖溶液を乗せ，植物試料との水蒸気圧等圧点を求める等圧法 isopiestic technique の利用が推奨されている．

水ポテンシャルの測定後，植物試料をホルダーに入れたまま凍結して細胞膜を破壊した後，ゆっくりと融解して再び水ポテンシャルを測定すると，組織の浸透ポテンシャルが得られる．また，両方の測定値から細胞の圧ポテンシャルが計算される．

プレッシャーチャンバー法：金属製の圧力容器に切口を外に出して植物体を装着し，空気圧をチャンバー内の植物にかけ，切口から水が排出された（導管に働く張力が大気圧と植物体の切口でつりあう）時のチャンバー内圧力を測定する方法である．

プレッシャープローブ法：圧力センサーとマイクロキャピラリーからなり，細胞の圧ポテンシャルを直接測定することができる．プレッシャープローブをマイクロマニピュレーターに搭載し，シリコンオイルを充填したキャピラリーを直接細胞に挿入する．膨圧によって細胞液はキャピラリー中に入り，シリコンオイルとの間にメニスカスをつくる．このメニスカスを顕微鏡下で観察しながら細胞表面にまでプレッシャープローブで押し戻したときの圧力を細胞の圧ポテンシャルとして測定する．

通導性

植物がどの程度の水ストレスを受けているか，水がどの方向に流れるかは，水ポテンシャルを計測することによって知ることができるが，水がどの経路をどの程度の速さで流れるかを知ることはできない．土壌－植物－大気という水の流路にはさまざまな抵抗が存在しており，水は抵抗のより小さい経路を多く通過することになる（図5.5）．しかし，植物体内での水の経路は1本ではないので，全抵抗値を把握することは困難であるが，気孔抵抗 stomatal resistance のように環境に対して可変な抵抗の計測は，植物の水分生理を理解する上で重要である．

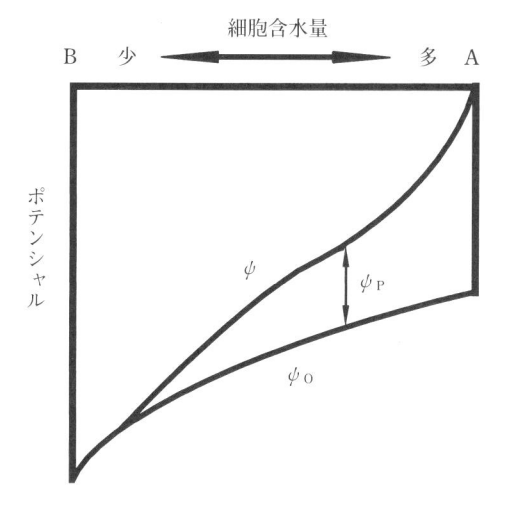

図5.6 細胞の水ポテンシャルの成り立ち
　　　Aは完全膨潤，Bは原形質分離開始時の細胞．

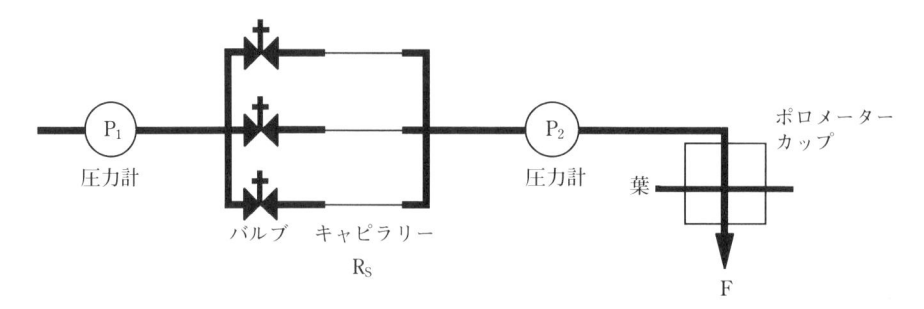

図 5.7 マスフローポロメーターの構造（模式図）

マスフローポロメーター法：空気の流れを葉にあてると，空気流は葉の気孔から入り，細胞間隙を通り抜けて別の気孔から出ていく．それゆえ，この流れに対する抵抗は，気孔開度に密接に関係する．測定装置は，エアーポンプ，流体抵抗値が既知のキャピラリー，キャピラリー両端の圧力センサーおよびポロメーターカップからなる（図 5.7）．いま，P_1，P_2 を計測することにより，ポロメーターカップに流れる流量 F は，キャピラリーの流体抵抗値を R_s として，

$$F = (P_1 - P_2)/R_s$$

で与えられる．したがって，測定葉の気孔抵抗 R は，

$$R = P_2/F = R_s P_2 / (P_1 - P_2)$$

によって求められる．なお，気孔開度は，気孔抵抗の逆数である気孔コンダクタンス stomatal conductance と直線的関係にある．

拡散ポロメーター法：葉を入れたチャンバー内に乾燥空気を送ると，葉面からの蒸散のため相対湿度が変化した空気が流出する．拡散ポロメーター法は，この相対湿度の変化を計測して気孔抵抗を求める方法であり，

$$R = (1/RH - 1) A/F$$

で気孔抵抗 R が計算される．ここで RH は流出空気の相対湿度，A は葉面積，F は乾燥空気の流量である．

蒸散流

茎や葉柄の水の動きを流速として直接とらえることにより，各部位の蒸発散量や器官間の水分競合の様子を知ることができる．

熱パルス法：原理は，幹や茎の外側から熱パルスを与え，一定距離離れた別の点で蒸散流によって運ばれる熱量を計測して，流速を推定するものである．実際には，計測部を十分断熱し，熱パルス発生点から一定距離離れた上下2点ずつの温度を計測するように設計されたセンサー（ゲージ）を茎に取り付けて計測する．蒸散流がある場合には，

$$F = \frac{Q - Q_u - Q_d - Q_r}{C \times (T_{up} - T_d)}$$

$$Q = Q_f + Q_d + Q_u + Q_r$$

の関係が成り立つ．ここで，F は蒸散流の流速，Q は熱パルス出力，Q_u，Q_d，Q_r はそれぞれ茎の上方，下方，周囲への伝熱量，Q_f は蒸散流によって運ばれる熱量，C は導管液の比熱，T_{up}，T_d はそれぞれ上方および下方2点の温度平均である．細かい計算式は省略するが，パルスの発熱量，四つの温度センサーの測温値とセンサー間の距離，茎の直径および熱伝導率，導管液の比熱，流速がゼロの時のゲージ係数から流速が求められる．

茎切片法：5 cm の茎切片を切り取り，基部末端に一定の水圧（通常 0.0131 MPa）をかけて単位時間当たりに他端から漏出する水の量を測定することにより，茎の通導性を比較する．ただし，この方法では茎切片両端の圧力差が実際の水ポテンシャルの差を反映しないことに加え，導管が完全につながった切片となることから，測定値は実際の蒸散流の流速を示すものとはならない．

〔土井元章〕

5.5 植物の栄養

栄養実験で植物を生育させる場合，土に植える方法（土耕法）は不都合なことが多い．なぜならば，土の中にはどのような栄養素がどの程度含まれているか，またそれらのうちどれだけが植物に利用されうるかといったことがわかりにくいからである．また土耕法では，土質，土壌水分，微生物などの複雑な影響もあって，要因の解析がしばしば困難になる．そのために多くの場合，栄養実験には，固形培地を使用せずに培養液のみを用いた水耕法，あるいは培地として砂などの不活性固形物を使用して培養液で

表5.1 代表的な培養液の組成（畑作物および園芸作物用）

	Hoagland & Snyder[1] (1933)	Hoagland & Arnon[2] (1938)	園試処方1例 (1961)
	mM	mM	mM
KNO_3	5	6	8
$Ca(NO_3)_2 \cdot 4H_2O$	5	4	4
$NH_4H_2PO_4$	–	1	4/3
KH_2PO_4	1	–	–
$MgSO_4 \cdot 7H_2O$	2	2	2

1) ホーグランド第1液ともいう. 2) ホーグランド第2液あるいはアーノン処方ともいう.

表5.2 Feおよび微量要素*

Fe-EDTA	22.62 mg/l
H_3BO_3	2.86
$MnCl_2 \cdot 4H_2O$	1.81
$ZnSO_4 \cdot 7H_2O$	0.22
$CuSO_4 \cdot 5H_2O$	0.08
$Na_2MoO_4 \cdot 2H_2O$	0.025

*Arnon (1938) の処方を基準として，使用塩類の一部を変えた．微量要素については，5種類の塩を規定量の1,000倍秤量し，水1ℓに溶かしたものを原液として，使用時に水1ℓに原液1mℓの割合で加えると便利である．

養水分を補給する方法が用いられる．いずれにしても，植物の順調な生育には，根に十分な水と無機要素（肥料）そして酸素が供給される必要がある．また多くの作物の生育には，根域のpHを5.5〜6.5程度に維持するのが良い．

作物の養水分吸収特性に関する実験

水耕法

この方法の特徴は次のような点である．1) 栄養実験が厳密にできる．2) 微量要素に関する実験が容易である．3) 培養液のpHやECに関する実験が容易である．4) 実験途中での処理変更が容易である．5) 根の観察ができる．6) 根の状態は土で栽培したものとはかなり異なる．7) 溶存酸素不足になりやすいので，培養液の通気に配慮する必要がある．8) 植物体の保持に工夫が必要である．9) 有害物質の培地中許容限界濃度は，砂耕法など固形培地がある場合よりもかなり低い．

植物が培養液に植えられて養水分の吸収を開始すると，一般に培養液中の塩類濃度や各要素の存在比率は速やかに変化する．また同時に，培養液のpHや溶存酸素濃度も変化する．これらの変化の様相や程度は，供試液の塩類濃度や組成によっても異なるが，植物の種類や大きさ，および植物1個体当たりの培養液の量によっても異なる．培養液中の変化の程度を知りたい場合，あるいは変化をできるだけ少なくして均一な条件下で植物の生育反応や養水分吸収特性等を調査したい場合など，目的に応じた方法が考案されている．

準　備：培養液を作成するためには，水と肥料が必要である．水は多量要素に関する実験程度であれば水道水を利用できるが，微量要素に関する実験，あるいは厳密な栄養実験ではイオン交換水，あるいは再蒸留水を準備する．また肥料としては，試薬特級を準備する．培養液を入れる容器としては，ポリエチレン製バケツのように内部が不活性で無機成分の吸着や溶出がないものが良い．その他，通気用にブロワーとエアー・ストーンを準備する．

水耕法で用いられる一般的な培養液は，表5.1に示すようなものである．培養液の組成や濃度は実験の目的によって異なり，植物の種類や栽培方法などによっても変えるが，通常の栽培においては，植物の生育に必要な肥料成分として，N，P，K，Ca，Mg，S，Fe，Mn，B，Zn，Cu，Mo，Clの13元素を，それぞれ適当な濃度で含んでいなければならない．培養液中の各要素の濃度を表す単位として通常用いられるのは，mg・l^{-1}，μg・ml^{-1}，mM（ミリモル），M（モル）などである．

実　験：多くの作物を，同じ培養液で一定期間栽培したあと葉の無機要素を分析すると，その濃度は作物によってかなり異なる（表5.3）．

作物の養分吸収特性を調べるには，このように植物体を分析する方法と，一定期間植物を栽培して栽培開始時と栽培終了時の培養液の量と要素濃度から，開始時および終了時の容器内の要素量を算出し，その差から吸収量を求める方法とがある（図5.8）．この際，栽培期間中の水分の減少は，植物の吸収による部分と容器からの蒸発による部分とからなること

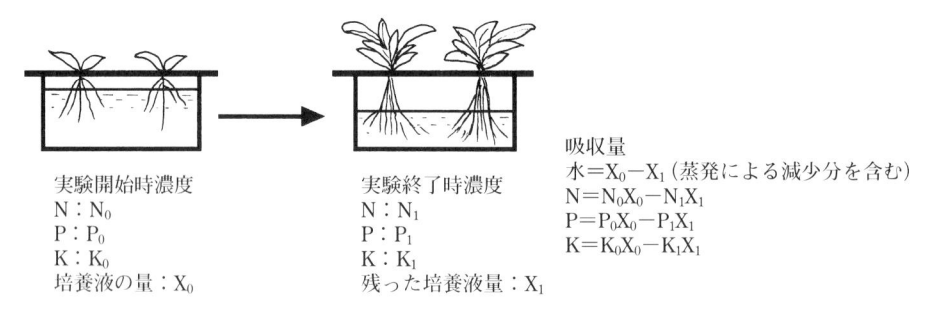

吸収量
水 = $X_0 - X_1$(蒸発による減少分を含む)
N = $N_0 X_0 - N_1 X_1$
P = $P_0 X_0 - P_1 X_1$
K = $K_0 X_0 - K_1 X_1$

実験開始時濃度
N : N_0
P : P_0
K : K_0
培養液の量 : X_0

実験終了時濃度
N : N_1
P : P_1
K : K_1
残った培養液量 : X_1

図 5.8　植物の養水分吸収を調べる実験

表 5.3　野菜の葉の無機要素濃度（乾物当り%）

科名	野菜名	N	P	K	Ca	Mg
ウリ	キュウリ	4.62	0.77	3.16	3.86	0.78
ナス	トマト	5.15	0.54	3.78	2.92	0.76
	ピーマン	5.91	0.51	7.02	1.83	0.82
マメ	インゲンマメ	5.33	1.08	4.66	3.12	0.51
セリ	セルリー	5.74	1.44	7.00	2.06	1.42
	ミツバ	5.00	1.00	6.92	0.77	0.55
	ニンジン	4.32	0.84	4.58	1.07	0.66
アブラナ	ハクサイ	6.82	0.61	7.80	3.20	0.47
	カブ	6.40	0.55	6.50	2.58	0.43
キク	レタス	5.36	0.72	7.64	0.79	0.35
アカザ	ホウレンソウ	5.79	0.67	8.38	0.72	1.43

いずれの野菜も NO_3 12, P 1, K 5, Ca 4, Mg 2 mM, pH 5 の培養液で3週間栽培した

に注意する．

要素の欠乏と過剰に関する実験

無機要素は，植物体内でそれぞれ特有の生理機能をもっているために，それらが欠乏あるいは過剰になると，植物は特徴のある外観症状を発現する場合が多い．外観症状による栄養障害の診断は，表 5.4 の手順によって行う．ここでまず注目しなければならないのは症状の発現部位である．これは一般に，要素によって，植物体全体，上部の新しい葉あるいは茎頂などの若い組織，下部の古い葉などに分けられる．このことは，要素によって要求の多い部位ないしは器官があることや，要素によって再転流のしやすさに違いがあることなどと関係がある．次に，症状が葉の全面に同時に発現したか，あるいは葉縁ないし葉脈間に発現したものが次第に全面に広がったものかなどに注意する．同時に，黄化，壊死，斑点，その他の変色の有無といったような障害の特徴にも注意する．無機要素の欠乏あるいは過剰によって生ずる生育異常を診断するためには，実際に欠乏あるいは過剰条件で作物を栽培して，その際の変化を詳細に調査するのも有効である．

準　備：微量要素の欠乏実験に用いる資材や方法については汚染に十分な注意が必要であるが，過剰実験あるいは多量要素に関する通常の栄養実験に用いる程度ならば，容器や用水はさほど細かい注意は不要で，用水は井戸水または水道水の使用が可能である．しかし，水道水の重金属に関する水質基準値は，Cu，Zn は 1 ppm 以下，Mn は 0.3 ppm 以下となっているので，この基準上限値を含む水道水を用いると作物によっては生育を阻害されることがある．また，用水の殺菌剤として使用された Cl が残留し，これと肥料成分中の NH_4^+ が反応して，根に有害な作用をもたらすことが報告されている（Date ら，1995）ので，このような水を使用する際には，曝気などの前処理をして残留塩素を取り除く．

実　験：欠乏試験に用いられる培養液の組成を表 5.5 に示す．これは表 5.1 に示した組成のうち，欠乏させたい要素を Na あるいは SO_4，Cl などの塩に代えたものである．また，Cu，Zn，Mn などの重金属が原因となる過剰障害は，植物によってかなり異なるが，野菜におけるクロロシスの有無や生育抑制の程度は表 5.6 のようである．

全窒素の分析法

植物体内には，無機態（$NO_3^- - N$ や $NH_4^+ - N$）や有機態（アミド態 N やアミノ態 N，タンパク態 N など）の窒素成分が存在する．ここでは，これら各 N 成分をひとまとめにした全窒素の分析法として，ケルダール法（試料中に NO_3^- を含まない場合）とガニング変法（試料中に NO_3^- を含む場合で，野菜やイモ類など畑作物の多くはこれに該当する）の二つを述べる．なお試料中の NO_3^- の有無は，ブルシン反応またはディフェニルアミン反応で調べることができる．

表5.4 野菜の栄養障害診断表（English and Maynard（1978）を一部筆者改訂）

A	葉，茎，あるいは葉柄などに異常が認められる．	→B
	花あるいは果実に異常が認められる．	→M
	貯蔵器官に異常が認められる．	→N
	畑の生育にむらがある．正常にみえるものがあったり，生育不良のものがあったり，葉に異常症状がみとめられたりする．	⇒土壌の酸度，アルカリ度のむら，施肥むら
	ハウス栽培などでは寒冷期に作物の生育や果実の肥大が極端に遅い．	⇒CO_2不足

B	最も若い葉が最初に異常をおこす．	→C
	植物全体あるいは最も古い葉が最初に異常をおこす．	→I

C	最も若い葉にクロロシス（黄化）が認められる．	→D
	クロロシスは必ずしも発現せず，生長点の壊死あるいは貯蔵器官の異常が認められる．	→H

D	葉は一様に淡緑色，ついで黄緑色となり，貧弱あるいはひょろひょろとした生育となる．L，O_L，A_C，S．	⇒S欠
	葉は一様な黄化をおこさない．	→E

E	葉がしおれ，クロロシスをおこし，ついで壊死する．タマネギの球茎の場合はあまり大きくならず，外側の鱗葉は薄く，また着色する．トウモロコシでは心葉がねじれる．A_C，O_H，A_L．	⇒Cu欠
	しおれや壊死が必ずしも発生しない．	→F

F	葉脈間に明瞭な黄色あるいは白色の部分が認められ，ついで葉脈も黄化する．症状は成熟葉にはあまり認められない．通常壊死はおこさない．（石灰誘導クロロシス）L_I	⇒Fe欠
	黄色あるいは白色の部分がそれほど明瞭でなく，葉脈は緑色のまま残る．	→G

G	クロロシスは葉脈近くではそれほど著しくない．葉脈の間の緑色がまだらになる．黄化した部分はついで褐変したり，壊死したりする．症状は古い葉には遅れて発現する．エンドウやインゲンマメでは不発芽種子の子葉の基部あるいは中央組織が褐変する（marsh spot）．通常pH6.8以上の土壌でよく発生する葉が異常に小さかったり，壊死をおこしたりすることがある．節間が詰まる．インゲンマメやトウモロコシ，ライマビーンで最も発生しやすい（トウモロコシの白芽症）．ジャガイモ，トマト，タマネギでも発生することがある．エンドウやアスパラガス，ニンジンでは発生しにくい．L，A_C，S，A_L，O_H．	⇒Mn欠 ⇒Zn欠

H	組織がもろい，若い展開しつつある葉が壊死したり，奇形となったりし，ついには生長点が枯死する．節間が短くなるが，特に生長点に近い部分で著しい．茎は粗くなり，維管束にそってひび割れが生じる（アブラナ科植物の中空茎，セルリーの茎のひび割れ）．L，A_C，O_H（可給態Ca含む）．	⇒B欠
	組織は必ずしももろくない．生長点は通常障害を受けるか枯死する（die back）．生長点近くで展開しつつある葉の周囲が最初に褐色したり壊死したりする．展開しつつあるトウモロコシの葉では周辺部が膠状になったり，壊死したりする．アブラナ科植物の苗の展開しつつある葉では周辺部が壊死しカップ状となるが，古い葉は緑のまま残る．L，A_C，S，かんがい水や施肥，ドロマイト施用などに起因するNaやK，Mgの過剰によってもおこりうる．（セルリーの心腐れ，エンダイブの褐色心，レタスやキャベツ内葉のチップバーン，メキャベツの心の褐変，インゲンマメ胚軸の壊死）．	⇒Ca欠

I	植物にクロロシスが認められる．	→J
	植物にクロロシスが認められないことがある．	→L

J	葉脈の間あるいは葉の周辺部がクロロシスをおこす．	→K
	葉の全体にクロロシスが認められる．クロロシスは淡緑色から黄色へと進行する．長期間のストレスで植物全体が黄色となる．植物の生長は急速に悪くなり，ひょろひょろとしたものとなる．古い葉が落ちる．N施肥によって劇的な回復が認められる．L，O_H（低温時）．	⇒N欠

(表5.4 つづき)

K	葉の周辺部にクロロシスが認められる．あるいはまだらに黄化した部分が広がって，黄化が葉全体に広がる．植物によっては葉脈間が黄化する．また赤紫色となった部分が壊死をおこす．黄化した部分は壊死したり，もろくなったり，カップ状にまき上がったりすることがある．症状は普通，栽培後期に発現する．L, A_C, S, 高KないしCa.	⇒ Mg欠
	葉脈間にクロロシスが認められる．初期にはN欠乏と同様な症状を呈する (Moは硝酸の還元に必要だから)．古い葉は全体が黄化するか，あるいは葉脈が薄緑色のままでまだらに黄化する．葉の周辺部は壊死をおこし，湾曲したり，まき上がったりすることがある．症状が進むにつれて若い葉も異常をきたす．アブラナ属の植物では葉の周辺部が壊死し，崩れ落ちて薄く細長い葉となる (特にカリフラワーのwhiptailと呼ばれる症状)．A_C, L, A_L.	⇒ Mo欠
L	葉の周辺部が黄化したり，褐変になったり，壊死斑点を生じたりする (小さな黒色斑点は後に癒合することがある)．葉の周辺部は褐変し，下向きにカップ状となる．生育は抑制され，die backがおこることもある．最初，軽い症状は展開したばかりの葉にあらわれ，次に古い葉ではっきりした症状となり，最後に若い葉にも及ぶ．Kが発達中の貯蔵器官へ転流するため，症状は栽培後期に発生しやすい．	⇒ K欠
	葉がくすんだ暗緑色や青緑色あるいは赤紫色となる．特に下葉中央脈や支脈に認められる．葉柄もまた紫色になることがある．生育が抑制される．Pの有効性は酸性土壌やアルカリ性土壌で，さらには低温や乾燥，土壌有機物によっても低下する．健全なものと比較しながら観察しないと判断を誤りやすい．	⇒ P欠
	わずかな水分ストレスで生長点に近い若葉がしおれる．しおれたものはさらに黄色がかった褐色となり，ついには枯死する．非常にまれにしか発生しない．	⇒ Cl欠
M	果実ででこぼこになったり，ひび割れしたり，斑点がついたりする．開花数は非常に少なくなる．トマトでは空洞果や内部の褐変，着色不良 (まだらな着色や肩側が赤紫色になる) をおこす．A_C, O_H (有効態Ca多い), L.	⇒ B欠
	ひび割れやでこぼこは生じないことがある．果実の花落ち側が水浸状となり，さらに窪んで黒色となる (トマトやピーマンなどの"尻腐れ")．L, A_C.	⇒ Ca欠
N	形状不良で内部や外側に壊死部が生じたり，水浸状の部分が生じたりする (アブラナ科植物の中空茎，カブやルタバガの内部褐変，ビートやカブの心腐れ)．A_C, A_L (有効態Ca多い), L.	⇒ B欠
	根の師部に空洞が発生する．さらに表皮はピッティングをおこし崩れる (ニンジンやパースニップのcavity spot)．L, A_C.	⇒ Ca欠

* 障害発生の土壌条件：A_C 酸性，A_L アルカリ性，L 溶脱が進んだ，L_l 石灰質に富んだ，O_H 有機物に富んだ，O_L 有機物の少ない，S 砂質の．

表5.5 欠乏試験用培養液の処方 *

	KNO_3	NaH_2PO_4	$Ca(NO_3)_2 \cdot 4H_2O$	$MgSO_4 \cdot 7H_2O$	$NaNO_3$	K_2SO_4	$CaCl_2 \cdot 2H_2O$
完全	8	4/3	4	2	−	−	−
− N	−	4/3	−	2	−	8	4
− P	8	−	4	2	−	−	−
− K	−	4/3	4	2	8	−	−
− Ca	8	4/3	−	2	8	−	−
− Mg	8	4/3	4	−	−	−	−

園試処方 (NO_3：16, PO_4：1.3, K：8, Ca：4, Mg：2mM) を基準とした．表中の数字は水1l中の各原液の量 (ml)．

* 塩の溶液濃度：K_2SO_4 は1/2M溶液，他はすべて1M溶液とする．

ガニング変法

全窒素を測定するためには，試料の分解と蒸留および滴定の三つの操作が必要である．まず乾燥粉末試料にサリチル硫酸を加えて加熱すると，チオ硫酸ナトリウムの共存により試料中のNO_3^--Nは還元される．同時に他の有機物も分解され，試料中の窒素成分はすべて$(NH_4)_2SO_4$となる．次にこの$(NH_4)_2SO_4$に過剰のアルカリ液を加えて加熱するとNH_3が遊離するので，水蒸気蒸留によって一定濃

表5.6 野菜の地上部乾物重が標準区に対し半減する培養液の重金属濃度（mg・l^{-1}）とクロロシスの発生（大沢・池田，1974）

種類	Cu	Zn	Mn
インゲンマメ	3*～10	3～10*	3*～10*
キュウリ	3 ～10	3～10	3～10
トマト	3 ～10*	3～10	10～30
ナス	3 ～10	3～10	30～100
ピーマン	3 ～10	3～10*	>100*
ホウレンソウ	1 ～ 3	1～ 3	30*～100*
キャベツ	1 ～ 3	3～10	30*～100*
レタス	1 ～ 3	3～10	30*～100*
セルリー	3 ～10*	10～30	10*～30*
ミツバ	1 ～ 3	10～30*	>100*
ネギ	3 ～10	>30	>100
カブ	1 ～ 3*	3～10	3 ～10*
ハツカダイコン	3*～10*	3～10	>100*
ニンジン	3*～10*	10～30	30*～100*

3～10とあるのは，3mg・l^{-1}区および10mg・l^{-1}区の間で地上部乾物重が半減したことを示す．また，>100は，半減濃度が100mg・l^{-1}以上であったことを示す．
* クロロシスが発生した区．

度のホウ酸液に吸収させる．最後にNH_3と反応したホウ酸を既知濃度の希硫酸で滴定し，試料の代わりに水のみを蒸留したブランクとの差から試料中の全窒素を求める．

試　薬：サリチル硫酸：濃硫酸300 mlにサリチル酸10 gを溶かす．チオ硫酸ナトリウム：粗い結晶の場合には乳鉢で粉砕しておく．分解促進剤：粉末硫酸カリウムと硫酸銅を重量比9:1に混合する．混合指示薬：ブロムクレゾールグリーン33 mgとメチルレッド66 mgを100 mlの99％エタノールに溶かす．この液は酸性で紅色，アルカリ性で緑色となる．2％ホウ酸溶液：ホウ酸20 mgを蒸留水900 mlに溶かしたものに，混合指示薬を20 ml加えて良く混合した後，溶液の色が薄桃色になるまで0.05 N NaOH溶液を注意深く滴加し，蒸留水で1 lに定溶する．この際，この液5 mlに水5 mlを加えてもなお赤味を帯びた淡紅色を呈していなければならない．淡緑色になった場合には0.05 N NaOH溶液の加え過ぎであるから，新しく調整した中和以前の2％ホウ酸液を加えて中和しなおす．0.01 N 硫酸：補正係数 f 値を求めておく．アルカリ液：NaOHと水を重量比で1:2とする．作成時には発熱するので注意する．

分　解：上質小型薬包紙を4等分したものに，乾燥粉末試料100 mgを正確に取り，薬包紙に包んだまま100 mlの分解ビンに入れる．次にサリチル硫酸5 mlを加え，時々振り混ぜながら30分以上放置し，試料とサリチル硫酸を十分に混和する．急ぐ場合には，分解ビンが暖まる程度に加熱しても良い．なお，以下の操作はドラフトの中で行う．分解ビンを軽く振りながら，チオ硫酸ナトリウム400 mgを少しずつ加える．その後時々振りながら発泡がおさまるのを待つ．さらに分解促進剤を400 mg加え，よく混和して弱火で加熱する．分解が始まり，分解ビン内の黒い内容物がガラス壁に跳び上がるようになったら強熱する．強熱を続けると，分解ビンの中の液体の色は，黒→褐色→コバルトグリーンと変わる．コバルトグリーンになったら，ガラス壁に未分解の試料が残っていないのを確かめ，10分後に火を消して放冷する．冷却後，洗浄ビンで管壁を洗いながら水を20～30 ml加えて内容物を溶かし，50 mlメスフラスコに移して定容する．

蒸　留：A.O.A.Cの蒸留装置（図5.9）を用いる．まず蒸留装置のAとBがともに開いていることを確認し，冷却管に水道水を通す．次に，50 ml三角フラスコに2％ホウ酸溶液5 mlを取り，冷却管の下端にセットする．このとき冷却管の下端は三角フラスコ内の液面から十分に離しておく．分解液5 mlをAから静かに注ぎ，水でろ斗を洗う．次にアルカリ液

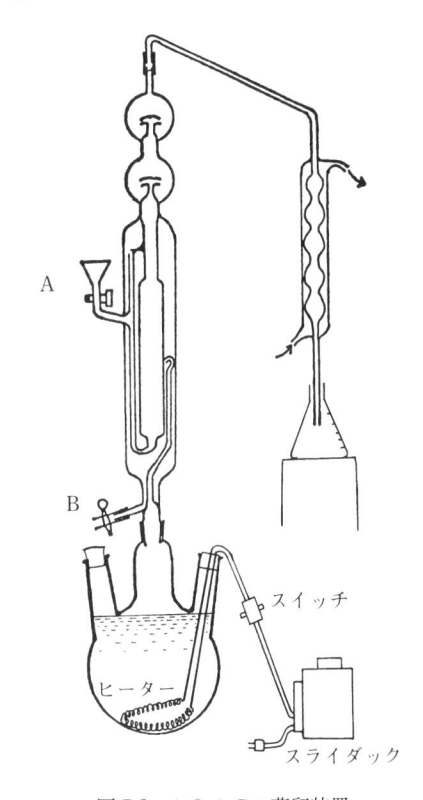

図5.9 A.O.A.Cの蒸留装置

1.5 ml を注いで，再度水でろ斗を洗う．Aを閉じ，ヒータのスイッチを入れ，Bを閉じる．フラスコ内が沸騰し，蒸留が始まる．三角フラスコ内の液が40 ml程度になったらヒータのスイッチを切る．スイッチを切る前に，冷却管の下端が三角フラスコ内の液面から離れていることを確認する．しばらくすると，蒸留室内の液が外側に出るので，Bを開けて廃液を捨てる．冷却管の下端を少量の水で洗い，三角フラスコを取り外す．Aを開けて最初に戻る．

滴　定：蒸留の終わった三角フラスコを，0.01 N硫酸で滴定する．最初に，分解液を入れずに蒸留したブランクを3点滴定する．次いで，その終点の色と同じ色になるまで，分解液を蒸留した三角フラスコを滴定し，それに要した 0.01 N硫酸の量を求める．

計　算：乾燥試料 100 mg 中の全窒素量 N は，
$N(\text{mg}) = (T - B) \times f \times 0.140067 \times 50/5$
T：分解液の滴定値，B：ブランクの滴定値，
f：0.01 N硫酸の補正係数

ケルダール法

試料中に NO_3^- 窒素を含まない場合には，硫酸と分解促進剤のみで試料を分解し，ガニング変法と同様にして試料中の全窒素を求める．

（池田英男）

5.6 植物ホルモンの分析

植物ホルモンや植物生長調節物質は，種子の発芽，茎葉や根の分化とその生長などの栄養生長と花芽分化，開花，結実，種子の成熟などの生殖生長におけるさまざまな生理現象を制御する．本項では，植物ホルモンであるジベレリン（GA），オーキシン（IAA），サイトカイニン，アブシジン酸（ABA）およびエチレンと，植物生長調節物質であるジャスモノイド（JA）およびポリアミン（PAs）の抽出，精製方法および検出方法を述べる．

植物ホルモンの抽出と精製

植物試料：新鮮な植物試料を数グラムから数十グラム準備する．植物体中の植物ホルモンレベルは光や温度などの環境に影響されやすく，植物の生育ステージや個体間においてそのレベルに差がある．そのため，齢が等しく同一環境下で生育した数個体から植物試料を採取する．採取後すぐに水洗し，植物体表面の農薬などを取り除く．目的とする植物試料を器官や組織などに切り分ける操作に時間を要する場合は，氷上にシャーレを置きその上で迅速に試料を調整する．植物試料を採取後すぐに抽出できない場合は，液体窒素で試料を凍結し，-20 ℃以下で保存する．

抽　出：抽出には，極性が高く植物ホルモンの代謝分解にかかわる酵素活性を十分に阻害できる有機溶媒を用いる．PAsを除く植物ホルモンの抽出には 4 ℃に冷却したメタノール，エタノールおよび含水メタノール（20 %蒸留水）などを用いる．2, 6‐di‐tert‐butyl‐4‐methylphenol（BHT）（200 mg/l）やアスコルビン酸（100 mg/l）を溶媒に添加することにより抽出時の植物ホルモンの酸化分解が抑制される．

植物試料を試験管（直径 30 mm × 長さ 200 mm）に入れ，試量の3倍量の抽出溶媒とともにバイオミキサーを用いて十分に破砕，撹拌する．ついで，ろ紙を敷いたブフナーろ斗で吸引ろ過する．試料の2～7倍量の抽出溶媒を数回に分けてろ斗内のろ過残渣を洗浄する．ろ液を合わせて抽出液とし，抽出液の有機溶媒をロータリーエバポレーターを用いて40 ℃以下で溜去する．有機溶媒の溜去後に得られた水溶液を以下の精製に用いる．用いる抽出溶媒が含水溶媒でない場合には溜去後にほとんど水が残らないため，植物試料と等量から2倍量程度の蒸留水を有機溶媒を溜去する前に加える．

PAsは5～10 %の4 ℃に冷却したトリクロロ酢酸や過塩素酸中で植物試料を破砕，撹拌することにより抽出される．抽出液を 12,500～25,000 × g で遠心分離し，得られた上澄みをそのまま定量分析に用いる．

精　製：上記の植物ホルモン抽出物（水溶液）には色素やタンパク質，二次代謝物質など多くの夾雑物が含まれるため，同定や定量のためには溶媒分画 solvent partitioning で精製し，さらにカラムクロマトグラフィー column chromatography で精製する．

溶媒分画：塩酸や水酸化ナトリウム溶液で上記の水溶液の pH を調節し，分液ロートを用いて水溶液と水に解けない有機溶媒との間で溶媒分画することで，夾雑物と植物ホルモンを分離する（図 5.10）．弱酸性化合物である IAA，ABA，GA および JA を含む水溶液の pH が 3.0 以下の酸性の場合には，この水溶液を極性の高い有機溶媒で溶媒分画すると，これらの植物ホルモンは有機溶媒に抽出される．逆に水溶液が pH 8.0 以上のアルカリ性の場合には，これらの植物ホルモンは水溶液中に残る．有機溶媒には酢酸エチルが広く用いられる．IAA を分画する場合，酢酸エチルを用いると夾雑物も同時に抽出され分析精度の低下をきたすため，塩化メチレンを用いる．溶媒の量と分配回数は厳密には対象の物質の分配係

5.6 植物ホルモンの分析

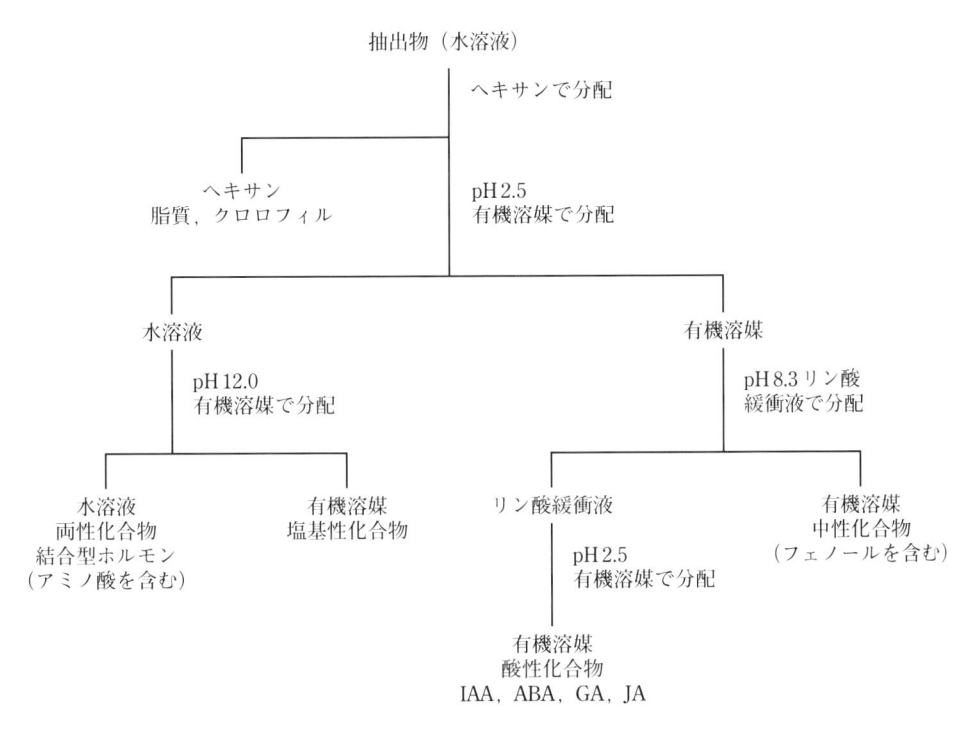

```
                        抽出物（水溶液）
                              │
                        ヘキサンで分配
                    ┌─────────┴─────────┐
               ヘキサン              pH 2.5
            脂質, クロロフィル     有機溶媒で分配
                          ┌──────────┴──────────┐
                        水溶液                有機溶媒
                      pH 12.0            pH 8.3 リン酸
                   有機溶媒で分配        緩衝液で分配
                  ┌────┴────┐          ┌────┴────┐
              水溶液      有機溶媒   リン酸緩衝液    有機溶媒
            両性化合物   塩基性化合物              中性化合物
            結合型ホルモン                       （フェノールを含む）
            （アミノ酸を含む）     pH 2.5
                              有機溶媒で分配
                                  │
                               有機溶媒
                              酸性化合物
                            IAA, ABA, GA, JA
```

図 5.10　植物ホルモンの溶媒分画
リン酸緩衝液 pH 8.3 は KH_2PO_4 136 g と KOH 60 g を 1 l の蒸留水に溶解して作成する.

数 distribution coefficient（Kd）を求めて決定するが，一般には水溶液と等量もしくは水溶液より少ない量の有機溶媒で 3 回から数回分配して抽出する．また，溶媒分画における抽出効率は水溶液の pH と有機溶媒によってことなる（表 5.7）．溶媒分画により得られた植物ホルモンを含む有機溶媒はロータリーエバポレーターで乾固し，つづいてカラムクロマトグラフィーで精製する．

カラムクロマトグラフィー：溶媒分画により得られた抽出物の精製に用いる．支持体にはポリビニルポリピロリドン（PVPP），イオン交換樹脂および極性や無極性相互作用を有する樹脂などを用いる.

① PVPP カラムクロマトグラフィー

フェノール物質は PVPP により除去される．溶媒分画後の抽出物の乾固重量を計測し，その 20 倍量の PVPP をビーカにとる．PVPP の 20 倍量の水を加えてガラス棒で撹拌し，10～15 分間静置してから微粉末を含む上澄みを捨てる．この操作を 5～6 回行う．脱脂綿で栓をしたガラスカラム（直径 15 mm × 長さ 300 mm）に PVPP を充填し，PVPP カラムのベットボリューム（カラムに詰めた樹脂の体積；吸水時の PVPP の体積は乾燥時の約 2.3 倍）の 5 倍量の 0.1 M リン酸緩衝液（pH 8.0：$NaH_2PO_4 \cdot H_2O$ 13.8 g/1 l 蒸留水と $Na_2HPO_4 \cdot 12H_2O$ 35.8 g/1 l 蒸留水を

表 5.7　溶媒分画における ABA の分配効率
(Ciha *et al.*, 1977)

有機溶媒	水溶液中の ABA の残存率（%）		
	水溶液の pH		
	2.5	7.0	9.0
ヘキサン	98.9	98.8	98.6
エーテル	23.2	84.9	98.4
塩化メチレン	51.2	97.2	99.2
酢酸エチル	9.1	81.2	99.3
1-ブタノール	16.0	38.5	68.4
水飽和 1-ブタノール	1.9	29.5	68.2

水溶液と等量の有機溶媒で 1 回分配

5.3：94.7 の比で混合する）を流す．溶媒分画後の乾固した抽出物を 3～5 ml の 0.1 M リン酸緩衝液で溶解してカラムに注入する．注入した抽出物をすべて樹脂に吸着させた後，ベットボリュームの 5 倍量の 0.1 M リン酸緩衝液を流して植物ホルモンを溶出させる．この方法では，IAA, ABA, GA は再現性よく精製される．IAA, ABA および GA の溶出液は pH を 2.5 に調整し，酢酸エチルで抽出する．これを乾固して次の精製に用いる．

② C_{18} カラムクロマトグラフィー

　無極性基としてオクタデシルシランをもつ樹脂（ボンデシル C_{18}）を用いて精製する方法で，PVPPでフェノール物質を除去したIAA，ABAおよびJAの抽出物の精製に用いる．少量の脱脂綿で栓をした5 ml のシリンジに樹脂2 gを詰め，24 ml のメタノールを流し樹脂を洗浄する．この時，細いガラス棒などで樹脂をよく攪拌して樹脂中の気泡を取り除く．つづいて，トリエチルアミンでpH 3.5に調整した1％酢酸を含む蒸留水とメタノールの8：2の混合液24 ml を5 ml/分以下の流速で流す．上記の蒸留水・メタノール混合液1 ml で溶解した抽出物をカラムに注入する．注入した抽出物がすべて樹脂に吸着した後，蒸留水とメタノール混合液のメタノール濃度を段階的に高めながら5 ml/分以下の流速で植物ホルモンを溶出する．IAAおよびABAの溶出パターンを図5.11に示す．

③ DEAカラムクロマトグラフィー

　PVPPでフェノール物質を除去したGAは，ジエチルアミノプロピル基を官能基にもつ樹脂（ボンデシルDEA）を用いて精製する．抽出物の乾固重量の30倍量の樹脂を用いる（ただし，抽出物の乾固重量が3 mg以下の場合は樹脂量は100 mgとする）．少量の脱脂綿で栓をした5 ml のシリンジに樹脂を詰め，樹脂の10倍量のメタノールを流し樹脂を洗浄する．この時，C_{18} 樹脂と同様に樹脂をよく攪拌して樹脂中の気泡を取り除く．1 ml のメタノールに溶解した抽出物をカラムに注入する．注入した抽出物をすべて樹脂に吸着させた後，ベットボリュームの10倍量のメタノールを流し夾雑物を洗い流す．ベットボリュームの15倍量の0.2％酢酸含有メタノールと15倍量の0.65％酢酸含有メタノールを順次流す．GAは両方の酢酸含有メタノール画分に溶出される．

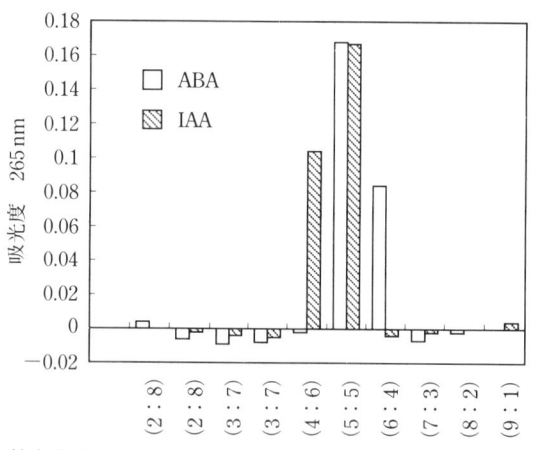

植物ホルモンの検出

　精製された植物ホルモンは，機器分析や生物検定bioassayと免疫学的検出法immunoassayにより同定，定量される．ここでは機器分析の代表的な方法について述べる．生物検定については生長・老化の実験で述べる．

機器分析による検出
高速液体クロマトグラフィー（HPLC）：

　HPLC（High performance liquid chromatography）は分解能の高い樹脂を充填したカラムを用い，高圧の溶液を移動相として対象の植物ホルモンと他の物質を短時間で効率よく分離する機器である．HPLCは植物ホルモンの同定や定量のみならず，ガスクロマトグラフィー質量分析（GC-MS）や生物検定のための植物ホルモンの最終的な精製にも用いる．植物ホルモンの分析には，無極性相互作用を示す逆相分配型の樹脂（C_{18}）を充填したカラムがもっともよく用いられる．カラムの長さは150〜300 mmのものが用いられ，植物ホルモンの同定や定量を目的とする場合は内径が3〜6 mmのカラム，精製には内径が8〜20 mmのカラムを用いる．逆相分配型カラムを用いた場合，植物ホルモンはメタノールと蒸留水の混合液で溶出する．対象の物質のカラムから溶出されるまでの時間（保持時間 retention time）が既知の植物ホルモン（標準品）の保持時間に一致するとき，その物質は既知の植物ホルモンと同定される．対象の植物ホルモンの定量は，そのクロマトグラムのピークの面積や高さを既知量の標準品の面積や高さと比較して行う．サイトカイニン（265 nm），ABA（254もしくは265 nm）およびIAA（280 nm）はUV検出器を用いて検出する．IAAやインドール核を有する関連物質のみを定量する場合は蛍光検出器（励起波長：280 nm，蛍光波長：355 nm）を用いればUV検出器の約千倍の感度で検出できる．GAとJAは特異的な紫外光吸収特性を示さないため，HPLCによるこれらの分析は精製のみを目的とする．PAsはベンゾイル化して254 nmのUV検出器で定量するか，ダンシル化して蛍光検出器で定量する．ダンシル化したPAs（プトレッシン，カダベリン，スペルミジンおよびスペルミン）は，逆相分配型カラムを備えたHPLCでメタノールと蒸留水の勾配溶出により分離する（図5.12）．

図5.11　C_{18} カラムクロマトグラフィーによるIAAおよびABAの精製

5.6 植物ホルモンの分析

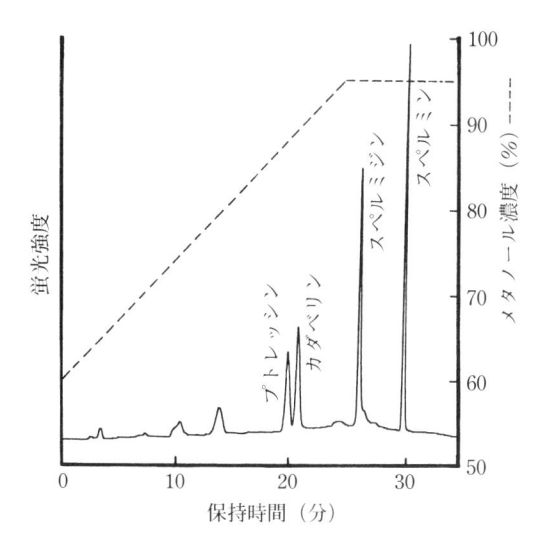

図 5.12 ポリアミンの HPLC による分離
蛍光検出器：励起波長 365nm, 蛍光波長 510nm
カラム：Shim-Pack CLC-ODS（内径 45nm×長さ 250nm）
溶媒：流速 1m*l*/分で，0.1％酢酸とメタノールを 40：60 から 5：95 にグラディエントに比率を変えながら 25 分間流し，さらに 5：95 一定で 10 分間流す．

ガスクロマトグラフィー（GC）とガスクロマトグラフィー質量分析（GC-MS）：GC はケイソウ土の粒子に固定液相を塗布したものをガラス管に詰めたカラム（充填カラム）やシリカの内面に固定相を結合させたカラム（キャピラリーカラム）を用い，移動相に気体を用いたクロマトグラフィーである．GC-MS（gas chromatography-mass spectrometry）は GC で分離した対象の物質を電子衝撃法や化学的な方法によりイオン化し，生じたイオンを磁界や電界で加速して検出器に導入して対象物質の分子の解裂（マスフラグメント）を計測する機器である．エチレンを除く植物ホルモンを厳密に同定や定量するには GC ではなく GC-MS を使用する．

エチレンは試料を密閉容器に入れ発生したガスを直接分析するか，過塩素酸水銀溶液を用いてエチレンを捕集し，4M 塩化リチウムを加え再度発生させたガスを用いて GC で分析する．カラムには充填カラムである活性アルミナもしくはポラパックが常用される．

エチレン以外の植物ホルモンは気化しにくいため，あらかじめ揮発性誘導体にする．ABA と JA はメチルエステル化，IAA とサイトカイニンはトリメチルシリル化，GA はメチルエステル・トリメチルシリル化して分析する．GC-MS では，既知の植物ホルモンの GC での保持時間に一致する対象の物質のマスフラグメントを計測し，このマスフラグメントのパターンが既知の植物ホルモンのマスフラグメントのパターンと一致する場合，対象の物質が既知の植物ホルモンと同定される（図 5.13）．対象の物質のいくつかの特異的なフラグメントイオンの強度比を計測し，標準品の強度比と比較して同定することもできる（選択イオンモニタリング法：SIM）．GC-MS での植物ホルモンの定量は，対象の植物ホルモンの特異的なフラグメントイオンの絶対強度を既知量の標準品の絶対強度と比較して行う．

生物検定

植物ホルモンのもつ特異的な活性を利用し，その生物反応を定量することにより植物ホルモンの含量を推定する．与えたホルモン濃度に対する検定植物の反応はおおむね対数比例の関係にあるため厳密な定量は難しいが，高価な機器を必要としないなどの利点がある．植物試料からの抽出物をカラムクロマトグラフィーや HPLC で分画し，得られた画分について生物検定を行う．生物検定における植物ホルモンの含量の推定は，植物試料から抽出，分画された検体に対する生物反応を 3〜5 段階の既知濃度の標準品に対する生物反応と比較して行う．生物反応は機器分析に比べ再現性は低いため，検定のたびに標準品に対する生物反応を定量する．

オーキシン：アベナ伸長テストと屈曲テストがある．屈曲テストは伸長テストより感度が高いが，操作に熟練を要する．ここでは伸長テストについて述

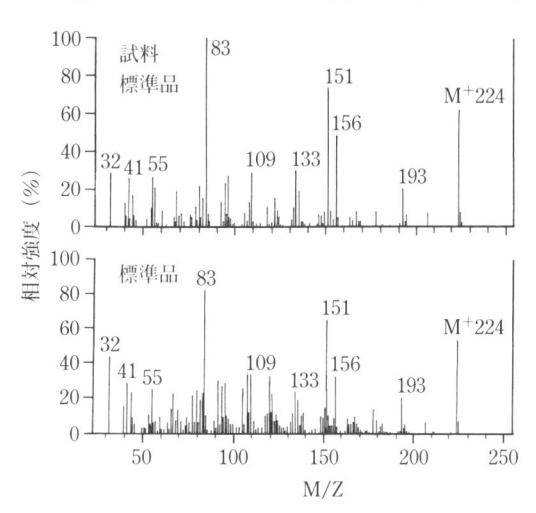

図 5.13 ブドウの葉から抽出した JA と標準 JA のメチルエステル誘導体のマススペクトル
ブドウの葉から抽出した JA のマスフラグメントのパターンが標準 JA のマスフラグメントのパターンと良く一致し，抽出した物質が明らかに JA であると同定される．

べる．エンバク 'Victory' の頴を除いた種子（頴果）を 25 ℃下で赤色光（赤色セロファンを数層巻いた白色蛍光灯を光源とする）のもと 48 時間で発芽・生育させる．さらに，暗黒下で 24～48 時間育て，20 mm に伸長した子葉鞘を材料に用いる．子葉鞘の先端 2 mm を除いて 5 mm の切片を作成する．2 ml の 2 ％ショ糖を含むリン酸緩衝液（pH 5.0）で検体を溶解し，直径 2 cm のシャーレにいれる．この検液上に子葉鞘切片を 10 本浮かべ，25 ℃暗黒条件下で 6 時間から 24 時間振とう機を用いて切片がわずかに動く程度に振とう培養する．培養終了後，マイクロメーター付きの双眼顕微鏡下で子葉鞘切片の長さを計測する．

アブシジン酸：ABA は IAA によるエンバクの子葉鞘の伸長促進を阻害するので，その性質を利用して ABA を検定する．ABA 検定用のエンバクの子葉鞘切片はオーキシンのアベナ伸長テストと同様に準備する．検体を溶解した，10^{-5} M から 10^{-7} M の IAA および 2 ％ショ糖を含むリン酸緩衝液（pH 5.0）の上に子葉鞘切片を 10 本浮かべ，オーキシンのアベナ伸長テストと同様の条件下で振とう培養する．培養終了後に子葉鞘切片の長さを計測する（図 5.14）．

ジベレリン：GA は HPLC で分画した検体について矮性イネ苗テスト dwarf rice micro drop bioassay により検定する．ここでは，西島ら（1990）が改良した点滴法について述べる．イネの矮性品種 '短銀坊主' の籾を 0.1 ％ベンレートで 1 時間消毒する．これを水洗した後 20 ppm ウニコナゾール（スミセブン）溶液に浸し，暗黒条件下 30 ℃に 24 時間おく．このウニコナゾール処理によりイネ自体の GA 活性が除かれ，点滴した GA に対する感度が高まる．籾を再び水洗して 30 ℃に 24 時間おき催芽させる．この間水を 1～2 回とりかえる．深さが 60 mm 以上の試験管に 0.8 ％寒天を 55 mm ほど入れ，それに子葉鞘の長さが 2 mm の籾を 5 粒ずつ子葉鞘を上にして植え付ける．30 ℃，5000 lx 下で 2 日間培養すると，子葉鞘から第 1 本葉が現れる．検体を 10 μl の 50 ％アセトンに溶解し，1 籾当たり 1 μl ずつを子葉鞘と第 1 本葉との間にマイクロシリンジで点滴する（図 5.15）．1 検体当たり 1 試験管に植え付けた 5 籾に点滴する．同条件で 2～3 日間培養すると，第 3 葉の先端が第 2 葉の葉鞘から抜け出る．この時点で第 2 葉鞘の長さを計測する．

サイトカイニン：イオン交換クロマトグラフィーや HPLC で分画した後，検定をする．ダイズ，ニンジン，タバコなどのカルスを用いた検定やヒモゲイトウ（*Amaranthus caudatus*）を用いた β シアニン生物検定法などがある．後者はカルスを用いた検定より検定期間が短く操作が容易である．ヒモゲイトウの種子を 7 ％次亜塩素酸ナトリウム溶液に 10 分間浸漬して滅菌する．これを蒸留水でよく洗浄し，約 2 時間滅菌水に浸漬する．この種子を 1 ％寒天の無菌培地に植え付けて暗黒条件下 25 ℃で 72～98 時間かけて発芽させる．直径 2 cm のシャーレにろ紙 2 枚を敷き，チロシン（1 mg/ml）と検体を溶解した 1/75 M リン酸緩衝液（pH 6.3）1 ml を入れる．この検液上に切り取った子葉 10 個をのせ，シャーレにふたをして暗黒条件下 25 ℃で 20 時間培養する．培養終了後，子葉を 1 ml の蒸留水に入れ，凍結・解凍を 3 回繰り返し β シアニンを抽出する．524 nm と 620 nm の吸光度の差から色素量を決定する．サイトカイニン濃度に比例して色素含量は増加する．

（塩崎修志）

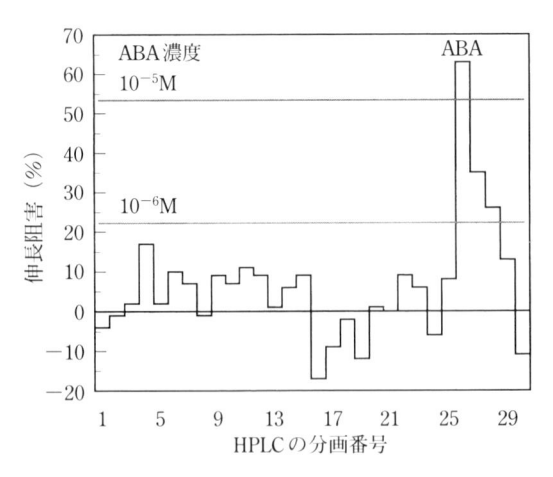

図 5.14　ブドウ果実から抽出された ABA の生物活性

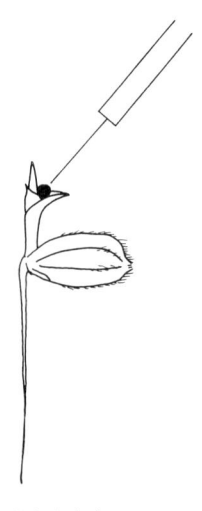

図 5.15　改良点滴法における GA 点滴適期

5.7 酵素実験法

 高分子タンパクである酵素は，物質やエネルギーの移動などの生体内反応を触媒し，生理機能を円滑に進める．植物の生理作用を理解するには，それぞれの酵素の量や活性などの特性を明らかにするとともに，これらの酵素と植物の生理現象を関連させて理解することが重要である．

分化，発育，老化にともなう酵素活性の測定

 植物組織が分化，発育，老化する時には，それぞれに対応する新しい酵素が発現するとともに，すでに存在する酵素の活性が著しく増大したり，特異的なアイソザイムの発現や増大がみられる．これらの酵素の量や活性を測定することにより植物組織の代謝の様相を明らかにできるので，その値は代謝変動の指標の一つとなる．測定に際しては，代謝変動を説明するのに適した酵素（律速酵素など）を選び，その酵素の全量を抽出する．ただし，過度の精製は行わなくとも夾雑する他の酵素の影響は阻害剤の添加などにより除去できる．

トマト果実の成熟にともなうポリガラクチュロナーゼ（PG）活性の変化

 細胞間隙に存在するペクチンの鎖状構造を切断するPGの活性は，トマト果実が緑色から少し赤く催色して呼吸が増加する追熟期に急激に増加し，活性の増加とともに果肉は軟化する（図5.16）．

 PGの抽出：液体窒素中で粉砕した直後の試料あるいは粉砕後に超低温冷凍庫で貯蔵した試料を利用する．10 gの冷凍試料に30 mlの0.1 Mクエン酸ナトリウム溶液（1.3 M NaCl，13 mM EDTA，20 mMメルカプトエタノールを含む，pH 6.0）を添加し，4℃でローラーミキサーを用いて30分間懸濁する．1,200 × gで遠心分離して採取した上澄みに硫酸アンモニウム80%飽和溶液を添加し，1時間，4℃でタンパクを沈殿させる．600 μlのβアラニン酢酸緩衝液（0.035 M，pH 4.5）に溶解して酵素液とする．

 PG活性の測定：PGにはペクチンの端からガラクチュロン酸を遊離するエクソ型とランダムにペクチン鎖の間を切るエンド型の二つの型があるが，ここでは果実の軟化に大きく影響するエンド型を測定する．1%ポリガラクチュロン酸溶液7.0 ml（pH 4.2）と2 M塩化アンモニウム溶液0.7 mlの混合液を抽出した酵素液0.7 mlと反応させ，オストワルド粘度計の毛細管を溶液が通過する時間を測定して粘度の低下速度を算出する．対照として純水を用いて同様の操作をする．水に対する相対粘度の逆数/1分を活性とし，酵素液のタンパク量を測定した後にタンパクmg当たりの活性として表示する．

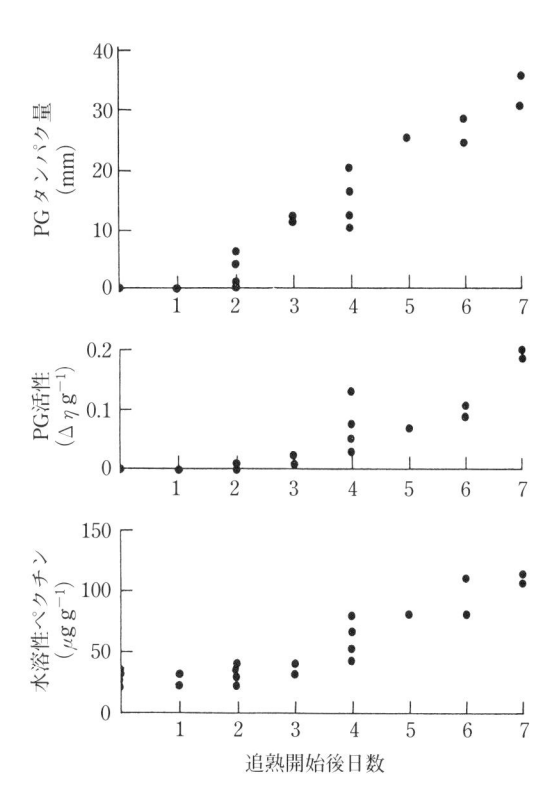

図5.16 トマトの追熟開始後の水溶性ペクチンの増加とPG活性（Brady et al., 1982）

酵素の精製と性質

 酵素の性質や生体内での存在様式を理解するためには，酵素を精製してその分子量，最適pH，基質親和性（Km）を調べる必要がある．

ポリフェノールオキシダーゼ（PPO）のビワ果実からの精製

 ビワ果実にはポリフェノールの一種であるクロロゲン酸が含まれている．PPOはクロロゲン酸を酸化させ，褐変の原因となる．酵素抽出の定法では，まず植物組織をポリビニールピロリドン（フェノール吸着剤）とアスコルビン酸を含むリン酸緩衝液中で破壊し，遠心分離によって細胞を含まない上澄みを採取して抽出液とする．この抽出液を硫酸アンモニウムで塩析沈殿し，透析した後，各種クロマトカラムで精製する（表5.8）．

表5.8 ビワ果実からのポリフェノールオキシダーゼの精製（Ding et al., 1998）

精製段階	総酵素活性量 (U)	総タンパク量 (mg)	比活性 (U/mg)	精製度 (fold)	収量 (%)
粗酵素	4560	296	15.4	1.0	100
硫安沈殿	3780	64.0	59.1	3.8	83.0
トーヨーパール HW-55	3450	14.2	243	15.8	76.0
DEAEトーヨーパール (F-1)	2024	0.84	2410	157	44.4
モノ Q (FPLC)	1625	0.25	6500	422	35.6

分子量，最適pH，基質のKm値の測定と特異性の調査

分子量：抽出した酵素液を分子篩クロマトグラフィーにかけて分子量を既知のタンパクと比較する．ドデシル硫酸ナトリウムを含むポリアクリルアミドゲル電気泳動により分子量を推定する方法もある．

最適pH：pH 2.2 から 8.0 までの McIlvaine 緩衝液（0.1 M クエン酸と 0.2 M Na_2HPO_4 とを組み合わせて調整）を分光光度計の紫外分析用セルに 0.85 ml 入れ，基質として 1 mM のクロロゲン酸を 0.1 ml 加える．さらに抽出した酵素液を 0.05 ml 加えて，325 nm の吸光度（クロロゲン酸の最大吸収波長）を経時的に測定する．30℃で1分間に 0.01 減少する吸光度をPPO活性の1単位とし，あるpHで最大値が得られた場合にその値を 100 として他のpHにおける活性を相対値で表す．図 5.17 では，ビワ果実のPPO活性が pH 4.5 で最大となるので，最適pHは 4.5 とする．

基質親和性（Km値）：Km値とは，ある基質（反応を受ける物質）の濃度を徐々に増加させて酵素と反応させた場合，最大速度で反応する基質の濃度の 1/2 の値をいう．PPOのクロロゲン酸に対するKm値は，Lineweaver-Burkプロット法を用いて求

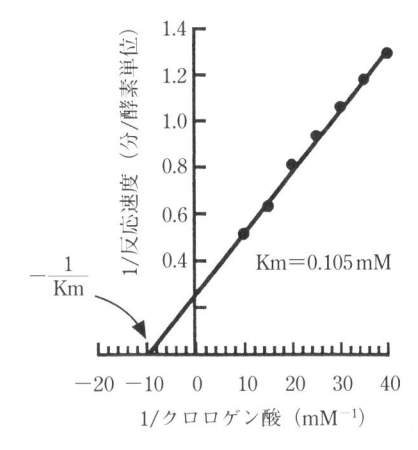

図 5.18 ビワPPOのLineweaver-Burkプロット (Ding et al., 1998)

める（図 5.18）．すなわち，クロロゲン酸を種々の濃度で添加してPPOの活性を測定し，クロロゲン酸濃度の逆数に対して，反応速度の逆数をプロットして作図する．この測定値を結んだ直線の傾きはKm値/最大反応速度，Y軸切片は 1/最大速度，X軸切片は $-1/$ Km 値を示す．本図ではPPOのKm値は直線が -10 の値でX軸と交わっているのでその逆数の 0.1 mM が Km 値となる．

なお，基質特異性の調査には同濃度の種々の基質（この場合はポリフェノール類）を用意し，反応しやすい基質を決定する．

（上田悦範）

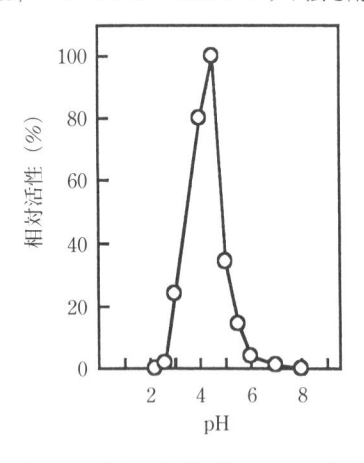

図 5.17 ビワPPOの最適 pH (Ding et al., 1998)

5.8 植物の生長と発育

植物の運動

個体レベルの運動には，屈性，走性および傾性があり，細胞レベルでは，気孔の開閉，原形質流動，葉緑体の光運動反応などがある．

屈性反応としては，イネ科植物の子葉鞘先端部などでみられる屈光性，根が下方に向かって伸長する屈地性のほか，水分や化学物質の濃度勾配，風，接

触刺激，電流や電位勾配などによる屈曲がある．

走性反応としては，光，化学物質，温度などの刺激の強い方または弱い方へと移動する走光性，走化性，走熱性などがある．植物では，単細胞や多細胞の鞭毛藻類，緑藻などの配偶子・遊走子や一部の藻類に走性が認められる．

傾性は，運動の方向が刺激の方向とは無関係で，運動の方向が発現器官の構造によって決まる運動である．傾性には，刺激の種類によって傾振性，傾触性，傾熱性，傾電性などがあり，反応速度は秒単位と非常に速い．オジギソウは，傾性を示す典型的な例である．

気孔の開閉運動は，環境の変化に応じて分単位の速度で起こる．気孔は明条件で開き，暗条件で閉じる．また，水分ストレスをかけたり，アブシジン酸を散布しても閉じる．気孔が開いて蒸散すると葉温が低下するので，気孔の開閉運動は葉温振動としてとらえることができる．

実　験：光照射および水分ストレスによる気孔の開閉速度を調べる目的で，気孔の開閉運動をスンプ法によって観察する（図5.19）．

準　備：本葉5〜6枚のピーマン苗，マニキュア液（無色またはごく薄い色のもの），光学顕微鏡，ダンボール箱またはアルミフォイル，剃刀，スライドグラス，カバーグラス，スポイド，極細ピンセット，グラフ用紙

実験方法：以下の手順で行う．① 苗をダンボール箱に入れるかアルミフォイルで包んで，20分以上暗黒処理する．② 葉の5mm四方程度にマニキュアを塗ってから，苗を窓際などの明るい場所に置く．③ マニキュアが乾いたらピンセットではがし，スライドグラス上に載せて水で広げてからカバーグラスをかける．顕微鏡（200〜400倍）で開および閉状態の気孔を別々に数える．調べる気孔の数は，100個程度とする．④ 3分ごとに同様にして開気孔数を数え，開気孔の割合が変化しなくなるまで続ける．⑤ 根を切除して水分ストレスをかける．⑥ 3分ごとに開および閉気孔数を数え，開気孔の割合が変化しなくなるまで続ける．

結果の分析：縦軸が開気孔の百分率，横軸が時間のグラフを作成する（図5.20）．

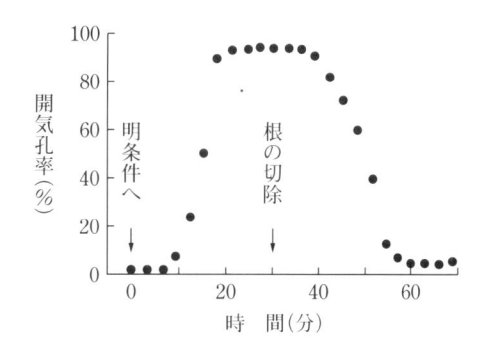

図5.20　暗条件から明条件への移行と根の切除による開気孔率の変化（モデル）

注　意：① 植物材料は，葉の表面がしっかりしていて毛の生えていないものが扱いやすい．② マニキュアは，一度に2〜3回塗ってやや厚くする．③ 時間がずれた場合もその時間を記録しておく．根を切除した時間をグラフ内に示す．④ 葉に塗ったマニキュアは，セロハンテープでも剥がせるので，それをカバーグラスに張り付けて観察することもできる．

（小田雅行）

光質と茎の伸長

一般に，節間伸長は青色光（波長域400〜500nm），赤色光（600〜700nm），遠赤色光（700〜760nm）の三つの波長域の光に制御されている．このうち，赤色光と遠赤色光による制御では，フィトクロム phytochrome とよばれる色素が受容体として中心的な役割を果たしている．フィトクロムは，660nm付近に吸収極大のある赤色光吸収型（P_R）と730nm付近に吸収極大のある遠赤色光吸収型（P_{FR}）の吸収スペクトルの異なる二つの形をとり，暗所で P_R として生合成される．P_R は安定で生理的に不活性であるが，赤色光を受けると活性のある P_{FR} となる．この P_{FR} は，遠赤色光を受けると P_R に戻るほか，暗黒下においても P_R にゆっくりと変化する（暗反転）．一般に，遠赤色光が赤色光と比較して多く含まれる光条件下では，植物の伸長は促進される場合が多い（図5.23）．ここでは，暗期の初期における光質の違いが，植物の節間伸長に及ぼす影響について実験する．

図5.19　スンプ法の手順

非破壊計測法

運動や生長を非破壊的に連続して測定するための工夫は，調査を容易にしたり，不連続な測定では分からなかった現象を明らかにするのに役立つ．図5.21は，葉の運動を記録するきわめて単純な装置である．ペンの部分に差動トランスを組み込めば，信号が電気化されてデータロガーでの記録が可能になる．

近年，発展の著しい各種のセンサの応用は，植物研究に新しい局面を開くものである．差動トランスは，ワタの茎径，トマトやキュウリの茎長，エンドウ果実長などの伸長測定に，歪ゲージは，葉肉細胞の膨圧やシュンギクの生体重測定に利用されている．ロードセルは，レタス生体重の連続測定（図5.22）に，レーザー判別センサやレーザー変位計は，トマトなどの茎径や果実径の測定に使われている．ポテンショメーターは，回転角や直線移動の測定に利用できる．温度センサには熱電対が使いやすいが，茎の一部の周囲をパルスヒートして，茎の伸長方向の2点の温度変化を調べることによって，蒸散流量も推定される．

ビデオカメラは，外部形態や器官の位置の変化を連続的に記録するのに適している．暗いところでも使える感度の高いカメラや一定時間ごとの撮影によって連続（厳密には非連続）撮影時間を数ヵ月に延ばすことも可能である．デジタル信号化して画像処理ソフトと組み合わせれば，植物の生育状態のモニタリングと数値化が可能になる．

(小田雅行)

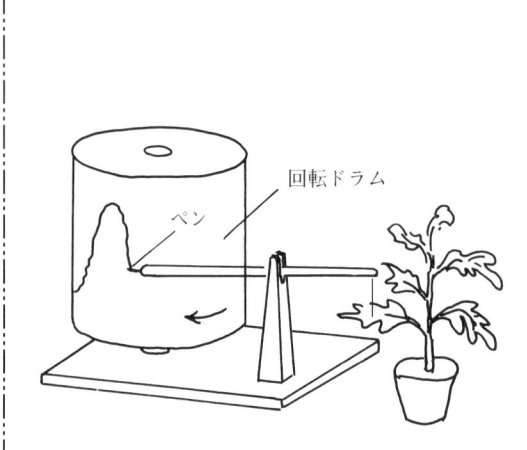

図5.21 葉の運動の記録

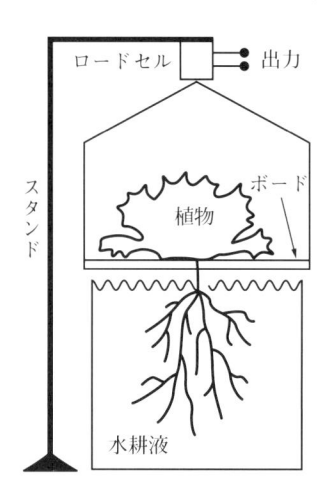

図5.22 ロードセルによる植物生体重の連続測定

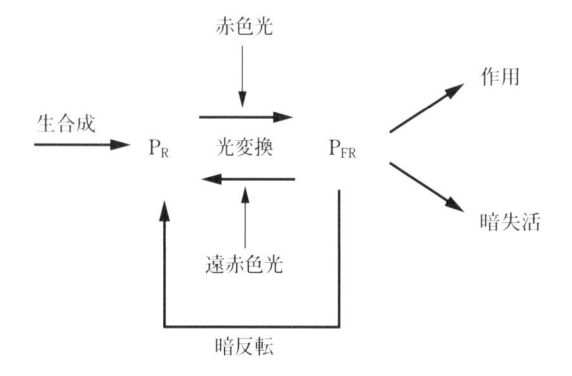

図5.23 黄化組織におけるフィトクロームの変換過程
(小島，1992)

材　料：インゲン，ヒマワリ，アサガオをポットに播種し，子葉あるいは初生葉（インゲン），第1本葉（ヒマワリ，アサガオ）が展開するまで自然光下で栽培する．

照射光源：赤色セロファンを透過させた白色蛍光灯を赤色光源として，白熱電球の光を赤色セロファンと青色セロファンを透過させたものを遠赤色光源として用いる．光源は植物の1m程度上に設置し，植物の頂部における光強度を$0.05〜1.5\,W\cdot m^{-2}$程度とする．熱放射の影響を除去するには，厚さ5cm程度の水フィルターを通すとよい．

操作と観察：植物を午前8時から午後4時まで自然光下で栽培する．午後4時に植物を暗室に移動し，5分間赤色光あるいは遠赤色光を照射し，その後翌日の午前8時まで暗黒下に置く．これを毎日繰り返し，子葉より上部の節間伸長のようすを記録する．対照として，赤色光ならびに遠赤色光の照射を行わない区も設ける．

また，同様に午後4時から暗室内で赤色光5分－

遠赤色光5分および遠赤色光5分－赤色光5分の照射を1回ないし数回繰り返し，最後の照射を赤色または遠赤色光として暗黒に移す実験区を設け，節間伸長のようすを比較する．

(稲本勝彦)

芽の休眠とその制御

　植物は，不良環境に耐える手段として休眠 dormancy, rest する特性を適応的に獲得してきた．このうち植物自らの内的な要因によって起こる自発休眠 spontaneous dormancy は，生活環のなかで訪れるであろう来るべき不良環境にあらかじめ備える戦略的な意味を強くもち，単に環境が不良で生育できないでいる強制休眠 imposed dormancy の状態と区別される．植物の休眠はさまざまな器官でみられるが，そのうち芽の休眠は，温帯より高緯度地域に分布する広範な植物種でみられ，球根の休眠や宿根草におけるロゼット化も広義の意味で芽の休眠とみなすことができる．ここでは，休眠の誘導と打破に関して環境要素とくに温度との関連をみる実験方法について述べる．

　準　備：屋外に植栽されている温帯樹木（ブドウ *Vitis* spp., モモ *Prunus persica* など），演算機能のある自記温度計，照明装置付きインキュベーター，フラスコ，剪定鋏など

休眠の評価方法

　休眠の深さは，生育に好適と考えられる環境条件下に植物を置き，萌芽させ，萌芽率や萌芽までの日数，萌芽のそろいなどによって評価する．ロゼットを対象とする場合には，抽だい bolting と呼ばれる茎の伸長の有無を調べる．

　ポット法：材料をポットで栽培しておき，処理を与えたり，時期をずらしながら，休眠の深さを調べる方法である．切断や栄養の影響をあまり気にせずに休眠の様相を把握できる反面，広い実験スペースを必要とする．球根の休眠の深さを調べるには，湿らせたバーミキュライトなどを培土として箱植えし，萌芽に適した環境に置く．

　切り枝法：樹木における芽の休眠の深さを測定する方法として広く採用されている．1節から数節の芽をもつ切り枝を水にさして制御環境下で萌芽させる．萌芽環境には，15～25℃，12～16時間照明の設定が一般的である．芽が複数個ある場合には頂芽優勢の影響を受けやすく，先端部の芽ほど萌芽しやすい傾向にある．また，葉芽と花芽，主芽と副芽では休眠の様相が異なるので注意を要する．貯蔵養分の少ない細い枝を対象とする場合には，100～200 ppm の 8-hydroxyquinoline や四級アンモニウム塩化合物を殺菌剤とした2％ショ糖溶液にさして萌芽を調べる．

　切り出し法：芽をフラスコや試験管内の寒天培地上に置床して生育をみる方法であり，培地に栄養分や糖を添加する場合もある．枝や球根の貯蔵組織など芽以外の部分の影響を排除し休眠の深さを知ることができる．また頂芽優勢の影響も除外できる．

休眠誘導

　休眠はさまざまな環境要因によって誘導される．温帯性の樹木では，夏に形成された花芽や葉芽が秋の短日に感応して休眠を深め，前休眠 pre-dormancy から真休眠 true dormancy へと移行していく種が多い．一方で，環境要因とは関係なく芽の発達や球根の肥大にともなって休眠が深くなる種もある．

　休眠を誘導する環境要因を明らかにすることは比較的難しく，多元的な実験を計画しなければならない．これは休眠を誘導する要因が複合的かつ段階的であるからである．例えばキク *Dendranthema grandiflorum* などの宿根草の休眠は，秋の短日，涼温，低日射などの相互作用の結果として引き起こされるが，夏の高温を経過しないと芽は秋には休眠状態となりにくい．

休眠覚醒

　休眠の覚醒は，時間の経過にともなって自然に進行する場合もあるが，多くはその植物の原産地の気候における生育に好ましくない環境条件に遭遇することによって進む．すなわち，多くの温帯性の樹木や宿根草では低温に遭遇することにより，球根では低温のほかに乾燥や高温に遭遇することにより休眠から覚醒する．原産地の気候条件が厳しいほど，休眠覚醒を促す環境条件の要求量は大きくなる傾向にある．

　休眠覚醒に有効な条件への遭遇がある閾値を超えると，芽は真休眠から後休眠 post dormancy の状態となり，生育に好適な条件へ移されると萌芽するようになる．覚醒条件への遭遇量がさらに多くなると萌芽までの日数が短縮され，萌芽後のシュートや花芽の発達がより旺盛になる．

　低温量の計測：休眠打破に有効な低温の遭遇量は，その温度域におかれている時間の積算値として表す．低温としての有効温度域は，温帯性の植物では一般に 0～10℃で，寒冷地に分布する種では低温側に，

表5.9 果樹類の芽の休眠覚醒に必要な低温量を計算する際に用いられる低温単位の温度域別重み付け係数.
(Richardson et al., 1974; Gilreath and Buchanan, 1981; Norvell and Moore, 1982; Shaltout and Unrath, 1983; 浅野・奥野, 1990)

モモ・ネクタリン			ブルーベリー		リンゴ		ニホンナシ	
ユタモデル		フロリダモデル	アーカンサスモデル		ノースカロライナモデル		埼玉モデル	
温度域(℃)	重み付け係数		温度域(℃)	重み付け係数	温度(℃)	重み付け係数	温度域(℃)	重み付け係数
< 1.4	0	重み付け係数 = 0.2047	< 2.4	0.5	− 1.1	0		
1.5 − 2.4	0.5	+ 0.1958T	2.5 − 9.1	1	1.6	0.5	< 10.0	1
2.5 − 9.1	1	− 0.0139T^2	9.2 − 12.4	0.5	7.2	1.0	10.1 − 12.0	0.6
9.2 − 12.4	0.5	+ 0.0001T^3	12.5 − 15.9	0	13.0	0.5	12.1 − 15.0	0
12.5 − 15.9	0	(T:温度)	16.0 − 18.0	− 0.5	16.5	0.0	15.1 − 18.0	− 0.5
16.0 − 18.0	− 0.5		> 18.0	− 1	19.0	− 0.5	> 18.0	− 1
> 18.0	− 1				20.7	− 1.0		
					22.1	− 1.5		

低温単位の積算開始は，それまでの低温単位の積算値が最低となった時点から行う．なお，埼玉モデルでは11月19日までは時期係数0.4，それ以降は1をかけて低温単位を積算する．

温暖な地域の種では高温側に数度移動する．表5.9は，いくつかの果樹類の芽の休眠打破に対する有効温度域内の温度効果を萌芽実験により重みづけした例である．低温の積算量を示すには，最も有効な温度域に1時間遭遇した場合を1低温単位 chill unit として，その前後ではそれぞれの係数をかけた上で低温量を積算する方法がとられる．

低温量の積算にはコンピュータや演算機能を備えたハイブリッドレコーダーを用い，計測温度がどの温度域に入るかを論理計算して，その温度域の重みづけ係数と計測インターバルをかけて積算していく．通常1日ごとに計算値を出力してその植物固有の低温要求量に達した日を休眠が打破された日とする．この方法では，1日の温度サイクルの中で夜間の低温効果を打ち消す高温が昼間に出現した場合には，その時間数に負の重みづけ係数（−1以下となる場合もある）をかけて積算すればよい．低温量の積算は，低温単位の積算値が最低となった時点から起算するのが一般的であるが，初秋から萌芽試験を実施して休眠が最も深くなった時点から起算することもある．

自然条件下では，冬に昼温が低温効果を打ち消すほど上昇せず，ほぼ一定の比率で有効域の温度が出現することが多い．このような場合には，低温単位の積算値と基準温度（休眠覚醒に有効な上限温度とする場合が多い）以下の経過時間との間には高い正の相関があるので，後者を低温量の指標とすることができる．

人為的低温処理：低温などの休眠覚醒に必要な条件を人為的または自然環境を利用して与えることにより，休眠を打破できる．人為的低温処理には，通常インキュベータや冷蔵庫を用いる．低温の感応部位は茎頂であるので，切り枝に低温を与えても休眠打破効果が得られる．萌芽試験用には切り枝をポリエチレン袋に入れ，1〜2℃で処理して用いる．

化学的・物理的休眠打破：休眠打破に有効な化学物質としては，ジベレリン，サイトカイニン，エチレンなどの植物ホルモン，石灰窒素，シアン化カリなどのシアン化合物，エチレンクロルヒドリン，エチルエーテル，エチルアルコール，アセトンなどの有機溶媒などがあり，溶液の散布や浸漬の他に，気体への曝露が行われる．これらの化合物の多くは，環境要求の一部を代替するのみであり，休眠覚醒に有効な環境条件と組み合わせてその効果を評価する．

一方，りん片の除去や物理的な傷つけ，電気刺激，温湯浸漬によっても休眠打破が促される場合がある．
（土井元章）

光周的花成誘導

器官形成，落葉，休眠など植物の発育が光周期（日長）により影響を受ける性質を光周性 photoperiodism とよび，このうち花成が光周期により誘導される現象を光周的花成誘導 photoperiodismic flower induction という．

光周期においては日長（明期の長さ）ではなくて夜の長さ（暗期の長さ）が重要であり，日長が短くなると花成が促進される短日植物 short-day plant は長夜植物，日長が長くなると花成が促進される長日植物 long-day plant は短夜植物と称すべきであるが，慣例に従ってここでは前者の呼称を採用する．また，日長に関係なく開花する植物を中性植物 day neutral plantと呼ぶ．例外的ではあるが，ある限られた日長のもとでしか開花しない植物を中日植物 intermediate-day plantとよぶ．

光周的花成誘導において，ある日長を下回った（超えた）場合にのみ花成が誘導されるとき，この日長を限界日長 critical daylengthとよぶ．植物は，明確な限界日長をもち，質的 qualitative（absolute）な反応を示す種と，日長が長（短）いほど花成が促進される量的 quantitative（facultative）な反応を示す種とに分けられる．いずれにおいても，短日植物の場合には花成の促進効果が最大に達する限界適日長 critical optimum daylengthをもつ．

光周的花成誘導に関する実験では，ある光周期（多くは24時間の明暗周期）を与えて花芽分化や開花のようすを観察する手法をとることが多い．ここではその概要を述べるとともに，花成刺激の伝達に関する実験法を解説する．

光周的花成誘導に関する実験の基本

反応の評価法：光周期により花成が誘導されたかどうかを，広範な種について物質レベルでとらえることは難しい．そこで，花成誘導の結果として起こる花芽分化あるいは開花を観察することによって反応の成否が判断される．花成誘導，花芽（花器）分化，花芽発達の一連の過程は，同一日長下で進行することが多い．しかし，それぞれが異なる日長あるいは温度要求をもっている種があることに注意を要する．この場合，与える日長や温度の組み合わせを間違えると，花芽分化を開始した後途中で発達を止めるブラインド blindや，発達した花芽が開花しないブラスチング blusting現象を生じる．

花成誘導条件に置いてから蕾がみえるまでの日数 days to visible flower budや開花するまでの日数 days to floweringは，開花反応期間と呼ばれ，これを日長に対してプロットして得られた曲線（図5.24）は，以下に述べるようにさまざまな情報を与えてくれる．また第1花が着生するまでに分化した節数も反応の解析に有効である．その他，小花数や花序数を反応の量的評価に用いる．

花芽分化の観察

準　備：植物材料，自然光型グロースチャンバー，実体顕微鏡，光学顕微鏡，眼科用メス（または針），コットンブルー（1gのコットンブルーを乳酸，石炭酸，グリセリン，蒸留水の等量混合液100 mlに溶解），酢酸カーミン（1gのカーミンを45％熱酢酸100 mlに溶解後冷却ろ過）など．

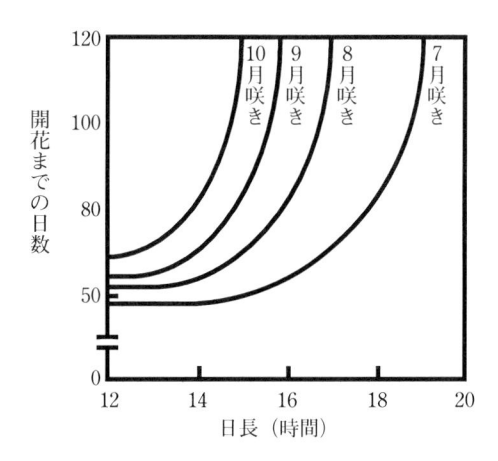

図5.24　キク品種群の日長に対する開花反応
（Kawata, 1987）

ここでは日長処理によって起こる花芽分化の経時変化を観察する方法を示す．

花芽分化は，実体顕微鏡下で茎頂の近傍にある葉をメスや針によって取り除き，茎頂部を露出させると容易に観察できる．コットンブルー溶液を葉や花器原基に滴下して，コントラストをつけて検鏡すると観察しやすい．栄養生長段階にある茎頂は半球状で，その直径は葉原基を分化した直後に最も小さく，ほぼ一定の周期で増減を繰り返している．この茎頂分裂組織が扁平になってふくらむと（茎頂膨大），形態的な花芽分化の段階となる．この段階には茎頂直径は栄養生長期の倍以上になるので，連続して観察すると花芽分化時期は容易に判断される．その後，苞や小花原基が形成され，個々の小花では外側から内側に向かって花器の分化が進む．花器の分化は雌ずい原基（心皮）形成で完了するが，その後の発達段階は，雄ずいに形成される葯あるいは雌ずいの子房部分をスライドガラス上に採取し，アセトカーミンを滴下してカバーガラスをかけ押しつぶし，花粉あるいは胚のうの発達を光学顕微鏡で観察して表示する．花粉の場合，花粉母細胞，二分子期，四分子期を経て成熟花粉が形成される．胚のうの場合には，まず子房内に胚珠が形成され，胚のう母細胞から減数分裂により胚のう細胞ができ，3回の核分裂によって胚のうが完成する．

自然光を利用した光周期による誘導実験

準　備：ポット植の植物材料（アサガオ *Pharbitis nil*，キク *Dendranthema grandiflorum*，コスモス *Cosmos bipinnatus* など），自然光型グロースチャンバー，電照装置（タイマー付きの白熱灯または蛍光灯照明）など．

年間を通じて変動する自然日長を利用して光周期を与える方法である．理科年表を用い実験地点における日出と日入りの時刻を調べて昼の長さを求め，さらに朝夕の薄明薄暮期（厳密には太陽が地平線下6°以内にある時間：市民（常用）薄明 civil light と呼ぶ）を加えて日長とする．日本が位置する北緯40度近辺では，昼の長さに朝夕それぞれ30分程度加算すればよい．長日条件をつくりたい場合には，白熱灯などの光源を用いて日出前および日没後に電照を与え，明期の長さを延長する．逆に短日としたい場合には，植物をシートで覆い朝夕の光を遮断すればよい．ただしこの方法は，温度が上昇しやすいので，低温期に限って可能である．

短日植物であるコスモスの限界日長を調べる実験について述べる．コスモスの種子を4月上旬より10日間隔で鉢に播種し，これを電照による16時間日長のグロースチャンバーで栽培する．播種60日後の植物を順次自然日長のグロースチャンバーに移動し，移動から発蕾まで，あるいは開花までの日数や花芽分化までに形成された節数を調査し，移動時点の日長に対してプロットする（図5.25）．日長が短くなるにともなって，日数や節数は当初直線的に減少するが，やがて減少割合が低下して，ある日長以下では減少しなくなる．減少が直線から曲線へとかわる点が限界日長，減少しなくなる点が限界適日長で，図5.25ではそれぞれ15時間と13時間30分である．花成誘導や花芽の分化発達に対する温度の影響が比較的小さいと予想される場合には，単に電照を打ち切る方法によってもほぼ同様の結果が得られる．

人工光の光周期による誘導実験

温度や光条件をより厳密に設定するには，人工光型のグロースチャンバーが用いられる．この場合，使用する光源の光合成有効放射が十分であると同時に，660 nm付近の赤色光についても十分量放射する光源であることが重要である．蛍光灯光源では植物育成用蛍光灯が適しており，白熱灯あるいは高圧ナトリウムランプ（2500 K 型）なども利用される．

光中断：農業や園芸生産においては，長日条件を得るために暗期中断（光中断）night break が施される．実用的には白熱灯を用いて0時を中心に3〜4時間与える．

刺激の感受部位と移動

一般に光周期の感受部位は展開葉である．アサガオでは子葉が展開すれば光周期を感受できるが，多くの種では栄養生長を行う一定の幼若期があり，そ

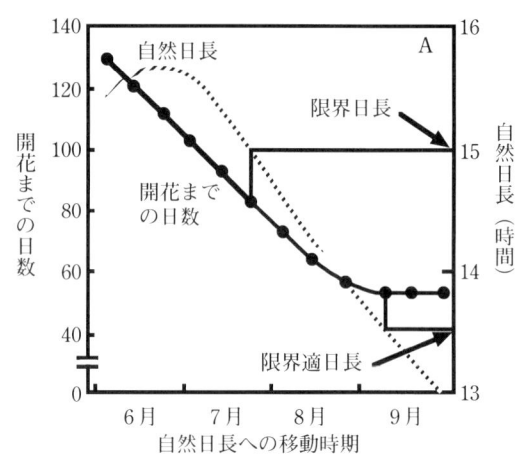

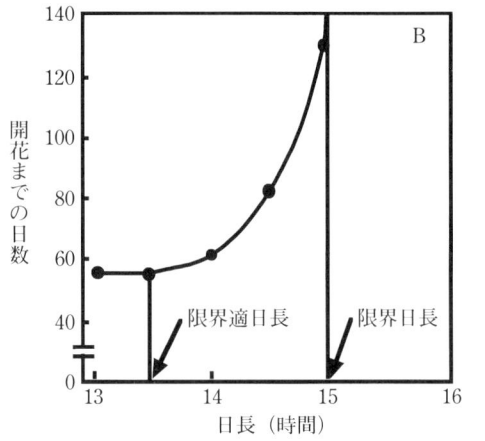

図5.25 コスモスの日長に対する開花反応
播種後60日間16時間日長で栽培し，A：自然日長に移した場合の開花反応．B：13〜16時間日長下に移した場合の開花反応．

れを経て花熟 ripeness to flower しなければ光周期には反応しない．アサガオやオナモミ *Xanthium pensylvanicum* では1回の光周期を与えるだけで花成が誘導されるが，多くの種では数回から数十回の連続した光周期の繰り返しが必要である．

花成刺激が未誘導の茎頂に容易に伝わることは，花成誘導個体に未誘導の穂を接ぎ木したり，未誘導の個体に光周期刺激を与えた葉を接いだ場合に未誘導部分の茎頂で花芽分化することから実証される．この刺激の伝達速度を測る方法を紹介する．

準　備：ポット植えのアサガオ（複数本），短日処理装置（暗室で代用可能），電照装置，ハサミなど．

実　験：長日下で蔓が数十センチメートルに伸長した植物を育て，上位節の成葉1枚とその腋芽，それより一定距離離れた下位節の腋芽を残して他の葉や芽はすべて摘除する（図5.26）．これに短日刺激としての暗期を与え，さまざまな時間を経過させた後

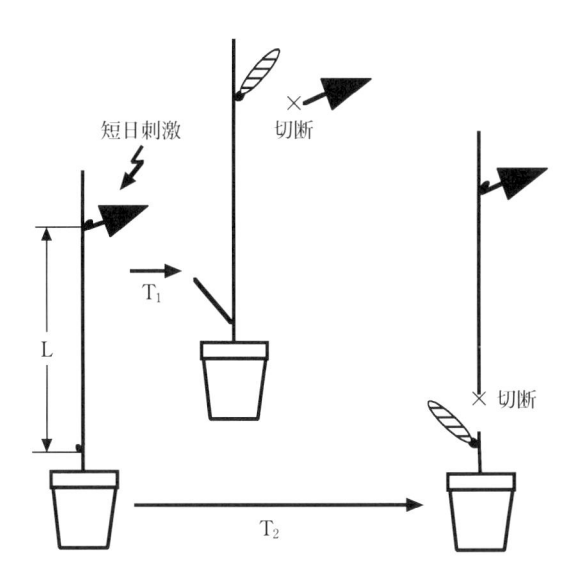

図5.26 アサガオの花成刺激の移動速度を測定する実験
T_1：短日刺激を与えた後上位節で花芽分化するまでの葉の摘除時間，T_2：下位節で花芽分化するまでの摘除時間，L：上位節と下位節との距離．花成刺激の移動速度はL/($T_2 - T_1$)で計算される．

葉を摘除する．これとは別に下位の芽の真上で茎を切断する．長日下に移して残された腋芽における花芽分化の有無を観察し，一定距離離れた二つの節の腋芽が花芽分化する葉の摘除時間の差を求めれば，花成刺激の移動速度が求められる．アサガオでは20～50 cm・h^{-1}という値が得られている．

(土井元章)

春化と脱春化

花成に低温（通常0～10℃）を必要とし，低温刺激を受けた後，低温域以外の温度下で形態的な花芽分化が起こる場合に，その植物は春化 vernalization を必要とするという．芽の休眠打破，花芽の発達，花茎伸長のための低温処理や，花芽分化の適温が低温である場合の低温処理は，厳密には春化とはよばない．

種子の登熟時の低温や吸水直後の発芽初期段階で低温に感応する植物を（種子春化）型 seed vernalization type，一定の幼若期を経て低温に感応できるようになる植物を植物体春化型 plant vernalization type として分類する．一年生の種には両者が混在するが，二年生あるいは宿根性の種では，一部を除き植物体春化型となる．

春化は数週間という長い期間継続する過程である．この過程の途中で低温の効果が安定しないうちに20～40℃の高温に遭遇すると花成能力は失われる．この反応を脱春化 devernalization と称する．低温期間中に高温に遭遇して低温の効果が打ち消される現象も一種の脱春化であるが，特にこの反応は抗春化 antivernalization とよばれる．低温から中温域（15℃付近）にかけての温度は，春化効果を安定させ，脱春化を起こさないように作用する（図5.27）．

ここでは，植物の春化要求を確認する実験を述べる．

準　備：春化型植物の種子（ダイコン *Raphanus sativus*，ハクサイ *Brassica campestris*，キャベツ *Brassica oleracea* var. *capitata*），シャーレ，ろ紙，冷蔵庫，インキュベーター，グロースチャンバー，鉢など．

春化要求の確認と低温感応時期

種子春化の可否を確認するには，まず種子を次亜塩素酸などで消毒して水洗した後，湿ったろ紙を入れたシャーレ上に播種して発芽が確認できるまで20～25℃に置く．これを2℃前後に設定したインキュベーターに入れ，適宜水を補給しながら数週間置き，取り出して鉢植えする．低温処理終了の前日より催芽した種子を同様に鉢植えし，最低気温15℃以上，長日長条件下の温室内で栽培して開花をみる．

植物体春化の可否は，播種後一定期間栽培してある程度生長した鉢植えの植物を低温処理して確認する．挿し木などによって増やす栄養繁殖性の種では，摘心して側枝の生育を揃えた上で低温処理を開始する．

いずれの場合も，低温の処理時期と期間を変えることで，低温感応時期と低温要求量を知ることができる．低温処理中の植物の生長を最小限に抑え，低温処理しない対照区との生育の差を無視できるようにするため，低温として充分な効果が得られる域内

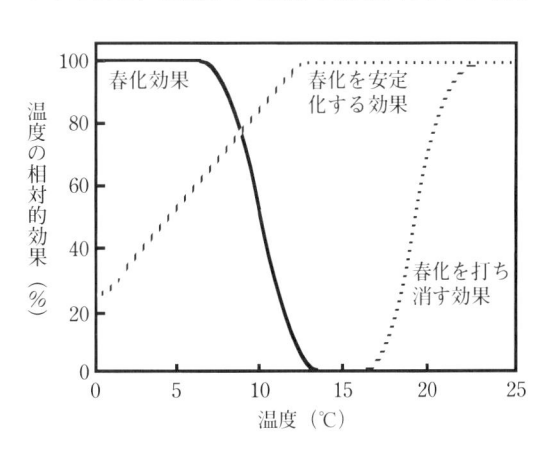

図5.27 春化に対する低温の効果と低温との相互作用をもつ温度の影響（Dennis Jr., 1987）

のできる限り低い温度で処理する.

低温感応部位と低温効果の移動

低温の感応部位は茎頂部とされ,種子春化型の種では低温感応後分化する側軸にもその効果が伝わる.一方,植物体春化型の種では,必ずしもすべての茎軸で花成が誘導されるとは限らない.ハクサイとキャベツを例にこれを確認する方法を述べる.

春化処理した株,あるいは冬の低温を経過した株を生育に好適な条件下に置き,抽だいさせる.発生するつぼみを次々に取り除くと,徐々に下位節からもシュートが発生してくるので,これらにつぼみが着くかどうかを調べる.種子春化型のハクサイでは,やがてはすべての茎頂で花芽が分化し,株は枯死する.一方,植物体春化型のキャベツでは下位節から発生するシュートは栄養生長を続け,これを花芽分化させるには再度春化処理しなければならない.

低温刺激の移動をみるには,シュートを2本伸ばした植物を利用する(図 5.28).シュートの片方に低温を与えた後,もう一方のシュートの開花を調べ,低温刺激の伝達程度を確認する.もう一つの方法は,春化した植物に未春化の植物の枝を接ぎ木する方法である.たとえば,種子春化したダイコンの苗条に,未春化の個体からとった若い穂を子葉節の位置で挿し接ぎする.その後温度15℃以上,長日長の温室で栽培すると,接いだ穂から発達してくるシュートは開花するので花成刺激が伝達されることがわかる.

(土井元章)

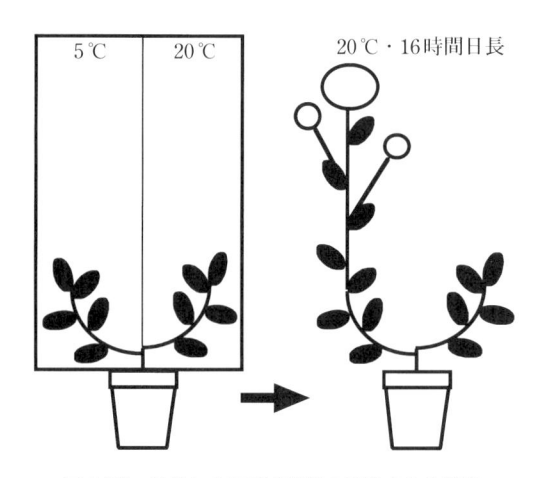

図 5.28 低温による花成刺激の移動をみる実験

有性生殖と単為生殖

有性生殖

被子植物では受粉にともなって重複受精 double fertilization が行われる.花粉が柱頭に付着すると発芽し,花粉管は花柱の中を伸長して胚珠の珠孔から侵入する.花粉管内の二つの生殖核のうちの一つは卵核と融合して受精細胞(2n)となり,分裂して胚を形成し,他の一つは2個の極核と融合して胚乳核(3n)となり,胚乳を形成する.受精卵核は,まず上下に分裂して基部細胞と頂端細胞になる.頂端細胞は縦横に分裂を繰り返し,前胚期,球状胚期,心臓型期,魚蕾型期(トルペド)を経て子葉と幼根を形成して胚が完成する(図 5.29).また,基部細胞は数回分裂して胚柄となる.

一方,胚乳は,ふつう上下2個の極核(各n)と精核(n)の融合により,3倍数(3n)になる.しかし,子葉に養分を貯えるマメ科やウリ科の種子では,胚乳核は分裂しないか,初期に少し分裂した後,退化する.このような受精後の胚の発育の様相を観察し,胚の発育過程の理解を深める.

準 備:光学顕微鏡,スライドグラス,カバーグラス,ピンセット,ハサミ,ガーゼ,アルコールランプ,30 および 50%エタノール,1 N の HCl,酢酸カーミン液,4%鉄ミョウバン液.

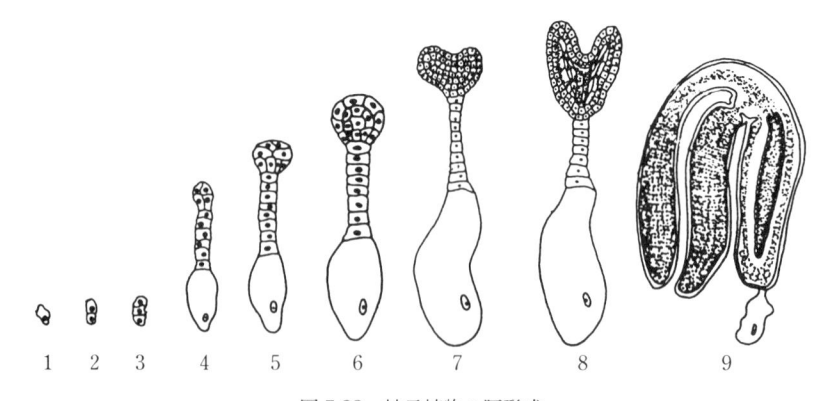

図 5.29 被子植物の胚形成
1:受精卵,2〜4:前胚,5〜6:球状胚,7:心臓型胚,8:魚雷型胚,9:成熟胚

材　料：アブラナ科植物の胚珠を用いる．一つの花序には開花後の日数の異なるさまざまな発育段階の果実を着けているので，これらを利用するとよい．

観察方法：
1) 押しつぶしによる観察：あらかじめ，果実ごと70％エタノールで貯蔵しておいたものを用いる．果実から胚珠を取り出し，エタノール濃度を50％→30％→0％と低下させていき，十分水洗いする．次に室温下で1NのHClに約5分間漬けて組織を軟化する．
2) 再度水洗してから前処理として4％鉄ミョウバンに数十分～数時間浸漬した後，酢酸カーミンで1～2時間染色する．次に，これをスライドガラス上に載せ，カバーガラスをかけて上を柔らかい棒で軽くたたき，胚のうを出させた後に押しつぶし，アルコールランプの火炎上で加熱乾燥させ，カナダバルサムで封じて顕微鏡下で観察する．
3) パラフィン切片による観察：より詳細に観察する場合にはパラフィン切片を作成する．

単為生殖（無配偶生殖）

単為生殖は，厳密には卵細胞から種子が発育する現象であるが，一般には配偶子間の正常な接合によることなく，生殖器官およびそれに付随する組織や細胞が分裂して胚発生して種子を形成する場合にも使われる．カンキツ類では珠心由来の不定胚を形成するが，これには正常な受精をともなう必要があり，結果として複数の胚を形成する．これに対し，ラン科の *Zygopetalum mackayi* では受精の必要がなく，他種の花粉の受粉刺激によっても複数の不定胚の形成を誘導することができる．

準　備：実体顕微鏡または光学顕微鏡，スライドガラス，カバーガラス，ピンセット，スポイド，ろ紙，キシレン，グリセリン．

材　料：カンキツ類あるいは *Zygopetalum mackayi* の成熟果実から得られた種子

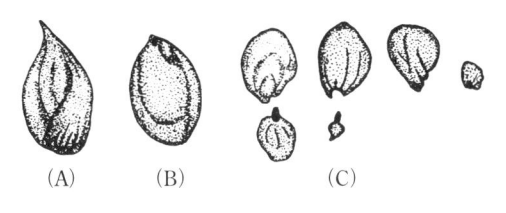

図5.30　ナツダイダイ種子（多胚種子）の解剖図
（松井，1981）
(A) 種子の外形，(B) 種皮を除去したもの，(C) 種子を形成している4つの胚（Bを分解したもの）

観察方法：
1) カンキツ類では種子がかなり大きいので，最初は肉眼で種皮を剥がしながら順次解剖していき，内側の小さいものは実体顕微鏡を利用して観察する（図5.30）．*Zygopetalum mackayi* の種子はかなり小さいので，まず，種子をスライドガラスの上に載せ，上からスポイドを用いてキシレンを滴下し，種皮を透明にしてからすばやくカバーガラスをかけた後，キシレンをグリセリンに置換してから実体顕微鏡下あるいは光学顕微鏡下で観察する．
2) 不定胚の発生起源および発育過程を観察する場合には，有性生殖の胚発生と同様の方法で観察する．

（森　源治郎）

離層形成と器官脱離

植物は，果たすべき役割を終えたり，あるいは損傷や環境条件の変化のため生産性を失った器官を捨て去る機能を備えており，これを脱離 abscission という．繁殖のために成熟した種子や果実を切り離す現象も脱離である．多くの場合，脱離がおこる条件が整うと，器官のある特定の部分に離層 abscisson layer と呼ばれる組織が分化し，この部分で個体と器官が離反する．離層では周辺に比べて小さな細胞が軸と直角方向に層状に並び，また，これらの細胞は脱離前には他に先行して崩壊して脱離しやすい状態となっている．離層形成を誘導する生理的機構についてはまだ不明な部分も多いが，老化をつかさどるホルモンであるエチレンがこれを誘導するとされ，果梗や葉柄部における脱離現象については，それらの器官へのオーキシン供給が減少したときにオーキシンの濃度勾配に部分的な逆転が起こり，これに反応してエチレンが生成されて離層形成が促進されるという説がある．

離層の観察

準　備：カンキツ類やトマトの花蕾～幼果，ベゴニア類の花など，カミソリ

方　法：材料をカミソリで器官の最基部から切除し，試験管やシャーレ内で切断面を蒸留水に浸して室温におく．切除直後および数時間～1日ごとに，サンプルを凍結法あるいはパラフィン包埋法により軸と平行に切断して切片プレパラートを作成し，光学顕微鏡で離層の発達を観察する．供試例の植物では，離層が形成される花（果）梗と枝（茎）の境目を含んだ材料の採取が容易で，プレパラートの作成および

観察を行いやすい．

脱離促進物質の生物検定（ワタ幼植物エクスプラント法）

植物ホルモンであるアブシジン酸（abscisic acid, ABA）の脱離促進作用を確認する方法である．現在，無傷植物の脱離に対してアブシジン酸が直接的に作用することは疑問視されているが，本法はアブシジン酸の生物検定法として有効である．

準　備：ワタの種子，カミソリ，アブシジン酸，寒天末，シャーレ，注射器

方　法：種子をバーミキュライトに播種し，32℃，2,200 lx，15 時間日長条件下で 14 日間生育させる．実生から，子葉を含む 12 mm の上胚軸を切り取り，さらに葉柄を 3 mm 残して子葉を切除し，十字状の切片をつくる．1.5 ％寒天培地を 5 mm の深さに入れたシャーレにこの切片を直立させ，子葉柄および胚軸断面に 0.75 ％の寒天を含む各種濃度ののアブシジン酸（ABA）5 μl を注射器を用いて点滴する．合成アブシジン酸（市販品）は水に難溶なので，ごく少量のメタノールなどに溶解してから水で希釈する．シャーレにふたをし，30 ℃暗黒下で 5 日間培養後，葉柄の脱落率を調査する．

オーキシン移動阻害剤による離層形成の制御

準　備：カンキツの葉をつけた若い果実（受精後 1～3 週間のもの），トリヨード安息香酸（TIBA），ラノリン，パテナイフ．

方　法：幼果を樹に着生させたまま用いる．TIBA とラノリンの準備量は処理点数によって決める．TIBA を少量のメタノールに溶かした後，ラノリンを加えてよく練り合わせる．このペースト全体の重量を測定したのち，10 mM の TIBA を含むようにパテナイフで切り分ける．若い果実の果梗部にある枝と果梗の境目（離層形成部）の枝側あるいは果実側にこのペーストを塗布する．離層形成部へのオーキシン供給が抑制されると，速やかに離層の発達がみられる．処理 1～2 週間後に落果率を調査する．

（尾形凡生）

個体と器官の老化

個体の一生 life history において老化 senescence は死の前段階であるが，それは次代に繁栄の役割を託すための能動的生理現象であるともいえる．たとえば，秋を迎えた一年生植物の同化器官の老化と死は，厳しい冬を休眠器官の形態で乗り越えるための生存戦略である．器官レベルにおいても，特定の役割を終えた器官，および何かの事情で役割を果たすことができなくなった器官はすみやかに老化，脱離する．若い葉が上位に展開して光合成生産能率が低下した下位葉は老化を始めるが，もし，この時に上位の茎を切除すると，下位葉の老化は停止し再び活発な生産活動を開始するので，器官間の相対的な生理活性が老化を誘導していることがわかる．

サイトカイニンは老化を抑制するホルモンとされている．顕著な作用はクロロフィルの保持による葉の退色の阻止で，この効果は RNA やタンパク質の分解抑制，あるいは合成促進作用によるものと考えられている．オーキシンやジベレリンも老化に抑制的に作用する例が示されている．アブシジン酸は葉片のクロロフィル分解を促進する．エチレンは器官脱離や花の老化を促進する作用をもつことが知られている．0.5 ppm のエチレンはカーネーションの切り花の萎凋を著しく促進し，この老化促進効果はエチレン作用阻害剤である銀イオンによって阻害される．また，エチレンは成熟ホルモンとして果実の老化現象である成熟，追熟を誘導する．

実　験：サイトカイニンによる葉の老化抑制効果

葉を植物体から切除すると葉切片は急速に老化する．サイトカイニンの 1 種であるベンジルアデニンを葉片に処理すると老化が抑制される．サイトカイニンは無傷の葉の老化も抑制するので，葉面塗布処理してその効果を確認できる．

方　法：オオムギ，コムギ，マカラスムギなどの種子をバーミキュライトに播種して発芽させ，25 ℃，連続証明下で生育させ，第 1 葉の出葉後約 1 週間目に，葉齢と葉幅の揃った苗を選び，第 1 葉の先端から数 cm の位置で切断して一定幅の葉片を得る．シャーレにろ紙を 2 枚敷き，10^{-8}～10^{-4} M のベンジルアデニン 5 ml および対照区として蒸留水 5 ml を試験液としてろ紙に含ませる．葉の表面（向軸側）を上にして，葉片 10 枚をろ紙上に並べてシャーレにふたをし，25 ℃，暗黒および照明下で 2～4 日培養する．クロロフィルの定量方法は，本書の 5.1 を参照されたい．対照区の葉片は速やかに黄化し，暗黒下に置くと黄化はさらに助長されるのに対して，サイトカイニンを処理すると葉の退色は阻害される．

材料には手近な植物を選べばよいが，齢の違いが老化に大きく影響するので，生育の揃った材料を育成し，リーフボーラーで葉の同じ位置の葉切片を打ち抜く（面積も揃う）などする．ここで例にあげたイネ科植物では葉の先端から基部に向かって齢の勾配がみられるので，採取する位置によって齢の異なる葉切片を得ることもできる．双子葉植物では茎の上

位の葉ほど若いので葉位による齢の比較ができる．この場合は1枚の葉全体をサンプルとして培養してもよい．

無傷の葉を用いる場合は，ダイズ，インゲン，キュウリなどの生育の揃った幼苗20～30個体を準備し，25℃に設定した温室あるいは人工気象室内で生育させる．第1葉の展開2週間後に，準備した苗の半数に対して，50 ppmベンジルアデニン水溶液（展着剤として0.1 % Tween 20含有）を面相筆を用いて第1葉全面に塗布する．残りの半数の苗には対照区として展着剤を加えた蒸留水を塗布する．第1葉の展開1週間後から葉の黄化が顕著になるまで毎週，第1葉の中央部から主脈をさけて直径8 mm程度の葉片をリーフボーラーで打ち抜き試料とする．この試料は分析時まで冷凍庫内で保存する．クロロフィル含量の分析は5.1項の方法に従う．タンパク質含量は，クロロフィル抽出後の残渣をエタノール：エーテル（2：1，v/v）で脱脂後，沈殿を3 mlの1～2 N水酸化ナトリウムで3回抽出し，1 %硫酸銅数滴を加えた後，10 mlに定容する．液は紫色を呈する（ビウレット反応）ので，分光光度計で540～560 nmの吸光度を測定し，牛血清アルブミン標準液との比較によって定量する．

〔尾形凡生〕

第6章 育種の技術

6.1 交配操作と稔性調査

自殖性作物の交配

目的により交配の組み合わせや方向を決定する．交配する系統の開花期が大きく異なる場合には，まず出穂の調節を行い，開花日を合わせる．自殖性作物では，母親系統（交配母本）の自殖を防ぐために開花前にあらかじめ葯を除去し（除雄），雌蕊が成熟する時期に，父親系統（花粉親）の花粉をかける．新鮮な花粉を成熟した雌蕊の柱頭にかけるかどうかによって交配の成否は決まる．母本の柱頭の成熟度と花粉親の開花習性をよく理解して作業する．ここではコムギとイネの交配操作について概説する．

コムギの交配

準　備：ピンセット（先の細いもの），ハサミ（眼科用），小型（5 cm × 15 cm）のパラフィン紙の袋，虫ピン，交配用ラベル，鉛筆，ノート，70%エタノール．

出穂期の調節：晩生の交配系統を早生の系統より約2週間から1カ月ほど早く播種する．次に，幼苗期に春化処理（4℃で約1カ月）した後，温室内で長日処理（約16時間日長）する．早く出穂した株では穂を切り取り，高めの温度条件を維持して化成肥料を与え，遅れて生じる分げつ枝の若い穂を使用する．

除　雄：母本とする系統の中から出穂開花し始めている株を選び，その中から開花前1日か2日の多数小花をつけた穂を選ぶ．コムギの穂は中央部から上下に向かって成熟していくので，穂の先端から3分の1ほど下の位置にある未開花の小穂を10個ほど用いる（図6.1）．次に，一つの小穂について第一小花と第二小花だけを残し，第三小花以上は切除する．第一小花と第二小花の穎の先端をわずかにハサミで切り取り，3本の葯（雄蕊）が見えるようにする．次に，雌蕊を痛めないように注意して，ピンセットですべての葯を抜き取る．1穂当たり約20個の小花を除雄した後，取り残した葯のないことを確認する．次に，花粉が入らないように，交配袋を穂にかけて袋の基部にピンを刺してとめる．交配ラベルに除雄日を記入し，穂首にかける．

交　配：除雄後2日目から3日目の午前中に，花粉親とする株から開花直前の小花を捜し，未開裂の葯を取り出す．コムギの開花時刻は，種や品種によっても異なるが，午前10時から午後2時ごろまでである．また，雌蕊の受精可能な期間は除雄後5日か

図6.1　コムギの穂の形態　1：穂，2：小穂と花器の構造　　A：芒，G：護穎，L：外穎，P：内穎，R：花軸

ら6日ほどである．除雄した小花の切り口が乾燥していたら，ハサミの先端で乾燥した部分を切り取る．未開裂の葯を手のひらにのせて暖めるか，70％エタノールで洗浄したピンセットで刺激を与えて，葯の開裂を促す．開裂しはじめた葯をピンセットでつまみ，除雄した小花の切り口の上でたたき，花粉を雌蕊の上に落とす．この時，柱頭に触れないように注意する．受粉が終わったら，再び交配袋をかけて，袋を虫ピンで止める．交配ラベルに交配日と交配組み合わせを記入する．交配が成功したら，1週間後には雌蕊の羽状の柱頭は萎縮し子房が肥大する．交配後，約1カ月で成熟した雑種種子が得られる．雑種種子は，収穫後1週間ほど風乾した後，デシケータに入れて低温（約4℃）で保存する．

イネの交配

準　備：ピンセット，ハサミ，小型（6 cm × 23 cm）のパラフィン紙の袋，虫ピン，交配用ラベル，鉛筆，ノート，70％エタノール，恒温水槽．

開花習性：イネの出穂の時期は系統や品種および栽培条件によって異なる．止葉の葉鞘から穂が出た後に穂の先端の小花から開花が始まる．その後約1週間ほどの間に1穂のすべての小花が開花する．穂では開花は穂の先端の一次枝梗から基部の一次枝梗へと進み，一つの枝梗では先端の小花が最初に開花し，以降は基部から上部の小花の順に開花する．

母本の準備：交配母本をあらかじめポット栽培しておくか，水田で栽培している場合は交配操作の前にポットに移植しておく．花粉の飛散を防ぐために，前もって交配母本をガラス室に入れておく．

除　雄：除雄するには，開花後1日目か2日目の穂や止葉の葉鞘から2/3程度抽出した状態の穂を選ぶ．イネでは，主に二つの除雄法がある．

剪頴法：交配前日の午後に，小花を透かしてみて，葯の先端が小花の1/2以上に達しているものを除雄する．他の小花は切り捨てる．小花の先端をハサミで切除し，柱頭を傷つけないように注意し，ピンセットで6本の葯を抜き取る．除雄した穂に交配袋をかけて虫ピンで止める．

温湯除雄法：交配直前に，開花最盛期の穂を43℃の温湯に7分間浸漬して，花粉のみを不稔化させる．処理した穂に交配袋をかけておく．交配時に開花する小花のみを用いて受粉する．その他の小花を切除する．

受　粉：イネの花粉は寿命が短いので，花粉親の開花中の小花から出ている若い葯を花糸ごとピンセットでつまみ，除雄後1日目の母本の小花の先端に軽くたたきつけるようにして受粉させる．この時，花粉がよく飛散していることを確かめる．交配袋をかけ，虫ピンで止めて，交配組み合わせと交配日を記入したラベルを付ける．短時間に複数の組合せについて交配操作する場合は，操作ごとにピンセットと指を70％エタノールで洗浄する．

採　種：受粉後3日目か4日目で子房が肥大し，およそ4週間で成熟した雑種種子が得られる．

他殖性作物の交配

他殖性作物の交配法は，自殖性作物のイネや

遺伝実験に適した五倍性雑種コムギ

コムギ属には基本染色体数を7とする倍数性が見られ，六倍体と四倍体を交配すると五倍性雑種が得られる．この交配の組み合わせでは，しわ状の雑種種子が得られるので交配の成否が容易に判断できる．また，五倍体の染色体対合を観察すると，奇数倍数体における種子や花粉稔性の低下の遺伝的な原因を考察できる．スペルトコムギ（*Triticum spelta*）を母親に用い，ポーランドコムギ（*T. polonicum*）を花粉親に用いると，初心者でも容易に交配できる（図6.2）．

普通系コムギ（*T. aestivum*）の系統 Atlas 66 と二粒系マカロニコムギ（*T. durum*）の系統 LD 222 の交配組み合わせもよい．Atlas 66 はネクローシス遺伝子 Ne_2 をホモにもち，LD 222 は Ne_1 をホモにもつ．Ne_1 と Ne_2 は共存すると若い実生で生育不全（ネクローシス）を発現する．この交配では，F_1 雑種は5倍体になるだけではなく遺伝子型が Ne_1Ne_2 となり播種後約1カ月の第三葉展開期に補足遺伝子系ネクローシスで枯死する．この交配組み合わせでは，交配の成否がしわ種子だけでなく幼苗期に再確認でき，補足遺伝子の働きも知ることができる．

P_1　スペルトコムギ♀　×　ポーランドコムギ♂　P_2
　　　（6x, 2n=42）　　　　（4x, 2n=28）
　　　　AABBDD　　↓　　　AABB

F_1　　　　5倍性雑種
　　　　（5x, 2n=35, AABBD）

図6.2　コムギの五倍性雑種の育成とゲノム構成

コムギの交配法と大きく異なる．ここでは自家不和合性をもつアブラナ属植物を例として他殖性作物の交配法を具体的に説明する．

アブラナ属植物の交配

準　備：ピンセット，中型（9 cm×23 cm）のパラフィン紙の袋，虫ピン，70％エタノール，ラベル，鉛筆，ホッチキス．

自殖法：一つの花序について，開花した花や果実をすべて切り取り，10 から 20 個の花を残す．次に，下の蕾から順に蕾の先端をピンセットで取り去り，柱頭を露出させる．花粉親から得た花または雄蕊の花粉を柱頭になすりつけて受粉させる（蕾受粉）．受粉後ラベルを付け，花序に中型パラフィン紙の袋をかける．アブラナ属植物の花粉は寿命が長いので，ピンセットや指を 70％エタノールで消毒する．数日後雌蕊の受精能力がなくなったら，袋をはずし，果実の生長を良くする．

注　意：蕾受粉の成功率は，開花前 2 日から 4 日の蕾で高い．アブラナ属植物は虫媒花が多いので，自家和合でも袋かけのみでは自殖種子は得にくい．少量の自殖種子を得る場合は，蕾受粉を行う．大量に採種する場合は網室の中で，ハチやアブを放って受粉させる．

交配法：花粉親の開花した花を除去し，花序に交配の数日前からパラフィン袋をかぶせて，他の株の花粉の混入を防ぐ．母本とする株の中で，交配に使う花序を選び，開花した花や若すぎる花を除去する．残した蕾について，萼や花弁をピンセットで切り開いて，6 本の雄蕊をすべて抜き取る（除雄）．除雄後 1 日目か 2 日目に，開花した花だけでなくすべての蕾に，花粉親の雄蕊を柱頭にこすりつけて受粉する．除雄しなかった花は切り取り，花序の先端を切除する．受粉後も花序が伸びるので，定期的に袋を上にあげて枝がつかえないようにする．交配後 10 日ほどしたら袋をはずし，莢の成熟を待って収穫する．

稔性調査

花粉や種子の稔性調査は，雑種の両親種の類縁関係を評価したり，交雑育種の選抜にあたって必要である．ここでは倍数性の異なるコムギの種間雑種から得られた五倍性雑種の不稔性を例にして，稔性調査の方法を概説する．

花粉稔性の調査

花粉の生死を判断するには，健全な雌蕊に花粉を交配して種子の結実能力，花粉の発芽能力および花

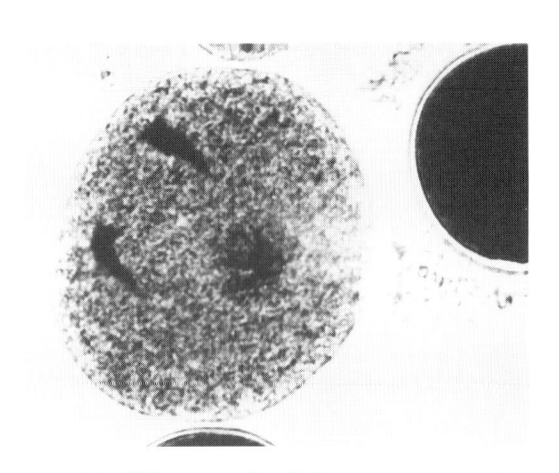

図 6.3　酢酸カーミン液で染色したスペルトコムギの正常花粉粒．二つの生殖核（楔形）と一つの栄養核（円形）をもっている．

粉管の伸長を調べる．また，花粉を人工発芽培地にまいて発芽力の有無を調べる．簡易的には，花粉の染色と形態観察によって間接的に判定する．コムギなどイネ科作物の正常花粉は，二つの生殖核と一つの栄養核をもち，酢酸カーミン液などの染色液でよく染まる（図 6.3）．異常花粉は，形態的に小型でいびつで，核や内容物を欠くことが多いので染まらない．

花粉の染色法

酢酸カーミン法：1％酢酸カーミン液を用い，あらかじめ 70％アルコールで固定した葯をスライドグラスの上で染色し，その中に含まれる正常花粉（可染）と異常花粉の割合を求める．異常花粉はカバーグラスの縁に集まりやすいので，プレパラート全体を良く観察する．

コットンブルー法：0.8％コットンブルーで花粉を染色する．酢酸カーミン法と同じ方法を使う．

ヨード・ヨードカリ法：1％ヨード・ヨードカリによって花粉を染色し，デンプンの有無を調べる．正常花粉にはデンプン粒がみられるが，異常花粉にはみられない．

DAPI 法：DAPI 染色は，酢酸カーミン法等よりも明瞭に花粉の生殖核と栄養核を染めることができる．DAPI 溶液（25 μg/ml）を用いて，固定した葯をスライドグラスの上で 5 分間染色する．その後，落射型蛍光顕微鏡を用いて UV 励起の光を当てると，生殖核と栄養核が青紫の蛍光を発するので，その数や形を観察する．

花粉稔性の算出：花粉稔性は，開花直前の成熟した花粉の染色や形態的調査によって求め，観察した

花粉と正常に染色された花粉（可染花粉）の割合で示す．
花粉稔性（％）＝正常（可染）花粉数／観察花粉数
$\times 100$

種子稔性の調査

高等植物の種子では，重複受精によって胚と胚乳が作られる．両者が共に健全な時，種子が正常に発達する．種間雑種の種子は，無胚や無胚乳になることがある．また，雌雄両配偶子が機能的に健全であっても，受精時の環境要因によっては，健全な種子ができないこともある．種子稔性は花粉稔性よりも多くの要因が複雑に関わっているので，同じ株内でもその変動幅が大きい．

種子稔性の算出

イネ科の種子稔性（％）＝稔実小花数／調査小花数
$\times 100$
アブラナ属の種子稔性（％）＝稔実種子数／胚珠数
$\times 100$
着莢率（％）＝稔実莢数／調査莢数$\times 100$
イネ科の交配成功率（％）＝雑種種子数または発芽した雑種種子数／交配小花数$\times 100$

〔森川利信〕

6.2 遺伝資源の収集・評価・保存法

植物遺伝資源

何億何千年という長い進化と適応の歴史の中で生物に蓄積された遺伝変異が生殖質 germplasm であり，それを総して遺伝資源 genetic resources という．栽培植物の遺伝資源には，①野生種，②近縁野生種，③在来品種（雑草化生態型系統を含む），④栽培品種，⑤新品種，⑥遺伝素材（中間母本，突然変異系統など）が含まれ，それらは資源植物，育種素材，DNA供給源等として人類の生存と生活に不可欠である．しかし，近年，①と②では開発に伴う自然破壊によりその消失が，また③と④では生産性追求等にともなう遺伝的侵略や画一化が急速に進行し，緊急な収集と保存が主張されている．ここでは，人類の貴重な財産である遺伝資源の効果的な収集・評価・保存法を述べる．

収　集

目　的：遺伝資源は下記の四つの研究目的に必要かつ重要な素材を得るために収集されるが，遺伝資源一つ一つの役割は互いに不可分ではなく，収集実施主体（国際機関，国家組織，研究者）の目的（下記）により収集対象植物や対象地域の優先度はおのずと異なる（松尾，1989）．

A. 植物種の遺伝的相互関係と種分化
B. 栽培植物の起源と伝播
C. 新品種育種と品種導入
D. 民族植物学的研究（人類文化史研究）

手順・方法

1) 収集目的（上記A～D）に応じて，植物の対象範囲と調査地域を選定する．
2) 収集品個票を準備する．
3) 収集材料現地記録票を準備する．
4) 対象植物の繁殖様式により，収集サンプリング方法を選択する（表6.1）．
5) 繁殖様式の差異による収集品の収集地での調整と保存法の選択（表6.1）．
6) 導入と植物検疫．

実　験：大学構内に自生するネズミムギ *Lolium* 属植物を対象とする．5月下旬～6月中旬に自生3集団を見つけ，現地記録票に調査．上記手順4)について方法を選択し，成熟穂ないし種子を収集する．

特性評価法

収集品個票（いわゆるパスポートデータ）には，収集時における遺伝資源の植物種名，収集地名，生態的条件等とともに，可能な限りの形態的特性を調査して記録する．種の同定や品種分類に必要な特性（主要な形態的特性）が一次特性であり，収集後に改めて人為的管理の下で栽培・調査し，その特性値を遺伝資源情報としてデータベース化する．

表6.1 繁殖様式のちがいによる遺伝資源の収集サンプリング法と現地での調整と保存法の事例

繁殖様式	サンプリング法	調整・保存法
種子繁殖	できるだけ多くの地点と集団を対象とする	
イネ科	1集団10個体，1穂/1個体	脱穀，乾燥後，紙袋に収納
マメ科	同上，3-5莢/1個体	脱莢，乾燥後，紙袋に収納
栄養繁殖	植物防疫法を参照し，点数を調整	
草本	特徴ある個体を選抜し，株を抜取	根を洗浄し除土，保湿して保存
いも類	有用個体を選定し，塊根（茎）を堀取	塊根等を洗浄し除土，乾燥して保存
木本	有用個体を選定し，穂木を採種	穂木を保湿して保存

また，遺伝資源を育種素材等として利用する上で重要な特性を，二次および三次特性として必要に応じて調査する（図6.4）.

一次特性調査の手順・方法は，一般には下記のようである．
1) 収集品を同一栽培条件下で育てる．（5～10個体／品種，個体植え）
2) 特性調査マニュアル（農林水産省版，IBPGR版等）に従って調査．
3) 特性値をデータベース化し，保存する．

実　験：イネ品種を上記1)の要領で栽培する．成熟時に図6.4に示す一次特性を，2)のマニュアルにしたがい調査する．

保存法（系統維持）

保存方法は，保存の目的，場所および期間，植物の種類とその形態，遺伝的な水準等により異なり，表6.2がその概要である．以下に，保存の点数や取扱い機会の多い種子と栄養体について注意点を列記する．

種　子：スタンダード種子の場合は，種子を相対湿度10～15%に乾燥した後に容器に密封し，その容器を低温（－1～－10℃）で保存すれば，相当に長期間，種子の活力を維持できる．系統の維持や増殖のための採種時には，花粉の混入，調整時における種子の混合，世代更新に伴う遺伝的汚染と変化が生じるので，注意を要す．

種子繁殖・自殖性：1) 系統当たり5～10個体を個体植えする．2) 系統を代表する個体を選ぶ．3) 開花直前に選抜個体の穂に袋掛け（2～3穂／袋）をする．4) 均一で稔実率の高い穂を選び，系統別に採種する．

種子繁殖・他殖性：1) 花粉の混入や世代更新に伴う遺伝的変化が起こり易いので，隔離圃場，隔離温室，隔離網室等の物理的隔離を行う．2) それぞれの隔離区分内に10～30個体を等間隔に配置し，育てる．3) 風媒花では必要に応じて送風し，また虫媒花では送粉昆虫（ミツバチなど）を放して，ランダムかつ均一な受粉を促す．4) 各個体から均等になるように穂や莢などをサンプリングし，系統として集団

1次特性の調査	2次特性の調査	3次特性の調査
種属間差異や種内変異の識別など，分類・同定上必要な形態的特性を対象として調査する．	育種素材や植物病害の研究用素材などの選定に必要な各種障害抵抗性や生態的特性を対象として調査する．	品種改良の交配母本や導入品種の選定に必要な収量性や品質・成分特性を対象として調査する．
（イネ）稈長，穂長，穂数，ふ先色，出穂期，穎色，芒の有無と多少，芒長，籾長，籾幅，玄米長，玄米幅，もち・粳の別を必須13形質とする．その他に，草型，穂型などの選択18形質がある．	（イネ）いもち病抵抗性推定遺伝子型，葉いもち圃場抵抗性，耐干性，耐塩性，障害型耐冷性，穂発芽性など20形質．	（イネ）収量，玄米千粒重，脱粒性，玄米品質，玄米光沢，腹白の多少，胴割れの多少，食味，心白の多少，心白の大小，アミロース含量，タンパク含量，地上部全重の13形質．

図6.4　遺伝資源の特性調査の内容（上段）とイネにおける事例（下段）

表6.2　植物遺伝資源の主要保存方法と該当植物

保存レベル	保存方法	該当する植物
個体群	自然生態系内での保存	林木，野生草本植物
栄養体	圃場などへの定植やポット栽培	イモ類，他植性永年生草本，果樹等の木本植物
種子	1) スタンダード種子：乾燥後に低温で保存 2) リカルシトラント種子：有機溶媒中保存等	イネ，ムギ類，マメ類，野菜類等 果樹，チャ等
組織・器官	1) 穂木・根の低温保存 2) 花粉の真空乾燥等 3) 組織培養体の保存	果樹，クワ，チャ，林木 果樹，クワ，チャ，林木 イモ類，イチゴ，果樹類等
細胞 DNA	培養細胞の凍結，低温保存や継代培養 DNA断片の凍結保存等	特異形質をもつ培養細胞系 特定遺伝子をもつDNA断片

採種する.

栄養体：病虫害による汚染や永年生植物では老化が問題となるので，可能な限り保存個体を増やす．また，ポット保存と圃場栽培の組み合わせなどによる二重保存に心がける．

6.3 交配計画と遺伝率

交配（交雑 crossing）は，遺伝変異の作出や拡大のための最も基本的方法である．ここでは，品種間交配における技術，遺伝分析のための交配法，および育種・採種のための交配の種類と特徴を述べる．

交配の種類と特徴

交配には変異拡大のための交配，遺伝子集積のための交配，雑種強勢利用のための交配がある（表6.3）．また次項で述べるような2種類の交配の組合せた遺伝分析のための交配計画もある．

遺伝分析のための交配法

育種対象形質が主動遺伝子 major gene により支配される質的形質か，または微動遺伝子 polygenes の関与する量的形質であるかを知ることは重要である．

また，量的形質の遺伝率 heritability や遺伝子効果 genetic effect を知ることは育種計画上の重要なプロセスである．ここでは，狭義の遺伝率を推定する典型的な交配法を述べる．

自殖性植物の遺伝分析

方法・手順：

1）自殖性植物の親品種 P_1 と P_2 を栽培し，交配により F_1（$P_1 \times P_2$）種子を採種する．F_1 を栽培し，袋掛け自殖により F_2 種子を採種する．必要に応じて F_3（選抜 F_2 の自殖）や戻し交配（$P_1 \times F_1$，$P_2 \times F_1$）を作成する．

2）P_1，P_2，F_1，F_2 等を同年次に同一圃場で栽培し，特性調査を行う．

3）形質の分離結果を，4.2項の遺伝子分析法で分析し，主動遺伝子支配であるかどうかを判定する．

4）微動遺伝子関与と判断される場合，4.3項により遺伝分散を推定し，それを利用して遺伝率を推定する．なお，表6.4の分散から，狭義の遺伝率＝ $aD/(aD+bH+E)$，を計算することもできる．

ダイアレル交配（自殖性および他殖性植物の遺伝解析）

方法・手順：

1）n種類の異なる遺伝子型をもつ品種を親（P_1～P_n）とした総当たり交配を，ダイアレル交配 diallel cross という．他殖性植物や自家不和合性植物では，同一親同士の交配（すなわち自殖）を含まない修正ダイアレル交配 modified diallel cross，相反交配を含まない片側ダイアレル交配 half diallel cross がある．

2）タバコ属植物 *N.rustica* の 9×9 の総当たり交配の F_1 を作成する．この F_1 の開花日を調査した結果から，下記のように遺伝率を計算する．

狭義の遺伝率 narrow heritability =

$$\frac{\frac{1}{2}D_R}{\frac{1}{2}D_R+\frac{1}{4}H_R+E} = \frac{\frac{1}{2}D+\frac{1}{2}H_1-\frac{1}{2}H_2-\frac{1}{2}F}{\frac{1}{2}D+\frac{1}{2}H_1-\frac{1}{4}H_2-\frac{1}{2}F+E};$$

広義の遺伝率 broad heritability =

$$\frac{\frac{1}{2}D_R+\frac{1}{4}H_R}{\frac{1}{2}D_R+\frac{1}{4}H_R+E} = \frac{\frac{1}{2}D+\frac{1}{2}H_1-\frac{1}{4}H_2-\frac{1}{2}F}{\frac{1}{2}D+\frac{1}{2}H_1-\frac{1}{4}H_2-\frac{1}{2}F+E}$$

表6.3 交配の目標，種類および内容と特徴

目標	種類	内容と特徴
変異の拡大	単交配	一対の品種同士で交配する．品種間交配や種属間交配がある．
遺伝子集積	戻し交配	単交配の片親を反復親として交配を繰り返し行う．反復親の特性を保持しつつ，一回親の有用遺伝子を導入できる．主に自殖性植物で活用する．
	検定交配	1母本と数父本間で単交配を行う．この交配群を数セット用意する．共通母本の能力を尺度として，父本の組合せ能力や遺伝分散を推定する．自殖および他殖性植物で活用する．
	多交配	集団内で任意交配させる．他殖性植物の母系選抜や循環選抜に活用する．
雑種強勢利用	単交配	(A x B)．雑種強勢の著しい一代雑種種子の採種に利用する．
	3系交配	(A x B) x C．雑種種子の採種に利用するが，強勢度はやや落ちる．
	複交配	(A x B) x (C x D)．同上．採種効率を高めるために利用する．
	多交配	選抜個体間で任意交配させる．合成品種の採種に利用する．

表6.4　$F_2 F_3$ および戻し交配の変異成分（藤巻ら，1996）

F_2 分散	V_{F_2}	$\frac{1}{2}D + \frac{1}{4}H + E_w$
F_3 家族の平均の分散	$V_{\bar{F}_3}$	$\frac{1}{2}D + \frac{1}{16}H + E_b + \frac{1}{m}V_{F_3}$
F_3 家族の平均と親の F_2 の共分散	$W_{F_2/\bar{F}_3}$	$\frac{1}{2}D + \frac{1}{8}H$
F_3 家族の分散の平均	$\overline{V}_{F_3}$	$\frac{1}{4}D + \frac{1}{8}H + E_w$
戻し交雑 B_1 と B_2 の分散の和	$V_{B_1} + V_{B_2}$	$\frac{1}{2}D + \frac{1}{2}H + 2E_w$

E_w，E_b はそれぞれ個体および係数平均値に対する環境分散，m は家族当たり個体数

なお，①ダイアレル分析法の条件が満たされている場合には（藤巻ら，1991），②ダイアレル統計量および遺伝分散・共分散がパソコン用プログラムDIALL（鵜飼，1989）により計算される．また，③遺伝分散成分からは，遺伝率，平均優性度，親の優性順位，遺伝子座数などの情報が得られる．

遺伝率：ある特定集団のもつ遺伝的変異の量を表し，遺伝率（広義）＝遺伝分散 V_G／表現型分散 V_P（＝遺伝分散＋環境分散）と定義される．V_G は広い意味の遺伝分散で，相加的遺伝分散 V_A，優性分散 V_D，エピスタシス分散 V_I を含み，また育種では固定可能な相加的遺伝分散が重要なことから，V_A/V_P を狭義の遺伝率としている．

（樽本　勲）

6.4　DNAマーカーと遺伝子マッピング

DNAマーカーの検出と単一遺伝子のマッピング

近年，分子生物学的手法の発展にともない，染色体DNAの塩基配列の違い（多型）を容易に検出できるようになった．これらの多型は従来から連鎖分析に利用されてきた形態的な標識遺伝子と同様に遺伝的なマーカーとして利用できる（DNAマーカー）．DNAマーカーには，制限酵素断片長多型（RFLP）や任意増幅DNA断片多型（RAPD），単純反復配列（SSR）や増幅断片長多型（AFLP）などがある．それぞれのDNAマーカーの遺伝マーカーとしての長所と短所を表6.5にまとめた．これらのDNAマーカーは，形質に関与する単一主働遺伝子の精密な連鎖地図の作成ならびに草丈や開花期などの複数の遺伝子によって決定される複雑な遺伝に従う量的形質の遺伝解析において利用されている．サザンハイブリダイゼーション法によるRFLP解析では，プローブにしたDNA断片が由来するゲノム領域の塩基配列が系統間で異なり，特に制限酵素の認識部位に違いがある場合に多型が検出されることになる（図6.5）．

単一主働遺伝子をDNAマーカーを用いてマッピングする方法は，基本的には従来の標識遺伝子を用いる場合と同じである．染色体上の互いに近接している領域は一緒に子孫に伝わりやすい（遺伝子の連鎖）．この連鎖の程度（遺伝子間の遺伝距離）は減数分裂時に生じる染色体組換えの頻度によって推定できる．連鎖分析には遺伝的に固定した品種や系統間の雑種集団，たとえば F_2 や BC_1 集団などが利用できる．雑種集団における各個体について両親間で多型を示すDNAマーカーを用いて分析し，得られた各マーカーの遺伝子型データを利用して，マーカー間の遺伝距離を算出する．得られた遺伝距離に基づいてマーカーの配列順序を決定して，連鎖地図を作成する．形質に関与する遺伝子についても同じ手順でマッピングができる．以下，F_2 集団を例に連鎖分析についてその手順を説明する．

準　備

1）F_2 集団の作成（品種・系統間の交配と F_1 個体の自殖による F_2 種子の確保）

表6.5　DNAマーカーの長所と短所

DNAマーカー	検出方法	検出に必要なゲノムDNA量	実験操作	一度に検出できるマーカーの数	手間	マッピング
RFLP	サザンハイブリダイゼーション	多量	多	少数	多	共優性
RAPD	PCRと電気泳動	微量	小	少数	少	優性
SSR	PCRと電気泳動	微量	小	1個	少	共優性
AFLP	PCRと電気泳動	微量	多	多数	多	優性

2) マッピングに用いる F_2 個体を栽培し、DNA抽出用の組織（一般には葉）を採取する。また採取後、液体窒素で急速凍結し、−80℃下で保存した葉片の利用も可能である。
3) 形態形質に関する遺伝子が分離している場合は、適当な時期に別途、形質評価に基づいて遺伝子型あるいは表現型を調査する。ヘテロ型が区別できる場合はDNAマーカーと同様に、両親の遺伝子型ホモ個体とヘテロ個体が1:2:1に分離する。ヘテロ型が区別できない場合には3:1の分離が生じる。
4) DNA抽出およびDNAマーカー検出に必要な器具および試薬（3.2項）

手 順

1) 葉のサンプルから全DNAを抽出する（3.2項参照）。
2) 図6.5の手順に従い、雑種集団各個体のRFLPを行う（長村，1995）（3.2項参照）。
3) 各 F_2 個体についてそれぞれのマーカーにおける遺伝子型（どちらかの親型またはヘテロ型）を調査する。遺伝子型は通常A，B，Hや1，2，3のように文字や数字でタイプ別に表す。
4) 各個体を2種のマーカーについて遺伝子型別に分類し（F_2 集団で共優性のRFLPマーカーの場合、9種類の遺伝子型の組み合わせが生じる）、マーカー間の組換え価を計算する。
5) 算出された組換え頻度を遺伝距離に変換し、各マーカー間の遺伝距離を用いて三点検定を行い、マーカーの配列順序を決める。F_2 の場合、通常Kosambi関数（Kosambi，1944）が用いられる。
6) マッピング作業についてはMAPMAKER/EXP ver 3.0（Lander *et al.*, 1987）あるいはMAPL（鵜飼ら，1995）など、いくつかのコンピューターソフトウエアーが利用できる。MAPMAKER/EXPはコンピューターネットワークから無料で入手できる（http://www-genome.wi.mit.edu/）。また現在、種々の植物において多型が検出できるDNA断片が収集されているが、イネではイネゲノム研究プログラム（RGP）で多数のRFLPマーカーが作成され、農林水産省DNAバンク（農業生物資源研究所）より入手できる。

量的形質遺伝子座（QTL）のマッピング

単一主働遺伝子支配の形質に対して、出穂期や稈長に代表される多くの形質は一般に複数の遺伝子の作用によって決定されている場合が多く、総称して量的形質と呼ばれている。量的形質に関与する個々の遺伝子座は量的形質遺伝子座（QTL）と呼ばれ、RFLPマーカーに代表されるDNAマーカーにより量的形質遺伝子座のマッピングが可能となった。

ここではDNAマーカーを利用したQTL解析の手順を紹介する。QTL解析の基本は、雑種集団の各個体をDNAマーカーの遺伝子型グループに分類し、それらの平均値を比較することである。もしかりに

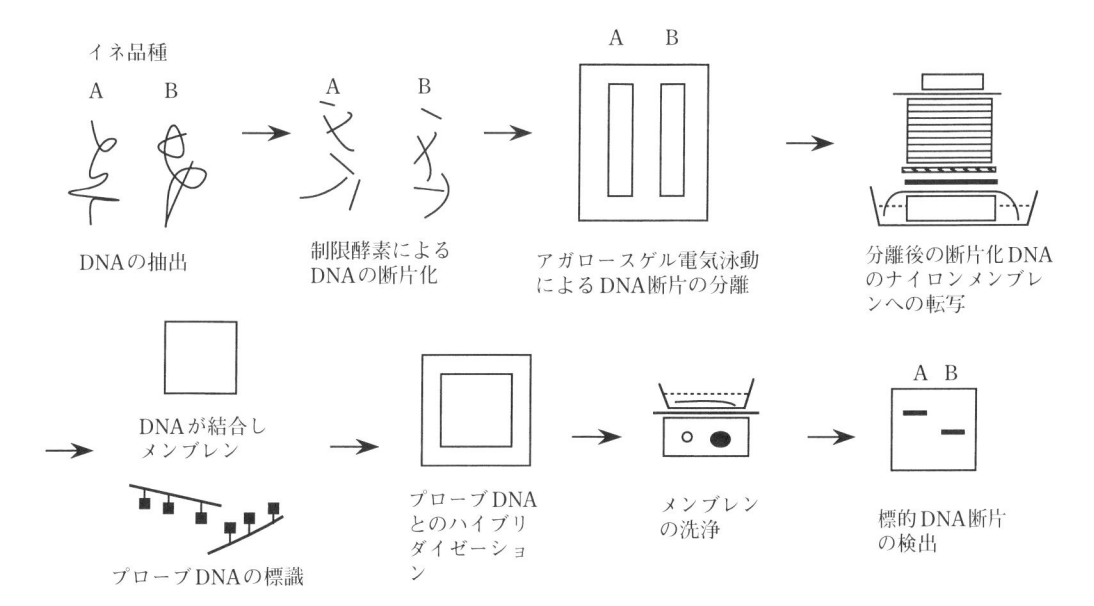

図6.5 RFLP検出のためのゲノミックサザンハイブリゼーション

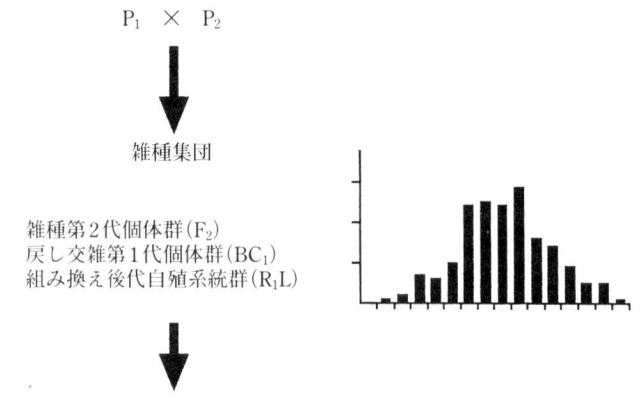

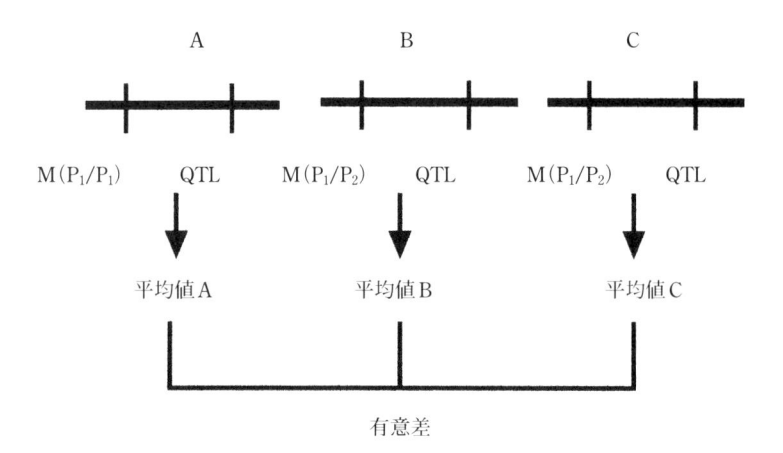

図6.6 量的形質遺伝子座（QTL）に連鎖するDNAマーカー同定の原理

用いたDNAマーカーに解析対象形質に関与する遺伝子の一つが連鎖していれば，遺伝子型グループの平均値に有意差が生じる．連鎖していなければそれらの差はなくなる（図6.6）．解析対象の生物種の染色体全体に分散するDNAマーカーを用いてこの解析を繰り返すと，関与する染色体領域が明らかになってくる．以下，QTL解析の基本的な手順を紹介する．なお，QTL解析に関する詳細はTanksley (1993) を参照のこと．

準　備：単一遺伝子のマッピングと同様．または対象形質を測定する．

手　順：

1) 形質を調査した個体からDNAを抽出し，染色体全体に散在するDNAマーカーの遺伝子型をサザンハイブリダイゼーション法により調査する．
2) DNAマーカーによる連鎖地図を作成する．
3) 調査個体をDNAマーカーの遺伝子型データ（F_2集団の場合は親品種のホモ型およびヘテロ型の3種類）に基づきグループ化し，グループ間の平均値の有意差検定を行う（図6.6）．
4) 平均値に有意差が認められた場合，そのマーカーの近傍にQTLが存在する．グループ間の平均値の有意差検定には一般の統計的手法，たとえばt検定法や分散分析法（SAS Institute, 1988）が利用されるが，QTLの存在を明らかにするだけでなく，QTL上の遺伝子作用も推定する効率的なQTL解析ソフト，MAPMAKER/QTL ver. 1.1 (Lander and Botstein, 1989), qGene (Nelson, 1997) あるいはMAPL（鵜飼ら，1995）などが開発されている．

（矢野昌裕・樽本　勲）

第7章 開発生産の技術

7.1 植物組織培養の基礎

優良な形質をもった農作物を短期間で大量に増殖したり，作物が本来もっていない形質を細胞融合や遺伝子操作などの手法によって導入して新品種を作出したりするためには，その基礎となる細胞培養や組織培養の技術を確立しておかなくてはならない．ウイルスフリー苗を生産するための茎頂培養，優良品種の迅速な大量増殖を行うための不定芽や不定胚の誘導，半数体を作出するための葯培養，細胞融合や遺伝子導入に利用するためのプロトプラスト培養など，培養系にはそれぞれ多くの作業過程がある．

実　験：種々の作物を材料に無菌実生の一部を外植片として培養し，再分化個体の誘導を試みる．

準備と培養手順

培地の調製：Murashige and Skoog (1962)の基本培地（MS培地）の調整方法を下記に示す．基本培地に含まれる無機塩類や有機物（ビタミン類）ならびに炭素源としての糖類の種類や濃度は，培養材料や目的によってさまざまである．これまでの研究例（George et al., 1987；農林水産技術会議事務局編，1991）を参考にして，適切と思われる組み合わせを選択する．なお，よく用いられる培地については，貯蔵液や粉末が市販されている．

貯蔵液の作製：適当な濃度の貯蔵液を作製しておき，適宜混合して使用する（表7.1）．貯蔵液の作製にあたっては，沈殿の生じない塩類の組み合わせや濃度に留意する．

培養液の作製とpHの調整：ビーカーに最終量の70％程度の蒸留水を入れて，各貯蔵液（表7.1）および炭素源としてのショ糖の必要量を添加して，マグネティックスターラーで十分に撹拌する．ショ糖が溶けたことを確認してから蒸留水を加えて定容にする．培地のpHは，1Nまたは0.1NのNaOHあるいはHClを用いて5.8に調整する．

培地の固化：（試験管や管ビンに分注する場合）作製する培地量の1.5～2倍の容量の容器に，寒天粉末やジェランガム粉末のような固化剤を必要量入れ（寒天で0.8～1.2％，ジェランガムで0.2～0.4％），調整した上記の培養液を注ぎ入れる．ネジ口瓶を利用する場合には，ふたを締めた後に1回転ほど戻して緩め，三角フラスコを利用する場合には，アルミホイルでふたをしてから湯せんにかけ，固化剤が透明になるまで加熱する（電子レンジを利用しても良いが沸騰に注意する）．加熱後十分に撹拌してから試験管や管ビンに分注する．分注には，市販の専用分注器または駒込ピペットを利用する．分注量は，管ビンの容量の1/4から1/5程度が適量である．分注後，培養用管ビン専用のふたまたはアルミホイルでしっかりとふたをしてからオートクレーブで滅菌する（121℃，15～20分間）．

無菌実生の作出と外植片の置床

種子の表面殺菌と無菌播種：種子を次亜塩素酸ナトリウム溶液（塩素濃度が5～10％のものが市販されている）に浸漬して表面殺菌する．塩素濃度と浸漬時間は，種子の汚染の程度によって異なるが，有効塩素濃度が1～2％溶液に10～20分間浸漬する条件から試してみるとよい．なお，Tween 20などの界面活性剤を添加（1～2滴/50 ml溶液）したり，浸漬前に70～95％のエタノールにあらかじめ浸漬

表7.1　MS培地の貯蔵液の組成

無機塩類*		200ml当たり
A（50倍液）	KNO$_3$	19.0g
	KH$_2$PO$_4$	1.7g
	NH$_4$NO$_3$	16.5g
	MS-micro**	5.0ml
B（100倍液）	CaCl$_2$・2H$_2$O	8.8g
C（100倍液）	MgSO$_4$・7H$_2$O	7.4g
D（100倍液）	Na$_2$EDTA	742mg
	FeSO$_4$・7H$_2$O	556mg
MS-micro**		
	H$_3$BO$_3$	2480mg
	ZnSO$_4$・7H$_2$O	3440mg
	MnSO$_4$・4H$_2$O	8920mg
	KI	332mg
	Na$_2$MoO$_4$・2H$_2$O	100mg
	CuSO$_4$・5H$_2$O	10mg
	CoCl$_2$・6H$_2$O	10mg
ビタミン類（200倍液）***		
	ミオイノシトール	4000mg
	ニコチン酸	20mg
	チアミン塩酸塩	4mg
	ピリドキシン塩酸塩	20mg
	グリシン	80mg

*貯蔵液A～Dは冷蔵保存する，**貯蔵液は5-10ml程度に小分けして冷凍保存しておき貯蔵液Aを作製するときに5ml添加する，***貯蔵液は1-5ml程度に小分けして冷凍保存する．

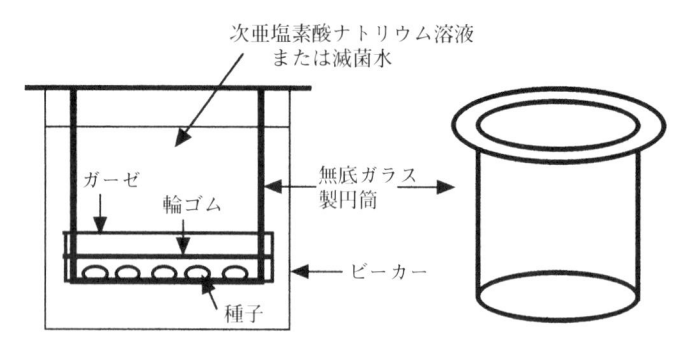

図 7.1 種子表面の殺菌用器具
(種子を入れた円筒を殺菌剤を入れたビーカーに浸して滅菌した後,滅菌水を入れた同容量のビーカーに移して,円筒を上下させながら種子表面に付着した殺菌剤を取り除く)

(10〜60秒)すると滅菌効果が上がる場合がある.浸漬が終了したら,滅菌水(蒸留水またはイオン交換水をオートクレーブ滅菌したもの)で種子をゆすいで種子表面の次亜塩素酸ナトリウム溶液を除去する.この際,ゆすぎ用の器具を用いると作業が容易である(図7.1).使用するガラス器具やピンセット等は,オートクレーブ(121℃,15分間)または乾熱滅菌器(151℃,60分)で滅菌しておくが,金属製の器具類は70%エタノールに浸漬し,クリーンベンチ内で充分に火炎滅菌してもよい.

洗浄した種子を培地に置床する際には,比較的小さい種子はそのまま培地上に置くが,大きいものは少し埋め込むとよい.置床後は,供試植物の発芽に適した温度と光の条件下におく.

外植片の採取と置床:採取する実生の齢および外植片の部位や大きさなどは培養の目的と供試植物によって異なる.各部位の採取には,市販の培養用メスや炭素鋼カミソリ(いずれも専用のホルダーが市販されている),小型のハサミなどを利用する.大量に置床する場合には,採取後の乾燥を防ぐために外植片を滅菌水に浮かべておく.

植物体の再分化

置床した外植片から不定芽 adventitious shoot あるいは不定胚 somatic embryo を誘導するには,植物生長調節物質を単独であるいは,さまざまに組み合わせて添加した培地に外植片を置床する.多くの植物生長調節物質では,一般に高濃度の貯蔵液を調製して冷凍保存しておき,それらを随時溶かして培地に添加する.熱に不安定なものは,オートクレーブをかけずにメンブレンフィルター(ポアサイズ0.22μm)でろ過滅菌してから,必要量を固化前の培地に添加し充分に撹拌してから分注する.植物生長調節物質の他にも,炭素源,窒素源,重金属,抗生物質などの培地への添加物の種類や濃度による制御や光質や光量などの環境要因によっても再分化を制御できる場合がある.個々の供試植物において効率的に再分化を制御するためには,外植片の種類や培養前歴,添加する植物生長調節物質とともにこれらの影響も調べておくとよい.

再分化個体の順化

不定芽は再分化を誘導した培地条件での培養の継続によって発根する場合もあるが,一般には植物生長調節物質を無添加とした培地,あるいは低濃度のオーキシンを添加した培地に不定芽を移植して発根を誘導する.不定胚は,適当な発芽培地に移植して発育させる.試験管内で生長した再分化個体は,バーミキュライトや培養土を充填した鉢に移植するが,その際,根に付着した培地は水道水で洗浄して除去する.試験管外の環境に徐々にならす(順化 acclimatization)ために,移植した植物体を透明のビニール袋で覆ったり,プラスチック製のコップを被せ,それらに徐々に穴をあけていく.ミスト灌水下に置く順化方法もある.試験管内の培地条件(高サイトカイニンなど)や環境条件(過湿,低照度など)によっては,得られた不定芽や幼植物体が水浸状を呈して,発根しにくかったり順化できない場合がある.水浸状の個体から正常な個体を得るのは難しいが,順化前の充分な換気と強光によって新しく生じた芽が正常となる場合があるので,それらを採取して継代培養を繰り返して正常な幼植物を得ることを試みるとよい.

(大門弘幸)

7.2 植物細胞工学

プロトプラストの単離と培養

　植物の細胞壁を酵素処理などによって取り除いた原形質体をプロトプラスト protoplast という．プロトプラストは化学的な処理や電気的な刺激によって類縁関係の遠い種や属間でも融合するので，その単離と培養の技術は細胞融合による雑種の作出に必須である．また，プロトプラストを電気的に刺激すると溶液中に添加しておいた DNA が細胞膜を通過して導入されることから後述する形質転換体の作出にしばしば用いられる（エレクトロポレーション法）．さらに，病原毒素などを淘汰圧としたインビトロ in vitro での細胞選抜にも有効な方法であり，毒素を添加した培地にプロトプラストを置床して形成されたコロニー（マイクロカルス）を選抜することによって効率的に抵抗性をもった細胞集団を獲得できる．しかし，プロトプラストから植物体への再分化系を確立した植物種でなければこれらの方法は応用できない．

　プロトプラストの単離と培養の好適条件は，供試する植物や単離材料の種類（無菌実生から採取する各組織，カルス，懸濁培養細胞など）によって異なるので，細胞融合，エレクトロポレーション，細胞選抜を行おうとする場合には，まず，目的とする植物においてそれらの条件を検討しておく．単離と培養の過程は，1）酵素による細胞壁成分の分解とプロトプラストの精製，2）培地への置床，3）分裂の確認と形成したコロニーの再分化培地への移植などからなる．

　実　験：ラッカセイの無菌実生幼葉から葉肉プロトプラストを単離して培養する．

　準備と培養手順：無菌実生（7.1 項参照），メス，シャーレ，パスツールピペット，ミラクロス，酵素液，増殖培地，再分化培地，遠心分離機，回転振とう培養機，倒立顕微鏡など．

　単　離：2～3 枚の本葉が展開した 10 日齢の無菌実生から本葉を切り出し，葉身を 1 mm 幅程度にメスで切り刻む．ペクチナーゼやセルラーゼを含む酵素液を入れたシャーレに刻んだ葉身を入れ，回転振とう培養機上でゆっくりと回転（2 rpm）させながら 25℃の暗黒条件下に放置する．先端の径をやや大きくしたパスツールピペットを用いて葉身を酵素液と十分なじませながら徐々に組織をくずす．倒立顕微鏡で細胞壁の分解程度を観察しながらプロトプラスト化を確認する．8～12 時間程度の酵素処理後，プロトプラストと細胞の分解残渣を分別するために，シャーレ中の酵素溶液をミラクロス（孔径は単離する細胞の大きさによって変える）を用いて濾過する．濾過した液を遠心管に移し，1000 rpm（$180 \times g$）で 5 分間遠心する．上清を捨ててからマンニトールなどを含む洗浄液を添加してパスツールピペットでゆっくりと懸濁して同条件で再度遠心する．この作業を 2 回繰り返し，酵素液を取り除く．

　培　養：遠心管に集めたプロトプラストに培養密度が 1×10^5 個/ml になるように液体培地（7.1 項参照）を加えて懸濁し，シャーレに分注して培養する．その際，アガロース，寒天，ジェランガムのような培地固化剤を添加して培養する包埋培養法や分裂活性の高いカルスと共存させて培養するナース培養法を用いる場合がある（Dodds and Roberts, 1995）．培養条件は一般に 25℃，暗黒条件とする．

　分裂の確認と再分化培地への移植：培養開始直後からプロトプラストの生存，細胞壁の再生，細胞の分裂の様相などを顕微鏡下で観察する．生存は二酢酸フルオレセイン（fluorescein diacetate：FDA）染色によって，細胞壁の再生は蛍光ブライトナー（fluorscent brightener 28）染色によって蛍光顕微鏡下で観察できる（Larkin, 1976）．培養開始後 3～5 日頃には分裂が確認できるので，分裂細胞の総数を経時的に調査し，置床したプロトプラストの総数当たりの割合を分裂頻度として算出する．なお，培養開始後徐々に液体培地の浸透圧を減ずるように糖濃度を下げた培地に交換する．2～3 週間で 0.5～1.0 mm 程度まで増殖したコロニーを増殖用培地あるいは再分化培地に移植する．

（大門弘幸）

形質転換植物の作出法

　形質転換植物は，分子育種や有用形質を支配する遺伝子の発現機構の解析などには必要不可欠である．さまざまな植物でその作出法が確立されてきたが，ここでは，操作が比較的簡単な *Agrobacterium* による形質転換タバコの作出法について述べる．

　A. tumefaciens は，核外 DNA である Ti プラスミド上の T-DNA 領域を宿主植物の核 DNA に挿入し，T-DNA 上の遺伝子を宿主体内で発現させることにより，感染部位に腫瘍 crown gall を形成させる．*Agrobacterium* による形質転換では，この性質を利用して，本来の T-DNA 領域の代わりに任意の遺伝子を植物の核 DNA に挿入する．多くの場合，T-DNA 領域に薬剤耐性遺伝子と目的の遺伝子を導入し，得られた個体の薬剤耐性の評価により形質転換

植物を選抜する．ここでは，カナマイシン耐性遺伝子である NPT II（Neomycine phospho-transferase II）遺伝子と GUS（β-glucuronidase）遺伝子をもつ形質転換用ベクター pBI 121 を導入した *A. tumefaciens* LBA 4404 株を用いた実験を行う．

材料・準備
・pBI 121 を導入した *Agrobacterium tumefaciens* LBA 4404 株（pBI 121 / LBA 4404）

NPT II 遺伝子と GUS 遺伝子をクローニングした広宿主域プラスミド pBI 121 をもつ大腸菌と，接合能を有するプラスミド pRK 2013 をもつ大腸菌，および T-DNA を欠失し vir 領域を保持している Ti プラスミド（pAL 4404）をもつ *A. tumefaciens* LBA 4404 株の三者を共存培養（トリペアレンタルメイティング法）して，pBI 121 を *A. tumefaciens* LBA 4404 株に導入したもの

・タバコの種子：*Nicotiana tabacum*（cv. Petit Havana など再分化が容易な品種）

・*Agrobacterium* 増殖培地（2×YT 培地＋50 mg/l カナマイシン）

トリプトン	1.6g
酵母エキス	1g
NaCl	0.5g

上記の試薬を蒸留水に溶かし，全量を 100 ml として，200 ml メジューム瓶に移し，高圧滅菌処理（121 ℃，15 分）を行う．培地の温度が下がってから 50 g/l カナマイシンを 100 μl 加え，冷蔵保存する．

・無菌播種培地（MS 培地＋3％ショ糖＋0.25％ジェランガム）

植物培養用の容器（プラントボックスなど）に 50 ml ずつ分注し，冷蔵保存する．

・形質転換用培地
1）A 培地（MS 培地＋3％ショ糖＋1.0 mg/l BA＋0.1 mg/l NAA＋0.25％ジェランガム）

プラスチック製深型滅菌シャーレに約 15 ml ずつ分注する．

2）B 培地（MS 培地＋3％ショ糖＋1.0 mg/l BA＋0.1 mg/l NAA＋0.25％ジェランガム＋200 mg/l クラフォラン＋100 mg/l カナマイシン）

A 培地 500 ml を高圧滅菌処理（121 ℃，15 分）した後，65 ℃のウォーターバスに 15 分間以上浸漬する．培地の液温が 65 ℃まで下がったら，200 g/l クラフォランを 1 ml，50 g/l カナマイシンを 1 ml 加えて撹拌し，プラスチック製深型滅菌シャーレに約 15 ml ずつ分注する．遮光できる密封容器に入れ，冷蔵保存する．

3）C 培地（MS 培地＋3％ショ糖＋0.25％ジェランガム＋200 mg/l クラフォラン＋100 mg/l カナマイシン）

BA, NAA 無添加の A 培地を高圧滅菌処理（121 ℃，15 分）した後，B 培地と同様の方法で，カナマイシンを加えて撹拌し，プラスチック製深型滅菌シャーレには 15 ml ずつ，また，高圧滅菌処理した植物培養用の容器（プラントボックスなど）には 50 ml ずつそれぞれ分注する．遮光できる密封容器に入れ，冷蔵保存する．

Agrobacterium の増殖
1）滅菌チューブに 2 ml の *Agrobacterium* 増殖培地を分注し，あらかじめ画線培養して得た pBI 121 / LBA 4404 のシングルコロニーを白金耳で採取して培養する．
2）振とう培養器にセットし，28 ℃暗条件で約 16 時間培養して *Agrobacterium* を増殖させる．

タバコの形質転換
1）生長したタバコの無菌実生の葉身を 7 mm 角に切り，滅菌シャーレ内の滅菌蒸留水に浸しておく．
2）滅菌蒸留水を除去し，増殖させた *Agrobacterium* 菌液を注ぎ，切り出した葉片を上からピンセットで抑えて 2～3 分間浸す．
3）葉片を滅菌タオル上に取り出し，菌液をふき取る．
4）葉の裏側を上にして A 培地に置床し，25 ℃暗条件下で 2～3 日間共存培養する．
5）葉片を滅菌蒸留水で 3 回ゆすぎ，滅菌タオル上で余分な水分を除去した後，B 培地に移植して除菌，選抜を行う．以後の培養条件は 25 ℃ 16 時間日長とする．
6）シュートが生じたら C 培地（シャーレ）に移す．
7）生長したシュートを C 培地（プラントボックス）に 1 本植えにする．
8）発根し，数枚の葉が展開したら，1 枚だけ葉を採取して，GUS 活性の検定に供試する．
9）遺伝子の導入が確認された個体については，順化を行う．

GUS 活性の細胞組織学的検出法

タバコに導入した GUS 遺伝子の発現については，採取した葉を β-glucuronidase の基質である X-GlcA（5-bromo-4-chloro-3-indolyl-β-D-glucuronide）溶液に浸漬し，青色色素の発色によって確認する．

一般にほとんどの植物は GUS 活性をもたないので形質転換していない植物組織では基質溶液に浸漬

しても青色色素は発色しない．さらに，GUS遺伝子は，さまざまな植物組織内で発現可能であり，その検出法が確立されていることから，これまで多くの研究者によってレポーター遺伝子として用いられてきた．ここでは，GUS遺伝子の検出法のうち，手軽な方法の一つを紹介する．

準 備
・50 mM リン酸ナトリウム緩衝液（pH 7.0）
・固定液

 0.3％　　ホルムアルデヒド
 10 mM　 MES （2-(N-morpholino) ethanesulfonic acid）(pH 5.6)
 0.3 M　　マンニトール

・基質貯蔵液（20 mg/ml）
　X-GlcA 20 mg を 1 ml のジメチルホルムアミドに溶かし，－20℃で保存する．この試薬は，一度に大量に調製しないほうがよい．
・X-GlcA 溶液（0.1 mM）
　26 μl の基質貯蔵液を，1 ml の 50 mM リン酸ナトリウム緩衝液（pH 7.0）に溶かす．

方　法
1) 組織内部の染色を行う際は，ハンドミクロトームなどにより葉片組織を切片とする．
2) 組織または切片を固定液に浸し，30 秒間真空ポンプで吸引する．その後，室温で 1 時間静置する．
3) 固定した組織または切片を 50 mM リン酸ナトリウム緩衝液（pH 7.0）で洗浄する．
4) 組織を X-GlcA 溶液に浸し，30 秒間真空ポンプで吸引する．その後，常圧 37℃で 2 時間～1 晩静置する．
5) 光学顕微鏡で組織または切片を観察し，GUS 活性の発現について調査する．
6) 必要があれば，顕微鏡の画像をコンピューターに取り込み，発現部位や発現程度について画像解析を行う．

〔尾崎武司・山田朋宏〕

7.3　環境計測と環境制御

気象観測

温度，湿度，光および風などの気象環境条件は植物の生育に種々の影響をもたらす．したがって，植物を対象とした実験を行うには気象環境を正確に把握することがきわめて重要である．気象庁の気象台や測候所では「地上気象観測指針」によって，観測施設，測器，観測要素・方法，観測値の整理方法などが統一され，観測精度や資料の均質性の維持がはかられている．研究・調査を目的とする場合にはできるだけこの観測指針にしたがうのがよい．

地上気象観測指針の概略について述べる．観測は付近一帯の気象状態を代表し，障害物が周囲にないところに設けた露場に測器を設置して行う（図 7.2）．主な観測要素は，気圧，気温，風，湿度，雲，降水，日射，視程，大気現象である．観測時間は国際的に決められており，1 日 4 回の観測では 3, 9, 15, 21 時，8 回の観測では 3 時から 24 時までの 3 時間ごとである．現在では，観測要素の多くは地上気象観測装置により観測されるとともに，よりきめ細かな気象観測を行うためにアメダス（AMeDAS）と呼ばれる地域気象観測システムも運用されている．なお，気象庁で観測された気象データは公表されているので，これを利用することができる．

目　的：気温と湿度を例にとり，それぞれの観測法，観測値の処理や利用の方法などについて理解を深める．

準　備：アスマン通風乾湿計，通風筒付乾湿球温度計，計測器．

方　法：アスマン通風乾湿計および通風筒付乾湿球温度計は，計器感部が地上 1.5 m の高さになるよう露場内に設置する．通風筒付乾湿球温度計は計測器と接続する．湿球部分へ水の補給を行い，通風後，指示値が安定してから乾球と湿球の温度を読み取る．

毛状根の誘導とオパイン分析

メロンなどに毛根病を引き起こす土壌細菌である *Agrobacterium rhizogenes* も *Agrobacterium tumefaciens* と同じように形質転換体の作出に利用される．この菌のもつ Ri プラスミドが保有する *rol* 遺伝子群が宿主の染色体に組み込まれると，感染部位に毛状の根が多く形成される．タバコ，キンギョソウ，ペチュニア，ルドベキアなどでは，形成された毛状根 hairy root から不定芽の誘導が試みられ，*rol* 遺伝子が導入された形質転換体が得られている．これらは，矮化したり根量が増大したりする毛状根症候群 hairy root syndrome と呼ばれる特性を示す．毛状根での形質転換は，PCR 法により増幅した導入遺伝子の検出と導入遺伝子の産物であるオパイン（非タンパク性アミノ酸誘導体）の検出によって確認する．オパインには，アグロピン，マンノピン，ミキモピンなどが知られている．いずれのオパインも濾紙電気泳動によって比較的簡単に検出できる（田中，1990）．

〔大門弘幸〕

結果の分析

1) 相対湿度は，乾球と湿球の温度から通風乾湿球湿度計用湿度表あるいは Sprung の式と Murray の式とにより求める（表7.2，7.3）．
2) 気温，相対湿度の日変化をグラフ化し，基本特性を把握する（図7.3）．また，1日の平均，最大，最小などの統計値を求める．
3) 気温と相対湿度が天候や季節によりどのように変化しているか，過去のデータを用いて調べる．さらに，他の気象要素との関連についても調べてみる．

コンピュータ利用による施設環境計測制御法

温室などの栽培施設内における作物の生育は，周囲の環境（気温，湿度，光など）を適性に保つことによって高められる．この環境制御のために，初期の段階ではアナログ方式で個々の環境要因を計測し，それぞれ独立した制御が行われていた．しかし，今日ではコンピュータ利用による環境計測制御システムが各種開発され，導入が進んでいる．各センサは，日射量，気温，湿度，CO_2 濃度などの環境情報や，pH，EC，流量，液位などの養液栽培に関連した情報をそれぞれ計測する．コンピュータはこれらの情報を取り込み，設定条件に基づいて天窓，側窓，カーテン，換気扇，暖房機，CO_2 発生器などの制御対象へ出力する．この場合，ある環境要素を変化させるとほかの環境要素も変化して，作物の生育に間接的な影響が出ることもあり，相互作用を考慮しながら，

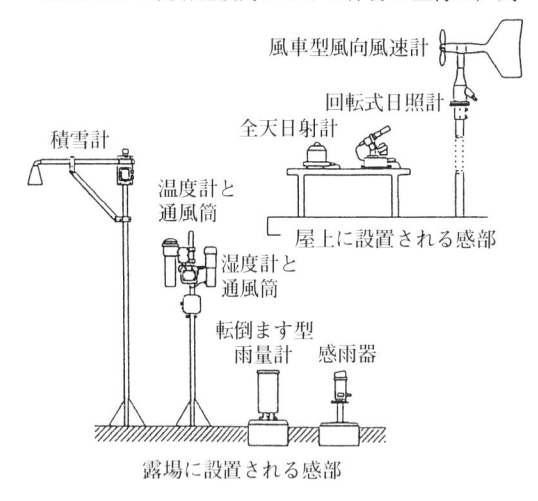

図7.2 地上気象観測装置の外観（気象庁，1993）

表7.3 相対湿度を求めるための計算式

RH：相対湿度（％）
$RH = 100e/es\ (td)$
 ただし，e：水蒸気圧（hPa）
  $es\ (td)$：乾球湿度 td（℃）における飽和水蒸気圧（hPa）

e：水蒸気圧（hPa）
$e = es\ (tw) - P\ (td - tw)\ A/755$ （Sprung の式）
ただし，td：乾球温度（℃）
tw：湿球温度（℃）
$es\ (tw)$：湿球温度 tw（℃）における飽和水蒸気圧（hPa）
P：気圧（hPa）
A：定数　$A = 0.50$（湿球が氷結していないとき）
　　　　　$A = 0.44$（湿球が氷結しているとき）

$es\ (t)$：温度 t（℃）における飽和水蒸気圧（hPa）
$es\ (t) = 6.1078 \exp\ (at/\ (t+b))$ （Murray の式）
ただし，t：温度（℃）
a, b：定数　$a = 17.2693882, b = 237.3$（水面上）
　　　　　　　$a = 21.8745584, b = 265.5$（氷面上）

表7.2 通風乾湿球湿度計用湿度表　　　　　　　　　　単位（％）

湿球 t_w (℃)	乾球と湿球との差 $t_d - t_w$ (℃)																		
	0.0	0.2	0.4	0.6	0.8	1.0	1.2	1.4	1.6	1.8	2.0	2.2	2.4	2.6	2.8	3.0	3.5	4.0	4.5	5.0
25	100	98	97	95	94	92	91	89	88	86	85	84	82	81	80	78	75	72	69	67
24	100	98	97	95	94	92	91	89	88	86	85	83	82	81	79	78	75	72	69	66
23	100	98	97	95	93	92	90	89	87	86	84	83	82	80	79	78	74	71	68	65
22	100	98	97	95	93	92	90	89	87	85	84	83	81	80	78	77	74	71	68	65
21	100	98	97	95	93	92	90	88	87	85	84	82	81	79	78	77	73	70	67	64
20	100	98	96	95	93	91	90	88	86	85	83	82	80	79	77	76	73	69	66	63
19	100	98	96	95	93	91	89	88	86	85	83	81	80	78	77	76	72	69	65	62
18	100	98	96	95	93	91	89	87	86	84	83	81	79	78	76	75	71	68	65	62
17	100	98	96	94	92	91	89	87	85	84	82	80	79	77	76	74	71	67	64	61
16	100	98	96	94	92	90	88	87	85	83	82	80	78	77	75	74	70	66	63	60
15	100	98	96	94	92	90	88	86	85	83	81	79	78	76	74	73	69	65	62	59
14	100	98	96	94	92	90	88	86	84	82	81	79	77	75	74	72	68	64	61	57
13	100	98	96	94	92	90	88	86	84	82	80	78	76	75	73	71	67	63	60	56
12	100	98	96	93	91	89	87	85	83	81	79	77	76	74	72	70	66	62	59	55
11	100	98	95	93	91	89	87	85	83	81	79	77	75	73	71	69	65	61	57	54

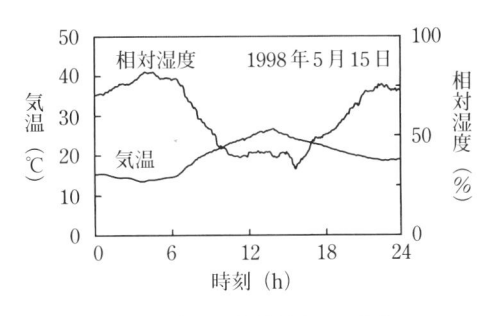

図 7.3 気温と相対湿度の日変化

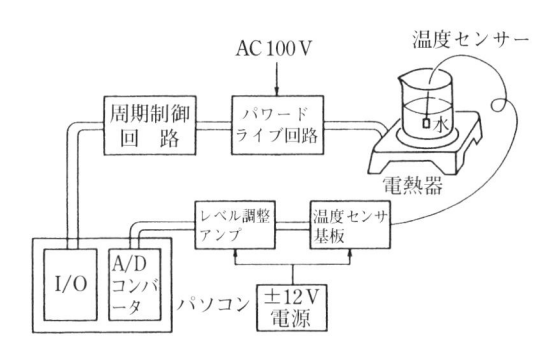

図 7.4 温度計測制御の構成（横山, 1990）

総合的な判断により各機器を合理的・効率的に制御する複合環境制御が行われる．この制御方法の良否はコンピュータのソフトにより大きく左右される．多くのシステムは計測情報とともに制御状態も記録でき，栽培環境を改善するための資料として使用される．このような施設環境計測制御は植物工場，コンピュータ制御温室，ファイトトロンなどとして実用化されている．

目 的：施設環境における計測とその制御方法について理解を深めるため，温度を対象としてパソコンによる計測と制御を試みる．

準 備：温度センサ，電熱器，ビーカー，パソコンシステム（A/Dコンバータボード，I/Oボード，計測制御プログラムなど）．

方 法：温度センサ，電熱器，パソコンなどを図7.4のように接続する．温度センサは防水しておく．設定温度を決めて，計測制御を開始し，定常状態になるまでの時間と温度を記録する．設定温度を変えて行ってみる．

結果の分析
1) 時間と温度の関係をグラフ化し，制御のようすを明らかにする．
2) 設定温度を変えた場合についても同様にグラフ化し，その違いを認識する．

（平井宏昭）

生長解析法

植物は光合成による生産物を葉などの光合成器官の形成に使う再生産の仕組みをもっており，特に生産物の大部分を生産器官の形成に使う生育初期は，指数関数的な生長を示す．その後の生育では，種子などの非同化器官が形成され，葉の老化が進み，葉の相互遮へいにより光の利用効率が低下するので，やがて生長速度は停滞するか負となる．生長解析法とは，この過程を表7.4に示した生長関数を用いて記述し，環境要因が植物の生育に及ぼす影響や物質生産構造などを解析する方法である．

生長関数

植物の生長を記述するには，任意の時期の生長速度を求めればよい．乾物重の増加が指数関数的であるとして複元利計算に見立てると，CGR (crop growth rate) および RGR (relative growth rate) は，それぞれ利子と利率に相当する．NAR (net assimilation rate) は，単位葉面積当たりの同化効率を示し，これにより光合成速度の大小を推定できる．CGRは単位面積当たりの葉の重なりを表す LAI (leaf area index) と NAR との積で構成される．さらに LAR (leaf area ratio) は，LWR (leaf weight ratio) と SLA (specific leaf area) に分解できる．LWRは，全乾物重に占める生産器官（葉）の割合を示し，SLAは，その逆数が葉の厚さの指標となる．より下位の生長関数に分解することによって，物質生産構造が理解しやすくなる．

実 験

表7.5はスイートコーンを坪刈りして生育調査した結果である．これをもとに，各生長関数を計算して表7.6にまとめ，生育の特性を明らかにするとともに，その知見の栽培への応用を考察する．

考 察

RGRは生育初期ほど大きかったが，個体が小さいためCGRは播種後57～63日に最も大きくなり，63～71日には急速に小さくなった．CGRはLAIとNARの積からなるが，LAIよりもNARに大きく影響された．LARは生育初期ほど大きく，生育後期には植物体に占める葉の割合が小さくなった．SLAも同様で，生育後期ほど乾物当たりの葉の広がりが小さくなった．RGRはNARとLARの積なので，RGRへの影響はNARすなわち単位葉面積の同化効率よりもLARすなわち葉の広がりの方が大きかっ

表7.4 生長解析法で用いる主な生長関数

記号	生長関数名	定義	平均値を求める式	単位
CGR	個体群生長率	$\dfrac{1}{F}\dfrac{dW}{dt}$	$\dfrac{1}{F}\cdot\dfrac{W_2-W_1}{t_2-t_1}$	$g/m^2/day$
RGR	相対生長率	$\dfrac{1}{W}\dfrac{dW}{dt}$	$\dfrac{\ln W_2-\ln W_1}{t_2-t_1}$	$g/g/day$
NAR	純同化率	$\dfrac{1}{A}\dfrac{dW}{dt}$	$\dfrac{W_2-W_1}{t_2-t_1}\cdot\dfrac{\ln A_2-\ln A_1}{A_2-A_1}$	$g/m^2/day$
LAR	葉面積比	$\dfrac{A}{W}$	$\dfrac{A_2-A_1}{\ln A_2-\ln A_1}\cdot\dfrac{\ln W_2-\ln W_1}{W_2-W_1}$	m^2/g
LWR	葉重比	$\dfrac{L}{W}$	$\dfrac{L_2-L_1}{\ln L_2-\ln L_1}\cdot\dfrac{\ln W_2-\ln W_1}{W_2-W_1}$	g/g
SLA	比葉面積	$\dfrac{A}{L}$	$\dfrac{A_2-A_1}{\ln A_2-\ln A_1}\cdot\dfrac{\ln L_2-\ln L_1}{L_2-L_1}$	m^2/g
LAI	葉面積指数	$\dfrac{A}{F}$		—

W：全乾物重，A：葉面積，L：葉乾物重，F：調査土地面積，t：時間．添字は調査日の順を表す．

表7.5 坪刈りによって調査したトウモロコシ（スィートコーン）の生育（$1m^2$当たり）

播種後日数（日）	全乾物重（g）	葉面積*（m^2）	葉乾物重（g）
27	26.4	0.608	16.0
36	152.9	2.893	84.4
47	423.6	3.672	123.1
57	695.7	3.276	132.9
63	925.7	3.406	145.2
71	1067.1	2.953	146.1

*$1m^2$当たりの調査なのでLAIに相当する．

表7.6 坪刈りによって調査したトウモロコシ（スイートコーン）の生長関数

播種後日数（日）	CGR（$g/m^2/day$）	RGR（$g/g/day$）	NAR（$g/m^2/day$）	LAR（m^2/g）	LWR（g/g）	SLA（m^2/g）
27～36	14.0	0.195	9.59	0.020	0.571	0.036
36～47	24.6	0.093	7.53	0.012	0.386	0.032
47～57	27.2	0.050	7.84	0.006	0.233	0.027
57～63	38.3	0.048	11.48	0.004	0.173	0.024
63～71	17.7	0.018	5.57	0.003	0.146	0.022

た．LARをSLAとLWRの積に分解すると，LWRがSLAよりも大きいので，葉の厚さよりも全器官に占める葉の割合の方が生育に大きな影響を及ぼすと推察された．

以上のことから，トウモロコシの生育に対しては，葉をいかに多く確保するかが重要であることがわかった．しかし，子実の収穫の観点からは別の検討が必要であり，トウモロコシは，通常春から夏にかけて栽培されることを考え合わせると，異なる季節においても上記と同じ結果が得られる否かは明らかではない．

（小田雅行）

葉面積計を使わずに葉面積を測定する方法

葉面積測定には，自動葉面積計を用いるのが一般的であるが，以下のような手法でも測定できる．

重量法

植物の葉を乾式複写機でコピーした紙，または葉もしくは葉の写真をトレースしたトレース紙を葉の輪郭に沿って切り取る．得られた葉の部分の紙の重量と，既知の面積の紙の重量との間で比例計算して，葉面積を求める．特殊な機器を一切必要とはしないが，かなりの労力を要す．

画像処理法

葉のデジタル画像を画像処理，画像計算して，葉面積を求めるものである．画像処理による葉面積測定システムも市販されているが，ここでは，高価な専用ハードウェアを用いない手法について説明する．

葉のデジタル画像の取得 植物葉もしくは写真のイメージスキャナーによる取り込み，デジタルスティルカメラの利用，植物葉を撮影したビデオフィルムからコンピュータによるデジタイズ（ビデオキャプチャー）などにより葉のデジタル画像を得る（1.3項）．

（小田雅行）

7.4 収量調査

収量調査による収量構成要素の検討は，栽培方法の改善の上で重要である．ここでは正確な収量の求め方について水稲およびダイズを例として述べる．収量調査法には，対象圃場の全面積を収穫して収量を調査する全刈り法と，対象圃場の一部を収穫して全体の収量を算出する部分刈り法とがある．対象圃場の面積が小さい場合は，より正確な前者の方法をとるが，大面積の場合は後者の方法を実施することが多い．なお後者の方法では一部の株から全体を推定するため，調査株の選定に際して注意が必要である．調査株の無作為抽出法には，5斜線法，対角線法，数カ所刈り取り法などがある（図7.5）．

また，収量の成り立ちをいくつかの要素の積で考えるとき，それらの要素を収量構成要素と呼んでいる．収量構成要素を求めた上で収量の良否を検討することが多く，これから述べる収量調査法でも収量構成要素を順に求める調査方法が大半を占めている．以下に水稲およびダイズの収量構成要素を式で示す．

水稲：収量＝一株穂数×一穂総籾数×登熟歩合× 精玄米千粒重

ダイズ：収量＝一株有効莢数×一莢稔実粒数× 完全粒歩合×100粒重

水稲の収量調査

水稲の収量調査法について述べるが，他のイネ科作物（コムギ，オオムギ，エンバク，トウモロコシなど）でも水稲に準じて行えばよい．

収穫適期の決定：粒重，玄米の透明度，出穂後日数，出穂後積算温度，枝梗や籾の黄化程度などを判断指標とする．最も簡単に判定するには，籾の黄化程度を用いる．一つの圃場において9割の籾が黄色になる時期を収穫適期とする．出穂後日数を指標とする場合には，栽培地域，品種ごとの調査例（農水省統計情報部，1996）を参考とする．一般には早生品種で出穂後40〜45日，中・晩生品種では出穂後45〜50日頃が収穫適期である．

調査項目：稈長，穂長，穂数，粗籾重，精籾重，粗玄米重，精玄米重，精玄米千粒重，一穂総籾数，一穂登熟籾数，登熟歩合などを調査する（表7.7）．

準備：竹尺，巻尺，上皿直示天秤，鎌，脱穀機，坪刈用籾すり機，唐み，選別機，米麦水分計，塩水選用比重計など．

方法：

5斜線法による部分刈りにおける収量調査法：圃場の長辺および短辺を3等分し，作柄の良いほうから悪い方へ5本の対角線を引き，この対角線と畦の交点から10a当たり約150株をサンプリングす

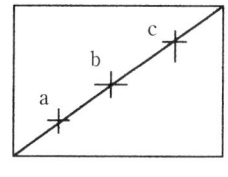

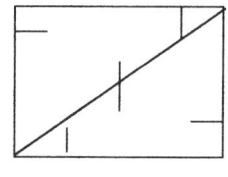

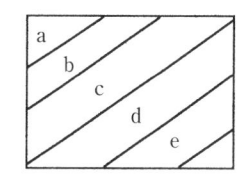

対角線法　　　数カ所刈り取り法　　　5斜線法

図7.5 部分刈り取りの位置（舟山，1966）

表 7.7 イネの収量に関連する調査項目（舟山（1966），松崎（1985）などを参考として作成）

調査項目	調査方法
稈　長	株ごとの最長稈の地際から穂首までの長さ
穂　長	上記の稈長測定株の穂首から穂先までの長さ
穂　数	遅れ穂と被害穂を除いた有効穂の m^2 当たり数
有効茎歩合	（穂数/最高分げつ期の茎数）× 100
全　重	刈り取った地上部の全重，m^2 当たりに換算
精籾重	未調製の乾燥籾をしいな，わらくずなどを唐みにより除いた精籾の m^2 当たり重量
精玄米重	くず米を除いた玄米の m^2 当たり重量．収量となる．
玄米千粒重	精玄米の千粒重
わら重	脱穀した乾燥わらの m^2 当たり重量
籾わら比	精籾重/わら重
全籾数	平均穂数，穂重に近い株の全籾数（稔実籾数と不稔実籾数の合計）
精籾数	1.06（もち品種では 1.03）の比重液で沈下した籾数
登熟歩合	（精籾数/全籾数）× 100
倒　伏	4 を甚，0 を無とし，倒伏角度や面積比率で表わす

る．全株について 1 株ごとに穂数を調査してその平均値を求め，平均的な穂数をもつ 20～30 株を選び，それぞれ穂を穂首から切り取り，穂重を求める．これから平均穂重を求め，平均的な重さの株から病虫害などの被害のない株を数株選び代表株とする．代表株の穂から脱穀した籾を比重選する．登熟粒重，登熟粒数，未登熟粒重および未登熟粒数を求める．これらが収量構成要素である．なお比重選で籾を 1.06（もち品種で 1.03）の比重液に浸漬し，沈下した籾を登熟粒，浮上した籾を未登熟粒とする．

粒数計算法：一筆の水田のうち平均的な生育を示す 2，3 カ所を選び，それぞれから中庸な株を 1，2 株ずつサンプリングする．それらの穂数を数えた後，中庸な大きさの穂の稔実粒を数える．面積当たりの株数，穂数，1 穂稔実粒数を掛け合わせると，面積当たり稔実総粒数が算出される．その値をその品種の玄米 1 kg の標準粒数で割れば，面積当たり玄米収量が得られる．本法では，中庸株の選定，稔実粒の判定などの誤差によって結果が変動する．

簡易収量算出法：イネの場合，乾燥精籾重と玄米容量および玄米重量との間には極めて高い相関関係がある．この関係を利用して乾燥精籾重を測定し，これを 1.01 倍して玄米容量（l）を求め，0.84 倍して玄米重量（kg）を求める．

（簗瀬雅則）

水稲の作況指数と収量

水稲の作柄の良否を示す指標を作況指数といい，10a 当たりの平年収量に対する調査時ごと（8月15日，9月15日，10月15日，収穫期）の予想収量の比率で表す．作況指数と作柄良否の関係は，106以上（良），105～102（やや良），101～99（並），98～95（やや不良），94～91（不良），90以下（著しい不良）の6段階で表されている．日本の水稲の 10a 当たりの収量は，昭和30年代後半には，400kgであったが，昭和59年には，初めて500kgを越える（517kg）に至った．最近では，東北地方を中心に冷害が激しかった平成5年の367kgや豊作年であったその翌年の544kgといった数値が記憶に新しい．

（大門弘幸）

第8章　農業生態系の構造と生産性

8.1 作物の群落構造と物質生産

作物は生産の場において個体の集団（個体群）としてその収量性が問われる．したがって，作物の収量性を論ずるには個体の生育を十分に理解するとともに，群としての生育特性を把握することが必要である．圃場条件下の作物は生育に伴って群落を形成していくが，その過程において個体間の競合や群落内の環境の変化が生じる．群落内での物質生産を左右する要因には，光（日射量），温度，二酸化炭素といった環境要因，生育量，葉の傾斜角，器官の空間配列などがあげられる．群落内において光は最も変化が著しく，その変化に大きく関係する要因は作物の葉の空間配置である．本実験では，層別刈り取りと相対照度の測定を行ない，得られたデータもとに生産構造図を作製し，群落内における光合成器官の空間配置と群落内の光の減少の相互関係について理解する．

層別刈り取りと相対照度の測定

材料・準備：コムギ畑の一筆，枠（底面の一辺50 cm程度，高さ100 cm），相対照度計，ハサミ，ビニール袋，マジックペン，葉面積計，ゴム紐．

測定の手順

1) 測定準備

測定群落に枠を設置する（図8.1）．専用枠がない場合には，園芸用の支柱を4本設置してもよい（底辺50 cm × 50 cmに設置）．

2) 相対照度の測定法

相対照度計を用い群落の最上層から下層に向かって一定間隔（10 cm）ごとに群落内の照度を測定する（図8.2）．なお相対照度計が無い場合には一般的な照度計を用いて群落最上層の照度と群落内の照度を層位ごとに測定し，その割合を算出する．

3) 層別刈り取り法

枠内に入っている植物体を群落の最上層から一定

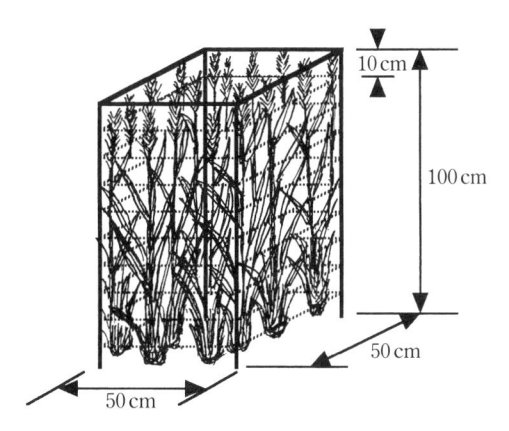

図8.1　層別刈り取り用の枠の例（50cm × 50cm，高さ100cm）
（枠内の点線は高さの層を模式的に表したもの）

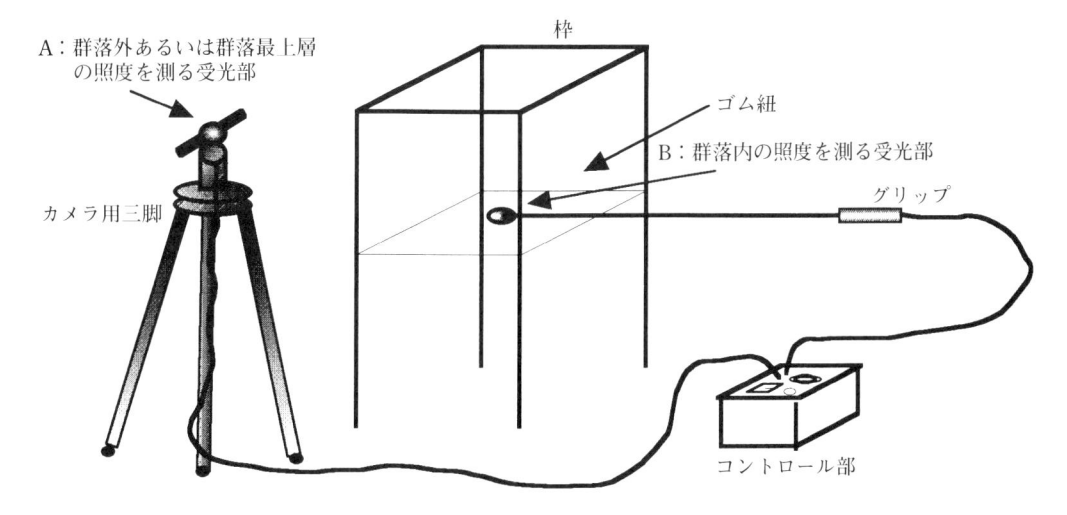

図8.2　相対照度の測定
コントロール部にAの照度（100％とする）に対するBの照度の割合で相対照度が示される．

間隔（10 cm）の層ごとにハサミで刈り取る．刈り取った器官は，層位を記入（例：50～60 cm）したポリ袋に層ごとに入れて実験室内へ持ち込む．なお，葉面積の測定までに時間がかかり，葉が巻くようであればポリ袋の中に少量の水を入れておくとよい．

4）刈り取った植物体の器官ごとの分類と葉面積の測定

実験室内で光合成系（葉）と非光合成系（非光合成系はさらに茎，穂，枯死部とに分類する）とに分け，それぞれを乾物重測定試料とする（一般に光合成を行う器官の総称を光合成系，それ以外の器官や既に枯死した光合成器官を非光合成系と呼ぶ．また，それぞれを同化部，非同化部あるいは C 系，F 系と呼ぶこともある）．葉については乾燥前にあらかじめ葉面積計を用いて面積を測定しておく．刈り取ったすべての葉について葉面積を測定することが理想的であるが，測定量が膨大な場合には層別に葉の一部を選び出して単位乾物重量当たりの葉面積（cm^2/g）を求め，一層の葉面積は一層の乾物重から換算し推定してもよい．

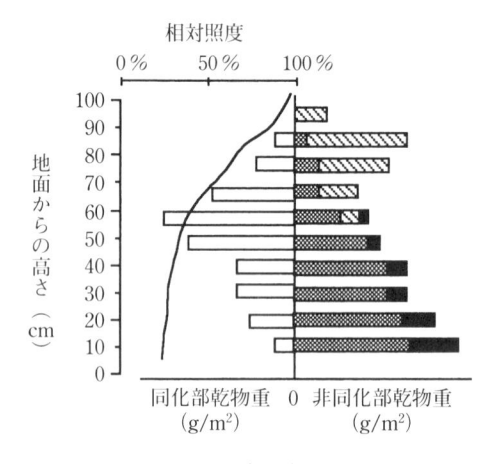

図 8.3　生産構造図の例
(Monsi and Saeki (1935) および黒岩 (1999) より)
☐：葉身，▧：茎＋葉鞘，▨：穂，■：枯死部．

生産構造図の作成方法

光合成系の単位面積当たり（m^2）の乾物重の垂直分布と照度の関係ならびに非光合成系の垂直分布をあわせた図を，生産構造図という（図 8.3）．前述の層別刈り取りと相対照度の測定値を用い生産構造図を作成する．なお，生産構造図作製にあたり，同化部は葉身の重さ，非同化部は茎＋葉鞘，穂，枯死部に分けて測定した重さをそれぞれ記入する．光合成系と非光合成系の横軸のスケールは必ずしも同じである必要はない．

（大江真道）

8.2 土壌診断

植物生産の基盤である圃場の土の状態は，生産生態系の構造と機能に大きく影響する．作物の栽培に先立ち，土壌の養水分状態や物理性などを把握する土壌診断は，高品質で安定した収穫を得るために不可欠な技術の一つであり，環境への負荷を最少限とする栽培技術の確立にとってもきわめて重要である．

土壌診断には，圃場における土壌断面の構造，土壌硬度，三相分布，保水力や透水性といった物理性の診断，また，pH や EC および窒素やリン酸などの養分の分析による化学性の診断，さらに硝化細菌や土壌病害性の糸状菌などの微生物相のフロラやセンチュウ密度などの生物性の診断がある．ここでは，土壌診断の基礎となる pH（水素イオン濃度）と EC（電気伝導度 electrical conductivity）および窒素成分の測定方法を理解する．

pH と EC の測定

土壌の化学性の最も基本的な項目が pH と EC である．個々の作物には，その生育にとって最適な土壌 pH の範囲があり，作物の作付け前に土壌の pH を知り，矯正する．日本の土壌は，酸性土壌が多いが，

葉面積指数 LAI と個体群の光合成

群落における葉群の規模は単位土地面積当たりの葉面積，すなわち葉面積指数 LAI（leaf area index）で示される．葉面積指数は生育にともない増大し最大に達するが，やがて下位葉からの枯れ上がりにより減少が始まる．葉面積指数が最大に達する時期や最大の葉面積指数は，植物種の違い，栽培密度や肥培管理などの条件などによって異なってくる．一般に下層への光の透過の良い直立葉の植物種の最大葉面積指数は 5～7 と高く，光の透過の劣る広葉の植物種は 4～5 程度である．個体群の生育初期の光合成速度は葉面積の増加にともない直線的に増大するが，葉面積指数がある程度の大きさとなって個々の葉の間で光の競合が生じてくるようになると下層への光透過が減少し，光合成速度の停滞が生じる．また，呼吸速度が個体群の生長にともない直線的に増大すると仮定すると，ある葉面積指数において純生産量は最大となり，その最大値における葉面積指数が最適葉面積指数と考えられる．層別刈り取りで測定した葉面積から葉面積指数 LAI を求めてみるとよい．

（大江真道）

石灰資材の投入などにより圃場によってはアルカリ性に傾いている土壌もある．一方，ECは土壌中の塩類濃度を示す指標の一つであり，肥料分が多い土壌ではEC値が高い．これは溶けている塩類が多いほど電気が通りやすくなる性質を利用した測定方法であり，施肥管理の適切さを診断する重要な項目である．化学肥料の多投入によりハウス土壌ではきわめて高いEC値が報告される場合もあり，このような土壌では作物に塩類傷害がしばしば認められる．

pHとECは土壌に適当量の蒸留水を加えて撹拌して，その懸濁液をpHメーターやECメーターで測定する．pHの計測では，土壌と蒸留水の割合を1：2.5に，ECの計測では1：5にするが，pHはその割合が多少変わっても変動が小さいので，簡便には1：5の懸濁液を準備してpHとECを同時に測定してもよい．なおpHを単独で測定するには，蒸留水のかわりに1NのKCl溶液を用いる場合がある（蒸留水抽出の場合はpH（H_2O），KCl抽出の場合はpH（KCl）と表示する）．この場合，土壌に吸着している酸性物質をも抽出するので，一般にpH（KCl）はpH（H_2O）よりも低くなる．したがって，pH（H_2O）とpH（KCl）との値の差の大きさも土壌の性質を示す一つの指標となる．

実　験：圃場の土を採取してpHとECを測定する．

準　備：pHメーター，ECメーター，電子天秤，100 ml容ビーカー，蒸留水，メスシリンダー，撹拌棒，振とう機，100 ml容ポリビン．

測定手順：測定に用いる土壌を生土で約10 g採取し，100 ml容ビーカーに入れ，蒸留水を50 ml加えて撹拌棒で十分に撹拌しながら約1時間放置する．振とう機を用いる場合は，中蓋付きのポリビンに秤量した土と蒸留水を入れ，約30分間振とうする．得られた懸濁液にpHメーターの電極を浸して値が安定したらその値を記録する．次にEC電極を同様に浸して値を記録する．pH電極，EC電極ともに土壌懸濁液に浸した後は蒸留水を入れた洗浄ビンを用いて十分に洗浄する．なお，最近は平面電極を用いた携帯型の電池式pHメーターとECメーターが市販されている．

全窒素および無機態窒素の測定

作物の生育を制御する土壌中の窒素は，化学肥料や堆肥などで供給されるが，それぞれの作物にとって適切な窒素の施用量を決定するには，作物体の全窒素含有量を分析して，その作物の作付けによって吸収された窒素量を求めておく必要がある．一方，土壌中には作物の残渣や有機物が含まれ，これらも微生物によって分解され，その窒素は作物に吸収される．したがって，土壌の全窒素含有量だけでなく，作物に利用され得るアンモニア態窒素や硝酸態窒素の含有量を把握する必要がある（全窒素の定量は5.5項参照）．

微量拡散法

実　験：圃場から採取した土壌に含まれるアンモニア態窒素ならびに硝酸態窒素を，微量拡散法により定量する．

準　備：コーンウェイの微量拡散ユニット（図8.4），200 ml容ポリビン，振とう機，ろ紙，メスピペット，2 N KCl溶液，2％ホウ酸溶液，酸化マグネシウム懸濁液，デバルダ合金懸濁液，アラビアゴム貼着剤，1/200 N硫酸液，蒸留水．

手　順：供試土壌（2 mmの篩を通した風乾土あるいは未風乾土）を2 N KCl溶液中で振とうして得た抽出液を用いる．硝酸態窒素のみの分析であれば水抽出物を用いればよい．いずれの窒素もアンモニア蒸留法や比色法および機器分析によっても分析できるが，微量拡散法は微量窒素の分析や着色した抽出物の分析に適している．ユニットの外室に入れた検液にアルカリ剤を加え，検液中のアンモニアを気化させて，内室に入れた吸収剤に吸収させた後，酸で滴定する．硝酸態窒素は，検液に還元剤を加えて硝酸態窒素をアンモニアに還元してから気化させて定量できる．手順は以下のとおりである．

供試土壌25 gを中ふた付きのポリビンに入れ，2 N KCl溶液を250 ml加えて約1時間振とうする．振とう後しばらく静置した後，上清液をろ過して分析用の検液とする．この検液3〜6 mlをユニットの外室に入れ，さらに内室に混合指示薬入りの2％ホウ酸液を1 ml入れる．次いで外室にアルカリ剤としてあらかじめ900℃で3時間焙焼した酸化マグネシウムの12％（w/v）懸濁液を3 ml加え，さらに外室

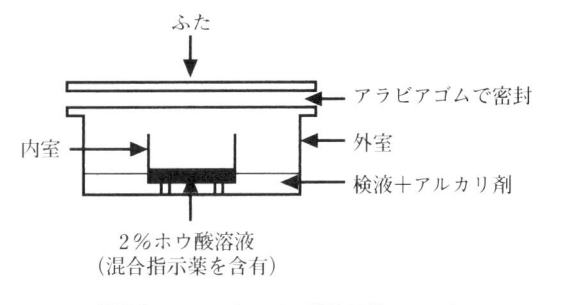

図8.4　コーンウェイの微量拡散ユニット

の液量が 10 ml になるように蒸留水を加える．硝酸態窒素を定量する場合は，外室に還元剤としてデバルダ合金粉末の懸濁液 (50 mg/ml) を 1 ml 加えてから液量を調整する．ユニットの縁にアラビアゴム貼着剤（アラビアゴム粉末 100 g，グリセリン 50 ml，飽和炭酸カリウム溶液 50 ml，蒸留水 150 ml を混合して調整する）を塗り，ユニット本体と蓋を密着させ，ユニット全体をゆっくりと回転させて外室の液を混合した後，25℃でインキュベートする．

24～48 時間後にインキュベーターから取り出し，内室に 1 ml の蒸留水を添加してホウ酸に吸収されたアンモニア態窒素を 0.005 N 硫酸液（5.5 項参照）で滴定する．滴定終点の色は薄いピンク色とする．なお，検液のかわりに蒸留水を添加したブランク試験区ならびに既知濃度（外室当たり N として 50～100 μg）のアンモニア態窒素ならびに硝酸態窒素の標準液を添加した標準区を必ず設け回収率を確認する．乾土 100 g 中の NH_3-N (mg) は次式によって求める．

$0.07 \times f \times (T - B) \times (A + C) / D \times 100 / E$

0.07：0.005N 硫酸 1 ml 中の NH_3-N (mg) 量にあたる係数
f：0.005N 硫酸の補正係数
T：サンプルの滴定値 ml
B：ブランクの滴定値 ml
A：浸出液量 ml
C：供試土壌の水分 ml
D：浸出液からの検液の採取量 ml
E：供試土壌量 g

（大門弘幸）

8.3 農業生態系における窒素循環と窒素固定

植物は，太陽エネルギーを利用した光合成によって大気中の炭酸ガスを炭水化物に変換し，種々の有機物を合成する．これらの有機物は，人間をはじめ家畜などの動物によって消費されてさまざまな物質に再合成される一方で，残存した茎葉部や根は，種々の微生物によって分解され，炭酸ガスとして大気中に放出される．一方，炭素と同様に植物体の重要な構成成分である窒素は，主として硝酸態窒素やアンモニア態窒素の形で根から吸収される．根粒菌と共生関係をもつマメ科植物では，根に根粒構造を形成して大気中の窒素をアンモニアに還元（共生窒素固定 symbiotic nitrogen fixation）して窒素を獲得している．これらの窒素は，アミノ酸を経てタンパク質に合成される．タンパク質も炭水化物と同様に，動物によって消費され，圃場で微生物によって分解されて無機態の窒素となり植物に吸収される．

このように生物の主たる構成要素である炭素や窒素は，農業生態系の中でつねに循環している．ここでは，特に生産生態系の窒素循環において重要な役割を果たしているマメ科作物と根粒菌による窒素固定に着目し，根粒菌の分離と窒素固定能の測定方法について理解する．

根粒菌の分離

根粒菌はマメ科植物に対して宿主特異性を示し，交互接種群と呼ばれる限られた宿主範囲をもっている（表 8.1）．これらの根粒菌は，酵母抽出物とマンニトールを含む培地上での生長の速い *Rhizobium* 属

表 8.1 代表的な根粒菌とその宿主となる植物

根粒菌の種類	宿主となる植物
Rhizobium leguminosarum biovar *viceae*	エンドウ　*Pisum sativum*
	スズメノエンドウ　*Vicia hirsuta*
biovar *trifolii*	シロクローバ　*Trifolium repens*
biovar *phaseoli*	インゲンマメ　*Phaseolus vulgaris*
Rhizobium meliloti	アルファルファ　*Medicago sativa*
Rhizobium loti	ミヤコグサ　*Lotus corniculatus*
Rhizobium fredii	ツルマメ　*Glycine max* var. *soya*
	ダイズ　*Glycine max* var. *max*
Bradyrhizobium japonicum	ダイズ　*Glycine max* var. *max*
	クロバナハマササゲ　*Macroptilium atropurpureum*
Bradyrhizobium sp.	ササゲ　*Vigna unguiculata*
	ルーピン属　*Lupinus*
	クサネム属　*Aeschynomene*
	ネムノキ属　*Albizia*
Azorhizobium caulinodans	セスバニア　*Sesbania rostrata*

（浅沼（1992）を一部改変）

と生長の遅い *Bradyrhizobium* 属の2属に分けられる．また，これら2属の他にセスバニア *Sesbania rostrata* に根粒と茎粒を形成して窒素固定を行う *Azorhizobium* 属が報告されている（Dreyfus *et al.*, 1988）．それぞれのマメ科植物の根粒がどの菌の感染によって形成されているかを知るためには，根粒組織から菌を分離し同定しなければならない（病原細菌の取り扱いの一般的な注意は，10.2項を参照）．

実 験：アカクローバの根粒から根粒菌を分離する．

準備と分離手順

培地の調製：アカクローバには，生長の速い *Rhizobium leguminosarum* biovar *trifolii* が感染して根粒を形成する．YMA培地（表8.2）にブロムチモールブルー（BTB：0.5 g/100 ml エタノールを保存用に調製しておく）を混合（YMA培地100 ml に BTB 溶液を 0.5 ml の割合で混合する）した培地を用いる．BTB は，pH 6.8 で緑色，酸性条件下で黄色，アルカリ性条件下で青色を呈する．biovar *trifolii* を培養すると培地が酸性となるので黄色を呈する．

根粒の採取：土壌からも菌は分離できるが，一般には，生育中のマメ科植物の根に形成された根粒組織から菌を分離する．特定の土壌に目的とする菌が存在するかを判断する際にも，土壌から菌を直接分離せず，表面殺菌した種子（7.1項参照）を播種して，形成された根粒から菌を分離する．窒素を固定する能力のある根粒の内部組織は，レグヘモグロビンを産生しているのでカミソリなどで切断すると，切断面が赤〜桃色になっているのが観察できる．採取した根粒は，速やかに分離作業に供試するが，採取後半年程度は，シリカゲルを充填した小型のバイアルに入れて冷蔵庫内で保管できる．

分離作業と菌株の保存：採取した根粒を95％のエタノールに30〜60秒間浸漬した後，活性塩素濃度1％の次亜塩素酸ナトリウム溶液（界面活性剤として50 ml 当たり1〜2滴の Tween 20 を混合）に5〜10分間浸漬して，マグネティックスターラーで撹拌しながら表面殺菌する．殺菌した根粒を滅菌蒸留水で充分洗浄してから，小型の試験管に入れ 0.5〜1.0 ml の滅菌蒸留水を添加し，これを滅菌したガラス棒で押しつぶし，根粒内部に存在するバクテロイドの懸濁液を得る．この懸濁液を白金耳で上述の培地に画線し，25℃，暗黒条件下で培養する．biovar *trifolii* においては，画線する際の菌密度にもよるが，画線後2〜3日でコロニーが確認できる．コロニーが生長すると，BTB が反応して培地は黄色となる．単一のコロニーが得られるまで同様の操作を繰り返す．菌株の保存は，他の細菌類と同様に行えばよいが，2年間程度であれば，上述の培地を充填したスクリューバイアルで培養後，5℃で保存する．

根粒着生の確認と窒素固定能の測定

分離した根粒菌が実際に宿主植物に根粒を形成し，窒素固定能をもつか否かは接種試験によって確認する．接種試験には，さまざまな方法が考案されている．培地には，滅菌したバーミキュライト，石英砂，パーライト，寒天，養液などを用い，それらを素焼き鉢，レナードジャー，グロースポウチ，プラントボックス，試験管などに充填して宿主植物を生育させる．

窒素固定能は，一般にアセチレン還元法で測定する．根粒菌は，根粒組織中では分裂しない形のバクテロイドとして存在し，バクテロイドは窒素固定酵素であるニトロゲナーゼ nitrogenase 活性をもつ．ニトロゲナーゼは，大気中の窒素ガスをアンモニアにする還元酵素であるので，基質として与えたアセチレン（C_2H_2）をエチレン（C_2H_4）に還元できる．エチレンは水素炎イオン化方式（FID）のガスクロマトグラフで迅速にかつ容易に分析できるので，着生した根粒の窒素固定能力の有無を調査するには本法は有効である．

アセチレン還元法は，きわめて感度が高く，ある時点の窒素固定能を示すには有効な方法である．しかし，アセチレン還元法の結果は，調査時の環境条件によって変動したり日変化を示すので，長期間にわたる窒素固定量の評価には適さない．そこで，安定同位体である重窒素を利用して実際の固定量を評価する方法が用いられる．重窒素標識した $^{15}N_2$ を用いる方法が理論的には最も正しく固定量を評価できるが，$^{15}N_2$ はきわめて高価であり，さらに $^{15}N_2$ を安定して暴露することが難しいために長期間の栽培試験や圃場試験には適さない．そこで，施す窒素肥料に重窒素を標識した肥料を用いて吸収窒素量を把握

表8.2 YMA培地の組成

K_2HPO_4	0.5g
$MgSO_4 \cdot 7H_2O$	0.2g
NaCl	0.1g
酵母エキス	0.5g
マンニトール	10.0g
寒天	15.0g
蒸留水	1000ml
pH	6.8

（浅沼，1992）

する方法が用いられる．この場合には，窒素固定を行わない作物（同じマメ科作物の根粒非着生系統やイネ科作物）を対照作物として同時に栽培する．対照作物の吸収した窒素は，肥料窒素に土壌窒素を加えたものである．すなわち両作物における重窒素の希釈程度から算出したマメ科作物の肥料窒素と土壌窒素の吸収量を総窒素量から差し引くことによって，固定窒素量を推定できる．この方法を重窒素希釈法 ^{15}N dilution method という．

実　験：アカクローバの根粒から分離した菌をグロースポウチ法を用いて接種し，着生した根粒についてアセチレン還元活性を測定する．

実験手順

接種試験：グロースポウチは，根系が観察しやすいように透明のポリプロピレンの袋の中に，種子を置床できる二重に折った紙が挿入されているもので，オートクレーブで滅菌することができる（図8.5）．表面殺菌した種子（または，あらかじめ寒天培地上に置床して生育させた実生）をこの紙の上に置床して生育させる．置床後，YMB培地（YMA成分から寒天を除いて調整したもの）で培養した菌の懸濁液を遠心分離（3000 rpm，15分）によって集め，適当な菌密度（一般に 10^8 cells/ml）になるように滅菌蒸留水で再懸濁したものを1個体当たり1 mlずつ接種する．菌密度は，あらかじめ細菌染色用の石炭酸フクシン希釈液などで染色して顕微鏡下でカウントした細菌数と，菌体懸濁液の620 nmにおけるOD値との対応関係を求めておき，液体培養後の菌体懸濁液のOD値から算出する．培養液には，無窒素培養液（表8.3）を用い，1ポウチ当たり25～30 mlを分注

する．それぞれの植物の最適条件で培養するが，アカクローバのような種子の小さい植物を移植すると，インキュベーター内で実生が萎凋しやすいので移植後しばらくは透明なラップなどで植物体を被覆するとよい．植物によるが，根粒菌の接種後3週目には根粒の着生が肉眼で観察できる．根粒あるいは根粒が着生している根を採取して，アセチレン還元活性を測定して根粒の窒素固定能の有無を調査する．なお，グロースポウチは米国mega international社（http://mega-international.com）から入手できる．

アセチレン還元活性の測定

試料の採取とアセチレンの封入

グロースポウチのポリプロピレンの袋をカッターナイフで切り，根系を取り出す．アセチレンは水に溶けやすいので，余分な水分を紙タオルなどで拭い，三角フラスコに根系を入れ，ダブルキャップゴム栓でふたをする．ガス交換装置にフラスコを装着して，容器内のガス相をアセチレン：酸素：アルゴン＝10％：10％：80％の混合空気と置換する（図8.6）．

ガスクロマトグラフの準備

FID検出器を有するガスクロマトグラフに，内径2～3 mm，長さ1 mのステンレス製またはガラス製のカラムをセットする．カラム充填剤には，80～100メッシュの活性アルミナを用いる．カラム温度を110℃，注入温度を150℃とし，キャリアーガスにはヘリウムを用い，流量を30 ml/分とする．ベースラインが安定したら，標準エチレンを注入してピークを得る．標準エチレンは，99.5％の高純度ボンベからガスを採取してアルゴンで希釈して調整する．

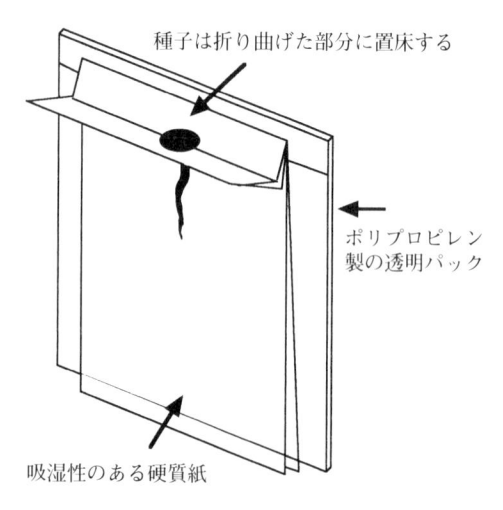

図8.5　根粒菌の接種試験に用いるグロースポウチ

表8.3　無窒素培養液の貯蔵液組成

貯蔵液番号	無機塩類	g/l
＃1	$CaCl_2 \cdot 2H_2O$	294.1
＃2	KH_2PO_4	136.1
＃3	Fe-citrate	6.7
	$MgSO_4 \cdot 7H_2O$	123.3
	K_2SO_4	87.0
	$MnSO_4\ \ H_2O$	0.338
＃4	H_3BO_3	0.247
	$ZnSO_4 \cdot 7H_2O$	0.288
	$CuSO_4 \cdot 5H_2O$	0.100
	$CoSO_4 \cdot 7H_2O$	0.056
	$NaMoO_2 \cdot 2H_2O$	0.048

1,000 mlの蒸留水に＃1から＃4の貯蔵液をそれぞれ0.5 mlずつ添加して，pHを6.6～6.8に調整する．初期生育を促進するために窒素の添加を行う場合は，KNO_3 を70 mgN/lの濃度で加える．（Dilworth，1980）

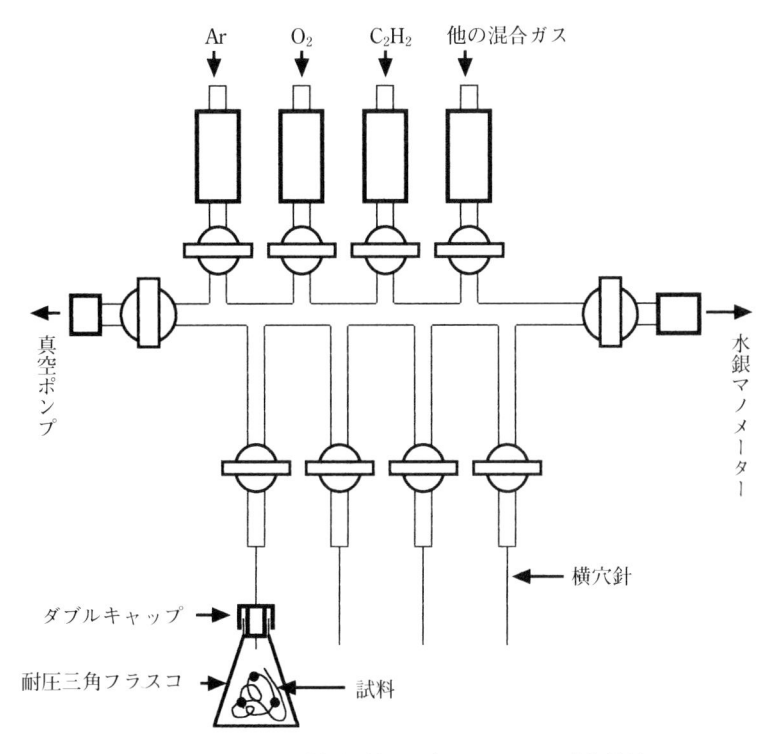

図 8.6 アセチレン還元活性の測定に用いるガス交換装置

サンプルの注入と生成エチレン量の計算

混合ガスに置換後，25℃暗黒条件下でインキュベートした試料からシリンジで 0.5 ml のガスを採取し，ガスクロマトグラフに注入する．上記の分析条件における保持時間は，エチレンで 50〜60 秒，アセチレンで 110〜120 秒である．各フラスコにおけるアセチレンのピークの高さを確認してガス漏出の有無を検査する．生成エチレン量が直線的に増加する時間をあらかじめ調べておき（上記の試料の場合，30 分程度の静止期 lag phase の後，3 時間程度は直線的に増加する），その間にガスを採取して分析する．分析後，容器の気相体積を測定してから試料を取り出し，根と根粒を分け，必要に応じて根重，根粒重，根粒数などを測定する．標準エチレンとサンプルのピークの高さ（あるいは面積）からサンプルの濃度を求めてエチレン生成量を算出する．一般に，生成量は，μmol/個体/時間や μmol/g 根粒生体重/時間の単位で表す．

(大門弘幸)

8.4 大気汚染と植物の生育

大気汚染物質には二酸化窒素，二酸化硫黄，フッ化水素，ヨウ素ガスなどの一次汚染物質と，光化学オキシダント（以下，オキシダントと称する）のような二次汚染物質がある．一次汚染物質は工場の排煙や自動車の排ガス中に含まれ，農作物における被害は，これらの汚染物質濃度が比較的高い特定の地域や範囲に限定されて発生する．ヨウ素工場周辺において発生したナシの葉の褐変やフッ素化合物によるイネの葉の枯損などがその例として報告されている．一方，オキシダントは，工場や自動車から排出された窒素酸化物や炭化水素が紫外線によって化学反応を起こして生成される過酸化物の総称であり，オゾン（O_3）と PAN（peroxyacetyl nitrate）がその主たる構成成分である．現在までに，イネ，ラッカセイ，ジャガイモ，サトイモ，ホウレンソウ，ペチュニアなど多くの農作物において，オキシダント特有の白色斑点や葉裏面の光沢症状などが観察されている（表 8.4）．オキシダント被害は，一次汚染物質による被害と異なり，汚染物質濃度が比較的低くても発生し，かつ被害が広範囲にわたる点が特徴である．

大気汚染による農作物の被害は，直接的な可視被害から間接的な収量被害に至るまでその程度はさまざまであり，また，気象条件や栽培条件によっても被害の発生の様相が異なることから，汚染源の特定が難しい．したがって，特定の汚染物質の農作物への被害の調査方法としては，それぞれの汚染物質に感受性が高い指標植物を選定し，それらを定点に配

置して斉一な栽培方法で栽培し，定期的に被害程度を調査するモニタリングフィールド調査（配置法）が有効である．さらに，フィルタードエアーチャンバー法（FAC）やオープントップチャンバー法（OTC）などのように，活性炭などのフィルターを通した空気を送り込む空気浄化施設を用いた実験によって，汚染された実在の非浄化空気とこれらのフィルターで浄化された空気の中で生育する農作物の反応を長期にわたり比較することも有効な手段である．一方，短期的な汚染物質の暴露が農作物の生育にどのような影響を及ぼすかを評価するには，人工的に調製したガスの暴露実験が行われる．ここでは，近年問題になっているオキシダント被害をとりあげ，指標植物における可視被害の観察を通して大気汚染の植物への影響について理解する．

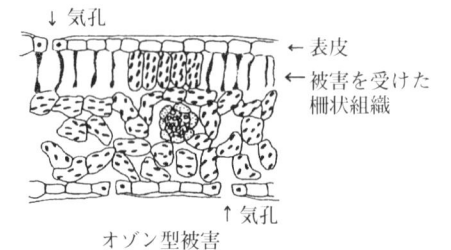

指標植物の選定と栽培

農作物ではサトイモ，ラッカセイ，イネ，ホウレンソウなどがオキシダントの感受性が高いとされ，中でも，サトイモとラッカセイは，1）低濃度でも被害が現れやすい，2）被害程度が判定しやすい，3）被害程度と汚染濃度との対応関係がよいなどの点から，指標植物として望ましいとされている（松丸，1992）．これらの植物を播種時期や栽培管理（施肥，潅水，除草など）を斉一にして各地で栽培し，被害調査の方法を定めて定期的に調査すると，各地のオキシダント汚染の実態がわかる．

可視被害の特徴

オキシダント被害は，汚染を受けてから1〜3日後に主として葉面にあらわれる．一般に「オゾン型被害」と「PAN型被害」に分類され，前者は葉肉組織の表側にあらわれ，後者は裏側（上面側）にあらわれる（図8.7）．オゾンは，成熟葉の柵状組織の細胞を侵し，葉は白色斑や褐色斑を呈し，PANは，比較的若い葉の海綿状組織の細胞を侵し，葉裏面に青銅色の金属光沢症状を呈するのが特徴である．

可視被害の判定

葉に発生した可視被害は，しばしば要素の欠乏症や過剰症，病虫害，凍害や霜害などの気象障害の症状と類似している．オキシダント被害か否かを判断するには下記の点を確認する．すなわち，被害症状の発生部位を調べて事例集（農林省農林水産技術会議事務局，1976）などによって症状を確認し，さらに周辺の植物を調査して被害の広域性について確かめる．また，可視被害があらわれた日から数日前までの大気汚染状況（地域の公害センターなどで入手できる）を調査して汚染濃度を確認する．なお，広域にわたる配置法では，複数の人間によって調査されるが，その場合被害程度の分級（たとえば，発生葉の可視被害面積の割合による「無」「軽」「甚」などの

表8.4　光化学オキシダントによる可視被害が認められている作物とその特徴的な症状

被害の分類	被害症状	作物名	症状の特徴
オゾン型	白色小斑点	ラッカセイ トマト キュウリ ダイコン アサガオ	葉表面の葉脈間に白色の小さな斑点ややや大きめ（2〜5mm）の斑点があらわれる．甚だしい場合は，症状が葉裏面にも及ぶ．
	白色大斑点	タバコ ホウレンソウ トウモロコシ	
	褐色小斑点	イネ インゲンマメ	葉表面の葉脈間に赤褐色ないし黒褐色の斑点があらわれる．葉脈が羽毛状に褐色化することがある．
	褐色大斑点	ジャガイモ サトイモ ラッカセイ	
PAN型	葉裏面光沢	キュウリ ナス ホウレンソウ ペチュニア	葉裏面の被害部分が陥没して，銀白色または銅色の光沢症状があらわれる．

（関東地方公害対策推進本部大気汚染部会（1980）を一部改変）

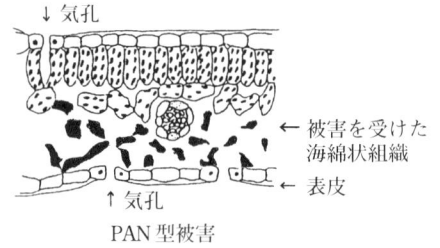

図8.7　光化学オキシダント被害を受けた作物の葉の断面構造の模式図
（関東地方公害対策推進本部大気汚染部会（1980）を一部改変）

分級）についてあらかじめ取り決めておく．

実　験：圃場で栽培されているラッカセイ，サトイモ，アサガオ，ペチュニアなどを観察して，オキシダント被害の有無を調査する．被害葉を実体顕微鏡で観察してその様相を図示する．

準　備：実体顕微鏡，スケッチ用具，大気汚染植物被害事例集．

（大門弘幸）

8.5 水質汚濁と植物の生育

水質汚濁物質は，工場排水，鉱業排水，農畜産業排水および生活雑排水などに含まれる，有機物質，油類，洗剤類，過剰な窒素化合物，リン化合物などがあげられる．また，最近では農地以外で利用される非選択性除草剤による被害も多発している（安部，1972：千葉県，1990）．いずれの汚濁物質も灌がい水を媒体にしたり，増水した用水路などから流入して植物に被害を与える．都市均衡の混住化農村地帯などにおいては，今後水質汚濁による農作物への被害が増加する可能性がある．被害が生じた際に迅速に対応するには，それぞれの汚濁物質の的確な判定が必要となる．

判定には，採取した汚濁水の水質を化学分析する方法と汚濁水を用いて幼植物を実際に生育させる方法がある．前者では，汚染源の可能性を想定してそれぞれの項目について分析する．後者では，汚濁水が流入した圃場の土を充填したポットで植物を生育させて障害の程度を判定する方法と，汚濁水を分注したガラス製管瓶内に催芽した種子を置床して数日間生育させてその根の伸長を観察する幼植物根試験法がある．

実　験：河川水および農業用水を採取してその水質を分析する．

準備と手順：1,000 ml容ポリビン，pHメーター，ECメーター，ケルダール蒸留装置，化学的酸素消費量（COD）分析用試薬類．

採水方法：水質調査の結果は採水の方法によって影響を受けるので，1) 採水地点，2) 採水時期，3) 採水方法について，下記の点に留意して採水する．また，採水現場における周囲の状況も記録する（千葉県，1990）．

1) 採水地点の選定：汚濁物質によると思われる作物の被害が認められた場合には，被害地点から採水すると同時に非汚濁水系からも対照として採水する．水質の経時的変化を知ろうとする場合には，水系の上流から下流に至る複数の定点を設けて経時的，経年的に採水する．

2) 採水時期の選定：河川や用水路の水量は，降雨量によって変化するので，採水にあたっては水質に変化を与える可能性のある気象条件や採水時間に留意する．

3) 採水方法：河川水や農業用水は均一なものではなく，岸の左右や水面近くと底部で水質が異なる．標準的には，左岸部，右岸部，流心部それぞれの水面から水深20％程度の水位から採水して等量を混合し，約1,000 mlを採取する．

分析項目と測定方法：ここでは水質判定の際の代表的な分析項目であるpH，電気伝導度（EC），ケルダール窒素，化学的酸素消費量（COD）について分析する（那須ら，1966）．

1) pH：採水直後の被検液をビーカーに100 ml程度採取してガラス電極を用いて測定するか，平面電極を用いた携帯用のpHメーターで測定する．農業用水として適当な範囲は6.0から7.5である．

2) 電気伝導度（EC）：ECは溶解しているイオンの総量（全塩類濃度）を示す値であり，pHを測定

酸性雨と植物の生育

酸性雨の原因：酸性雨のおもな原因はSO_2である．SO_2のおもな供給源は火山ガスや植物の死骸であるが，化石燃料の燃焼もその多くを占めている．SO_2が大気中に放出されると最初にSO_3の形に酸化され，後に水素イオンと結合して硫酸となり，酸性雨として地上に降る．この大気中における反応は，アンモニアやオゾンが存在する汚れた大気中で特に触媒される．しかし，大気中ではすべてのSO_2がH_2SO_4に変化するわけではなく，多くはそのままの形で浮遊し，再び地上へと舞い降りてくる．NOxも酸性雨の原因として問題となる．これは，自動車や工場の排気ガスに由来する．SO_2と同様にNOxは大気中に上昇し，雲の中で酸化された後に硝酸へと変化する．特に，鉄，マンガン，アンモニアで汚染された大気中においてはこの反応が促進される．

植物への影響：酸性雨が地上に降ると，土壌中の養分が洗い流される．また，このような酸性条件下の土壌においては土壌中のアルミニウムが活性化してくる．溶け出したアルミニウムイオンは植物に対してたいへん有害であり，ふつうの作物では1ppm程度の低濃度であっても被害が生じる．また，SO_2は再び地上に舞い戻り，このガスが植物の葉の気孔に障害を与えて光合成を低下させることが知られている．

（大江真道）

した被検液を用いてEC電極で測定する．pHと同様に携帯用のECメーターで測定してもよい．ECは塩害の迅速な測定にも有効であり，1.0 ds/m以上になると塩害の危険性がある．

3) ケルダール窒素：汚濁水中の窒素化合物には，無機態窒素のアンモニア態窒素と硝酸態窒素ならびに有機態窒素のアミン態窒素，アミノ態窒素，タンパク態窒素などの形態がある．これらの総量を全窒素といい，しばしばケルダール窒素（有機態窒素とアンモニア態窒素の合計値）で示される．硝酸態窒素も含んだ全窒素を測定する場合には，あらかじめ硝酸態窒素をアンモニア態窒素に還元してから測定するガニング変法を用いる（5.5項参照）．全窒素含有量として4 mg/l，アンモニア態窒素として2 mg/lを超える農業用水を利用すると水稲作では過繁茂や倒伏が生じて減収する危険性がある．

4) 化学的酸素消費量（COD）：COD（chemical oxygen demand）は被検水の酸化されやすい物質（有機物，亜硝酸塩，鉄（Ⅱ）塩，硫化物）の総量を示す値である．一定の強力な酸化剤を用いて被検水を処理した場合に消費される酸化剤の量を求め，それを酸素の量に換算して表したものである．実際には被酸化性物質の主要なものは有機物なので，CODは有機物量の相対的な尺度として利用できる．過マンガン酸カリウム酸性法による分析操作の手順は以下に示すとおりである．

① 被検水適量（50～80 ml）を300 mlの三角フラスコにとり，蒸留水を加えて約100 mlとして，さらに撹拌しながら硝酸銀溶液（20%（w/v））5 mlと硫酸（濃硫酸1：蒸留水2）10 mlを加える．
② 0.025N KMnO$_4$標準溶液をビュレットを用いて適当量（後述の沸騰水浴中に褐変しない程度）加える．
③ ただちに沸騰水浴して30分間加熱する．
④ 水浴後，0.025 N Na$_2$C$_2$O$_4$標準溶液10 mlを加えて混合する．
⑤ 0.025N KMnO$_4$標準溶液で滴定して溶液が無色からわずかに淡紅色になった点を終点とする．この時，溶液の温度を60～80℃に保ちながら滴定する．
⑥ 被検水のかわりに蒸留水100 mlを供試して同様の操作を行い，ブランク試験とする．
⑦ 被検水 Vml のCODは次式によって求める．

$$\text{COD}(\text{O}_2\text{mg}/l) = f \times 0.025 \times 8 \times (a-b) \times 1000/V$$

ここで，
f：0.025N KMnO$_4$標準溶液の補正係数
a：被検水における0.025N KMnO$_4$標準溶液の滴定値
b：ブランク試験の滴定値

（大門弘幸）

8.6 病害防除の基礎

病害防除と診断

病気が発生するためには，主因（病原体），素因（宿主植物），誘因（環境条件）の三つが揃う必要があるので，病気の発生はこれらの要因のうちのどれかを排除できれば抑えることができる．病気の防除には，発生前に行う予防と，発生後に行ういわゆる防除との二つの段階がある．第二次大戦後には野菜栽培が急速に拡大し，土壌病害やウイルス病が多発するようになったが，それら難防除病害の防除は困難をきわめ，生物的防除などを組み入れた総合的な防除が望まれるようになった．病害の総合防除の概念は，害虫で先行した総合的病害虫管理と同一で，宿主の抵抗性を利用し，耕種的防除，生物的防除とともに総合的な防除をめざすものである．

病気の防除を的確に行うためには，対象とする植物がどのような病気にかかっているのかを正確に知る必要がある．植物の病気の診断には圃場診断と植物診断の二つの段階があり，正確な診断には両方が必要である．圃場診断では，病気が発生している圃場で，発生の実態を把握して，病気の種類を総合的に判断する．植物診断は植物個体を対象とした診断で，肉眼的診断，解剖学的診断，血清学的診断，生物学的診断，遺伝子診断などの方法がある．病原ごとの診断方法については第10章を参照してほしい．

植物病害防除薬剤の生物検定

植物の病気はさまざまであり，防除に用いられる薬剤も多様である．ここでは菌類病の防除に用いられる殺菌剤を例にとり，薬剤の直接の作用を見る胞子発芽試験法と，殺菌剤の開発で重視される幼苗接種試験法の二つを実習する．

胞子発芽試験法

胞子発芽試験法は，病原菌胞子に対する発芽阻止作用によって殺菌剤の効力を検定するものである．薬剤の効力を比較的短い時間内に検定できるが，均一な水溶液にならない薬剤や，粉剤，また，胞子発芽阻止作用をもたない薬剤は検定できない．

準　備：スライドガラス，0.25％コロジオン液

(エーテルにコロジオンを溶かす),ピンセット,試験管,ピペット,メスフラスコ,U字管,ろ紙,大型ペトリ皿,恒温器,顕微鏡,無菌蒸留水.

材 料:試験菌(イネいもち病菌,イネごま葉枯病菌,ナシ黒斑病菌など),試験薬剤(水和剤または乳剤).

方 法:
1) 胞子懸濁液が小滴をつくりやすくするため,発芽試験前日にコロジオン膜でスライドガラスを被覆して発芽床を作る.0.25%コロジオン液にピンセットで端をもってスライガラスを浸漬し,すぐに引き上げて乾燥させる.
2) 試験薬剤を蒸留水で溶解または懸濁し,1%(10,000 ppm)の原液10 ml を作る.これを順次希釈して 1,000, 100, 10, 1 ppm の薬液を作る.
3) 分生胞子を形成させた培地に蒸留水を加えて胞子懸濁液を作り,倍率100倍の顕微鏡視野中に胞子が100個程度になるように蒸留水で希釈する.
4) 薬液 0.5 ml と胞子懸濁液 0.5 ml を混合して発芽床に滴下し,湿室(ペトリ皿)内のU字管の上に並べる.
5) 25℃で24時間培養後に,発芽および不発芽数を数える.判定は,発芽管の長さが胞子の短径の1/2以上のものを発芽とする.

薬剤に対する耐性の個体差は正規分布を示すので,横軸(対数軸)に薬量(ppm)を,縦軸(対数軸)に不発芽胞子率(%)をとると,結果のプロットは直線にのる.この線上の50%不発芽の点に相当する薬量が50%阻害濃度(ED_{50}, median effective dose)になる(図8.8).

幼苗接種試験法

幼植物を対象とした接種検定法は,防除薬剤の室内における効力検定法としては信頼性が高い.この方法を行うためには,感受性の高い幼植物を準備し,接種や効果の判定なども一定の条件で行う必要がある.

準 備:恒湿恒温器,噴霧器,試験管または三角フラスコ,腰の強い絵筆,ペトリ皿,蛍光灯,食品用ラップ,無菌蒸留水,ろ斗,ピペット,Tween 20,スライドガラス,カバーガラス,顕微鏡.

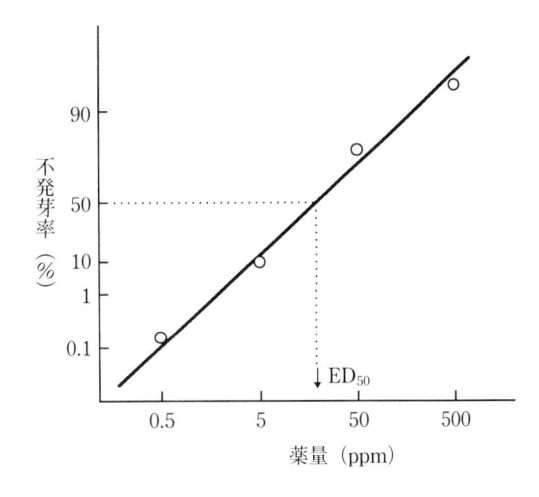

材 料:3~4葉期のイネ幼苗,いもち病菌分生胞子懸濁液(いもち病菌をオートミール培地で25℃で10日間培養すると,菌そうが培地表面を覆うようになる.水道水を注ぎながら筆で気中菌糸をこすり取って水を切り,ペトリ皿のふたを取ってラップをかけ,蛍光灯照明下で25℃で3日間培養すると,一面

図8.8 薬量反応直線と ED_{50} 値の例(中村,1983)

に分生胞子が形成される.これに蒸留水を加え,筆でかきとって,10^5 胞子/ml 程度の懸濁液を調製する),いもち病用殺菌剤(水和剤または乳剤).オートミール培地は,オートミール 50~100 g,寒天 35 g,水 1 l で作製し,滅菌ペトリ皿当たり 30 ml を流し込んで平板に固める.

方 法:
1) 胞子懸濁液に各薬剤を有効な濃度とその1/2の濃度になるように加え,さらに Tween 20 を 0.05%(v/v)になるように加える.
2) これを噴霧器でイネ葉に接種する.対照区には,薬剤を含まない胞子懸濁液を接種する.
3) 湿度100%,25~30℃の恒温器内で1~2日置いて感染させる.
4) 1週間後に,完全展開葉に形成された病斑数を調べる.1葉または1株当たりの平均病斑数を求め,次の式より防除価を求める.

防除価 = {(対照区平均病斑数 − 処理区平均病斑数)/対照区平均病斑数} × 100

この方法では,各薬剤の侵入阻止効果,つまり病害予防効果を判定できる.進展阻止効果,つまり治療効果をみるには,Tween 20 を加えた胞子懸濁液をイネ幼苗に接種し,接種後2~3日後に薬剤を散布して,結果を解析する.

〔大木 理〕

8.7 雑草防除の基礎

雑草 weed は農耕地やその周辺など,絶えず人間の干渉が加えられる場所に生育している植物であり,耕地には栽培植物とともに生活する耕地雑草(狭義の雑草:agrestal)が生育し,道端,校庭,空き地,

庭先など人間によって撹乱された場所には人里植物ruderalが生育する．耕地雑草と人里植物の両者をあわせて一般に雑草という．農業生態系における主な雑草は，畑地雑草と水田雑草である．

雑草の生態

雑草の繁殖様式は，種子繁殖と栄養繁殖に大別される．種子のみで繁殖し，発芽後1年以内に開花・結実して一生を終えるものを一年草，生存期間が3年以上のものを多年草という．多年草は，栄養体の一部または全部を地中や地上に残したまま冬期や乾期の生育不適な時期を過ごす雑草で，栄養繁殖器官（根茎，塊茎，鱗茎，匍匐茎，球茎など）のみで繁殖するものと種子と栄養繁殖器官の両方で繁殖するものがある．

畑地雑草と水田雑草の水湿適応性は著しく異なるため，田畑輪換のように作物の栽培期間の土壌水分条件を前歴の条件と大きく変化させると，雑草の発生量は少なくなり，種類も変化する．田畑輪換は特に寿命が短い雑草や栄養繁殖器官で増える多年生雑草の防除には効果的である．輪換の年数は，普通3年程度がよいとされる．

除草剤抵抗性

雑草の防除は，農作物の生産性と品質向上のために重要である．近代農業においては，除草剤による雑草防除が中心になっており，これは他の防除法と比較してわずかな労働力で安定した効果が得られるからである．特に，作物には薬害を与えず，雑草だけを枯殺する選択性除草剤の開発は近代農業に多大な恩恵をもたらしている．

圃場に発生する雑草は多様であり，除草剤の使用に伴って雑草の種類は変遷する．ある種類が除草剤により防除されると，その除草剤では防除の困難な難防除雑草が代わりに増える．個々の選択性除草剤は，雑草を枯殺できる薬量範囲や防除可能な雑草の種類（雑草スペクトラム）が限られているからである．また近年，除草剤の連用により除草剤抵抗性を獲得した雑草が報告されており，ハルジオン（Watanabe et al., 1982），ヒメムカシヨモギ（加藤・奥田，1982），オニタビラコ（埴岡，1989），オオアレチノギク（埴岡，1989）などではパラコート抵抗性系統が次々と発見されている．単剤の除草剤を長期に連用した場所で出現している．

抵抗性雑草の防除には，複数の除草剤をローテーションして使用するほかに，耕うん，刈り取りなど他の防除法を組み合わせることが必要である．最近，遺伝子組み換えによる除草剤抵抗性農作物が作出され，栽培されるようになっているが，これらの遺伝子組み換え作物から花粉によって近縁種に遺伝子が流出する危険性（バイオハザード）も指摘されている．

雑草の繁殖器官の取り扱い

採種・選別：一般に雑草は栽培植物と異なり，大量の種子をつけ，種子の成熟は不揃いである．また，種子には脱粒性があり，風雨により種子が落下しやすいので，実験用種子の採取時期には注意を要する．

畑地一年生雑草では，穂先の方からしごき取る（イヌビエ，メヒシバ，スズメノテッポウなど）か，穂全体（イヌタデ，カヤツリグサ，アオビユなど）または地上部全体（ツユクサ，スベリヒユ，ハコベなど）を刈り取って採種する．採取した種子は風乾し，風選により石や夾雑物を取り除く．

水田1年生雑草や畑地多年生雑草の採種，選別も畑地1年生雑草に準ずる．なお，多年生雑草では，栄養繁殖器官を実験材料に用いる場合もある．その場合，組織の未熟な部分を切除し，充実した部分を用いる．

表8.5 畑雑草種子の千粒重，休眠性，発芽特性および土中種子の生存年限（草薙，1989）

草種	千粒重（mg）	休眠性	最大出芽深度（cm）	発芽時の光要求性	土中種子の生存年限
メヒシバ	620	有	5	中	短
ヒメイヌビエ	1,050	有	10	中	短
スズメノテッポウ	240	有	6	小	短
カヤツリグサ	140	有	0.5	極大	長
ハコベ	320	有	4	大	短
シロザ	550	有	3	大	長
オオイヌタデ	2,220	有	5	小	中
スベリヒユ	100	無	1	極大	中
イヌビユ	300	無	1	大	中

土中種子の生存年限は短：2～3年以内，中：3～5年で大部分が死滅，長：6～7年以上でも大部分が生存する．

貯蔵・予措：採種後5カ月程度室内で風乾した種子は，ガラス製サンプルビンに入れて外気と遮断し，3～5℃の冷蔵庫で貯蔵すると長期に保存できる．貯蔵に際して，雑草の種類，採種年月日，採種場所などをラベルとカードに記録しておく．

多年生雑草の栄養繁殖器官は必要に応じて採取する．貯蔵する場合は，掘り上げた栄養繁殖器官を切断せず長いまま束ねて，湿らせた紙で包んでビニール袋に入れ，冷蔵庫中で保存する．袋内の湿度が高いと腐敗しやすいので，密封しない方が無難である．

なお，種子は自発休眠をもつ場合が多い（表8.5）．除草剤実験に用いる雑草種子の発芽勢は，少なくとも5日間ぐらいに集中するのが望ましいので，休眠期間の長い種子では，あらかじめ休眠打破処理を行う．

休眠打破処理：雑草の種類，休眠程度の強弱により異なるが，前年秋の採取種子を室内で貯蔵しても，翌春にはほとんど休眠は打破されている．人為的に休眠打破処理をしても発芽は揃えられる．

風乾貯蔵種子に対して，低温湿潤，低温湛水，高温湿潤あるいは高温露光処理などを行うと休眠は打破される．一般に，秋に結実する夏季雑草の種子では低温湿潤処理が，春に結実する冬季雑草の種子については高温湿潤処理が適している．低温湿潤処理は，風乾種子を寒冷紗やガーゼなどで包み，水で湿らせて乾燥しないように容器に入れて3～5℃の冷蔵庫中で10日～1カ月間冷蔵する．シロザ，タデ類などの硬実で低温発芽性種子は，ビーカーに風乾種子を入れて，湛水中に浸漬して冷蔵する．

短時間で休眠打破する方法としては，シアン化合物の利用があげられる．そのうち，取り扱いが最も簡便なのは石灰窒素を利用した方法である．水80 mlに石灰窒素20 gを加え，充分撹拌した後，数時間静置する．上澄み液を別の容器に入れた後，液の中に種子を1～12時間浸漬処理する．処理後，種子を水洗して播種床に播種する．

（望岡亮介）

8.8 農業景観と生物多様性

植物生産の効率向上にあたっては生物多様性への配慮が求められる．開発や生産が生物多様性にどのような影響を与えるかは常に評価する必要がある．生物多様性 biodiversity はおもに遺伝子，種，景観のレベルで評価される．遺伝的多様性は，階層的集団における遺伝的パラメーターによって，種多様性は種多様度関数などによって，景観は景観要素の記述によって評価される．生態系の評価では個々の多様性よりも生物間相互作用の実態を把握することが大切である．ここでは，景観調査，個体群の平面的散布の評価および他殖性植物と訪花昆虫との相互作用を例として生物多様性の評価法を述べる（遺伝的集団構造の評価法は4.3項を参照）．

景観調査

農耕地の植物群落と植物の生活形

半乾燥地のサバンナの農耕地や熱帯のアグロフォレストの風景（景観）など，ある地域の景観は，自然の環境条件と人間活動に依存して出来上がっている．日本では，美しい農村の景観は勤労意欲の高い地域に多く，そこの植物群落は丁寧に管理されていることが多い．一地域の景観は自然的景観要素と文化的景観要素からなるが，景観の主要な要素として植物群落の相観 physiognomy がある．一般に水田や畑は，作物栽培をやめ放棄すると自然植生の回復によってもとの森林や林へと変化していく（遷移）．この過程に，火入れや草刈りなどの影響が継続的であると，それに応じた植物群落が発達する（偏向遷移）．西南日本の農耕地の多くは照葉樹林を極相とする場所にあるが，一般に照葉樹林の極相に至るまでは数百年を要する．耕地の周辺には，クス・タブ崩芽林やクヌギ・コナラ林などの二次林が多い．農耕地とそれを取りまく二次林の間には，ススキ草原・シバ草原，雑草群落，路上踏みつけ群落などの人間の営為に応じた植物群落のさまざまな相観が見られる．この相観は優占種の植物体の高さ，葉の特徴や生活形の違いや群落の階層構造の程度によって特徴づけられる．

植物群落は必ずしも同種でなくても，生活形が同じであれば類似した相観を示す．植物の生活形は，寒期や乾燥期に耐える芽の地表面からの高さによって図8.9のように識別される．

地上植物（Ph）：冬芽が地上20 cm以上にある植物，休眠芽の高さ，葉の宿存性によって大型地上植物，中型地上植物，小型地上植物などにさらに区分される．

地上植物（Ch）：冬芽が地上20 cm以下にある植物，低木状地表植物，受動的地這性地表植物，地這性地表植物などに分けられる．

接地植物（H）：半地中植物ともいう．冬芽が地上に接しており，枯れ葉や雪に保護されているもの．ロゼット植物，部分ロゼット植物などに分けられる．

地中植物（G）：冬芽が地表から隔たった土の中にあるもの，地中植物，沼沢植物，水生植物などがある．

一年生植物（Th）：種子で越冬（越夏）するもの．

実　験：棚田の水田とそれを取りまく畔や草地，二

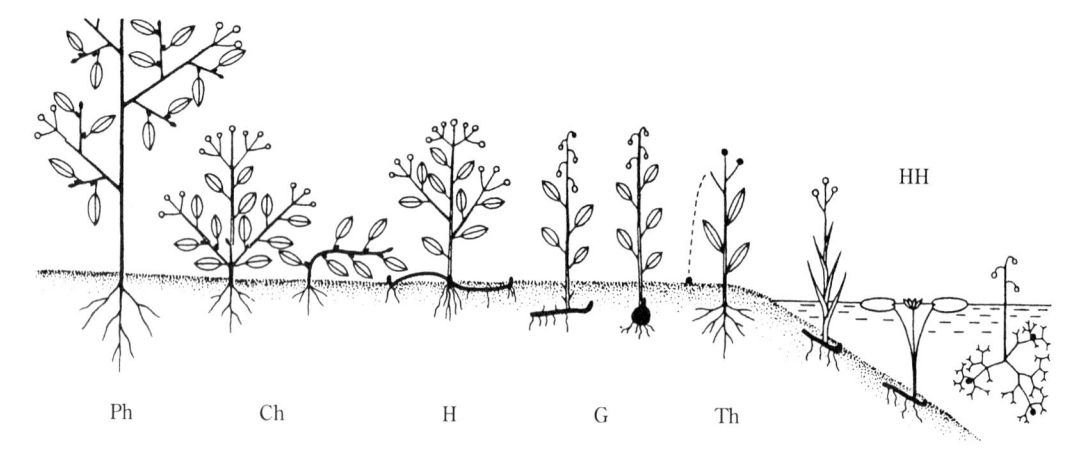

図8.9 ラウンキエの生活形（宮脇編，1977）

次林の植物群落の相観をしらべ，群落を構成する植物の生活形組織から，対象地域の景観要素と農業生態系の特性を考察する．

観察・調査の要点：
1) 調査地に関する情報の記述：位置，緯度，標高，傾斜度，山地・海岸など
2) 潜在自然植生と代償植生：周辺の林について
3) 人家の構造，耕地の配置，屋敷林の種類
4) 水田と畔の構造：排水状況，水源と水路の種類（貯め池，河川など），畔の上面の形状（平坦，山形，鈍形），畔の湾曲度，前畔の構造，畔畔草地の傾斜度
5) 主要構成植物：種類，生活史特性，種子散布様式，生活形（休眠芽の位置），頻度（5段階），被度（％），観賞価値や有用性のある種は特記する
6) その他：草刈りの回数，田植えや収穫時期，裏作の有無など

考　察： 群落を構成する植物の特徴から相観と人間のインパクトの関係を検討する．調査項目（たとえば種数や頻度）について得たデータから多様度指数 p を求める．総数に対する個体の数の率を a_i とするとき，
$p = -\Sigma a_i \ln a_i$ となるので，場所ごとの多様度を比較する．

群落における植物個体の分散構造

個体分布の様式と判定法

草地や放牧地の作物や耕地の雑草のように農業生態系の中にみられる植物群落では，散布器官の特徴，個体間の競争やアレロパシィなどの相互作用によって植物個体が不規則に分布する．この分布の様態を分布様式 distribution pattern という．分布様式の判定にはさまざまな手法があるが，方形区を使って調査する Kershaw の方法や森下の I_δ 法，個体間の距離を使って調査する最近隣法がある．分布様式を記述するだけでなく，その原因の生態学的考察から植物資源の維持や管理の方策を探る．

コドラート法

Kershaw の方法（分散－ブロックサイズ法）：
図 8.10（B）に示すように n 個の個体からなるコドラートがさらに小さな区画 A, B, … から成立していると見て，小区画に含まれる個体数を n_i，小区画の数を N とすると，n_i の分散 S は
$$S = \Sigma n_i^2 - (\Sigma n_i)^2 / N$$
で示される．ブロックサイズを変化させて，この分散を調べたとき，個体の分布様式に塊（aggregation, patch）があると塊のサイズのところで分散が極大値を取ることがわかっている．2 種間の関係を知る場合は，種 X，種 Y に関係がなければ次式が成立するので，
$S_X + S_Y = S_{XY}$ （ただし，S_X は種 X の分散，S_Y は種 Y の分散，S_{XY} は 2 種を込みにしてみた分散）
何らかの相互関係 COV_{XY} があれば，
$S_X + S_Y = S_{XY} + 2COV_{XY}$
となるので，$COV_{XY} = (S_X + S_Y - S_{XY})/2$ より，相互関係を知ることができる．相関係数 r とすると，
$r = COV_{XY} / (S_X + S_Y)^{1/2}$ である．

森下の I_δ 法： Kershaw の方法と同様に小区画における個体数を n_i とすると，森下の分散指数 I_δ は次式で与えられる．
$$I_\delta = \Sigma n_i (n_i - 1) \cdot N / n(n-1)$$
I_δ は分布がランダムであれば 1，集中分布（塊がある）であれば 1 より大きく，N までの値をとり，規

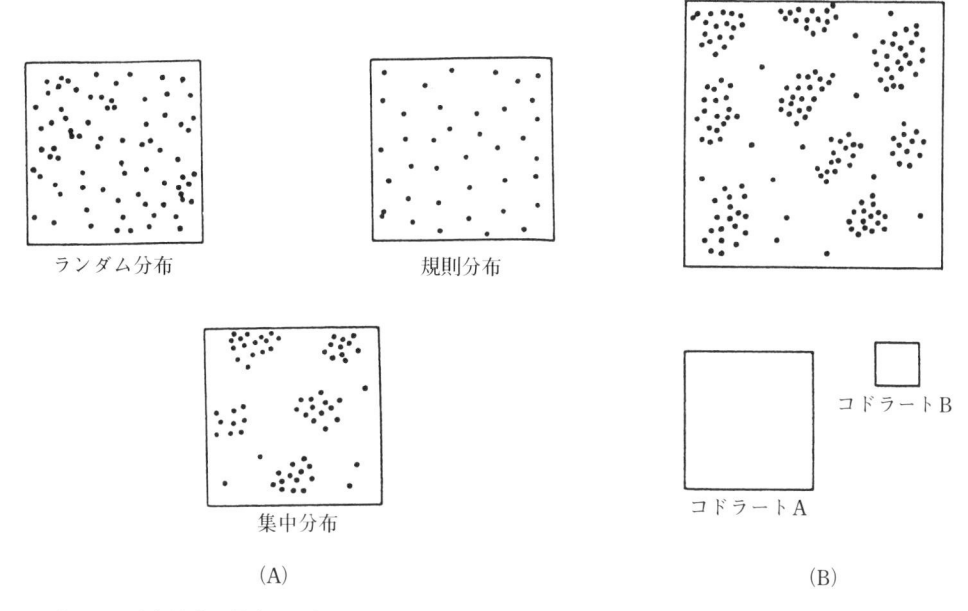

図 8.10 分布様式の基本的種類（A）とコドラート法における枠の設定例（B）（Poole（1974）より）

則分布であれば 1 から 0 の範囲となる．方形区の大きさを変化させ（細分化し），I_δ の値を描くと分布様式が分かる．

最近隣法

ある区画の中から任意に選んだ個体とその個体に最も近い個体までの距離を x_i とおくと，平均距離 r は $\Sigma x_i / N$ となる．分布がランダムのときの最近隣個体までの距離の期待値 $E(r)$ は，p を単位面積の密度とすると，

$E(r) = 1/(2p^{1/2})$ となる．

もし分散様式がランダムであれば，この値は 1 となる．個体が集中分布するならこの二つの値の比 R は，1 より小さく，密に集中するなら限り無く 0 に近くなり，個体が規則分布するなら 1 と 2.1496 の間となる．

$R = r/E(r)$

実　験：休閑水田（畑）もしくは果樹園に 2 m × 2 m のコドラートを設定し，そこに優占する雑草 2 種について個体の生育場所（または地上茎の出現場所）を図示し，その分布様式を解析する．また，その結果からこれら 2 種の種内個体間の動態と種間関係を考察する．

生物間相互作用の観察

ニホンタンポポ，スイバ，アザミ，アブラナ，ダイコンなどは昆虫の訪花により結実する他殖性植物である．これらは訪花昆虫に花粉や蜜を報酬として与え，昆虫は見返りに他個体からの花粉を必要とする植物の個体間送粉の作業を果たす．セイヨウタンポポやオモダカは無性繁殖や栄養繁殖により子孫を確保するので昆虫の訪花が無くても，個体群を維持できる．そのため，種子繁殖にたよる他殖性多年草の存在は，高い生物多様性の指標となる．ここでは，訪花昆虫の制限が種子繁殖に及ぼす効果を調べ，生物間相互作用の評価方法を述べる．

実　験：訪花昆虫の訪花制限による種子繁殖効率の低下を調べ，周囲の植物や景観の多様度と低下の割合の関係を検討する．

準　備：ニホンタンポポ，セイヨウタンポポ，オモダカ，ノアザミを鉢植えとし，それぞれ 20 個体確保する．木枠に白の寒冷紗を張った箱 3 個を準備する．捕虫網，管ビン．

方　法：開花期に植物を 5 鉢ずつ 4 群に分け，開花の初期に開花している花のすべてを除去する．次に，3 群には寒冷紗箱を被せる．開花盛期の天候の良い日の午前中に 1 群を 2 日のみ開放する．1 群は 4 日開放する．1 群は閉鎖したままに保つ．そのあと，3 群とも，すべての開花が終わるまで閉鎖を維持する．

開花期には2日開放，4日開放の区では訪花昆虫の種類と花を訪れた頻度を記録する．

結実したら4群について頭花や花房をすべて集め，種子稔性を調査する（6.1項参照）．稔性は個体ごおよび頭花や花房ごとに求める．

考　察：全開放，部分閉鎖（2日開放，4日開放），閉鎖の条件ごとに種子稔性の違いと昆虫の訪花頻度との関係を周囲の環境と関連づけて調べる．

注　意：閉鎖期間中に寒冷紗の箱内に昆虫が侵入しないように注意する（時折殺虫剤を噴霧する）．

オモダカでは閉鎖期間に応じて地下部の塊茎の重量が増大するかどうか調べる．

（山口裕文）

発光分光分析法による重窒素の測定

安定同位体である重窒素を利用したトレーサー実験や窒素固定量を評価する際に用いる重窒素希釈法において，植物体が含有する重窒素を分析する際には，精度良く結果が得られる質量分析計を用いるのが望ましい．しかし，質量分析計は高価であり，また維持管理にも熟練を要する．そこで，発光分光分析法（熊沢・有馬，1982）がしばしば利用されている．本法は，窒素分子が励起された際に生じる既知の発光スペクトルが，窒素分子を構成している窒素原子の質量数の差異（$^{14}N^{14}N$, $^{14}N^{15}N$, $^{15}N^{15}N$）によって変位を示すことを利用して分析するものである．すなわち，植物体の乾燥粉砕試料を，直接真空ガラス管に封じ込めてマッフル内で燃焼させてガス化するか，ケルダール分解して得たアンモニア態窒素を微量拡散法で少量の塩酸に吸収させた後に生じた塩化アンモニウムを同様に真空ガラス管に封じ込めて，高周波でガス化させる．得られた放電管を分光器にセットして，高周波で発光させ，回折格子で分光した$^{14}N^{14}N$と$^{14}N^{15}N$のバンドスペクトル297.7nmと298.3nmの強度比から^{15}Nの濃度を求める．実験の目的によって異なるが，一般には，植物体の重窒素濃度を知る前に全窒素濃度を求める必要がある．この場合，粉砕試料を直接ガラス管に封じ込める方法では，N-Cアナライザーなどを用いた燃焼法で全窒素を分析すれば良い．一方，ケルダール分解液の蒸留によって全窒素を求めるのであれば，その分解液の一部を使って分析する高周波ガス化法（山室，1979）が安定的に発光して精度も高い．

（大門弘幸）

第9章 収穫物の評価と品質管理

9.1 収穫物の物理的・生理的変化

外観評価

収穫物の良し悪しはまずその外観により評価される．外観評価の方法は収穫物により異なり，大きさ，形状，色（表面，内部），均一性，損傷の有無によって行われる．

コメの外観評価：うるちともち，水稲と陸稲，籾，玄米および精米の調製加工ごとに評価される．形質（皮部の厚薄，充実度，質の硬軟，粒ぞろい，粒形，光沢および肌ずれ，心白および腹白程度）の優劣，未熟粒の割合，被害粒の割合，着色粒の割合および死米の割合を評価する．

ダイズの外観評価：粒の大小，粒形（球，偏球，偏楕円，楕円の別），種皮色（黄，黄白，黄緑，緑，濃緑，褐，黒，斑色など），臍の色（黒，淡黒，暗褐，褐，淡褐，極淡褐，黄，緑，周縁褐中央黒，周縁淡褐中央褐の別），子葉部の色（黄，淡緑，緑の別），形質（皮部の厚薄，充実度，粒ぞろい）の優劣，被害粒の割合および未熟粒の割合を評価する．

野菜の外観評価：形状，色沢，大きさおよび損傷の程度の項目で評価される．トマトなどの果菜類では果皮の色沢，充実度と果実の熟度に関係があるので，これより果実の最適熟度が判断できる．トマトでは収穫期を1）緑熟果（着色程度0％）：マチュアグリーン，2）催色果（着色程度10％以下）：ブレーカー，3）着色果（着色程度50～60％）：ライトピンク，4）着色果（着色程度60～90％）：フルピンク，5）完熟果（着色程度90％以上）：テーブルライプ，に分ける．

果実の外観評価：外観評価は新鮮度（重量，みずみずしさ，つや，果梗の変色），果形（大きさ，ゆがみ，玉ぞろい，花あと），果皮（色沢，白粉，剥皮の難易，凸凹，しわ，浮皮），果肉（かたさ，繊維，歯ざわり，色沢，色調），病害虫の有無の各項目で行われる．外観は果皮の色沢と充実度および果実の熟度に関係しており，果実の最適熟度が判断できる．バナナの果実では果皮の色沢のスコアと糖度およびデンプン含量とに明瞭な関係がみられる（表9.1）．また，果実の色調は市販のカラーチャートによって数値化できる．

物理的特性

硬　度：農産物のテクスチャーを知る上でその圧縮強度は重要な性質であり，物体を圧縮した時に破断（破壊）しない最大応力を圧縮強度という．インストロン試験機，レオメーターなどの圧縮試験機で測定する．これらの試験機は本体機構部，制御検出部，記録部からなる．レオメーターは最大荷重が2 kgの軽荷重型で，小型かつ安価である．本体機構部に1本の軸に上下する試料台がつき，プランジャーが上部に固定されている．一方，インストロン試験機は，かたい食品に向いており，重荷重型である．

圧縮試験機によって圧縮荷重－変形量曲線（図9.1）を得て，生物降伏点あるいは破壊点における圧縮強度，変形量，圧縮弾性率，破断エネルギーを求める．

かたさは圧縮強度と同意義であり，実用的で熟度や鮮度判定に際し，経験的方法で果実の突き刺し抵

表9.1　追熟中のバナナの色沢と糖度およびデンプン含量（茶珍，1981）

尺度	色　調	糖　度	デンプン (%)
1	緑	0.1～ 0.2	19.5～21.5
2	僅かに黄味がかった緑	2.0～ 5.0	16.5～19.5
3	黄味がかった緑	3.5～ 7.0	14.5～18.0
4	青味がかった黄	6.0～12.0	9.0～15.9
5	グリーンチップ	10.0～18.0	2.5～10.5
6	黄	16.5～19.5	1.0～ 4.0
7	黄－小さな褐色の斑点	17.5～19.0	1.0～ 2.5
8	黄－大きな褐色の斑点	18.5～19.0	1.0～ 1.5

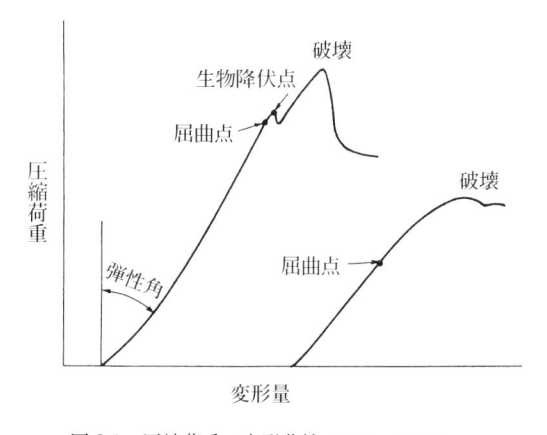

図9.1　圧縮荷重－変形曲線（梅田，1981）

抗値を求める．果実硬度計，ペネトロメーター，カードメーター，テクスチュロメーターなどによって測定する．

粘　度：粘度は青果物加工品の果汁や米飯の粘っこさの程度を示すために測定する．粘度の測定にはオストワルド毛管粘度計，回転粘度計，円錐－平板粘度計，落球粘度計，平行板プラストメーターなどが用いられる．

オストワルド毛管粘度計（図9.2）は果汁などの低粘度の液体の粘度測定に適している．試料を5 ml取り，試料だめDに入れ，恒温槽で20～30℃に試料をあたためた後，Bから毛細管Fを通じて試料液を上部メニスカス um まで吸い上げて，Gに試料液をためる．その後，試料液が上部メニスカス um から下部メニスカス lm を流下する時間を測定する．次に，試料に変えて，水で同様の測定を行う．測定は数回行い，それぞれ平均値を求める．

粘度は相対粘度（η_r）として次式により算出する．
$\eta_r = \eta / \eta_0 = \rho t / \rho_0 t_0$
η：試料粘度　ρ：試料の密度　t：試料の流下時間
η_0：水の粘度
ρ_0：水の密度　t_0：水の流下時間

回転粘度計のうちB型粘度計では，円筒容器の内筒または円板を回転させて，粘度によるトルクをバネとつり合わせて，その偏角をメーターで読みとるか，または電気信号に変えて粘度を測定する．

平行板プラストメーターでは平行円板に試料をはさみ，力を加えて試料の厚さの変化を測定する．半固体状のきわめて高い粘度の試料の測定に適し，米飯の粘弾性測定にはこれを用いる．

色　彩：収穫物の色は外観評価の判断基準の一つであり，収穫時期や果実の熟度など品質を知る上で重要な要素である．色を測色するにはカラーチャートなどと比較する視覚法と分光特性を比較する機器分析法がある．

色は，色相（色の種類），明度（色の明るさ），彩度（色の濃さ）の三属性で表し，表色法により表現する．表色法にはRGB表色法，XYZ表色法，マンセル表色法，L*a*b*表色法がある．L*a*b*表色法はCIEが定めた表色法で，二つの試料の色差を表示する方法であり，現在多くの測色色差計で用いられている．L*は明度，a*，b*は色度として表わす．a*は赤，−a*は緑を示し，b*は黄，−b*は青を示す．数値が大きくなると鮮やかな色となる．$\{(a^*)^2 + (b^*)^2\}^{1/2}$は彩度を，a*/b*は色相を表す．また，L × b*/a*は果実や葉菜類の黄化のよい指標となる．試料が薄く光の透過が大きい場合，試料に凸凹があり光が均一に当たらない場合などは測定値が異なってくるので，試料の調製には注意する．

生理的特性

呼吸量：呼吸は，生体が酸素を吸収し，生体内の有機物，主に糖を酸化させて炭酸ガスと水を放出する現象であり，次の化学式で表される．
$C_6H_{12}O_6 + 6O_2 \rightarrow 6CO_2 + 6H_2O + 686 kcal$

呼吸量は，温度により変化するので，所定温度条件下に試料を置き，試料温度が一定になってから測定する．また，収穫直後は切断等の影響で呼吸が盛んになるので，収穫後数時間経過した後に測定する．光合成能力の高い試料では呼吸測定装置に暗幕をはる．

測定方法には試料を密封せず，通気して酸素濃度と炭酸ガス濃度を経時的に測定する通気式と，試料を密封して呼吸にともなう変化を測定する密封式がある．通気式では感度が高く，安定的に測定できる測定法を用いる．炭酸ガスは，空気中濃度が低いため，赤外線炭酸ガス分析計やガスクロマトグラフィーにより通気式で測定できるが，酸素は，空気中濃度が高いので，通気式では変化をとらえにくい．密封式には容積変化から間接的に測定する方法と密封容器内のガス濃度を測定する方法がある．前者はマノメーターを用いたワールブルグ検圧法（5.3項参照）で，植物組織や細胞の呼吸測定に適している．後者には放出した炭酸ガスを2N水酸化カリウム溶液に吸収させた後，約25％塩化バリウムで沈澱させ，残った水酸化カリウムを0.2N塩酸で中和滴定して求める方法と，ガスクロマトグラフィーで直接測定する方法がある．ガスクロマトグラフィーでは，検

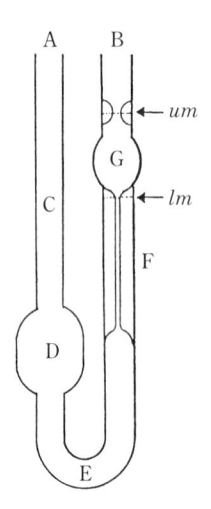

図9.2　オストワルド毛管粘度計（林，1989）

出器に熱伝導型検出器（TCD）を用い，カラムには炭酸ガスではポラパックQ，酸素ではモレキュラーシーブ5Aを用い，カラム温度を60℃とする．

エチレン：エチレンは，植物ホルモンの一つで，果実の追熟や老化に作用し，葉菜などの黄化に関係する．また，唯一の気体ホルモンである．そのため，揮発性成分の測定と同様にガスクロトグラフィーを用いて測定する．検出器には水素炎型検出器（FID），カラムには活性アルミナを用い，カラム温度を60℃とする．エチレン生成量の多い試料では密閉式のヘッドスペース法で採取する．生成量の少ない試料では，一旦トラップ試薬にエチレンをトラップさせた後，捕集したエチレンを再び発生させて測定する通気捕集法を用いる．果実内のエチレンは，果実を水中下に置き，真空ポンプで減圧して採取する減圧採取法（図9.3）によりサンプルを得する．

酵　素：ここでは収穫物に関係の深い酵素の抽出および測定方法を示す．

1）アルコール脱水素酵素（EC 1.1.1.1）

果実の追熟中には老化に伴いエタノールの生成が増加する．これは組織の軟化にともない酸素の透過が悪くなることや代謝そのものが変化するためといわれる．また，包装により人為的に低酸素状態に置いた場合もエタノールが生成する．この時，作用するのがアルコール脱水素酵素である．この酵素は反応において補酵素のNADをNADHに還元するので，活性変化は単位時間当たりのNADHの増加量から求める．試料5gを冷やした0.1 Mリン酸緩衝液（pH 8.5）20 mlとともに氷冷した乳鉢と乳棒で磨砕する．磨砕液を2重のミラクロスまたは4重のガーゼでろ過し，20,000 rpmで15分間遠心分離する．上清液を粗酵素液として用いる．3 ml容の石英セル（光路1 cm）に0.1 Mグリシン緩衝液（pH 9.0）0.5 ml，3 Mエタノール0.1 ml，1.5 mM NAD 0.1 ml，水2.2 mlの順にそれぞれを添加し，粗酵素液0.1 mlを添加して反応を開始する．25℃下での反応開始後5分後の340 nmでの吸光度の増加を測定する．

2）ポリフェノールオキシダーゼ（EC 1.10.3.2）

植物は機械的または生理的に障害を受けると褐変する．この現象はポリフェノールオキシダーゼの作用による．この酵素は，0.2～0.3％銅を含む銅酵素であり，モノフェノールを水酸化し，ジフェノールを生成するクレゾラーゼとジフェノールをo-キノンへ酸化させるカテコラーゼからなる複合体である．

試料10 gを冷やした0.1 Mリン酸緩衝液（pH 6.0）の一定量とともに氷冷した乳鉢と乳棒で磨砕する．磨砕液を2重のミラクロスまたは4重のガーゼでろ過し，20,000 rpmで15分間遠心分離する．上清液を粗酵素液として用いる．3 ml容のガラスセル（光路1 cm）にあらかじめ30℃にあたためた0.1 Mリン酸緩衝液（pH 6.0）2.6 ml，0.1 Mクロロゲン酸0.3 mlの順に添加し，粗酵素液0.1 mlを添加して反応を開始する．反応開始10分後の420 nmでの吸光度の増加を測定する．

（今堀義洋）

9.2 化学成分の変化

炭水化物の定量（デンプン，糖）

デンプン

デンプンは，化学的にあるいは酵素的に単糖に分解し，その還元力やHPLCによる分離定量により測定される．以下に2種類の抽出と分解法を述べる．

まず，デンプンの分解に先立ち遊離の単糖やオリゴ糖類を取り除く．一般には熱アルコール抽出（80％）を行い，アルコール不溶物（AIS）をデンプン定量に用いる．

過塩素酸法：過塩素酸は優れたデンプン溶剤である．AISの一定量に適当量の水を加え，湯煎上で撹拌しながら加熱し，デンプンを糊化する．これを冷却した後冷温下で最終4.6 Nの過塩素酸で撹拌しながらデンプンを抽出し，遠心分離により上澄液を得る．残査を同濃度の過塩素酸で3～4回反復抽出した後，全抽出液を定容する．次いで，過塩素酸濃度が0.56 Nとなるようこの抽出液を水で希釈し，この一定量を煮沸湯浴中で2時間加熱し，デンプンを加水分解する．冷却後1 N NaOHで中和し，遊離したグルコースを糖類の測定方法（後述）により定量し，この値に0.9を乗じて粗デンプン量とする．

グルコアミラーゼ法：一定量のAISを0.2 M酢

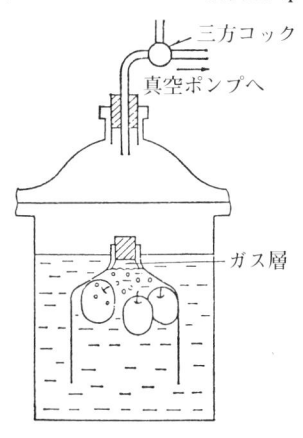

図9.3 果実内ガス採集装置（上田，1981）

酸緩衝液（pH 4.5）5 ml とグルコアミラーゼ 0.5 ml（試料中のデンプンをすべて分解する酵素量，予備実験で確かめておく）を加え，よく混合した後，流動パラフィンを液面に薄く乗せる．これを 60 ℃条件下におき，40 時間反応させる．反応液 1 ml に，水 5 ml，0.3 N NaOH 2 ml および 5 % $ZnSO_4$ 2 ml を加え，沈殿したタンパク質をろ過し，とり除く．ろ液のグルコース量をグルコースオキシダーゼ法（後述）により測定し，デンプン量を計算する．

デンプン自身の構成要素であるアミロースとアミロペクチンの割合は，穀類では重要な評価項目である．通常はアミロースを測って全デンプンから差し引いた値をアミロペクチンとする．アミロースはヨウ素との親和力を利用して測定する．

糖

簡略な糖の測定は屈折糖度計を用いて可溶性固形分を測定する．この方法による屈折計指度（Brix）を糖度と呼ぶ．酸や他の可溶性固形成分も屈折計指度に含まれるので実際の糖含量（%）より 2～3 %（度）高く表示される．

単糖やオリゴ糖類を定量するにはさまざまな方法がある．還元力を測って糖含量を調べる（還元糖量），あるいは加水分解して（主にショ糖）還元糖量を測定する（全糖量）．ここではソモギーネルソン法（還元糖測定法）を紹介する．アルドース（グルコースなど，o－アミノジフェニール－酢酸法など）や，ケトース（フラクトースなど，レゾルシン－塩酸塩法など）に特異的な測定法は専門書を参考されたい．また，グルコースの定量法と HPLC による単糖，オリゴ糖類の分離定量の一例を述べる．

ソモギーネルソン法（還元糖量）：還元糖とアルカリ性銅試薬の反応で生じた Cu_2O は，硫酸酸性下でヒ素モリブデン酸をモリブデン青に還元するので，モリブデン青の吸光度から糖の濃度を求める．試薬の調製法を述べるが，市販のキットもある．

試　薬：アルカリ性銅試薬→約 250 ml の水に無水 Na_2CO_3 を 24 g と酒石酸カリウムナトリウム 12 g を溶解し，これに 10 % $CuSO_4・5H_2O$ 溶液 40 ml を混合し，次いで $NaHCO_3$ 16 g を加えて溶解する．別に約 500 ml の水に無水 Na_2SO_4 を 180 g を加熱溶解し，さらに煮沸して溶存空気を追い出す．冷却後両液を混合し，水を加えて 1 l とする．1 週間放置した後，ろ過し，ろ液を使用する．暗所で 25～30 ℃で保存する．ヒ素モリブデン酸塩試薬（Nelson 試薬）→モリブデン酸アンモニウム $(NH_4)_6Mo_7O_{24}・4H_2O$ 50 g を約 900 ml の水に溶解し，これに濃硫酸 42 ml を静かに混合する．次いで，第二ヒ酸ナトリウム $Na_2HAsO_4・7H_2O$ を 6 g（あらかじめ約 50 ml の水に溶かしておく）を加え，水を加えて 1 l とする．この混合液を 37 ℃に 24 時間保った後，褐色共栓瓶で保持する．この試薬は約 1 年間は安定である．

実験方法：試験管に試料 1.0～5.0 ml と等容積の銅試薬 1.0～5.0 ml を加え，アルミホイルでキャップし，沸騰湯浴中に 10 分間保った後，流水で冷却する．次いで，Nelson 試薬 2.0 ml（糖量が 0.1 mg 以下であれば 1.0 ml でよい）を加え混合し，Cu_2O を溶かしモリブデン青を発色させる．25 ml に水で希釈し，15 分後に 660 nm または 500 nm の吸光度を測定する（モリブデン青の呈色は 5 時間程度安定）．同時に試料の代わりに水を用いたブランク値を測り差し引く．一方，標準糖について検量線を作成する．高濃度塩類やクエン酸塩の共存は発色を低下させる．

銅の還元速度は，糖の種類により異なるので，グルコースやフラクトースで 10 分，ガラクトースでは 15 分，マンノースでは 30 分加熱する．

ショ糖を上の方法で分析するには，加水分解が必要である．試験管に試料水溶液を入れ，最終濃度 0.1 N HCl 溶液として沸騰浴中で 20 分間加水分解し，還元糖液を得る．冷却後，指示薬としてメチルレッド 1 滴を入れ，0.1 N NaOH で中和した後に一定容とする．この糖液について全還元糖をソモギ・ネルソン法で測定する．加水分解しないで還元糖量を測っておき，全還元糖からその還元糖量を差し引いたものが主にショ糖由来の還元糖である．この糖量に 0.95 を乗じたものをショ糖の値とする．

グルコースオキシダーゼによる D－グルコースの定量：グルコースオキシダーゼはカビ（*Aspergillus niger* など）により生産される酵素であり，精製品が市販されている．グルコースが酵素によってグルコン酸に酸化され，酸化された糖と等モルの過酸化水素が生成される．この過酸化水素をパーオキシダーゼにより色素の存在下で破壊すると，色素が酸化されて発色する．グルコースの量に応じて発色が止まるまで十分に時間をかける方法と，発色速度もグルコース量に比例するのを利用して，短時間に反応を止め発色量を調べる方法がある．いずれにしても，既知のグルコースで検量線を作成して値を求める．またグルコースオキシダーゼ，パーオキシダーゼをセットにしたグルコース測定用の市販品が入手できる．ここでは短時間で反応速度を測定する方法を述べる．

試　薬：グルコースオキシダーゼ（市販品）125 mg とパーオキシダーゼ 5 mg とを 5 mM のリン酸

緩衝液（pH 7.0）90 mlに溶かす．これに0.5% o-dianisidine（エタノール中）液 1.0 mlを加え，リン酸緩衝液で 100 ml とする．

方　法：試料 2.5 ml (10～100 μg グルコース) を試験管にとり，上記試薬 2.5 ml を加えて 28℃ に10分間保ち，ただちに 4 N 塩酸 0.1 ml を加えて反応を止め，室温になってから比色する（400 nm）．レコーダー付きの光電比色計を使って（セル中で反応させる）発色を記録計で追跡し，反応初期の直線的に変化している部分から求めてもよい．

HPLCによる糖成分の分離定量では，イオン交換樹脂カラムクロマトグラフィーを用い，分離する単糖やオリゴ糖類を屈折計検出器（RI）で検出する．糖が多量に含まれている果汁のような試料では便利であるが，生の植物組織（たとえば葉）では適当な溶媒で糖を抽出しても糖濃度が検出限界（20 μg）に近いためうまくいかない．そのような場合は，試料をあらかじめ誘導体にして（プレラベル法）吸光度で測ったり，揮発性誘導体にしてガスクロマトグラフィーで分離測定したりする．あるいは HPLC で分離してきた各糖に高圧の状態で試薬を混合発色させ（ポストラベル法），吸光度などを測定する．以下に試料の調整と検出器，溶出溶媒の組み合わせを略記する．

HPLCによる糖の逆相クロマトグラフィー　シリカゲルに NH_2 基（アミノプロピル基など）を導入したカラムを使用する．このカラムは糖類に対し逆相クロマトの性質があり分離するが，吸着による分離の性質もある．溶出溶媒として 75% 程度のアセトニトリル（水に対して）を使用する．これとRI検出器の組み合わせが一般的である（図 9.4）．水の比率を増やすと糖類の溶出が早くなり高分子の糖の分離にも利用できる．

HPLCによる糖の対イオンクロマトグラフィー　強酸性陽イオン（スルホン化ポリスチレン）ゲルは，その微細構造によってゲルろ過的に糖を分子量の大きいものから分離するが，その対イオン（Na，Ca，Pb）を添加することにより強度の違う錯体を形成し，同じ分子量の糖でも分離することができる．移動相として水を使用するので，その特徴を活かした分離が可能である．前述の逆相クロマトグラフィーとは違ったパターンで糖類が溶出するので，逆相カラムと組み合わせて糖の同定などに利用できる．Ca，Pbを添加したカラムは糖アルコールに親和性が高く

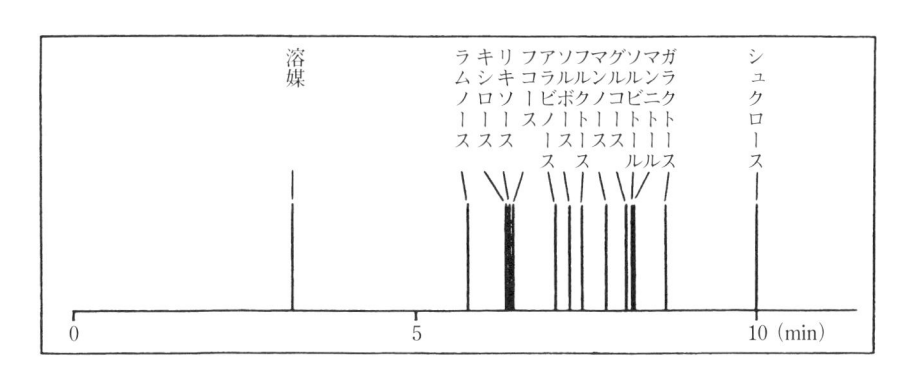

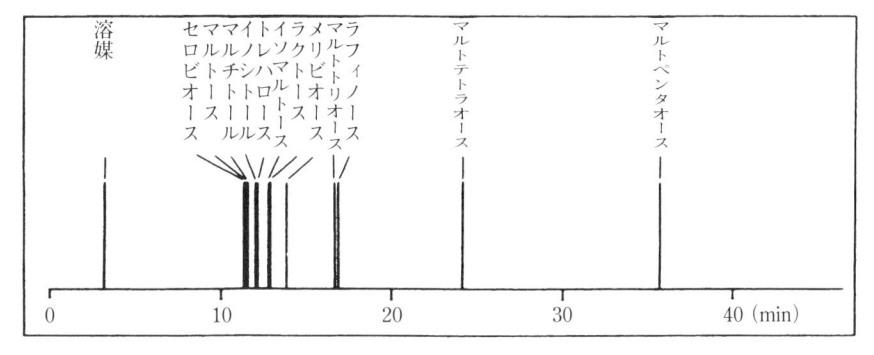

図 9.4　Shim-pack CLC-NH_2 での糖類の溶出時間（島津製作所）
上図：0～10分，下図：10分以降
分析カラム：Shim-pack CLC-NH_2 (6.0×15cm)，移動相：アセトニトリル7：水3，室温

136　第9章　収穫物の評価と品質管理

HPLCによる糖ホウ酸錯体の分離：糖が陰イオンの性質をもつことを利用して陰イオン交換樹脂で分離する．糖は弱酸性であるため陰イオン交換樹脂に結合しないが，溶出液にホウ酸を混合すると糖はホウ酸と強い陰イオンの錯体をつくり樹脂に結合するので，糖相互間の分離が可能になる．糖相互間の分離も優れ多くの成分の分離が可能であるが，その効力をさらに発揮させるためには，ホウ酸濃度をグラディエント溶出液にする．0.1 Mから0.4 Mへとホウ酸濃度をあげるとともにpHを中性から弱アルカリ（pH 9）に変化させる．この方法はRI検出器では適当でなく，ポストカラム法で紫外・可視にピークのある物質，あるいは蛍光体にかえて測定するのが一般的である．ポストカラム法の装置が市販されている．

ガスクロマトグラフィーによる糖揮発性誘導体の分離：糖を揮発性の物質に変え（ニトリルアセチル化），ガスクロマトグラフィーで分離する方法を述べる．

方　法：乾燥させた試料を共栓付き試験管内で1.0 ml ピリジンと60 mg塩酸ヒドロキシルアミンに溶解する．次に100℃の煮沸湯浴中で1時間加熱した後，水冷する．さらに1.0 ml 無水酢酸を加える．再び100℃の煮沸湯浴中で1時間加熱した後，水冷しガスクロマトグラフィーで分析する．（ガスクロマトグラフィーの分析条件の1例：TC－1 [0.5 mm i.d. ×15 m] キャピラリーカラム，100から200℃へ5℃/minで昇温）．

有機酸

青果物の酸度の測定には滴定酸度が広く用いられている．これは果汁を2～10倍希釈したものを0.1 Nの水酸化ナトリウム液で滴定し，青果物に含まれている有機酸量を測定する方法である．表9.2に数種類の有機酸について，0.1 N NaOH 1 ml に相当する量を示す．

前述した屈折計指度（糖度）と滴定酸度の比を糖酸比とよび，熟度判定や品質評価の目安とする．

有機酸も塩の形で含まれているものもあるが，これも測定したい場合は陽イオン交換樹脂（たとえばアンバーライト IR－GC－120 H＋型：H＋型にするために使用したHClを完全に洗い流したもの）のカラムに供試液を通し，さらに十分に水洗いして得た流出液について中和滴定すれば，結合酸と遊離酸の合計の酸（全酸含量）を測定できる．

個々の有機物の分離定量にはそのままの酸の形あるいは誘導体（ジシクロヘキシルカルボイミド）をHPLCで分析するか，揮発性誘導体（トリメチルシリル化）などとしてガスクロマトグラフィーを用いる．トリメチルシリル化には，糖や有機酸の抽出物を乾燥し，十分に水分を除いた後にピリジンを0.5 ml 加え，トリメチルシリル化剤（市販品各種あり）を2 ml 加える．10分おいてガスクロマトグラフ

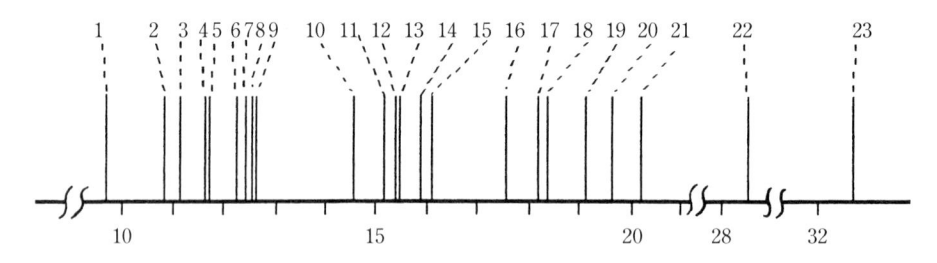

表9.2　0.1N NaOH 1ml に相当する有機酸量
（茶珍, 1981）

Acids	分子量	－COOH数	0.1N NaOH1ml 当り有機酸（mg）
Citric	192.1	3	6.40
α - Ketoglutaric	146.0	2	7.30
Succinic	118.1	2	5.91
Fumaric	116.1	2	5.80
Malic	134.1	2	6.71
Oxalic	90.1	2	4.51
Glycolic	76.1	1	7.61
Tartaric	150.1	2	7.50

図9.5　陽イオン交換樹脂を用いた有機酸の分離（島津製作所）
1：シュウ酸，2：α－ケトグルタール酸，3：クエン酸，4：ピルビン酸，5：酒石酸，6：グルコン酸，7：トランスアコニット酸，8：グライオキシル酸，9：リンゴ酸，10：コハク酸，11：グライコール酸，12：酪酸，13：イタコン酸，14：フマール酸，15：グルタール酸，16：酢酸，17：アジピン酸，18：レブリン酸，19：ピログルタミン酸，20：p－ハイドロキシマンデリン酸，21：プロピオン酸，22：トランスクロトン酸，23：n－吉草酸

に注入すればよい．ただし，反応滓が出るのでキャピラリーカラムでは使いにくい．

酸の形でHPLCで分析する場合は，上述のように陽イオン交換樹脂を通したものを（遊離の酸になっている）HPLCに注入する．一例としては強酸性陽イオン樹脂を使用し，移動層は3mMの過塩素酸水溶液を用いる．分離した酸は反応液（0.2mMのブロムチモールブルーの0.15mMリン酸水素ナトリウムの水溶液）とポンプで混合され，色調の変化を445nmで読みとる（図9.5）．

タンパク質

タンパク質含量はコムギ，コメ，豆などにおいては重要な成分測定項目である．夾雑物が多い状態での測定にはケルダール法（前述）により無機窒素を求め，窒素－タンパク質換算係数（4訂日本食品成分表）を乗じてタンパク質を定量する．記載のない食品には係数として6.25を用いる．硝酸体窒素（野菜）やカフェイン，アミド（茶，コーヒー）を多く含有しているものはその分を差し引く必要がある．

アミノ酸

アミノ酸についてはHPLC法の一種であるアミノ酸自動分析器がある．アミノ酸区分を分析器に注入するだけでよい（試料の調製法1.5項参照）．

ビタミン類

水溶性ビタミンとして青果物に多く含まれているビタミンC（アスコルビン酸），穀物に多いビタミンB_1（チアミン）について述べる．脂溶性のビタミンAの前駆物質であるβカロチンについてはカロチノイド色素の項で述べる．

ビタミンC

ビタミンCを果実や野菜から抽出するには，酸性条件下で操作する．5％メタリン酸を使用して乳鉢で試料をつぶし，最終のメタリン酸濃度を2％にする．たとえば5gの試料に5％メタリン酸20mlと必要に応じて石英砂とともに磨砕し，これに水25mlを加える．ろ過または遠心分離して試験液を得る．後述のイオンペアークロマトグラフィーでは，メタリン酸を用いると沈殿を起こすので，クエン酸を用いる．

ヒドラジン法：試料中のビタミンCをインドフェノールによってすべて酸化型にし，余剰のインドフェノールを破壊した後，ヒドラジンと反応させて発色させる方法である．インドフェノールを入れなければ，試料中の酸化型のビタミンCが測定できる．

試　薬：0.2％インドフェノール水溶液，2％メタリン酸液，5％メタリン酸液，85％硫酸，チオ尿素液：チオ尿素2gを5％メタリン酸100mlに溶解する，2％DNP液：2,4 - dinitrophenyl hydrazine 2gを9N硫酸100mlに溶解する．

方　法：得られた抽出液を3本の試験管（1, 2, 3）に2mlずつ取る．試験管1は総アスコルビン酸，試験管2は酸化型，試験管3はブランクとする．試験管1にはインドフェノール液を1～2滴入れて液を淡赤色にする．試験管1, 2, 3に2％メタリン酸，チオ尿素液各2mlを加え，試験管1, 2にはさらにDNP液1mlを加える．3本の試験管を37℃で3時間（あるいは50℃で1時間）放置する．氷水中で冷却しながら各試験管に85％硫酸5mlを少しずつ滴下し，よく冷却する．試験管3にDNP液を1ml加えた後，室温で30分放置し，分光光度計を用い，試験管3を対照として試験管1, 2の530nmにおける吸光度を測定する．還元型アスコルビン酸の純品を使用して検量線を作り算出する．

HPLCによる分離：ビタミンCもHPLCにより分析でき，還元型ビタミンCと酸化型ビタミンCは，通常のC_{18}逆相カラムで対イオン（この場合はセトリマイド）を添加した溶液を流すことによって分配分離が可能である（イオンペアークロマトグラフィー）．還元型ビタミンCは254nmに吸収があり，UV検出器で測定できる．しかし，酸化型ビタミンCは210nmに弱い吸収があるだけなので，1,2フェニレンジアミンと反応させて（プレカラム誘導体化）カラムに注入する．

溶離液として5mMの臭化ヘキサデシルトリメチルアンモニウム（セトリマイド）と50mMのリン酸水素カリウムを含むメタノール－水（5：95, v／v）を使用する．誘導体化する方法はZapata and Dulour（1992）を参照されたい．

ビタミンB_1（チアミン）

穀物の胚芽，新葉に多く含まれているビタミンB_1は，ブロムシアンまたはフェリシアン化カリウムで酸化すると，青色の蛍光を発するチオクロームを生成するので，これをn－ブタノールに転溶して蛍光比色法で測る．また，HPLCで分離し蛍光検出器で測定する方法がある．途中の抽出，精製の必要のないHPLC法が簡単である．以下HPLC法を述べる．

試料0.1gを秤量し，2ml程度のポリエチレンチューブに入れて，試料の5倍量の5％トリクロロ酢酸を加え，小型ポリトロンを用いてホモジナイズ

する．7,000 rpm，5分間遠心分離し上澄みを別のチューブに取り試料溶液とする．

プレカラム法とポストカラム法がある．ポストカラム法では試料をそのまま注入し，分離したビタミン B_1 は自動的にフェリシアン化カリウム液と混和反応して，チオクロームになり蛍光検出器（励起波長375 nm，蛍光波長450 nm）で検出されるので，それに適したHPLCのシステムを組む．

プレカラム法は，精度は劣るが通常のHPLCと蛍光検出器があればよい．

試料溶液に等容量のエーテルを加えて振とう後，遠心沈殿し水層を取る．この操作をpH 4.5になるまでくり返す（脱脂）．次いで水層0.4 ml を取り，0.3 MのBrCNを0.05 ml 加えて1分間振とうし，それに1 M NaOH 0.05 ml を加えて振とうする．その10 μl をHPLCに注入する．

HPLC条件：
カラム：Li Chromosorb － NH_2（150×4.6mm i.d）
溶離液：アセトニトリル－90mMリン酸カリウム緩衝液（pH 8.4）
蛍光検出器：励起光365 nm，蛍光430 nm

ブロムシアンは有害なので注意を要する．この方法ではリン酸化されたチアミンも測定できる．

ビタミンE（α－トコフェロール）

HPLCを使ったカロチノイド分析と同時に測定できる（色素の項参照）．検出波長は290 nmである．市販品の保持時間および吸光スペクトルを試料のピークと比較して同定し，検量線を作成して定量する．

色　素

色調などの品質評価を迅速に行うには，カメラとコンピューターの組み合わせで表面色評価を行うが（非破壊検査），個々の色素の組成等を調べる場合には化学分析をする．植物由来の色素として，クロロフィル，カロチノイド，アントシアンの分析法を以下に示す．

クロロフィル

クロロフィルは，その特徴的な吸光度を利用して定量する．試料から有機溶媒でクロロフィルを抽出し，澄んだ溶液にし，光電比色法で特定波長の吸光度を測定する（5.1項参照）．

上記の方法は，健全な茎葉の場合は問題ないが，老化したり保存中劣化した試料では，クロロフィルa，bの外にクロロフィルの変性物が増加し，計算式が当てはまらなくなる．必要な場合にはクロロフィルa，bの分離とあわせて変性物をHPLCで分離定量する．上述の80％冷アセトン法で抽出する．使用溶媒でのクロロフィルの吸収ピークの波長を選んで，可視・UV分光検出器を使用して検出する．クロロフィルの変性物（フェオフィチン，フェオフォルバイドなど）が入手できる場合は検量線を作成し定量する．吸光係数が決まっているものはそれを利用する．クロロフィルの定性にはフォトダイオードアレイ検出器を用いる．一度のHPLC分析で，検出された各ピークの波長スペクトルが記録されるので，標準物質と比較できる．クロロフィル以外の色素類およびポリフェノール物質の分析も同様である．

HPLCの条件：
カラム：C_{18} 逆相カラム 4.6×250mm
溶離液：A液として80％メタノール　B液としてエチルアセテート

A液を100％から50％へ20分かけて減少させ，両液50％でさらに20分流す．流速は1 ml／分，注入量は50 μl．検出波長は435 nmとする．

カロチノイド

カロチノイドは光や熱によって分解されやすいので注意する．抽出にはエーテル液を使う．

エーテル抽出液20 ml を減圧乾固し，10％水酸化

香気成分

香気の測定にはその捕集方法が問題になる．低沸点化合物を捕集するには果実・野菜およびその加工品を一定の容器に密封し，空気（生体）または不活性ガスを通し高分子ポリマーのトラップ（Tenax TCなど）を出口につけて香気を捕集する．これをガスクロマトグラフィー（GC）に加熱導入する装置を使い導入する．高沸点化合物は有機溶媒（ペンタンやジエチルエーテルなど）抽出して濃縮後GCに注入する．いずれも微量な香気成分を扱うので通気する気体，抽出に使う有機溶媒の不純物に注意を払うとともに，対照を必ず用意する．

香気の分析にはGCが必須であるが，検出器には種類があり，一般的には可燃有機炭素化合物を検出する水素炎イオン化検出器（FID）であるが，炎光検出器（FPD）は含リン，含イオウ化合物を選択的に検出し，熱イオン検出器（FTD）は含リン，含窒素化合物に特異的である．

〔上田悦範〕

カリウム-メタノール溶液 10 ml を加え，暗所で 2 時間放置し，クロロフィルをけん化する．このメタノール反応液を分液ろ斗に入れ，水とエーテルを加えてカロチノイドをエーテルに移す．エーテル層を再び減圧乾燥後，85 % メタノールと石油エーテルをそれぞれ 10 ml 加え分液ろ斗に入れる．上層の石油エーテルにはカロチン類，下層にはキサントフィル類が含まれるので，それぞれは定容した後，光電比色計で吸光度を測定する．

カロチン類は多量に含まれる β カロチンとして 451 nm の吸光度を測定し，吸光係数 E1 % 1 cm = 2,592（1 cm のガラスセルに 1 % 濃度の β カロチンを入れたときの吸光度の値）を利用し定量する．キサントフィル類は多くのカロチノイドの吸光係数が 2,000～2,500 の間にあることから，2,200 を使用するのも一方法である．

上記の方法では個々のカロチノイドの分離ができないので HPLC によって分離定量されている．この場合はクロロフィルも分離してくるのでけん化の操作は必要ない．

抽　出：一定重の果実・野菜の組織をブチルヒドロキシトルエン（BHT），炭酸マグネシウム，石英砂とともに 40 % メタノール内で乳鉢と乳棒を使い磨砕する．ホモジネートはガラスフィルター（11G-3）を通して吸引ろ過しつつ，40 % アセトンでくりかえし，無色になるまで洗う．抽出液は分液ろうとに入れ，エーテルを加えて緩やかに振り，エーテルに転溶し水で洗浄した後，エーテル層を取り出し無水硫酸ナトリウムで 1 時間以上脱水する．

エーテル試料溶液を濃縮後，HPLC の溶離液（A）に溶解する．この溶液の一定量（100 μl）を HPLC に注入する（図 9.6）．

HPLC 条件：
カラム：C18 逆相カラム（4×250 mm）
溶離液：A 液（アセトニトリル：ジクロロメタン：メタノール＝65：25：10），B 液（90 % アセトニトリル）

始めの 2 分間 A 液と B 液の 1：1 混合液を流し，その後は A 液 100 % とする．流速は 0.7 ml/分とする．

アントシアニン

抽出には酸性の水溶液またはアルコール液が使われる．その独特の赤，青色の色調から抽出完了の判断は容易である．通常 1 %（w/v）塩酸メタノールが使われるが，抽出されたアントシアンの構造が変わりやすいため 5 % ギ酸を用いるとよい．果実，野菜の組織細片を抽出液中に 24 時間浸漬するだけで十分に抽出できる．アントシアニン総含量を示す場合は主たるアントシアニンを用いて検量線を描く．主要なアントシアニンが不明な場合も，一般的なアントシアニンとして換算して含量が表わされている．

個々のアントシアンの分離定量は，以下の条件で HPLC で行われている．

HPLC 条件：
カラム：C_{18} 逆相カラム
溶離液：A 液（10 % ギ酸），B 液（10 % ギ酸，40 % アセトニトリル溶液）．

20 分間で A 液から B 液に濃度勾配をかける．さらに B 液で 20 分流す．流量は 1 ml/分とする．

フェノール物質

フェノール物質は収穫物の黒変・褐変を起こす原因物質となるので，品質評価にあたってその含量を測定することがある．総フェノール含量，オルトジフェノール含量の測定法およびフェノール物質の HPLC による分析法を述べる．

全フェノール物質

フェノールの還元性を利用して，アルカリ性でタングステン・モリブデン酸を還元して生じる青色を比色する．

試料 5 ml に 1 N フェノール試薬（市販品 Folin-Clocalteu 試薬を 2 倍に薄めたもの）5 ml を混合し，3 分後に 10 % 炭酸ナトリウム 5 ml を混合し，1 時間後 530 nm または 700 nm の吸光度を測定する．カテコールあるいはクロロゲン酸の含量の多い方について検量線を作成する．

オルトジフェノール

この方法は Arnow ら（1937 年）により，チロシン

残留農薬について

農作物の種類とそれに残留する農薬の限界を示す厚生省の「農薬残留基準」が逐次定められている．残留基準が定められるということは，それを分析するための抽出法，分析機器，分析法も詳しく法令で定められることになる（詳しくは関連法令集を参照）．一般には有機溶媒抽出と GC-MS による分析が主となっている．機器の検出限界を一定に保ち，信用されるメンテナンスを続け，分析方法にも習熟する必要がある．

（上田悦範）

存在下でドーパを測定する方法として報告されたものである.

試　薬：0.5 N HCl，Arnow–試薬（水 100 ml に亜硝酸ナトリウム 10 g とモリブデン酸ナトリウム 10 g を溶かす），1 N NaOH

方　法：試料 1 ml に試薬を 2 ml 加え混合した後，試薬 2 ml を混合する．次いで試薬を 2 ml 加えるとワイン赤色を呈する．この上に 2 ml の水を混和し，室温下で 20 分間放置後，530 nm で比色する．検量線はカテコールまたはクロロゲン酸で作成する．

HPLC によるフェノール物質の分離

試料は下記の要領で抽出するが，フェノールの含量によっては抽出試料の量を適宜変更する．果実の新鮮な組織を 20 g 取り，約 100 ml の冷メタノール（95 %）を用いて，ホモジナイザーで 1 分間破砕し，その後 10 分間振とうする．ホモジネートをろ過し，残査を冷メタノール（80 %）で 2 度同様に抽出する．上澄みを合わせロータリーエバポレーターでメタノールを蒸散し，濃縮水層をヘキサンで 3 回，脂質および色素を除くために分液する．エバポレーターでヘキサンを除き，水で 50 ml に定容する．5 ml の試料溶液を 1 N HCl で pH 2.5 に調整し，C_{18} SEP-PAK cartridge（Waters）を通してフェノール類を吸着させる．これで糖類は除去される．吸着したフェノールを，メタノールで流出させ，最初の 2 ml を取り，その 20 μl を HPLC で分析する．

HPLC の条件：
カラム：C_{18} 逆相カラム
溶離液：溶媒 A（酢酸：水＝5：95），溶媒 B（酢酸：アセトニトリル：水＝5：80：15（v/v）．

溶媒 A 液 100 % から始めて，溶媒 A：B＝1：1 まで 50 分かけて濃度勾配をかける．流量は 1 ml．UV 検出器の波長は 280 nm．

ペクチン物質・細胞壁成分

果実の硬度を評価するためには，ペクチン物質を測る．ペクチンを分解し，主成分であるガラクツロン酸量を測るには，中性糖の存在下においても測定できる方法が便利である．またペクチン物質の存在形態は果実の硬度や熟度に関係するので，溶解度の違いによる分別定量を行う．果実の硬度はペクチン物質のみに関係しているのではなく，ヘミセルロースなどの他の細胞壁成分との関係も深い．

果実の硬いときは，種々の細胞壁成分と結合したプロトペクチンが多いが，果実の軟化とともに結合がゆるんで若干の低分子化が起こり，ペクチン（ペクチニン酸）となり，さらにメトキシル基からメチル基がほとんどはずれてペクチン酸となる．これらはガラクツロン酸にラムノースが混合した形で主鎖を構成し，他の中性糖類が側鎖としてついている．すべてにメトキシル基がついている場合は重量で 16.32 % になるが，7 % 以上のものを高メトキシルペクチンという．果実のペクチニン酸は高メトキシルペクチンである．

ペクチンの分画

試料として，調製法（1.5 項参照）で述べたアルコール不溶性固形物（AIS）を使用する．

1）水可溶性ペクチン：AIS 100 mg を 20 ml を加え 20 ℃ で一夜放置する．薄手の上質ろ紙を使い，ろ過するか遠心分離し，水可溶部を取る．残査は更に水を加えて洗い，同様にして水可溶部を取り，洗液は先の抽出液と合わせる．よく洗い水可溶性ペクチンとして定容（200 ml）する．

2）ヘキサメタリン酸可溶性ペクチン：この分画のペクチンはカルシウムやマグネシウムなど結合した塩結合型である．上記の残査に水と 4 % ヘキサメタリン酸ナトリウム溶液を加え，0.4 % 濃度になるようにする．スターラーでゆっくりと攪拌しながら 2 時間置く．同様に上澄みと残査にわけ，上澄みは残査の洗浄液とあわせて定容する．

3）塩酸可溶性ペクチン：この分画はプロトペクチンにあたる．上記の残査に水と 1 N HCl を加え，0.05 N 濃度にする．85 ℃ で 2 時間抽出し，ろ過あるいは遠心分離し上澄みを定容する．各分画は以下の方法に従って定量する．一方ペクチンを分子量により区分し，その分解程度を調べる方法もよく行われる．

ウロン酸およびガラクツロン酸のジメチールフェノール法による定量

どのような形のペクチンであれ，濃硫酸中で加熱するとフルフラールが生成する．フルフラールは 3,5–ジメチルフェノールと反応して 450 nm 付近に最大吸収のある黄色を呈する．中性糖が共存しても吸収スペクトルの形はほとんど変化しないので，450 nm と 400 nm の吸光度を測定しその差をウロン酸の吸光度とする．

試　薬：濃硫酸特級，2 % 塩化ナトリウム溶液，3,5–ジメチルフェノール–氷酢酸溶液（特級試薬の 3,5–ジメチルフェノールを特級試薬の氷酢酸に 0.1 % の割合で溶解する）．

方　法：ペクチン溶液（5〜20 μg を含む）0.25 ml を試験管に取り，2 % 塩化ナトリウム溶液 0.25 ml を

入れる．混合後氷水中で冷却しながら濃硫酸4 mlを加える．ガラス玉で栓をして70℃に調整したヒートブロックで10分間加熱する．室温に冷却してからジメチルフェノール氷酢酸溶液を0.2 ml加え，混合する．対照としては氷酢酸0.2 mlをジメチルフェノール氷酢酸溶液の代わりに加える．室温に10分間放置してから400 nmと450 nmの2波長の吸光度を測定する．450 nmから400 nmの吸光度を減じた数量をガラクツロン酸に由来する吸光度とする．検量線はよくデシケーター内で乾燥した無水ガラクツロン酸を使用して5～20 μgの範囲で作成する．

(上田悦範)

9.3 官能検査法

官能検査とは人間の感覚（味覚，嗅覚，触覚，視覚，聴覚）によって食品の品質を測定し，食品に対する人の嗜好性を調べる方法をいう．

官能検査を行う人をパネルメンバーというが，パネルメンバーの範囲はさまざまである．消費者の嗜好を調べる場合の不特定多人数の調査，あるいは品評会による等級選別や商品開発の試作品の選択などのように選抜・訓練を受けた専門家で行うものがある．

ここでは研究室やグループで品質の差を分析する官能検査を主に述べる．

まずパネルメンバーの選抜が重要であるが，重複して検査を行う可能性があるので積極的に協力しようという意欲をもった人の中から選び，不在がちな人は避ける．次にメンバーの中から正常な味覚や嗅覚を有する人を選ぶ．正常な味覚を有しているかどうかを調べる方法の一つは，化学物質の溶液（2％ショ糖，0.07％クエン酸，0.2％食塩，0.07％カフェインなど）を与えて，それぞれの味覚を完全に知覚できる者を選ぶ．嗅覚についても一般的な化学薬品や香料をかがせて，嗅覚の劣る人を避ける．

パネルメンバーはある程度多い方が良いが，10～20名程度のメンバーであれば調査結果は信頼できることが多い．検査の対象物や検査項目によっては，性別による嗜好性の違いがみられることもあるので男女同数が望ましい．

人の感覚で検査を行うのであるからパネルメンバーは，検査前の喫煙や濃厚な食品の摂取は控え，テスト中は他のメンバーの判断に影響を与える会話は避ける．検査前には手や口中を洗い，検査中も適宜うがいなどで口中を洗い，試料の味や香りが混ざらないようにする．

検査試料は，その母集団の特性を十分に代表しており，均一なもので，しかもパネルメンバー間で差があってはならない．

官能検査に影響を与える要因

官能検査はあいまいさのある人間の知覚の判定によってテストを行うものであるから，心理学・統計学的配慮によって環境を整え，検査に悪影響を与える要因を極力除くようにつとめる．

検査結果に影響を与える要因と対策には下記のようなものがある．

1) 官能検査を行う環境－検査場の温度と湿度を快適にし，騒音などを防ぐ．
2) パネルメンバーの体調－病気などで体調のすぐれない者は除き，食前食後30分は避け，多忙な時間も避ける．
3) 試料自体の条件－温度によって味覚に差が生じるので，試料が実際に食される温度にする．分量はその食品の特性を把握できる一定量とし，過多の場合は他の試料の評価に影響を及ぼすので避ける．
4) 試料の容器－無味無臭，無彩色が望ましい．
5) 検査の順序と試料の配置－検査の順位によって

例

項目：甘味

1	2	3	4	5
非常に甘味弱い	甘味弱い	普通	甘味強い	非常に甘味強い

項目：好み

1	2	3	4	5
非常に嫌い	嫌い	普通	好き	非常に好き

図9.6 評点法に用いるパネルシートの一例

好まれ方に差が生じたり，配置の方法によって評点に偏りが生じるので，試料の順序や配置をランダム化する．
6) 感覚の疲労－多数の検査が続いたり，試料が濃厚な場合には正常な判別ができなくなるので，検査数を減らすか，検査の合間の時間を長くとる．
7) 記号－検査試料に記号をつけて提示する場合に，その記号が好みの判断となることがあるので，試料には特定の記号を付けない方がよい．
8) 質問文－余分な情報を与えたり，判断に困るような曖昧な表現は避ける．

検査方法

評点法：検査試料に適した調査項目ごとに尺度を図示し（図9.6），パネルメンバーに評点を記入してもらう．なお図9.6のように，尺度の両末端を少し延ばしておく方がよい．

この方法で官能検査を行うと比較的客観的な評点を得ることができる．評点は連続的な数値として示されるので，データーの処理には分散分析法が利用できる．

順位法：複数の検査試料を調査項目ごとに順位をつける．評価を数値直線上の隔たりとして表すことが不適当な場合も少なくないが，この場合は試料の順位のみを求めて，データーを統計的に処理する．

嗜好テスト：嗜好テストは一般消費者を対象に嗜好を調べる方法で，市場動向調査などに使われることが多い．

具体的な方法として，A,B2点の試料のどちらが好ましいかを判断してもらう2点試験法と2つの試料を識別したかどうかを確かめると同時に嗜好の差を問う3点試験法がある．3点試験法はA,B2種類の試料について[A, B, B]または[A, A, B]の組み合わせで比較させ，まず3点の試料のうち1点だけ異なったものを指摘させ，つぎにその試料が他の試料と比べて好ましいかどうかを問う形式のテストである．この結果についても3点試験法の有意水準の検定法などで統計処理を行う．

（阿部一博）

9.4 貯蔵と品質管理

低温保蔵

青果物を低温保蔵すると呼吸が低下し，微生物や酵素の作用が抑制されるので，品質低下を抑制できる．しかし，一般に熱帯や亜熱帯原産の青果物（ピーマン，ナス，バナナなど）は，10℃以下で貯蔵すると低温障害を生じる．

材　料：実験材料には新鮮で，収穫適期のものを用いる．品質低下の様相により次のようなグループに分けることができる．

a群：蒸散により萎凋し，黄化やビタミンCなどの含有成分に激しい減少がみられるもの．
　　タイサイ，ホウレンソウ，パセリ，ブロッコリーなど
b群：低温障害の発生しやすいもの．
　　ナス，ピーマン，キュウリ，オクラ，バナナなど
c群：糖，アミノ酸などの含有成分の減少が著しいもの．
　　エンドウ，ソラマメ，トウモロコシなど
d群：果皮が薄く，微生物の発育しやすいもの
　　イチゴ，イチジクなど．
e群：発芽するもの．
　　ジャガイモ，タマネギなど

方　法

選別・水洗：用いる実験材料はよく吟味し，黄化したり，傷ついた葉や果実はあらかじめ取り除く．水洗は十分に行い，表面の汚れを取る．布で水分を拭き取り，ざら紙などの紙の上に重ならないように並べ，風乾して表面の水分をほとんど除く（不十分な乾燥では腐敗菌の繁殖をまねく）．

包　装：有孔ポリエチレン袋（厚さ0.03 mmまたは適宜厚さの異なる袋を選ぶ，孔の大きさや数は適当なものを選ぶ，例えば直径6 mmの孔16個）を用意し，これに実験材料を入れ，ヒートシーラーかゴムで袋の口を封する．

貯　蔵：青果物を入れた袋を異なった温度（たとえば0℃と20℃）で1～2週間貯蔵し，外観，物理的生理的変化，化学成分の変化などについて1～3日ごとに観察，調査する．

ガス貯蔵（CA貯蔵，MA貯蔵）

青果物をガス貯蔵すると，低温貯蔵と同様に青果物の呼吸や蒸散が抑えられ，鮮度保持が可能となる．ガス貯蔵は，ガス組成・濃度を調節する程度によりCA貯蔵 controlled atmosphere storage とMA貯蔵 modified atmosphere storage に分けられる．CA貯蔵では貯蔵室内の気相組成が正確に調節されるのに対し，MA貯蔵では包装によって個々の包装内にガス条件が形成される．

CA貯蔵ではガス組成・濃度を調節する専用のガス発生機やガス混合機，気密性の高い貯蔵施設などを

必要とし,それらはいずれも高価な装置,施設である.ここでは,CA貯蔵と同様にCA効果を生じ,安価で簡易な包装によるMA貯蔵実験について説明する.

実験の材料,方法は低温保蔵と同様であるが,包装に用いるポリエチレン袋は有孔と無孔のものを準備する.

使用した材料についてどのような包装効果(CA効果)がみられたか,またその効果は,どのような点に顕著にあらわれたか,材料間の相違について検討する.

使用した材料の中でガス障害の現れた材料はどれか,またその発生様相の違いを比較する.

エンドウやイチゴなどでは官能検査の結果から,それらの品質低下の要因を検討し,また官能検査の結果と外観上の変化との間にどのような関係があるか検討する.

(今堀義洋)

放射線照射による発芽抑制

放射線の食品保存への利用はかなり古く,1950年代より基礎研究が進められ,各種食品の品質変化および安全性が検討された.1972年にはジャガイモの発芽抑制のために15Krad(0.15Gley)でのγ線の照射が認められた.これは放射線が生物体内を通過する時イオン化が起こり,ラジカルが形成され,その周りの組織が化学的または生化学的変化を起こし,放射線感受性の高い茎頂分裂組織の細胞が破壊されるためである.

日本ではジャガイモの発芽抑制だけ許可されているが,世界各国では発芽抑制(ジャガイモ,タマネギ,ニンニクなど),殺虫(穀物,乾燥食品,熱帯果実など),微生物の生育抑制(イチゴ,アスパラガスなど),殺菌(加工食品,冷凍食品,香辛料など)についても許可されている.1980年のWHO(世界保健機構),FAO(国連食糧農業機構),IAEA(国際原子力機関)による合同専門家会議において毒性,栄養,微生物ならびに照射技術面における問題点が総合的に検討され,最大線量1Mrad(10Gley)の範囲の放射線処理は,食品の貯蔵・加工の全般に利用しても問題ないことが示されている.現在のところ,照射ジャガイモについては表示の義務がないこともあって,消費者の反感をかっている面もあるが,適正に利用すれば効果の高い保存技術である.

(上田悦範)

第10章 植物と微生物

10.1 菌類病

菌類病の病徴観察と診断

植物に病害を起こす微生物のうち，菌類（fungus）はもっとも大きな比重を占める．菌類による病害では肉眼やルーペ，光学顕微鏡などの簡単な機器で，防除対策に必要な診断ができる場合が多いが，診断のためには，病害に関するさまざまな知識と文献を必要とする．ここでは，菌類病（fungal disease）の病徴観察の方法と診断の手順について述べる．

圃場での診断

準　備：はさみ，カッターナイフ，ルーペ，ピンセット，移植ごて，剪定用はさみ，小型のこぎり，新聞紙，封筒，ビニール袋（各種の大きさ），巻尺，サインペン，カメラ，手帳，地図（1/50,000）など．

方　法

発病圃場の観察：病害の伝染性の有無を判定するために，発病圃場全体を観察する．発病状況により，凍害，霜害，煙害，要素欠乏症などの可能性を除いていく．さらに，発病土の調査により，酸性土壌，塩害，鉱毒，肥料不足などの可能性を除いていく．以上の観察によって，非伝染性病害を除いた後，発病時期と発生環境について調査を行う．時期によって症状が現れないことが判明したり，水田，果樹園，野菜畑，乾湿，日照など特定の場所や条件によって多発する病害も多い．初期あるいは末期症状が診断の手がかりになる．また，植物の生育ステージや品種などによって，同一の病原菌 pathogen でも病徴 symptom は必ずしも一定ではない．高温多湿で現れ乾燥で消失する標徴 sign（かびの色，状態など）を探すこと，二次寄生者 secondary parasite と混同しないこと，2種以上の病気が同一の植物上に起こる時に1種のみ発病している標本をそれぞれ選ぶこと，発病部位により病徴が異なることが多いことなどに留意する．さらに，植物の病原に対する感受性をあらかじめ知っておくことも重要である．たとえば，アブラナ科やナス科では，同科同属の植物が同一の病原菌におかされることが多いが，バラ科，マメ科，イネ科では，同科同属の植物が同一の病原菌におかされることは少ない．また，サトイモ，ソバ，ゴマ，カキ，ブドウをおかす病原菌は，他の作物をおかさないことが多い．

病徴の観察

立枯性病害：根の腐 root rot，根の癌腫 root gall やこぶ root knot，地際部の癌腫 crown gall，病斑部に菌糸 hypha，胞子 spore，菌核 sclerotium などを探す．また，道管の褐変，塊根や塊茎の腐敗などを観察する．

斑点性病害 leaf spot disease：葉によく病徴が現れ，標徴は茎，果実に現れやすい．細菌病 bacterial disease，日照，薬害 chemical injury などは初期病徴に特徴が現れる．ルーペで，かび，粉，黒色小粒点，その他の標徴を観察し，色，長さ，分布，さらに散生，輪生，密生の別を観察する．輪紋 ring spot（zonate spot）の有無，色，数，明瞭さ，また，きのこ mushroom（fruit body）の有無，色，幅，さらに病斑周縁の明確さ，角斑か放射状または星状などは，病原菌の性質によることが多く，鑑定の基準になる．

腐敗性病害：軟腐 soft rot，乾腐 dry rot，粘液の有無，芳香，悪臭，無臭，色，腐敗部に残存する木質部やセルロースなどの腐敗の部位や性質と標徴を観察する．

枝枯性および胴枯性病害：枝幹にのみ発病するものと，葉その他の斑点病が枝幹に移行したものがある．後者の場合は必ずしも枝枯れにはならないので，葉上の病斑で診断する方が容易である．

標徴の探索

斑点 spot，胞子角 spore horn，菌核，表皮下の菌糸，菌糸束 mycelial strand，子のう殻 perithecium，きのこ，病斑部のかびを探す．発生の状態，厚さ，色，形などから病原菌の種類を知ることができる．

実験室に持ち帰ってからの診断

病害標本を採集したら速やかに実験室に持ち帰る．診断では，できるだけ新鮮な罹病標本を観察することが重要である．特に地下部の根や茎などの標本は腐敗しやすく，2次的寄生菌や腐生菌 saprophyte の繁殖をまねいて，誤診につながる．地上部の葉や茎の場合には，さく葉標本 dried herbarium specimen を作って保存できる．

準　備：はさみ，カッターナイフ，ルーペ，ピンセット，白金線，カミソリ，スライドガラス，カバーガラス，セロテープ，顕微鏡，ニワトコのピス，ろ紙，ペトリ皿，恒温器．

方　法

肉眼による類別：病徴により，菌類病をその他の病原体（ウイルス，ファイトプラズマ，細菌，線虫など）による病気と区別する．また，病徴だけで容易にわかる病気（さび病，くろほ病，うどんこ病，べと病など）を鑑定する．

光学顕微鏡での観察：うどんこ病などのように胞子，分生子柄 conidiophore，菌糸が肉眼で見える場合には，ピンセットや白金線でかきとって鏡検する．粉状の部分をセロテープに軽くつけ，それをスライドガラス上にはりつけて鏡検すると，分生子 conidiospore の着生状況が観察しやすい．分生子，分生子柄の形態で分類学上の位置が推定できる場合が多い．黒い粒あるいは粉状のものが観察される場合には，分生胞子層 acervulus，柄子殻 pycnidium，子のう殻 perithecium の有無を調べる．次にハンドセクションで顆粒物の内部を鏡検する．この操作は熟練を要するが，内部の形態，内部の胞子から分類学上の位置が推定できる．以上の操作で病原菌が見つからない場合には，罹病組織をスライドガラス上でかき砕いて鏡検すると胞子などが見つかることがある．

それでも病原菌が見つからない場合には，罹病部位を切り取り，ペトリ皿内の湿室に入れて 20～25 ℃ の恒温室内に一夜保ち，罹病部位をかき砕いて鏡検すると胞子が形成されていることがある．病原菌が観察されたら，参考書や文献に基づいて，その宿主植物の既知の病原菌のうちもっとも類似したものを探す．類似の菌が見つかったら，病原菌の形態をさらに詳しく測定し，類似の病原菌の形態と比較する．

さく葉標本の作り方：模造紙を横 30×縦 22 cm に切る．長軸にそって二つに折り，さらに上端から手前に 2 cm 折れば，30×9 cm になる．これを左右の端から 5 cm の位置で裏側へ折るとさく葉ポケットができあがる．あらかじめ横 20 cm，縦 9 cm 前後の長方形の型紙を作っておき，これを中に入れて折り曲げれば，大きさのそろったさく葉ポケットができる．この中に，おし葉にした標本を入れる．病原菌名，宿主名，採取者名，採取地および採取年月日を記入する．

湿室の使い方：ペトリ皿のふたの中に水で湿らせたろ紙を敷き，植物体の罹病部をおいて，底の部分をかぶせる．一定時間，適当な温度の湿室に保つと病斑に胞子が形成されて，病原菌の種類が判定しやすくなることが多い．

病原菌類の形態観察

身近な植物病原菌類を材料として，光学顕微鏡で観察する．各菌類の分類学的位置付けを理解するために，最新の分類表を次頁に示す（表 10.1）．

準　備：ピス，カミソリ，スライドガラス，カバーガラス，セロテープ，白金線，顕微鏡．

ネコブカビ門

ネコブカビ門のネコブカビ綱の根こぶ病菌 Plasmodiophora は，アブラナ科植物にのみ寄生して根こぶ club root を生じる重要な土壌伝染性植物病原菌 soil-borne plant pathogen である．本菌は菌糸体を欠き，人工培養できない絶対寄生菌 obligate parasite である．

材　料：アブラナ科植物根こぶ病菌 *Plasmodiophora brassicae*

方　法：罹病組織の感染細胞内に形成された変形体 plasmodium と一次遊走子のう primary zoosporangium を観察する．キャベツやハクサイの根に生じたこぶを切りとり，ハンドセクションで切片をつくり検鏡する．肥大した細胞内の状態をスケッチする．

卵菌門

卵菌門の卵菌綱に属する菌類には，菌糸体に隔壁がなく，蔵精器 antheridium と蔵卵器 oogonium が接合して生じる卵胞子 oospore がみられる．生活史の中に遊走子 zoospore と呼ばれるべん毛をもつ運動性細胞がみられるのも特徴である（表 10.1）．

材　料：シロツメクサ火ぶくれ病菌 *Olpidium trifolii*，ホウレンソウ立枯病菌 *Pythium aphanidermatum*，アブラナ科植物べと病菌 *Peronospora parasitica*．

方　法：火ぶくれ病にかかったシロツメクサを，どこで，どのような発生の仕方をしているかに注意しながら採集する．特徴ある病徴をよく観察し，ハンドセクションにより，遊走子のう zoosporangium をスケッチする．また，*P. aphanidermatum* の培養菌について無隔菌糸と盛んな原形質流動 protoplasmic streaming を観察し，蔵精器と蔵卵器および蔵卵器の中に形成されている卵胞子を観察，スケッチする．べと病菌については，葉にセロテープを軽く押しつけて白い「カビ」を採取し，スライドガラスにはりつけて鏡顕する．この「カビ」は病原菌の分生子柄が気孔から外に出てきたもので，鏡顕すると，分岐した分生子柄にレモン形の分生子が形成されているのが観察できる．

表10.1 菌類の分類表（八杉ら編（1996）に準拠）

```
Protozoa  原生動物界
    Acradiomycota  アクラシス菌門
        Acrasiomycetes  アクラシス菌綱
    Dictyosteriomycota  タマホコリカビ門
    Myxomycota  粘菌門
        Prosteliomycetes  プロトステリウム菌綱
            Myxomycetes  粘菌綱
    Plasmodiophormycota  ネコブカビ門
        Plasmodiophoromycetes  ネコブカビ綱
Chromista  クロミスタ界
    Hyphochytriomycota  サカゲツボカビ門
        Hyphochytriomycetes  サカゲツボカビ綱
    Oomycota  卵菌門
        Oomycetes  卵菌綱
    Labyrinthulomycota  ラビリンツラ菌門
        Labyrinthulomycetes  ラビリンツラ菌綱
Fungi  菌類界
    Chytridiomycota  ツボカビ門
        Chytridiomycetes  ツボカビ綱
    Zygomycota  接合菌門
        Zygomycetes  接合菌綱
    Ascomycota  子のう菌門
        Archiascomycetes  古生子のう菌類
        Hemiascomycetes  半子のう菌類
        Plectomycetes  不整子のう菌類
        Pyrenomycetes  核菌類
        Laboulbeniomycetes  ラブルベニア菌類
        Discomycetes  盤菌類
        Loculoascomycetes  小房子のう菌類
    Basidiomycota  担子菌門
        Ustilaginomycetes  クロボキン類
        Urediniomycetes  サビキン類
        Hymenomycetes  菌蕈類
    Deuteromycetes（Anamorphic fungi）不完全菌類
        Agonomycetes  無胞子不完全菌類
        Hyphomycetes  糸状不完全菌類
        Coelomycetes  分生子果不完全菌類
```

表10.2 うどんこ病菌の類別

子のう殻中に通常1個の子のうを形成
　a. 付属糸はひも状，分岐しない……*Sphaerotheca* 属
　b. 付属糸は剛直，先端が又状に分岐……*Podosphaera* 属

子のう殻中に多数の子のうを形成
　a. 付属糸は分岐しない
　　1) 付属糸はひも状……*Erydiphe* 属
　　2) 付属糸は剛刺状……*Phyllactinia* 属
　　3) 付属糸は子のう殻上半部にあり先端が巻曲
　　　　　　　　　　……*Pleochaeta* 属
　　4) 付属糸は先端が巻曲……*Uncinula* 属
　b. 付属糸は分岐する
　　　付属糸の先端が又状に分岐……*Microsphaera* 属

子のう菌門

　子のう菌門に属する菌類の菌糸体には隔壁があり，生活史の中に運動性細胞は認められない．無性的に分生子柄，分生子を生じ，有性的に子のう ascus，子のう胞子 ascospore を形成する．子のう菌門の核菌類ウドンコカビ目 Erysiphales ウドンコカビ科 Erysiphaceae に属する菌類をうどんこ病菌と呼ぶ．ウドンコカビ科は数属からなり，通常，子のう殻 perithecium の形態によって分類される．ここでは，農林業上重要な7属の検索表を示す（表10.2）．

　材　料：エノキ裏うどんこ病 *Pleochaeta shiraiana*，クワ裏うどんこ病 *Phyllactinia moricola*，ナラ類うどんこ病 *Microsphaera alphitoides*，ウリ類うどんこ病 *Sphaerotheca cucurbitae*.

　方　法：キュウリやカボチャの葉の表面にセロテープを軽く押し付けて白い菌そう（標徴）を採取し，スライドガラスにはりつけて鏡顕する．菌糸，さらに分生子が分生子柄に連鎖状に形成されている状態を観察する．次に，エノキやクワの葉上に形成された小黒粒（子のう殻）をかきとり鏡検する．付属糸の形態に注意する．カバーガラスの上から軽く押すと，子のう殻がつぶれて中から子のうが出てくる．子のうと子のう胞子の数を調べる．

担子菌門

　担子菌門に属する菌類は担子器 basidium，担子胞子 basidospore を形成することで特徴づけられる．担子菌門のクロボキン類とサビキン類には多くの病原菌が含まれる．また，菌蕈類は食用きのこなどとして人間生活に利用される一方，木本植物などの病原菌も含む．

　材　料：ソラマメさび病 *Uromyces viciae-fabae* var. *viciae-fabae*，ナシ赤星病 *Gymnosporangium asiaticum*，キク黒さび病 *Puccinia tanaceti* var. *tanaceti*，ヤナギ類葉さび病 *Melampsora* spp.，ブドウさび病 *Phakospora amelopsidis*，ネギさび病 *Puccinia allii*.

　方　法：葉の表面に形成された胞子層（標徴）をかきとって鏡検し，形態を観察，スケッチする．冬胞子 teliospore，夏胞子 urediniospore，さび胞子 aeciospore のそれぞれの特徴に注意する．赤星病にかかったナシの葉の病斑部のハンドセクションをつくり，さび柄子器 pycnium，さび胞子堆 aecium が形成されている状態とさび胞子を鏡検する．さび病菌にはおびただしい数にのぼる病原菌があるが，農林業上重要な属を上げて分類すると，次頁のようになる（表10.3）．

不完全菌類

　不完全菌類の菌糸体は隔壁をもち，いろいろな型の分生子形成細胞上に分生子を形成する．有性生殖は不明，またこれを欠くため，同定は不完全世代の形態によって行なわれている．有性世代が発見され

表10.3 さび病菌の類別

1. 冬胞子に無色の柄がある……Pucciniaceae
   a. 冬胞子は単細胞，有色……*Uromyces* 属
   b. 冬胞子は2細胞，まれに多細胞，長柄をもち，水湿にあうと柄の寒天質が膨潤……*Gymnosporangium* 属
   c. 冬胞子は2細胞，淡色まれに多細胞，細長い柄をもつ………*Stereostratum* 属
   d. 冬胞子は2細胞，有色，短柄……*Puccinia* 属
   e. 冬胞子は数細胞，厚膜，太い柄……*Pharagmidium* 属
2. 冬胞子は無柄，宿主組織内に層をなして生じるか，またはそ積み重なって毛状の円柱をなす……Melampsoraceae *Melampsora* 属
3. 冬胞子未詳………………………Uredinales Imperfecti

たものについてみると，そのほとんどが子のう菌門に属している．

材　料：トマト葉かび病 *Fulvia fulva*，エンドウ褐斑病 *Ascochyta pisi*，ウリ類炭そ病 *Colletotrichum orbiculare*，ビワ灰斑病 *Pestalotiopsis funerea*，菜類黒斑病 *Alternaria brassicae*，バラ灰色かび病 *Botrytis cinerea*.

方　法：*Ascochyta*，*Colletotrichum*，*Pestalotiopsis* については，ハンドセクションを作って鏡検し，分生子殻 pycnidium，分生子 conidium，剛毛 seta をスケッチする．*Fulvia*，*Alternaria*，*Botrytis* については，分生子柄 conidiophore と分生子を観察，スケッチする．スライドガラス上に蒸留水を1滴おいて *Colletotrichum* の分生子を置床し，そのまま湿室内に入れて一定時間後にカバーガラスをかぶせて鏡検する．胞子が発芽し，発芽管 germ tube がスライドガラスに接触すると付着器 appressorium の形成が認められる．

病原菌類の接種と発病の観察

病害の原因を明らかにし，対策を立てるためには，罹病植物から分離された病原菌を接種し，病徴を再現させることが不可欠である．接種試験では，病原菌の種類と研究目的に応じて，接種源の種類密度，宿主の育成方法などを選ぶ必要がある．

いもち病菌の噴霧接種

分生子懸濁液を植物に吹き付ける噴霧接種法は，空気伝染性 air-borne の菌類の接種に広く用いられている．ここではいもち病菌の噴霧接種について述べる．

材　料：イネいもち病菌 *Pyricularia oryzae*，3～4葉期のイネ苗（播種後約1カ月），オートミール寒天培地，滅菌ペトリ皿，滅菌蒸留水，ガーゼ，噴霧器，白金耳，筆，オートクレーブ，恒温器．

方　法：オートミール寒天培地約15 m*l* をペトリ皿内に固化させ，イネいもち病菌を接種し，25～28 ℃で培養する．菌そうが培地の全面に伸長した後，滅菌蒸留水を加え，殺菌した筆で気中菌糸を取り除く．ペトリ皿のふたをはずして食品包装用ラップで被い，BLBランプあるいは一般の蛍光灯の光に2～3日間さらすと分生胞子が形成される．滅菌蒸留水10 m*l* をペトリ皿に注ぎ，殺菌した筆でこすって胞子を落し，2重のガーゼでろ過して胞子懸濁液を得る．胞子密度は顕微鏡150倍の視野当たり5～10個に調節する．イネ葉面への胞子の付着をよくするためにTween 20 を約0.02 % になるように添加する．あらかじめポットで育苗した3～4葉期のイネに，噴霧器で胞子懸濁液をまんべんなく噴霧接種する．日陰で乾かした後，温室内で育成し，7～8日後に発病を調査する．接種した胞子と同じものが病斑上に形成されていることを確認し，上位2葉の罹病性病斑を数え，葉身100 cm 当たりの平均病斑数を求める．

土壌糸状菌の接種

穀粒などの滅菌種子で病原菌を培養し土壌接種する方法が，多くの土壌菌類に対して行われている．この方法は簡便で，胞子の形成が困難な糸状菌にも適用できる．ここでは，ピシウム菌を例に述べる．

材　料：野菜類苗立枯病菌 *Pythium ultimum*，キュウリ種子，ベントグラス種子，オートクレーブ後に約1カ月間に静置した畑土壌，平底三角フラスコ（300 m*l* 容），オートクレーブ，恒温器．

方　法：ベントグラス種子1 g を平底三角フラスコ（300 m*l* 容）に入れ，水5 m*l* を加える．種子をフラスコの底に分散させ，高圧滅菌する．種子上に供試菌を接種して25 ℃で5日間培養する．菌に感染した種子をフラスコから取り出して乳鉢に入れ，あらかじめ乾燥（70～80 ℃，2日間）させた滅菌土壌50 g を加え，撹拌して混和させる．この接種源を，接種源濃度2 %（w/w）になるように滅菌土壌に加え，よく混和させて汚染土壌を調製する．汚染土壌を素焼き鉢に分けて入れ，キュウリ種子を鉢当たり10粒播種し，温室内（20～30 ℃）で過湿条件に保って育成する．播種してから4～10日後にキュウリ幼植物の立枯れ本数を調べる．立枯れを起した幼植物を抜き取って地際部を鏡検し，接種菌の胞子が観察されることを確認する．試験終了後の汚染土壌や器具は，オートクレーブまたは煮沸消毒する．

〈東條元昭〉

10.2 細菌病

細菌病の病徴観察と診断

植物の病原細菌には，イネ白葉枯病菌 *Xanthomonas campestris* pv. *oryzae*，トマトかいよう病菌 *Corynebacterum michiganense* subsp. *michiganense*，ナス科植物青枯病菌 *Pseudomonas solanacearum*，野菜類軟腐病菌 *Erwinia carotovora* subsp. *carotovora*，根頭がんしゅ病菌 *Agrobacterium tumefaciens* などがある．細菌病の病徴は萎ちょう，斑点，枯損，腐敗，増生，奇形，萎黄叢生などに大別される．類似の病徴は菌類やウイルスの感染，あるいは生理的原因によって生じ得るが，細菌による病害は水浸状病斑と細菌粘液によって診断できる場合が多い．ナス科植物青枯病の簡易診断は以下の方法で行う．

材 料：萎ちょうしたトマトやナスの成植物，カッターナイフ，ペトリ皿，ピンセット，スライドガラス，カバーガラス，顕微鏡．

方 法：まず，圃場で罹病植物を観察する．晴天の日中に植物の茎葉が緑色のまま萎ちょうする．発病の初期には，夜間に回復して健全のように見えるが，やがて枯死する．罹病植物の根や茎をカッターナイフで切断すると，道管が褐変していて，通常，その部位から汚白～乳白色の粘液が出る．ペトリ皿に入れた水中に浸すと，より観察しやすい．この粘液を顕微鏡で観察すると細菌の集団がみえる．

病原細菌の分離と同定

細菌の病斑からの分離は，糸状菌の場合と異なり，罹病組織を滅菌水またはペプトン水中で砕いて懸濁液をつくり，これを寒天培地に画線培養 streak culture する方法が一般に用いられる．細菌を正確に同定するためには生理的，生化学的性状および形態についての多くの項目を調べる必要があるが，病原性，グラム染色性，コロニーの形態，鞭毛のつき方などを調べることによってある程度の特定が可能である．ここでは，野菜類軟腐病菌 *E. carotovora* subsp. *carotovora* の分離と鞭毛染色の方法について述べる．

材 料

分 離：軟腐症状が現れたジャガイモ，ハクサイ，ニンジンなど，カッターナイフ，ペトリ皿，白金耳，変法ドリガルスキー培地〔培地肉エキス10g，ペプトン10g，NaCl 5g，ラクトース10g，クリスタルバイオレット（0.1％溶液）5 ml，ブロムチモールブルー（0.2％希アルカリ溶液）40 ml，寒天20gを蒸留水1lで溶解して，オートクレーブする〕．

鞭毛染色：媒染剤（タンニン酸10g，AgCl 18g，ZnCl 10g，塩基性フクシン1.5g，70％エタノール40 ml に溶解，使用前に水で5倍に希釈し，ろ過してから使う），石炭酸フクシン，滅菌水，白金耳，ピンセット，スライドガラス，カバーガラス，ろ紙，顕微鏡．

方 法

病斑と健全部の境界から組織片を切り取り，健全なジャガイモやニンジンの切片に接種して湿室に保つ．25～28℃で培養すると12～24時間後に，接種部から腐敗が始まる．この病斑部には雑菌がまだ多く存在するので，同様に健全部との境界から組織片を切りとって，新たな健全な切片に接種する．これを数回繰り返すと雑菌は取り除かれる．この組織片を蒸留水中で破砕して，適当な菌密度の懸濁液を調製する．変法ドリガルスキー培地をあらかじめペトリ皿に固化させ，クリーンベンチ内などで乾燥させて，凝結水を除いておく．白金耳の先端を細菌懸濁液に浸し，ペトリ皿のふたをわずかに開いて挿入し，寒天面を破らないように一様に画線する．25～28℃で24～48時間培養すると，コロニーが形成される．変法ドリガルスキー培地上では，*E. carotovora* subsp. *carotovora* は周辺部が透明で中心部が黄色のコロニーを形成する．このようなコロニーを釣菌し，鞭毛染色して調べる．白金耳でコロニーをかきとり，希釈して細菌懸濁液を調製し，スライドガラスに塗抹，風乾する．媒染剤で30～60秒処理し（液面に被膜ができる），水洗後，石炭酸フクシンで1分間染色する．水洗して鏡検し，周毛性の鞭毛を観察する．鞭毛染色は均一には行われないので，視野内をたんねんに調べる必要がある．位相差顕微鏡（400倍以上）を用いると，より観察しやすい．

〔東條元昭〕

10.3 ウイルス病

ウイルス病の病徴観察と圃場診断

ウイルスに自然感染した植物の病徴はふつうは全身的に現れる．現れ方はさまざまで，たとえば，モザイク（葉色に濃淡ができる），壊死（葉や茎，果実などの組織の一部が細胞死を起こして褐変する），わい化（生育が抑制されて，草丈が低くなる），黄化（葉色が黄変する）などである．明瞭なモザイクや著しい

奇形などのように，ウイルス感染に特異的に現れる病徴の場合にはそれだけでウイルスに感染していることが分かり，その作物に発生するウイルスの種類が少ないときには，病原ウイルスの種類を推定できることもある．しかし，ウイルスによる病徴は生育段階や環境条件によって大きく変化し，明瞭に認められない場合も多い．葉脈間の黄化などのウイルス病徴は，ファイトプラズマによる病徴やマグネシウム欠乏などの養分欠乏症の症状と区別がつきにくい．除草剤などの散布によってもウイルス病徴とよく似た症状が現れることがある．

ウイルス感染のもう一つの手がかりは発生状況から判断するもので，圃場診断という．昆虫媒介性のウイルス病では畑の周辺部，とくに風上側から発生が始まることが多い．圃場の畝ごとに連続して発病しているときには，接触伝染性のウイルスが農作業によって拡大した可能性がある．毎年のように同じ畑で全面に発生する場合には，土壌伝染性の病気を疑う．

野外の植物では，ウイルスが無病徴感染している場合も多い．また，2種以上のウイルスが重複感染していると，それぞれのウイルスが単独で感染しているときとは異なった病徴を現すことがある．

ただし，病徴と発生状況だけでウイルス病かどうかを判断できる場合は少ないので，総合的にみて「ウイルス病らしい」と判断されたら，ウイルス感染植物材料を採集し，分離を行って，ウイルス感染を確認する（大木，1997）．

ウイルス感染植物材料の採集

ウイルス病らしい植物を見つけたら，宿主植物の種名と品種名を確認し，宿主の病徴と発生状況を文章と写真で記録しておく．

病徴写真を撮ったら，組織中のウイルス濃度が高そうな部分，たとえば，若くて病徴のはっきりした新しい展開葉などを採取し，ビニール袋に入れて研究室へ持ち帰る．試料をすぐに調べられない場合には，ビニール袋に入れたまま冷蔵庫で保存する．長期間保存するには−70℃以下で凍結するか，真空凍結乾燥する．

対象が汁液で伝染しないウイルスの可能性がある場合には，宿主植物を掘りとって温室内で鉢植えにして保存する．接種源を植物体の形で保存する場合には，他のウイルスを誤って接触させたり，温室内に飛び込んできたアブラムシなどによる感染によってコンタミネーションが起こらないように，とくに気をつける．

ウイルス粒子の電子顕微鏡観察

植物ウイルスの粒子は，糸状菌や細菌などにくらべてはるかに小さく，電子顕微鏡（電顕）を用いないと観察できない．電顕でウイルス粒子を観察するためには，ウイルス粒子に重金属イオンを選択的に吸着させて，コントラストを増強する必要がある．ここではリンタングステン酸（PTA）を用いたダイレクトネガティブ染色法（DN法）を実習する．DN法はウイルス粒子を感染植物組織小片から直接検出する方法で，簡便に行えるため，同定，診断などに広く用いられている．

フォルムバール支持膜の作製

電顕観察のための準備として，光学顕微鏡観察のスライドガラスに相当する支持膜を作る．

準　備：電顕用グリッド（150〜200メッシュ），0.3％フォルムバール溶液（溶媒クロロフォルム），スライドガラス（表面に傷のない，縁を磨いたもの），ろ紙，シャーレ（径15 cm），蒸留水，パラフィルム，細先ピンセット，デシケーター．

方　法：スライドガラスの端をピンセットで支持し，フォルムバール溶液中に浸してすぐにひき上げ，ろ紙上に立てて余分の液を吸いとり，溶媒が揮発するまで数分間待つ．次に，スライドガラスを端の方から斜めにして，シャーレに満たした蒸留水中にゆっくり入れ，フォルムバール膜がガラス面からはがれて水面に浮かぶようにする．この水面のフォルムバール膜上にピンセットでグリッドを並べてのせる．その上からパラフィルムを裏紙ごと膜面を下にしてのせ，ピンセットでパラフィルムの端を持ち上げて，パラフィルム上にメッシュとフォルムバール膜がのったまますくい上げる．できた支持膜は風乾の後，デシケーター中で保存する．

DN法によるウイルス粒子の観察

DN法では，ウイルス粒子は電子密度が高いPTAのバックの中に白く浮き出て観察されるが，観察視野には植物細胞内の顆粒や膜の破片などが雑多に並んでいるので，その中から大きさと形が一定のウイルス粒子を見つけ出す．ウイルス粒子は視野一面に観察されることはあまりなく，染色液が広がっている部分の縁のやや内側に集って観察されることが多い．長形ウイルスの場合には粒子を拡大するとらせん状のキャプシドが確認できるものもある．必要があれば，適当な視野を探して写真撮影する．DN法では，タバコモザイクウイルス（TMV）をはじめ

とする棒状ウイルス，カボチャモザイクウイルスなどのひも状ウイルスのほか，ソラマメウイルトウイルスなど一部の小球形ウイルスも観察できる．

準　備：ピンセット，オートピペットまたはパスツールピペット，2％PTA溶液（pH 6.5，NaOHでpH調整の後に写真用界面活性剤のフジ・ドライウェルを0.4％入れる），支持膜を張ったグリッド，ガラス棒，パラフィルムまたはスライドガラス，ろ紙．

材　料：ウイルス感染植物の葉（病徴がはっきりと現われた新葉など）．

方　法：感染葉をピンセットの先で2 mm角程度の小片に切り取って，パラフィルム上に置く．その上へPTA溶液を10～20 μl 滴下し，ガラス棒の先端で軽くたたいて葉組織を磨砕する．グリッドの端をピンセットで支え，支持膜を張った面を下向きにして，磨砕液に触れさせ，余分な液をろ紙で吸い取って，ろ紙の上に置いて乾燥させる．透過型電顕で，5,000～40,000倍程度の倍率で観察する．

ウイルスの分離と接種

植物ウイルスはいろいろな方法で伝搬される．自然界での伝搬には昆虫類が大きな役割を果たしていて，温帯地域での野菜や花のウイルスのもっとも重要な媒介者はアブラムシである．汁液接種によって伝染するウイルスも多いので，実験的にはまず簡便な汁液接種を試みるのがふつうである．

ここでは，植物ウイルスの基礎的な接種方法である汁液接種とアブラムシ接種をとりあげる．

キュウリモザイクウイルスの汁液接種

準　備：カーボランダム（600メッシュ），乳鉢と乳棒（10分間，煮沸消毒しておく），0.1 Mりん酸緩衝液pH 7.0（KH_2PO_4 13.6 g/l と $Na_2HPO_4・2H_2O$ 17.8 g/l をpHメーターを見ながら49：51の比率で混合してつくる），綿球（または綿棒）．

材　料：キュウリモザイクウイルス（*Cucumber mosaic virus*：CMV）に感染したタバコの葉（明瞭なモザイク病徴の現れた新葉がよい），健全なジュウロクササゲ（初生葉が十分に展開したもの），タバコ（4～6葉期）．

方　法：接種の前に接種予定のジュウロクササゲとタバコの葉に，薄く均一にカーボランダムを散布しておく．次に，CMV感染葉をとり，生体重の5～10倍量の緩衝液とともに乳鉢中で十分に磨砕する（はじめは少量の緩衝液で磨砕し，後で残りの緩衝液を加える）．綿球に磨砕液を含ませ，接種葉の表面を均一に軽くこする（葉の裏を指で支持しておくとよい）．接種後はすぐに水道水をかけて，磨砕液とカーボランダムを洗い落とす．ササゲでは2～3日後に接種葉に現れる直径0.5 mm程度で暗紫色のえそ斑点を，タバコでは7～12日後に新葉に生ずる葉脈透化病徴とモザイク症状を観察する．

アブラムシによる接種

植物ウイルスのアブラムシによる伝搬様式はウイルスの種類により異なるが，本実験では非永続伝搬性のCMVについて伝搬試験を行う．

準　備：毛筆（習字用の小筆など，細くて先端の尖ったもの），シャーレ，モモアカアブラムシ（健全ダイコンで飼育して無毒化しておく），水，ビーカー．

材　料：CMV感染タバコ．健全なタバコ苗（4～6葉期）．

方　法：モモアカアブラムシを毛筆の先でとり，こ

免疫電子顕微鏡法

免疫電子顕微鏡法（免疫電顕法）は，ウイルス抗血清を処理した試料を電顕観察する方法で，抗原抗体反応の程度を像として確認できるので，ウイルス種の同定や近縁度の検定に有用である．病葉汁液中のウイルスや精製ウイルスは，支持膜にのせてから希釈した抗血清を処理し，洗浄後にPTAなどで染色して観察する．

ウイルス感染組織，フォルムバール支持膜を張ったグリッド，ウイルス抗血清，生理食塩水（蒸留水に塩化ナトリウムを0.85％溶かし，アジ化ナトリウムを0.02％加える，室温保存），酢酸ウラニル染色液（蒸留水に酢酸ウラニルを2％溶かして作製する．冷蔵で3カ月以上保存できる）またはPTA染色液，蒸留水，パラフィルム，ガラス棒，ろ紙，オートピペット，ピンセットを準備する．

まず，抗血清を生理食塩水で50～200倍程度の濃度に希釈する．次に，パラフィルムの上に蒸留水20 μl と希釈した抗血清10 μl，染色液10 μl を別々に滴下する．DN法の場合と同じように，感染組織を2mm角ほどの大きさに切り取ってパラフィルムの上の蒸留水の中で，ガラス棒で軽くたたいて磨砕する．その磨砕液を支持膜を張ったグリッドにとり，ろ紙で余分な液を除いてから希釈抗血清の液にのせ5～15分室温で反応させる．別のパラフィルムに10 μl の蒸留水の滴を10個ほど並べる．血清反応が終わったら液をろ紙で除き，一つの水滴をつけてはろ紙でぬぐうという操作を10回くりかえして，グリッドの膜面を水洗する．染色液をつけ，余分な液をろ紙で吸ってから電顕観察する．

（大木　理）

れをシャーレ内に入れて1時間絶食させる．アブラムシを毛筆で移すには毛筆を水で湿らせ，その先で移動中の虫を拾い上げるようにする．吸汁中の虫は筆先で尾部を静かにつつき，アブラムシが口吻を植物体から抜いて動き出してから毛筆ですくい取る．次に，絶食させたアブラムシをCMV感染タバコに移して5〜10分獲得吸汁させる．その後，毛筆でアブラムシをとり，健全なタバコ苗に5〜10頭ずつ移して5〜10分接種吸汁させる．接種吸汁後はアブラムシを取り除くか，殺虫剤を散布して殺虫する．7〜10日後に新葉に葉脈透化病徴が現れるので，その後の病徴の推移を記録する．できれば，半永続条件（獲得吸汁：2〜5時間，接種吸汁：半日〜1日），永続条件（獲得吸汁：1日，接種吸汁：1〜2日）での伝搬試験も行って，伝染性を比較するとよい．

ウイルスの精製と定量

精製（純化）は，感染植物を磨砕して汁液にし，そこから宿主タンパクや色素などを除いて濃縮するもので，ふつうは化学的方法と分画遠心法とを組み合わせて行う．精製する方法として，植物ウイルス全般に使える一般的方法はない．したがって，これまでに蓄積されている同一種か近縁のウイルスについての情報を頼りに，試行錯誤を繰り返しながら，増殖宿主，緩衝液，添加剤や有機溶媒などについて検討して，もっとも適した組み合わせを選択することになる．ウイルスによっては，有機溶媒に弱いもの，色素と結合しやすいもの，ウイルス粒子が凝集して再懸濁が難しいものなどもある．抽出や精製は低温で穏やかな条件で行うことが基本である．

ウイルスの精製で大切なのは，活性が高いウイルスを高濃度で含む植物材料を準備することである．増殖宿主の種類や品種，温度や日照などを検討して，ウイルスがよく増える条件を見つける．老化した組織や黄変した部位はフェノール物質や多糖類などを多く含んでいて，精製操作の妨げになることが多いので，使用はできるだけ避ける．

精製ウイルスはふつうは，蒸留水か緩衝液に懸濁して$-20〜-80℃$で凍結保存する．精製ウイルス液を凍結乾燥してガラスアンプルに封入すると，長期間の保存が可能である．

キュウリモザイクウイルスの精製

植物ウイルスの精製方法はウイルスごとにさまざまであり，多様な方法がある．CMVの精製を試み，植物ウイルスの基礎的な精製方法を学ぶ．

準　備：乳鉢と乳棒，液体窒素，ビーカー，0.01 M EDTA添加0.5 Mクエン酸緩衝液 pH 6.5（クエン酸三ナトリウム二水和物147 g，エチレンジアミン四酢酸二ナトリウム EDTA-2Na 3.7 gを蒸留水800 mlに溶かし，1 N HClでpHを調整したのち，蒸留水を加えて1,000 mlとし，冷蔵庫で冷やしておく），チオグリコール酸，ウルトラディスパーサー，クロロホルム，ポリエチレングリコール（PEG，分子量6,000〜8,000），塩化ナトリウム，冷蔵庫，スターラーとスターラーバー，0.05 M EDTA添加0.005 Mほう酸緩衝液 pH 9.0（四ほう酸ナトリウム十水和物1.5 g，EDTA-2Na 18.6 gを蒸留水800 mlに溶かし，0.1 N HClでpHを調整したのち，蒸留水を加えて1,000 mlとし，冷蔵庫で冷やしておく），テフロンホモジナイザー，Triton X-100（polyoxy-ethylene (10) ochtylphenyl ether），注射針と注射筒，ガラス棒．

材　料：CMV感染タバコ葉（汁液接種7〜9日後の接種葉50 g）．

方　法

1) CMV感染タバコ葉を乳鉢に入れ，液体窒素を加えて磨砕して細粉化する．
2) 細粉をビーカーに移し，クエン酸緩衝液を100 mlとチオグリコール酸100 μlを加えて，ウルトラディスパーサーで撹拌する．
3) クロロホルム50 mlを加えてウルトラディスパーサーで撹拌する．
4) 10,000 gで10分遠心する．
5) 水層を別のビーカーにとり，PEGを濃度が6％

単一病斑分離

単一病斑分離は，汁液伝染するウイルスについて，さまざまな変異体を含む野外のウイルス集団の中から特定の純粋なものを選び出す操作である．単一病斑分離を行うためにはキノア *Chenopodium quinoa*，センニチコウ，ジュウロクササゲなど，目的とするウイルスを汁液接種すると明瞭な局部病斑を現す宿主植物を選び，局部病斑を個別に切り取って別々の接種植物に汁液接種するという継代操作を2〜3回以上くりかえす．最後に，いちばん明瞭な病徴を現すものをいくつか選んで分離株とする．2種以上のウイルスが重複感染している場合には，宿主範囲や全身感染性の違いを利用して分けてから，単一病斑分離の操作を行う．

〔大木　理〕

になるように，また，塩化ナトリウムが 0.125 M になるように加え（PEG と塩化ナトリウムは 0.63 M の塩化ナトリウムを含む 30 % PEG の溶液をつくって保存しておき，有機溶媒処理後の上清の 1/4 を滴下するようにするとよい），冷蔵庫中で 30 分，スターラーで撹拌する.

6) 10,000 g で 10 分遠心する.
7) 沈殿にホウ酸緩衝液 20 ml を加え，ホモジナイザーで懸濁する.
8) 10,000 g で 10 分遠心する.
9) 上清 20 ml にトリトン X-100 を 0.2 ml 加える.
10) 100,000 g で 90 分遠心する.
11) 沈殿にホウ酸緩衝液 5 ml を加え，ホモジナイザーで懸濁する.
12) 100,00 g で 150 分遠心（10〜40 % ショ糖密度勾配）する（ショ糖密度勾配は，スイングローター用の遠心管に，40 %，30 %，20 %，10 % ショ糖ホウ酸緩衝液を等量，静かに重層し，冷蔵庫中で一晩静置してつくる）.
13) ウイルス画分（暗所でチューブの上から光を当てるとウイルス層は白く光るので，注射針を上から差し込んで吸い取る）に，ホウ酸緩衝液 5 ml を加える.
14) 100,000 g で 90 分遠心する.
15) 沈殿に小量のホウ酸緩衝液を加え，ガラス棒で懸濁して精製ウイルス試料とする.

キュウリモザイクウイルスの局部病斑法による定量

植物ウイルスの定量方法は，感染性を定量する生物検定法，抗原タンパク量を測定する血清学的方法，そして，紫外部吸光度の測定による定量法の三通りに大別できるが，ここでは局部病斑算定法による CMV の濃度測定を行う.

局部病斑法では生育が揃った植物を用いることが重要であるが，植物の生育が均一であっても個体や葉位などによって感受性に差異があるので，これらの差を除くためには実験計画を工夫する必要がある．半葉法は，葉の主脈を境にした両半葉の感受性に差がほとんどないと見なして実験を行うもので，一方の半葉に既知濃度のウイルスを接種し，そこに現れた病斑数を基準にもう一方の半葉に接種した液のウイルス濃度を数量的に推定することができる．また，対葉法はササゲの初生葉など相対する葉を用いるもので，相対する葉はほぼ同じ感受性をもっていると見なして，接種源中のウイルス濃度を比較する.

準　備：カーボランダム（600 メッシュ），乳鉢と乳棒（10 分間，煮沸消毒しておく），0.1 M りん酸緩衝液 pH 7.0，ガーゼ，綿球（または綿棒）.

材　料：CMV 感染タバコ葉，CMV 精製ウイルス（0.1〜1.0 mg/ml），健全なジュウロクササゲ（初生葉が十分に展開したもの）.

方　法：接種の前に接種予定のジュウロクササゲの葉に，薄く均一にカーボランダムを散布しておく．まず，CMV 感染タバコ葉（約 0.5 g）をリン酸緩衝液 5 ml とともに磨砕して，これをガーゼで搾り，搾汁液を緩衝液で希釈して，1/1，1/10，1/100，1/1,000 の濃度の接種源を調製する．接種は検定植物の個体差や葉位差を除くために半葉法で行う．つまり，一枚の葉の片側半分に標準液（CMV 精製液）を接種し，他の半葉に供試液を接種する．一方の半葉に塗布した接種液が他の半葉に流れないように注意する．接種後はすぐに水道水で洗い，接種後 2〜3 日目に形成される病斑数を数える．既知濃度の純化液の接種によって現われた病斑数との比較からウイルス濃度を推定する．より正確な定量を試みる場合には，純化液の側も何段階か希釈したものを準備して組合わせて行うとよい.

ウイルスの血清学的検出

血清反応は，植物ウイルスの検出，診断，同定，定量，異種ウイルス間の類縁関係の解析などに広く用いられている．ここでは多様な手法のうち，検出感度が高い酵素結合抗体法のひとつである ELISA 法と抗原分析に使われる二重拡散法を行う.

ELISA 法

ELISA 法（enzyme-linked immunosorbent assay）はウェル中の抗原抗体反応を酵素によって増幅するものである．多くの試料を比較的短い時間で検定でき，マイクロタイタープレート用の分光光度計を使うと反応の程度を数値化して比較できる．ここでは汎用性の高い間接 ELISA 法を実習する．この方法は市販の酵素結合抗ウサギ抗体が利用でき，手順も比較的簡単である．同じ ELISA 法でも直接法と間接法では抗原に対する特異性が異なるので，目的によって使い分ける.

抗原抗体反応が起こるとマイクロタイタープレートのウェル内の基質は黄色に変わり，抗原の濃度が高いほど濃い黄色になる．ただし，吸光値は実験ごとに変わるので，吸光値がいくら以上であれば陽性であるという判定基準はない．ウイルス同定などが目的であれば，便宜的に健全試料の吸光値の 2 倍以上を陽性としてもよいが，厳密には陰性対照区に対

する有意差検定が必要になる．

準　備：ウイルス抗血清，0.05 M炭酸緩衝液 pH 9.6（Na_2CO_3 1.59 g，$NaHCO_3$ 2.93 g，アジ化ナトリウム 0.2 gを蒸留水 800 mlに溶かしたのち 1N HClまたは 1 N NaOHでpHを調整し，蒸留水を加えて 1,000 mlにする），PBST（Nacl 8.0 g，KCl 0.2 g，$NaHPO_4・12 H_2O$ 2.9 g，KH_2PO_4 0.2 g，アジ化ナトリウム 0.2 gを蒸留水 800 mlに溶かしたのち 1 N HClまたは 1 N NaOHでpHを調整し，蒸留水を加えて 1,000 mlにし，Tween 20 を 0.5 ml加える），PBSTPB（PBST 1,000 mlにポリビニールピロリドン（polyvinylpyrroridone，分子量 40,000）20 g，仔牛血清アルブミン（bovin serum albumin，凍結乾燥品）2.0 gを加える），ジエタノールアミン液（pH 9.8：ジエタノールアミン 97 ml，アジ化ナトリウム 0.2 gを蒸留水 700 mlに溶かして，1 N HCl約 67 mlでpHを調整後，蒸留水を加えて 1,000 mlにする），停止液（NaOH 12 gに蒸留水を加えて 100 mlにする），酵素結合抗体（酵素結合抗ウサギ IgG ヤギ IgG（alkaline phosphatase conjugated goat anti-rabbit IgG），21,700 unit/ml，TAGOなど），基質（p-nitrophenyl phosphate（5 mg/tablet，Sigma））など，蒸留水，ガラス棒，乳鉢と乳棒，マイクロタイタープレート（ELISA用 96穴平底），食品用ラップまたはプレートシーラー，オートピペット，マイクロチューブ，微量遠心分離機，恒温器，ELISA用分光光度計．

材　料：ウイルス感染葉または精製ウイルス．

方　法
1） ウイルス感染組織から約 1 cm角の試料を切り取り，あらかじめ十分に冷やしておいた乳鉢で 1 mlの炭酸緩衝液とともに磨砕する．
2） これをマイクロチューブに入れ，3,000 gで 10分，遠心分離した後，上清を適当な濃度に希釈して抗原試料とする．
3） 抗原試料をマイクロタイタープレートのウェルに 200 μlずつ分注し，ラップで密閉してから 37 ℃で 2時間おいて，抗原をウェルの内壁にコーティングする．一つの試料に二つのウェルを使うようにすれば，より正確な測定値が得られる．健全対照区と緩衝液のみの区を忘れずにつくり，できればウイルス感染組織または精製ウイルスの陽性区も設けること．
4） 各ウェルに PBSTをピペットでやや強く吹きつけるようにして満たし，5分静置した後にピペットで除くという洗浄操作を 4回繰り返す．
5） PBSTPBで希釈した一次抗体（希釈濃度は初めての実験では分からないので，100, 500, 1,000, 2,000倍の 4段階に希釈して比較し，最適な条件を選ぶ）をウェルに 200 μlずつ分注する．
6） ラップで密封した後，4 ℃で一晩静置して抗原と結合させる．
7） PBSTによる洗浄操作を 4回くりかえす．
8） 酵素結合抗体を PBSTで 3,000倍に希釈して，ウェルに 200 μlずつ分注する．
9） ラップで密封して 37 ℃で 4時間静置して，酵素結合抗体を一次抗体に結合させる．
10） その後，ウェルを PBSTで 4回洗浄する．
11） 最後に，基質をジエタノールアミン液に 1 mg/mlになるように溶かして，ウェルに 200 μlずつ分注し，ラップで密封して室温で 30分〜1時間反応させる．
12） 発色反応はウェルに停止液を 50 μlずつ添加して停止させ，結果を発色の程度によって判定する．結果の判定は肉眼でもできるが，反応が弱い時や結果を定量的に扱いたいときは ELISA用の分光光度計で 405〜410 nmの吸光度を測って比較する．

二重拡散法

　免疫拡散法はゲル平板の二つの穴（ウェル）に抗血清と抗原とを配置し，それらがゲル内を拡散して出会ったときにできる沈降帯を観察して抗原抗体反応の有無を知る方法である．そのうち，二重拡散法（オクラロニー法）はある抗血清と 2種のウイルス抗原の間に現れる沈降帯のパターンを分析することによって，2種のウイルスの外被タンパクの表面に同種のエピトープ（抗原決定基，厳密にはエピトープ群）があるか，異種のものが含まれているかを分析できる．逆に 2種の抗血清と 2種の抗原とを反応させると抗血清に含まれる同種または異種の抗体（厳密には抗体群）を検出できる．

　2種の抗原が共通のエピトープからなるときには二つの沈降帯は融合し，異種のエピトープがあるときにはスパーが現れる．抗血清の中に 2種の抗体があってそれぞれが別々のエピトープと反応するときにはクロスが現れる（図 10.1）．

　二つのウイルス抗原とある抗血清を反応させた場合，沈降帯が完全に融合したら二つのウイルスは同種かきわめて近縁である可能性が高い．はっきりした共通の沈降帯のほかにスパーが現れたら，二つは近縁ではあるが異なる種類であると推定できる．抗原と抗血清の関係を逆にした場合も同様である．

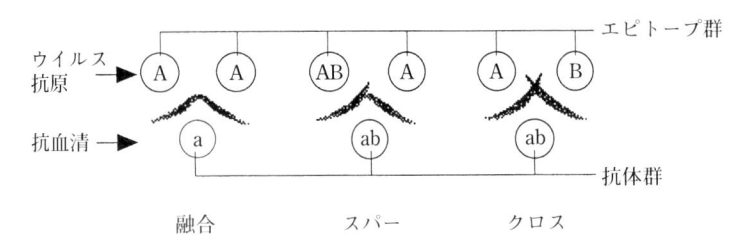

図10.1 寒天ゲル内二重拡散法によるウイルス抗原と抗体の解析（大木，1997）

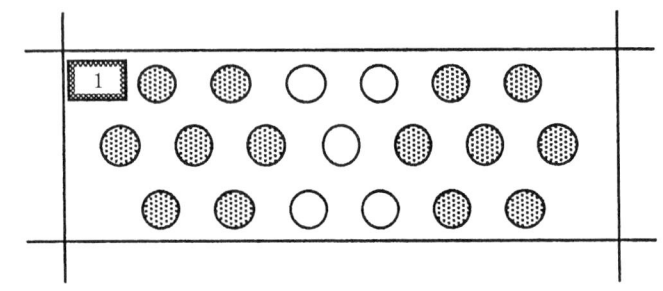

図10.2 ゲルスライドのウェルの配置（大木，1997）

　ここでは，抗血清と抗原の使用量が少なくてすむスライドガラス上に薄い寒天平板を作って使う方法を実習する．

　準　備：ウイルス抗血清，0.1 M トリス塩酸緩衝液 pH 8.0（トリスヒドロキシアミノメタン 1.2 g を蒸留水 80 ml に溶かし，1 N 塩酸で pH 8.0 に調整したのち蒸留水を加えて 100 ml にし，これに塩化ナトリウム 0.85 g，アジ化ナトリウム 0.02 g，ラウリル硫酸ナトリウム SDS を 0.3 g を溶かす），粉末精製寒天（Bacto agar, Difco），スライドガラス（7.6 × 2.6 cm），電子レンジ，5 ml 注射筒または駒込ピペット，コルクボーラー（直径 5 mm，先の鋸歯をヤスリで落としておく，シャープペンシルの頭の金属キャップなどで代用できる），アスピレーター，蒸留水，ホットプレートまたは湯煎容器，湿室用プラスチック容器．

　材　料：ウイルス感染組織または精製ウイルス．
　方　法：
1) スライドガラスを水平な机の上に並べる．
2) トリス塩酸緩衝液 20 ml に粉末寒天を 0.1 g 加えて，電子レンジか湯煎で溶かす（スライドガラス 10 枚分）．
3) 注射筒かピペットでスライドガラス 1 枚あたり 1.5 ml のせて，熱いうちに注射針などですばやく均一に広げる．
4) 寒天は室温ですぐに固まるので，ゲルスライドは使用時まで湿室内で保存する．
5) 抗原と抗血清を入れる穴（ウェル）を作る．ふつうは 5 mm ほどの間隔をあけて 7 個の穴をあける．ウェルをあけるときは，図 10.2 をコピーしてその上にゲルスライドを置いてウェルの位置にコルクボーラーの先を当て，アスピレーターをつないだガラス管（または青チップの先端を切り落としたもの）でウェルの部分のゲル片を吸い取る．
6) 抗血清を中央に抗原は周囲に（またはその逆），一つのウェル当たり 10 μl 入れる．特別な場合を除いて抗血清，抗原とも濃度が高いほど沈降帯は明瞭になるから，抗血清はなるべく原液を使い，ウイルス抗原は精製ウイルスなら 1.0 mg/ml ぐらいの高濃度のものを，感染葉粗汁液なら若くて病徴が明瞭な葉などのウイルス濃度が高いものを使う．
7) ゲルスライドは湿室に戻し，室温で数時間から一夜おく（寒天の場合は 8～12 時間で沈降帯が明瞭になることが多い．時間がさらに経過すると沈降帯は拡散して観察しにくくなるので注意する）．
8) 沈降帯を観察し，必要なら写真撮影をする．

植物ウイルスの遺伝子診断

　DNA や RNA の二本鎖核酸は相補的な配列をもつ 2 本の鎖からできている．したがって，サンプルと標識をつけた核酸プローブとが反応してハイブリッドが形成されれば，サンプル中にはその核酸と相補的な配列をもつ核酸が含まれているという強い証拠になる．この原理を利用した技術がハイブリダイゼーションである．この方法はきわめて特異的で高感度

で目的とする核酸を検出できるため，ドットブロットハイブリダイゼーション，ノーザンブロッティング，RFLP（制限酵素断片長多型性）解析法などのさまざまな遺伝子診断技術として，広く利用されている．

核酸を標識するには，以前は ^{32}P などの放射性同位元素（RI）が使われてきた．RIプローブを使う方法は検出感度がきわめて高い優れた方法であるが，RIの使用は特別な許可を受けたRI施設内に限られる．また，標識としてよく用いられる ^{32}P 半減期が短いため，標識プローブの保存には限界があった．そこで最近では，RIを使わない核酸標識法がふつうになり，各種のキットも市販されるようになった（兼松ら，1990）．

遺伝子診断法の特異性と検出感度の高さは，ELISA法などの血清学的検出法をも凌駕する．この方法はキャプシドをもたないために血清学的方法が使えないウイロイドの検出と同定にはきわめて有力な手段である（高橋ら，1989；Hull，1993）．

ハイブリダイゼーションを検出するためには，まず，調べたい核酸試料を変性して一本鎖とした後に，ナイロンあるいはニトロセルロースのメンブレンに固定する．次に，標識した核酸プローブを処理して，ハイブリッドを形成させる．さらに，プローブの標識に合わせて露光や発色の操作を行い，ハイブリッド形成の程度を検出することになる．このほか，*in situ* ハイブリダイゼーションを行うと，感染植物組織切片中のウイルス核酸を検出できる．電子顕微鏡レベルの *in situ* ハイブリダイゼーションも開発されている（細川ら，1994）．ハイブリダイゼーションによる方法をPCRによる方法と比較すると，検出感度ではやや劣るものの，定量的な検出ができるという大きな特徴がある．プローブに用いる核酸としてはウイルス核酸のcDNAのほか，複製型二本鎖RNA，ウイルス核酸の塩基配列の一部に相補的な配列をもつ合成オリゴヌクレオチドなどを使うことができる．

（大木　理）

第11章　植物と昆虫

11.1　昆虫の採集と標本作成

昆虫の採集

　昆虫は，動物の中でもっとも種数が多く，それぞれの種の生活様式も多様である．したがって，昆虫の採集方法は，対象となる昆虫の種やグループによって異なっている．昆虫の採集方法には，大きく分けて，捕虫網などによる採集と，トラップによる採集とがある．

　捕虫網などによる採集：昆虫は，一般的には捕虫網を使って採集する．チョウやトンボなどでは，採集した個体を三角紙に包んで一時保存する．小型のハチやハエは，草かげなどに潜んで見つけにくいこともあるので，草ごと捕虫網を使ってすくい採る（スウィーピング法）．また，樹上などで生活する小型のコウチュウなどの昆虫は，棒などで樹木の枝をたたき，落下した昆虫を布やカサなどを広げて受けとめて採集する（ビーティング法）．スウィーピング法やビーティング法で採集した昆虫は，殺虫用の毒ビンが必要である．また，微小昆虫の場合は，吸虫管を用いる．

　トラップによる採集法：昆虫の採集には，各種トラップを用いた方法が有効である．まず，夜間に電灯（水銀灯，ブラックライトなど）をつけて集まった昆虫を採集するライトトラップがある．誘蛾灯や予察灯はライトトラップの一種である．また，発生予察などを目的として，各種害虫の採集に性フェロモンを利用したフェロモントラップが用いられる．また，おもに誘殺を目的とした粘着トラップや電撃殺虫器もある．

　パントラップ（水盤トラップ）は，写真現像用のバットなどに水をため，界面活性剤として中性洗剤，防腐剤としてフォルマリンや食塩を入れて地上などに設置するもので，徘徊性の昆虫や寄生蜂類の採集に有効である．特に，黄色のトラップは他種の昆虫を誘引することが知られており，イエローパントラップ（黄色水盤トラップ）とよばれる．

　地上徘徊性のコウチュウ類などは，紙コップやビンなどを地中に埋めて落とし込むベイトトラップ（誘引物を入れる）やピットフォールトラップ（誘引物を入れない）を用いて採集する．また，微小な土壌性甲虫などは，土壌や腐葉土ごと持ち帰ってベルレーゼ装置を用いて抽出する．

標本の作成

　一般的に，昆虫の成虫は乾燥標本として保存する．乾燥標本をつくるためには，昆虫の体が軟らかいうちに整形し，そのまま乾燥させるだけでよい．トビムシやアブラムシ，カイガラムシなどのように微小または軟弱な昆虫の場合は，バルサムなどで封入してプレパラート標本を作成する．また，各種昆虫の幼虫の保存やDNAの検出を目的とする場合などは，エタノールなどに浸し液浸標本とする．ここでは乾燥標本の作成を試みる．

　材　料：各種昆虫．

　準　備：昆虫針，とめ針，展翅板，展足板，展翅テープ，ピンセット，ハサミ，台紙，接着剤（白色ボンド），柄つき針．

　方　法：乾燥標本の作成方法は，対象となる昆虫の種類によって異なるが，ここでは代表的な方法で昆虫標本を作成する．

　まず，微小な昆虫を除いて昆虫針を虫体のまん中（基本的には中胸）に刺す．コウチュウ類，カメムシ類，ハチ類などでは，刺す位置をやや中心から右へずらす（図11.1）．昆虫針を刺す時，虫体に対して針が垂直になるように注意する．コウチュウ類などでは昆虫針を刺した後，脚を整形する展脚を行う．展脚は，昆虫を発砲スチロール板などに刺して，昆虫針や玉針などをとめ針として脚や触角の形を整える方法である．

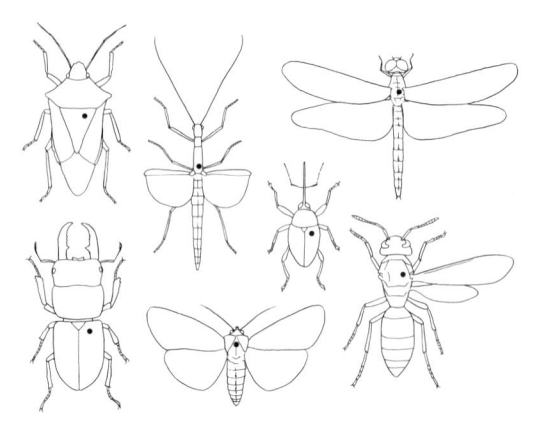

図11.1　各種昆虫の乾燥標本と昆虫針を刺す位置（・）
（広渡原図）

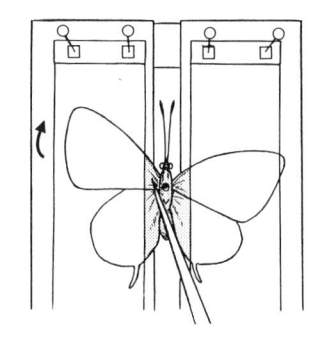

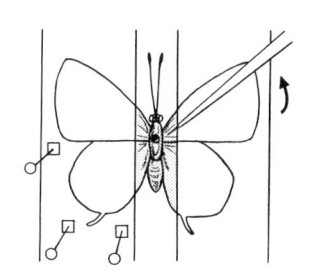

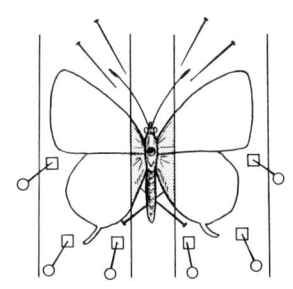

図 11.2　チョウの展翅の手順（広渡，1998）

　微小な昆虫は，三角形に切った台紙の先端に虫体を接着剤で貼りつける．また，微小昆虫に微針を刺し，これをポリフォームなどを小さく切ったものに刺す方法もある．これらの場合，三角形の台紙やポリフォームに昆虫針を刺す．

　チョウやガ，トンボなどでは展翅を行う．展翅とは翅の形を整えることで，次の手順で行う（図 11.2）．(1) 虫体に昆虫針を刺した後，昆虫針を展翅板の溝の部分に刺す．(2) 展翅テープで翅を抑え，左の翅から柄つき針を使って整形し，とめ針で固定していく．(3) 最後に触角や腹部の形を整える．

　標本は，2～3 週間程度乾燥させる．標本が完成したら，必ずデータラベルをつける．データの内容は，採集年月日，採集場所，採集者などである．いくら希少な標本でも，データラベルのない標本は学術的な価値を持たない．

　標本の乾燥中にはイエヒメアリやゴキブリ類，乾燥後にはカツオブシムシ類やヒョウホンムシ類などに食害されることがあるので，防虫剤を絶やさないように注意する．展翅あるいは展脚した標本を収納できる恒温器がある場合は，約 50 ℃に保っておけば数日で乾燥でき，上記の昆虫に食害される恐れも少ない．

（広渡俊哉）

11.2　昆虫の形態

昆虫の外部形態

　昆虫の体は丈夫な皮膚でおおわれ，外骨格を形成する．皮膚は，1 層の真皮細胞，これから外側に分泌された表皮（クチクラ）および内側に分泌された基底膜からなる．表皮は，キチン，蛋白質，水分，灰分などを含む．

　昆虫の体は，頭部 head，胸部 thorax，腹部 abdomen からなり，基本的には，頭部に複眼，口器，触角，胸部には各節に 1 対の脚 leg，中・後胸に 1 対の

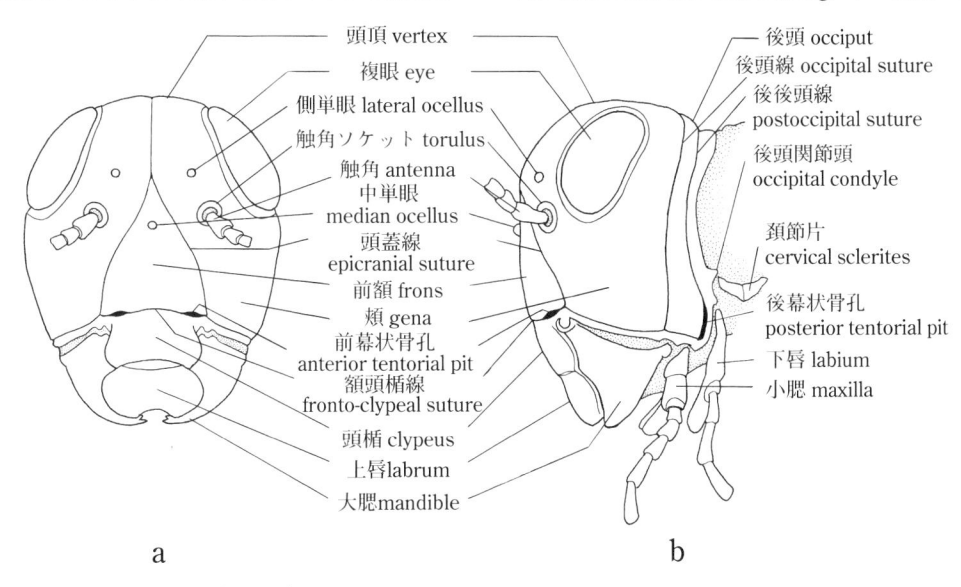

図 11.3　昆虫の頭部模式図（Snodgrass（1935）を一部変写）　　a：前面，b：側面

翅 wing を有し，腹部末端節に1対の尾毛をもつ．体の側方には気門 spiracle が開口する（基本的には中・後胸，腹部第1～8節に各1対）．

頭　部：昆虫の頭部は外観上1節からなるが，6体節が癒合したものであるとされる．節足動物では，基本的に各体節にそれぞれ1対の付属肢 appendage と神経節（神経球）ganglion をもつが，昆虫ではこれらの付属肢が変形し，第2節に触角，第4節に大腮，第5節に小腮，第6節に下唇を形成する（図11.3）．

昆虫の口器の形態は多様であり，それぞれのグループの摂食様式を反映し，農業上，被害形態との関連を知る上でも重要である．口器は，その機能により次の2タイプに分けられる．

咀嚼式 mandibular type：バッタ（直翅）目，コウチュウ（甲虫）目など．

吸収式 suctorial type：カメムシ（半翅）目，チョウ（鱗翅）目（成虫），ハエ（双翅）目など．

胸　部：前胸，中胸，後胸からなる．3対の胸脚は，それぞれ前脚，中脚，後脚と呼ばれ，各脚は，通常基方より，基節，転節，腿節，脛節，ふ節の5節からなる（図11.4）．ふ節は1～5節からなり，イナゴのように爪間盤を有するものがある．脛節上に，距，刺，刺毛など分類の特徴となる形質をもつものもある．

脚は，それぞれの生活に適応し，歩行，遊泳，跳躍など，特異な形態に分化したものがある．

腹　部：一般には10～11節が認められ，末端2節は交尾器 genitalia として変形する．

バッタ（直翅）目の外部形態

昆虫の中でも頭部，特に口器の形態において原始的（一般的）な形質を保持しているバッタ（直翅）目を材料として，外部形態を観察する（図11.4）．

材　料：バッタ類．

準　備：ピンセット，ハサミ，昆虫針，解剖皿，実体顕微鏡，スケッチ用具．

方　法：頭部左側面を検鏡し，次に腹面後方より口器を正確に調べる．解剖皿上の虫体は，位置が定まらないので，昆虫針を使って固定する．次に，外部からは完全に見られない部分（たとえば大腮）を明らかにするため，検鏡下でピンセット，ハサミ，昆虫針を用いて口器の各部を分離し，観察する．

チョウ（鱗翅）目の外部形態

チョウ目の翅と翅脈：昆虫にとって翅は移動するためのもっとも重要な器官である．基本的に，中胸に1対（前翅），後胸に1対（後翅），計2対の翅をそなえるが，前翅のみがあり，後翅が特化してハエ目

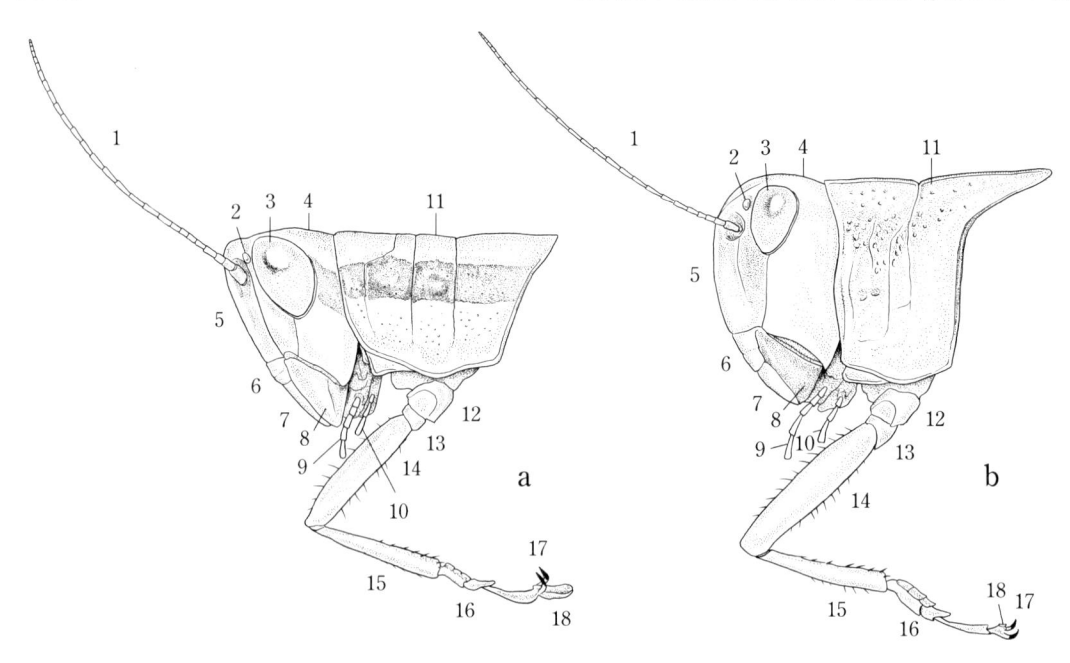

図11.4　バッタ（直翅）目の頭部と前胸部の側面図（広渡原図）
a：コバネイナゴ，b：トノサマバッタ
1：触角 Antenna，2：単眼 ocellus，3：複眼 eye，4：頭頂 vertex，5：前額 frons，6：頭楯 clypeus，7：上唇 labrum，8：大腮 mandible，9：小腮鬚 maxillary palpus，10：下唇鬚 labial palpus，11：前胸背板 pronotum，12：基節 coxa，13：転節 trochanter，14：腿節 femur，15：脛節 tibia，16：ふ節 tarsus，17：爪 claw，18：爪間盤 arolium

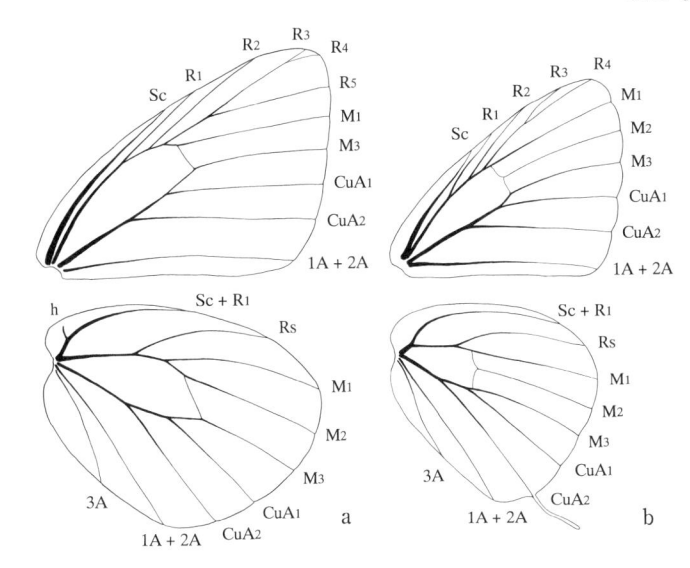

図 11.5 チョウ目の翅脈相（広渡原図）
a: モンシロチョウ，b: ウラナミシジミ（モンシロチョウの M_3 脈は M_2 脈とされることもある）

やカイガラムシ類のオスのように平均棍となるもの，あるいは特異な生活様式と関連して前後翅ともにまったく退化したものもある．また，前翅はバッタ目やコウチュウ目のように，革質・硬化したものがある．昆虫が地球上に広く分布を広げ，種々の環境に適応できたのは，飛翔器官としての翅によるところが大きい．

翅は二次的に発生した器官で，翅脈 wing vein によって支持され，その内部に気管が通っている．翅脈は昆虫のグループにより特異なパターンを示し，その，翅脈相 wing venation は系統分類，同定に重要な形質となる．

材　料：モンシロチョウ．
準　備：ピンセット，漂白剤，エタノール 70 % 溶液，シャーレ，カバーガラス，スライドガラス，ティッシュペーパー，実体顕微鏡，生物顕微鏡，スケッチ用具．
方　法：永久プレパラートの翅脈標本を作成するには，翅の鱗粉を除去し，染色する必要があるが，ここでは簡便法で行う．まず，基部を破損しないように注意して前後翅を胸部より離す．

鱗粉（普通鱗と発香鱗）：チョウ目の翅の表面は，毛が変化してできた鱗粉（鱗片 scale）で覆われる．ここでは，まず，モンシロチョウの普通鱗とオスだけに見られる発香鱗 androconia を観察する．いずれも昆虫針の頭の部分で翅の表面をこすり，針に付着した鱗粉をスライドガラスに軽くたたいて落とし，生物顕微鏡で観察する．

翅　脈：シャーレにエタノールを入れ，その中に翅を入れる．ティッシュペーパーを小さくまるめたものをピンセットで摘んで翅を軽くたたき，鱗粉を落とす．次に 10 % 漂白剤中に移す．翅がほぼ透明になったら，充分水洗した後で，スライドガラスですくい取る．翅脈相を調べ，スケッチを行う．

昆虫の内部形態

昆虫類の循環系は脊椎動物と異なり解放血管系であり，ガス交換のための気管系が各組織にくまなく分布している．また体の各節に神経中枢（神経節）があり，排泄器官も異なったものをもっている．またチョウ目の幼虫では唾腺の変化した絹糸腺が発達している．これら内部形態の特徴を知ることは，ホルモンの分泌部位，分化した神経中枢，気管による消極的な呼吸法など，昆虫生理学の基礎を理解する上で重要である．

カイコの解剖：消化管は前腸 fore gut, 中腸 mid gut, 後腸 hind gut の 3 部からなり，前腸は咽喉と食道，後腸は小腸，結腸，直腸に分けることができる．小腸と結腸の境から 1 対のマルピーギ管 Malpighian tube が出る．これは膀胱を過ぎたところで 2 分し，うち 1 本はさらに 2 分し計 3 本となり前方に向う，中腸の 1/2 より少し後方で U ターンし後方に走り，直腸前部に着く．呼吸系の気管は体内至るところに分布している．気門から中に入ると気管叢となり，これから放射状に伸びた気管は，その末端が毛細気管となり，この部分でガス交換が行われる．背面中央には循環系の背脈管 dorsal vessel が走っている．この管の背面には中・後胸部に各 1 対，腹部に 8 対

の弁孔という裂孔があり，ここから体液が背脈管に入る．神経系は神経中枢と末梢神経とに分けられ，神経中枢は対をなす神経節（球）と，これらを連結する神経索よりなっている．神経節は幼虫と成虫とで配列が異なり，幼虫では胸部3対，腹部8対であるが，成虫になると胸部2対，腹部4対となる．

材　料：第5（終）齢のカイコ．通常，第4齢幼虫の脱皮後，終齢幼虫を絶食させ，脱糞後（約1日後），火をとめた直後の沸騰した湯の中に投入し固定する．その後，70％エタノール液で保存する．

準　備：解剖皿，ハサミ，ピンセット，昆虫針，実体顕微鏡，スケッチ用具

方　法：材料を解剖皿上にとり，肛門よりハサミを入れ，背中線を少しはずし，縦に切開する．真中を切ると背脈管が破壊される．直腸末端を皮膚から切り離し，消化管を図11.7のように右側方に移動させ，中腸腹面についている1対の絹糸腺を中腸から離し伸ばす．胸・部各節の腹中線上に神経球があり，側面に気管叢，結腸および中腸後半部にマルピーギ管や膀胱が走る．背面正中線に背脈管が縦走し，また第5腹節背面左右に生殖巣が見える．

（広渡俊哉）

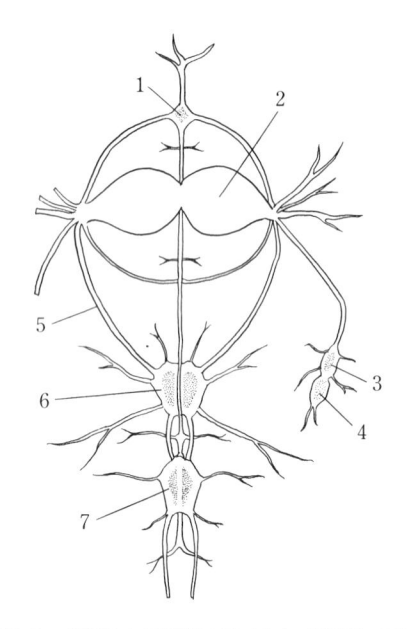

図11.6　ガ類幼虫の頭部神経（小山（1981）を変写）
1：前額神経節，2：脳，3：側心体，4：アラタ体，5：食道連合，6：食道下神経節，7：第1胸節神経節

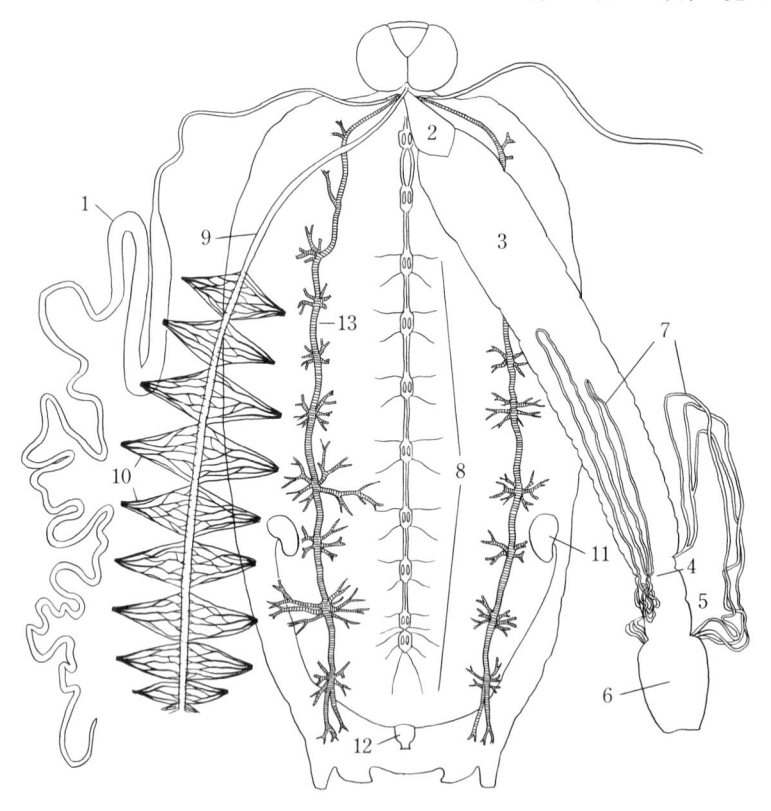

図11.7　カイコの内部形態（小山（1981）を変写）
1：絹糸腺，2：前腸，3：中腸，4：小腸，5：結腸，6：直腸，7：マルピーギ管，8：神経，9：背脈管，10：扇状筋，11：精巣，12：ヘロルド腺（交尾器の原基），13：気管

11.3 昆虫の分類と同定

昆虫の分類

現在，地球上でもっとも繁栄している動物のグループは昆虫に代表される節足動物である．昆虫のおもなグループは，約3億年前（石炭紀）にはすでに出現しており，その後，被子植物の出現とともに地球上のさまざまな環境に適応し進化した．現在，約90万種が知られており，実際に存在する種数は500万種を越えると推定されている（平嶋他，1989）．

ある動物群の新種が発見され，論文として発表される場合，その研究者が認識した種を客観的に再検討できるようにタイプ標本（模式標本 type specimen）を残すことが国際動物命名規約（International Code of Zoological Nomenclature）で義務づけられている．さらに，欧米諸国では，試験研究や記録の対象となった生物の証拠標本 voucher specimen の保存の必要性も強調されるようになった．昆虫標本は，タイプ標本や証拠標本だけでなく，種の多様性の認識や過去の分布データ，分子レベルの解析のサンプルとして教育・研究上非常に重要である．

昆虫類は，大腮・小腮が口腔内にある内腮綱（トビムシ，カマアシムシ，コムシの各目）と，むき出しになった大腮・小腮をもつ外腮綱に分けられる．外腮綱はイシノミ，シミ目からなる無翅亜綱と他のすべての目よりなる有翅亜綱に大別される．

昆虫の同定

同定は，対象となる昆虫の種名を調べることである．厳密にいうと前述のタイプ標本との比較が必要であるが，一般的には図鑑や検索表にもとづいて間接的に同定することになる．ここでは，昆虫の識別法を習得するために，イネの害虫であるウンカ・ヨコバイ類の識別とウンカ類の同定を試みる．

ウンカとヨコバイの識別

イネの重要害虫であるツマグロヨコバイ（ヨコバイ科）とセジロウンカ（ウンカ科）を用いて，それらの外部形態を検鏡して2科の特徴を理解する（図11.8）．

材　料：ツマグロヨコバイとセジロウンカ
準　備：シャーレ，ピンセット，昆虫針，実体顕微鏡，スケッチ用具．
方　法：2種の形態的差異を顕微鏡下で観察する．前胸部，触角，脈相，後脛節など形態に注意する．

ウンカ類の同定

ウンカ科にはイネの重要害虫であるセジロウンカ，トビイロウンカ，ヒメトビウンカの3種を含み，これらはイネの収量にもっとも影響を与えている．また，イネのウイルスのベクター（病原体の媒介動物）として重要な種を含むウンカ類は，海外から飛来するとされ，発生予察上からも種の正しい同定が必要である．

材　料：ウンカ類
準　備：シャーレ，ピンセット，昆虫針，実体顕微鏡，スライドおよびカバーグラス，スケッチ用具．
方　法：ウンカ類の同定は，雄交尾器の把握器 paramere の特徴によるのがもっとも確実であるが，ここでは，顕微鏡で形態的差異を観察し，下記の検索表により同定を行う．

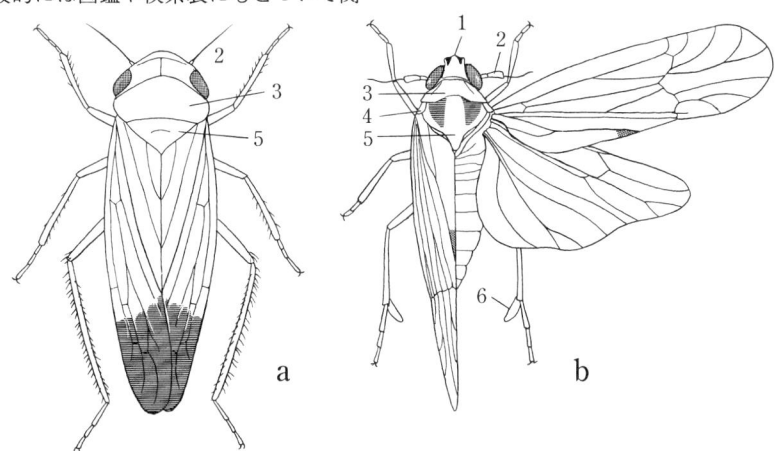

図11.8　ツマグロヨコバイ♂（a）とセジロウンカ♂（b）（石原（1963）より変写）
1：頭頂，2：触角，3：前胸背板，4：肩板，5：小楯板，6：可動距

ウンカ3種の検索表

1. 前胸背板は暗褐色．翅は淡褐色（体長（翅端まで）4～4.5mm）……………………トビイロウンカ♂，♀
－ 前胸背板は淡黄または黄白色．翅は透明………2
2. 小楯板に黄白縦帯がない．（体長3.5～4mm）……………………………………ヒメトビウンカ♂
－ 小楯板に黄白縦帯がある．…………………………3
3. 小楯板の黄白縦帯の周囲は黒色．体腹面は黒色．（体長4～4.5mm）……………セジロウンカ♂
－ 小楯板の黄白縦帯の周囲は黒褐または淡黒褐色．体腹面は黄白色………………………………4
4. 小楯板の黄白縦帯は明瞭．頭頂は前方に突出し細長い．（体長4～4.5mm）…………セジロウンカ♀
－ 小楯板の黄白縦帯は不明瞭．頭頂は短く，突出しない．（体長3.5～4mm）………ヒメトビウンカ♀

注意：ウンカ類には長翅型と短翅型とがある．上記検索表の体長はいずれも長翅型のものである．

（広渡俊哉）

11.4 昆虫の行動

寄主探索行動

　昆虫の天敵には，捕食者 predator と寄生者 parasite とがあるが，昆虫の寄生者の多くは，寄主を最後には殺してしまう捕食寄生者 parasitoid（擬寄生者ともいう）である．これらの天敵は，さまざまな陸上生態系の重要な構成要素であるだけでなく，農業・森林害虫の生物的防除に利用されている．ここではアブラナ科作物の害虫であるモンシロチョウ *Pieris rapae* の重要な天敵であるアオムシコマユバチ *Apanteles glomeratus* が寄主の幼虫（アオムシ）をいかにして発見するかを調べ，捕食寄生者の生活や生態系内での役割を理解する．

　材　料：アオムシコマユバチ（以下ハチ）およびモンシロチョウの2～3齢幼虫（アオムシ）．

　たとえば，大阪では，両種の密度が野外で高まる5～7月と10～11月が観察の適期である（石井ほか，1988）．観察日の2～3週間前に野菜畑や家庭菜園などのアブラナ科植物から終齢のアオムシを採集し，室温（20～25℃）で飼育すると，1週間以内にハチの幼虫がアオムシから脱出し，営繭する．アオムシは，アブラナ科植物を水が入ったびんにさし，それをゴースネットで被うなど，風通しのよい条件で飼育するのが好ましい．室温条件下では，得られた繭塊から，1週間程度でハチが羽化するので，その前に繭塊を幼虫採集管に移しておく．ハチが羽化したら，脱脂綿を10％砂糖水に浸し，軽くしぼって幼虫採集管の中に入れ，毎日新しいものと交換する．観察用のアオムシを得るには，野外でモンシロチョウの雌成虫を採集し，やはり網かけしたアブラナ科植物とともに，窓際などにおいて採卵するとよい．モンシロチョウは，室温でふ化までに4日前後，3齢になるまでに1週間程度かかる．

　準　備：幼虫採集管（志賀昆蟲普及社製 3×12 cm が便利），ピンセット，カッター，定規，ろ紙，色ケント紙，セロハンテープ，キャベツ（外葉）など

　手　順

1）雌雄の識別：幼虫採集管を白い紙の上に水平に置き，ハチの雌雄を識別する．繭塊周辺で翅を震わせているやや小型の個体が雄で，雄は翅を震わせながら雌を追い回す．
2）繭数の計数：幼虫採集管の中に残っている繭塊を取り出し，ピンセットでほぐしながら繭を数える．幼虫採集管の栓をあける時は，金網部分を明るい方向に向け，やや高くしてハチをそちらに集めるとよい．砂糖水のついた脱脂綿は除去する．
3）配偶行動の観察：除去した繭塊を戻し，次のようなハチの行動を観察する．交尾は必ずしも観察されない．

　配偶行動のメニュー：翅の震動；雄が雌のフェロモンの範囲内で翅を震わせる（繭塊には雌バチのフェロモンが残っているので，雄バチは誘引され興奮する），追跡（雄が雌を追いかける），マウンティング（雄が雌の上に乗る），交尾（交尾をする）．

　日常的行動のメニュー：歩行（ただ歩き回る），飛翔（飛び回る），クリーニング（脚で触角や翅の手入れをする），休息（何もせずじっとしている）

4）寄主探索行動の観察：アオムシ1個体のついたキャベツ片を入れ，次のような行動を観察する．産卵が行われた時は，産卵姿勢をとっていた時間（秒数）を記録する．

　寄主探索行動のメニュー（雌のみ）：探索（触角の先端を葉の表面に押し付け，先端でこするようにしてゆっくり歩き回る），興奮（寄主の近くで翅をあげたり腹端を前方へ曲げる），産卵（アオムシに産卵管を突き立てそり返るという産卵姿勢をとる）．

5）寄主探索に関係する要因：次のa～iの対象を幼虫採集管の中に入れ，ハチの反応を観察する（すべて，アオムシなしで）．記録する事項は，① 対象上に着陸した雌バチの個体数（母数とする：のべ10個体程度），そのうち，② 探索を行った個体数，③ 対象上での滞在時間（秒：平均），④ 前述の②，③ より推察される対象に対する関心度（0：ない，1：ややある，2：

ある，3：かなりある）．各対象は 1 cm × 1 cm 程度の正方形に切ったものを準備する．

対象：a. アオムシの食痕やフンのついたキャベツ片，b. 食痕のみついたキャベツ片，c. 食痕もフンもついていないキャベツ片，d. キャベツ片をセロハンテープではさみ込んだもの；e. 黄緑色の色紙，f. ろ紙，g. ろ紙にキャベツの汁をこすりつけたもの，h. g のろ紙にフンをのせたもの，i. そのほか各自の仮説に基づく対象（たとえば同じアブラナ科作物の害虫であるコナガの幼虫に対する反応を観察する）．

考 察

1) 1 繭塊当たりの繭数は，十数個から百個以上におよぶ．ハチは 1 回に平均 25 個の卵を産むので，これは，アオムシがハチに産卵を受けた回数と関係が深い．アオムシコマユバチでも繭数が少ないと性比が偏る傾向が認められ，局所的配偶者獲得競争（LMC, Local Mate Competition）が生じていると考えられる（田川，1988）．

2) 雄バチは，雌バチそのものや羽化直後の繭塊に誘引される．それは，アオムシコマユバチの性フェロモンは雌成虫の産卵管基部に一対ある腺から分泌されるが，フェロモンは雌バチが繭から脱出する以前から分泌しており，繭に染みつくからである（田川，1979）．

3) 雌バチは，アオムシ自体よりもむしろアオムシの食痕のあるキャベツ片あるいはフンに反応して，探索に時間をかける（佐藤，1988）．寄主あるいは寄主の糞などから放たれるにおいの利用は多くの寄生蜂で知られており，これらのにおいは化学生態学的にはカイロモン（信号受信者のみが有利な活性物質）といえる．一方，アオムシのかじったキャベツは積極的にステアリン酸などを発生し，アオムシコマユバチを誘引する．このようなにおいはシノモン（信号の発信者，受信者双方が有利な活性物質）といえる（高林・田中，1995）．

密度調節フェロモン

生物の体内でつくられ，同種の他個体に作用するフェロモン pheromone は，他個体に特定の行動を誘起させる解発フェロモン releaser pheromone と特定の生理的形質を誘導する誘導フェロモン primer pheromone とに分けられる．前者には性フェロモン，警報フェロモン，道しるべフェロモン，集合フェロモンなどが，後者には階級分化フェロモンなどが知られ，いずれも昆虫類の生活の中で重要な役割を果たしている．ここでは，貯蔵アズキの重要害虫であるアズキマメゾウムシ *Callosobruchus chinensis* の密度調節フェロモン（解発フェロモン）の存在を確認する方法を述べる．

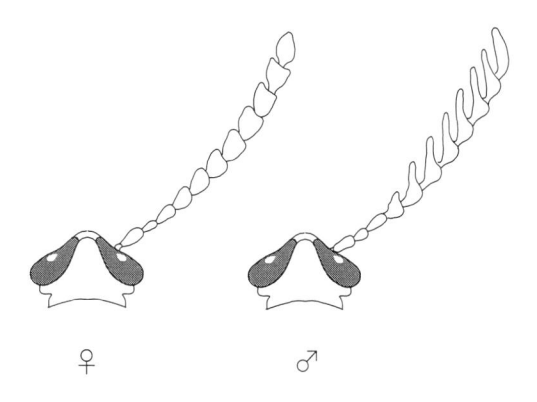

図 11.9　アズキマメゾウムシの雌雄の触角の形態

アズキマメゾウムシはアズキの種子の表面に卵を産み，幼虫が豆の内部を食害する．成虫密度が高くなると産卵数やふ化数が減少するが，この現象には数種の脂肪酸が関与している（本田，1979；梅谷，1981 など）．雌成虫は産卵時にアズキの表面にこの物質を付着させ，後から来る雌はそれにより産卵するのをやめたり，産卵数を減少させたりすると考えられる．この物質を「産卵規制物質」と呼ぶこともあるが，実際には，雄成虫もこの物質を少ないながらも分泌しているとされる．この物質の濃度が高まると，アズキの表面に産まれた卵のふ化率が落ちることも知られている．

材　料：アズキマメゾウムシの成虫およびアズキ

アズキマメゾウムシにより加害された貯蔵アズキから，成虫を羽化させて観察に用いる．アズキマメゾウムシの継代飼育は容易で，プラスチックカップやシール容器内に適量の市販のアズキを入れ，室内条件におくだけでよい．金網でふるって豆を交換すると成虫の死骸や成虫が脱出した時の豆の表皮片などが混入するので，容器内に新しいアズキを入れた小容器（小型カップなど）を置き，そこに移ってきた成虫を取り出す方法が便利である．新しいアズキを入れた新しい容器内に，この小容器内のアズキとトラップされた成虫を移せばよい．季節にもよるが，室温では産卵から成虫の脱出まで 6 週間前後かかる．

この実験では雌成虫のみを用いる．触角の形態で雌雄を識別する（図 11.9）．

準　備

ろ紙，エチルエーテル，プラスチックシャーレ（直

第11章 植物と昆虫

径5cm程度の小型のものがよい），ピンセット，スクリュー管（10 ml程度）など

手順

実験1：新アズキと条件アズキの選択：新鮮なアズキ10粒と条件アズキ（表面の卵をピンセットで落としたもの）10粒をシャーレに入れ，雌成虫20個体に自由に産卵させる．インキュベーターに入れ，30℃で約1時間経過した後，各アズキ表面の産卵数を数える．新アズキと条件アズキが識別できるように必ずマークをつけておく．

実験2：卵付条件アズキと卵なし条件アズキの選択：卵を付けたままの条件アズキ10粒と卵をピンセットで落とした条件アズキ10粒をプラスチックシャーレに入れ，雌成虫20個体に自由に産卵させる．30℃で約1時間経過した後，各アズキ表面の産卵数を数える．卵付アズキに，さらに何卵産みつけられたかがわかるように一定数の卵だけを残すなど工夫する．また，両群のアズキが産卵後も区別できるように目印を付ける．

実験3：エチルエーテル抽出物の効果：
1) 10 mlのスクリュー管にエチルエーテルを入れ，その中に新アズキ10粒を浸してから取り出す（これを対照豆とする）．
2) 同じスクリュー管に別の新アズキ10粒と条件アズキ多数を入れ，十分に振る．その後，新アズキを取り出し，よく乾燥させてから表面についているゴミを除去する．その際，特に卵のカスなどが残らないように注意する．アズキにはマークをつけておく（比較アズキ）．
3) 対照アズキと比較アズキ（各10粒）をプラスチックシャーレに入れ，雌成虫20頭に自由に産卵させる．30℃で1時間経過した後，各アズキ表面の産卵数を数える．

考察

アズキマメゾウムシの産卵数は比較アズキよりも対照アズキの方が多い．これは条件アズキ表面に付着していたエーテルに可溶な物質が比較アズキの表面に移り，雌成虫の産卵を抑制したと考えることができる．このゾウムシの「産卵規制物質」は，オレイン酸，リノール酸，リノレン酸などの脂肪酸であることが知られている（本田，1979）．

〔石井　実・平井規央〕

11.5 昆虫の個体群・群集

区画法による密度・分布型の推定

一つの生息場所や圃場内に現存する昆虫の個体数を調べる作業は，個体群動態の研究や害虫の発生予察，被害解析に欠かせない．昆虫の野外個体群の密度を推定する方法は大きく区画法（わく法）quadrat methodと標識再捕法（マーク法，記号放逐法）mark-and-recapture methodの二つに分けられる．

区画法では，調査範囲を多数の小区画に区分した後に適当な大きさの小区画をその中からランダムまたは系統的に抽出し，抽出した小区画について全個体数を調べ，その結果から全体の平均密度を推定する．区画は人為的に分ける場合もあるが，寄主植物の1株や1葉といった自然の単位を用いることも多い．区画法では，同時に，一様，ランダム，集中など個体の分布様式（分布型）を知ることができる．

ここでは，サンゴジュの葉を食害するサンゴジュハムシ Pyrrhalta humeralis 幼虫の密度および分布型を区画法を用いて推定する手法を記述する．

材料

サンゴジュハムシ（樹皮下で卵で越冬する，幼虫期：3月～5月，蛹期：5月～6月（土中），成虫は夏眠し，秋に産卵する）．近畿地方では4月中旬頃が野外調査の適期である．

準備

計数器，電卓，油性サインペン，メモ帳，グラフ用紙など．

野外調査

サンゴジュハムシの被害のあるサンゴジュを対象に，1人50程度のサンゴジュのシュート（新梢）をランダムに選び，シュート当り幼虫数をていねいに数えて，シュートごとに個体数を記録する．調査済みのシュートには油性サインペンで印をつけ，重複調査を避ける．

データ処理

1) 各人のカウントした幼虫の総数（N），シュート当り平均密度（m）および，その分散（S^2），標準偏差（SD），標準誤差（SE）を算出する．
2) 分散指数（S^2/m）を算出する．
3) 森下のIδ（アイデルタ）指数を次式により算出する．ただし，nは調査シュート数，X_iはi番目

のシュートの幼虫数.
$I\delta = n \times \Sigma X_i (x_i - 1) / N(N-1)$

4) 平均こみあい度（mean crowding）$\overset{*}{m}$を算出する.
$\overset{*}{m} = \Sigma x_i(x_i - 1)/N = (\Sigma x_i^2/N) - 1$
平均こみあい度とは，"区画当り個体当り平均他個体数"である．通常，最小二乗法により直線回帰式（$\overset{*}{m} = \alpha + \beta m$）を求め，$\alpha$と$\beta$により分布型を判定する.

考 察

1) 1本の樹の全シュート数をq，1本の樹当りの全個体数推定値をNとすると，q，N，mの間には，$N = mq$の関係式が成り立つ.
分散指数S^2/m，$I\delta$指数により分布の集中性（分布型）を判定する．両指数とも，
= 1なら「ランダム分布（＝ポアソン分布）」
< 1なら「一様分布」
> 1なら「集中分布」となる.

2) サンゴジュハムシ幼虫では多くの場合，分散指数，$I\delta$指数ともに>1となるので，集中分布である.
$I\delta$指数は分散指数と異なり，平均密度mの影響を受け難い特徴をもつ（伊藤ら，1980）.

3) 得られた多数のデータから，mを横軸に$\overset{*}{m}$をたて軸にプロットし，さらに，直線回帰式（$\overset{*}{m} = \alpha + \beta m$），相関係数（$r$）を算出する．（$m - \overset{*}{m}$法）
 I $\alpha = 0$，$\beta = 1$ の時：ランダム分布（ポアソン分布）
 II $\alpha > 0$，$\beta = 1$ の時：一定のmをもつ集団がランダムに分布
 III $\alpha = 0$，$\beta > 1$ の時：$I\delta$一定の集中分布
 IV $\alpha > 0$，$\beta > 1$ の時：一定のmをもつ集団が集中分布
 V $m \leq 1$，$\alpha = 0$，$\beta = 1$ または，$m \geq 1$，$\alpha = -1$，$\beta \fallingdotseq 1$ の時：完全一様分布
 VI $\alpha = 0$，$\beta < 1$ の時：各区画の収容力が限られている場合のランダム分布
（1種の一様分布で，正の2項分布と呼ばれる）

4) サンゴジュハムシ幼虫の場合，IIIの$I\delta$一定の集中分布をしていることが多い.
サンゴジュハムシの幼虫はサンゴジュ上で集中分布している場合が多いが，これは雌成虫による植物組織への産卵が特定の場所に集中することや，ふ化した幼虫の移動性が乏しいことなどによると考えられる.

5) 区画法では，調査する小区画をランダムに抽出することが重要である．一般に，区画法は，移動や分散能力の小さい昆虫に対して用いられる.

標識再捕法による密度の推定

標識再捕法は活発に動き回る昆虫に適した個体数推定法で，活動性の高い昆虫の調査には向かない区画法と対照的な調査法である．標識再捕法の原理は，ある場所で2回以上調査を行い，前回マークを施した個体が次回以降に採集される割合からその場所に生息する全個体数を推定するというものである．ここでは，ダイズを用いた模擬実験を例として，もっとも基本的なペテルセン法（リンカーン法ともいう）について述べる.

実 験 1：
1) 2にぎりほどの豆をフタのできる小容器（プラスチックカップなど）にとる．この時，豆の数（N）は数えない.
2) その中から10粒の豆（M_1）を取り出し，適当なマークを施して元に戻す.
3) よくかき混ぜてから，半にぎりほど豆を取り出し，取り出した全豆数（n_1）とその中のマーク豆数（m_1）を数え，N_1（推定全豆数）を算出する.

実 験 2：
1) マーク豆数を40粒増やし，50粒とする（M_2）.
2) よくかき混ぜてから，半にぎりほど豆を取り出し，取り出した全豆数（n_2）とその中のマーク豆数（m_2）を数え，N_2（推定全豆数）を算出する.

実 験 3：
1) マーク豆数をさらに50粒増やし，100粒とする（M_3）.
2) よくかき混ぜてから，半にぎりほど豆を取り出し，取り出した全豆数（n_3）とその中のマーク豆数（m_3）を数え，N_3（推定全豆数）を算出する．取り出した豆は元に戻さない.

実 験 4：
1) 実験3の2)で取り出した豆を元に戻さず，再びよくかき混ぜてから，さらに半にぎりほど豆をとり，取り出した全豆数（n_4）とその中のマーク豆数（m_4）を数え，N_4（推定豆数）を算出する.
2) ここで全豆数（N）を数える.

実 験 5：
すべての豆を一度カップにもどし，新しい（マークのない）豆を50粒（l）加える．よくかき混ぜてから，半にぎりほど豆をとり，取り出した全豆数（n_5）とその中のマーク豆数（m_5）を数え，N_5（推定豆数）を算出する.

考察

1) N_1 を M_1, n_1, m_1 を用いて表すと，$N_1 = (M_1 \times n_1) / m_1$（ペテルセン法，リンカーン法）となる．ある昆虫の個体群に実際に野外でこの方法を適用する場合に必要な条件として，移出や移入がないこと，十分な個体数にマークできること，マークが脱落しないことなどがあげられる．

2) 実験1～3について，マーク率 $X_i = (M_i/N) \times 100$ と適合率 $Y_i = (N_i/N) \times 100$ を求め，データを持ち寄って散布図を作成する．マーク率が高くなるにつれて，適合率が100に収束する傾向が認められることを確認する．

実験4，実験5は，それぞれ，野外において調査対象となる昆虫個体群に移出・移入がある場合に対応する．これらの場合，ペテルセン法はそれぞれ，移出前，移入後の個体数を推定することになる．移出時にはマーク個体も移出するが，移入個体にはマークはないからである．

こみあい効果

アズキマメゾウムシはアズキの貯蔵害虫として知られている．卵期3～4日，幼虫期約3週間，蛹化してから成虫が豆の外へ出てくるまでが約1週間，成虫は約10日生きるが，餌も水もとらない．飼育が容易なため，農薬の生物検定に用いられるほか，昆虫の個体群生態学や生理学の研究材料としてよく使われる（梅谷，1987）．

本種では，親世代から子世代に至る個体群の経過において，親世代の成虫密度が大きな意味をもつ．親成虫の高密度は産卵数の減少やふ化率の低下につながり，豆内での幼虫密度は幼虫や蛹の死亡率に影響を及ぼす．ここでは，アズキマメゾウムシを材料として生活史各段階でのこみあい効果の内容を明らかにする実験を行い，天敵や気象的要因によらない昆虫の（おそらく遺伝的にプログラムされた）個体群増殖の抑制過程とそのメカニズムと意義を検討する．

材　料：アズキマメゾウムシ

準　備：アズキ，プラスチックシャーレ（直径 9 cm），ピンセット，昆虫針，実体顕微鏡，恒温器など

手　順：プラスチックシャーレ31個にそれぞれ，50粒ずつアズキを入れる．

各シャーレに下表のような密度でアズキマメゾウムシの成虫雌雄対を入れる．雌雄は触角の形状で区別する（図11.9参照）．

成虫ペア数	1	2	4	8	16	32	64	128
シャーレ数	8	8	4	4	2	2	2	1

すべてのシャーレを25℃～30℃の恒温器内に保存する．

実験1：密度によるふ化率のちがい（2～3週間後）

1) 産卵の終了したアズキを1粒ずつ実体顕微鏡下で調べ，産下卵数，ふ化卵数（卵を針で除去した時，食入孔のあるもの）を豆ごとに記録する．

2) データを集計．アズキ50粒当り（つまり，1シャーレ当り）の産卵数，ふ化数，1雌当りの産卵数，ふ化数などを成虫密度ごとにまとめる．

実験2：密度による増殖率のちがい（実験開始後5～6週間目）

アズキを1粒ずつ調べ，成虫の脱出孔を豆ごとに記録する．

作　業

実験1：次のようにa～dのグラフを作成する．

a. 成虫密度を横軸にとり，アズキ50粒当りの産卵数，ふ化数を1枚の折れ線グラフにする．

b. 成虫密度を横軸にとり，1雌当りの産卵数，ふ化数を1枚の折れ線グラフにする．

c. 小豆1粒当りの産卵数を横軸にとり，16（●），64（▲），128（○）ペア区について，豆毎のふ化率をプロットした分散図表（散布図）を作成する．

d. 各密度区毎に，アズキ1粒を小区画として $I\delta$ 指数（あるいは分散指数）を求め，成虫密度を横軸にとって折れ線グラフを描く．

実験2：次のようにa～dのグラフを作成する．

a. 成虫密度を横軸にとり，アズキ50粒当たりの成虫脱出数（＝子世代密度）を折れ線グラフにする．横軸，縦軸の縮尺を同じにし，親子等密度線（$y = x$ の直線）を記入する．

b. 成虫密度を横軸にとり，1雌当りの成虫脱出数（＝増殖率）を折れ線グラフにする．

c. 成虫密度を横軸にとり，卵期死亡率，幼虫・蛹期死亡率，卵～蛹期死亡率を1枚の折れ線グラフにする．

考　察

実験1：成虫密度が高いほど産卵総数やふ化総数は増加するが，1雌当たりの産卵数，ふ化数は減少する．cの散布図は，成虫密度の高い区ではアズキ1粒当たりの産卵数が多い傾向を示すが，区ごとにみると1粒当たりの産卵数が多いほどふ化率は低下する傾向が認められる．また，3区全体でみた場合も同様に1粒当たりの産卵数が多いほどふ化率は低下する傾向が認められる．各密度区毎にアズキ1粒を小区画として卵の分布型を推定すると，低密度では一様分布となるが，成虫密度が高くなるにつれて両指

数とも1に収束し，ランダム分布となる（内田，1972；梅谷，1987）．この現象は産卵規制物質」の存在を想定すると理解できるかも知れない．

実験2：成虫密度の増加にともなって成虫脱出数は増加するが，ある密度を超えると逆に低下し，グラフは山型となる．このグラフと親子等密度線との交点は平衡点，また，平衡点に対応する成虫密度と子世代密度は平衡密度と呼ばれる．1雌当たりの成虫脱出数（＝増殖率）は，成虫密度が高くなるにつれて双曲線的に減少する．卵の死亡率は成虫密度と卵の密度の高低に影響されるが，おおむね成虫密度が高いほど高い値を示す．一方，幼虫・蛹死亡率は，比較的低い成虫密度にピークを持つ山型となる．そしてこれらをあわせた卵〜蛹期死亡率は，成虫密度が高まるにつれてなめらかに増加する．平衡密度よりずっと低い（あるいは高い）密度のアズキマメゾウムシをアズキの入った容器に入れると世代を重ねる度に増減を繰り返すが，やがて平衡密度に収束する（内田，1992；伊藤ら，1980）

昆虫による環境評価法

昆虫類には植食性の種や肉食性の種，腐食性の種がいて，生態系の中でさまざまな生態的地位 niche を占めている．言い替えれば，豊かな環境ほど昆虫のための多くの生態的地位が存在することになる．そこで，いくつかの昆虫群が生物指標 bio‐indicator として注目されているが，とくにチョウ類は明瞭な斑紋と昼飛性のため識別が容易であり，種数が適当で分類学的・生態学的研究が進んでおり，生息のためには幼虫の寄主植物や成虫の蜜源植物など多くの生態学的な要求が満たされねばならないなど，多くの陸上生態系のよい生物指標と考えられている（Kudrna，1986；石井，1993）．

ここでは，チョウ類のトランセクト調査を例に，サンプリングの手法，およびその結果得られた種類ごとの個体数のデータから種多様度 species diversity を求め，環境の状態を評価する方法を学ぶ．また，生物指標 bio‐indicator の概念について，理解を深める．

調査方法

調査地に，環境の異なる場所を通過する距離の概ね等しい二つのルートを設定し，ゆっくり歩きながら，ルートの左右上方5mまでの範囲に見られたチョウの種と個体数を記録する．前方についても，5m以内の個体について記録し，後方は振りかえらないなど，同一個体の重複カウントを避ける努力をする．種名のわからない個体は捕獲して確認し（11.1項参照），同定に自信のない場合は，「シジミチョウ sp.1」などとして調査を続け，標本を実験室に持ち帰る．ルートに沿った帯状の調査地（トランセクト）を対象とするこのような調査方法は，ルートセンサスあるいはトランセクト調査と呼ばれる．

集 計

1) 二つのルートで見られたチョウの種名を列挙し，各ルートで記録された個体数（N_i）と多さの順位（同順位なし）を求め，N_i の常用対数（$\log N_i$）を算出せよ．

2) 横軸を多さの順位（i），たて軸を個体数の対数（$\log N_i$）とする散布図（分散図表）を描く．この時，地点ごとにプロットの色や形を変える．

3) i と $\log N_i$ の直線回帰式を算出し（$\log N_i = \beta - \alpha i$（元村の法則）），図中に回帰直線と回帰式，相関係数（r）を書き込む．

4) 生物群集の多様度を表現する指数として種数（S），個体数（N），平均多様度（H'），相対多様度（J'），種当り個体数（N/S），上位5種の個体数％などがある．H' は種数が多く，かつ各種の個体数が均一であるほど大きな値を示す．一方，J' は均衡性指数とも呼ばれ，各種の個体数のバランスを示す指数で，各種の個体数が均一であるほど大きな値をとる．これらの指数を算出する．
平均多様度 $H' = -\Sigma (n_i/N) \cdot \log_2 (n_i/N)$
相対多様度 $J = H' / \log_2 S$
ただし，n_i は種 i の個体数，N は総個体数，S は総種数を表す．

5) 調査地間の種類構成の重なりを表現する指数にはさまざまなものがあるが，ここでは Jaccard の共通係数 CC を次式で算出する．なお，群集の類似度を表現する指数のなかには，$C\pi$ 指数のように，個体数による重みづけを行うもの（重複度）もある．
CC = c／（a + b − c）
ただし，a，b は両地点の種数，c は共通種数

考 察

1) 元村の法則における回帰直線の傾き「α」は群集の複雑さを表す．α は種数が少ないほど，あるいは，種による個体数の偏りが大きいほど大きくなる．

2) 環境評価をする場合，算出した各指数の値により，2ルートのチョウ類群集の構造と多様度を比較するばかりでなく，記録されたチョウの寄主植

物,訪花植物などをもとに各ルートの植生についても評価するのが望ましい.
3) 環境評価に,たとえばチョウ類だけを用いるのは,体重や身長だけで人を評価するようなものである.チョウ類のトランセクト調査を参考にして,土壌性動物や草地の昆虫を環境や植生の状態の評価に用いてみる.

土壌性動物:林床の落葉層を環境の異なる2地点で採取し(面積:50 cm×50 cm程度),ベルレーゼBerlese装置を用いて,一定時間(たとえば2時間)土壌動物を落とす.土壌動物は75％エタノール水溶液で受け,実体顕微鏡の下で同定,種類ごとに個体数をカウントする.

草地性昆虫:調査地の草地,圃場の畦畔など環境の異なる2カ所で約5分間すくい採り(スウィーピング)を行い,採集されたカメムシ類,ハエ類,ハチ類昆虫を同定,種ごとの個体数をカウントする.

(石井　実・平井規央)

第12章　実験計画とデータの分析

　応用植物科学においては，作物の生長や病害虫の動態，収量予測，技術の効果などを知るために実験を設計し，得たデータを統計学的手法に従って分析する．この解析・研究，管理，検査の作業は，生産現場から見るとすべて負のコストである．したがって，実験の設計には効率のよい対応が求められる．農業技術がどれほど有効であるかは，その技術を用いたときに得られる結果の精度（誤差）によって決まる．結果が，1) どれだけ精密であるか，2) どれだけ正確であるか，3) どれだけ信頼できるかを効率よく知るのに統計学的手法を用いるのである．応用植物科学の研究で得られるデータの特徴は，ばらつきが大きかったり，不規則であったり，効果が相乗的であったりする．検定や推定の結果，対象とする特徴が既知の分布に従わなかったり，期待する推定値が得られないときには，その原因を科学的に探求すべきである．

　本章では，応用植物科学の研究において，実際に得たデータを分析できるように，使用頻度の高い，適用範囲の広い代表的な手法を解説する．なお，多変量解析や分子データの統計解析については，奥野ほか（1971），小林（1995），根井（1990），長谷川・岸野（1996）などを参照されたい．

12.1 サンプリングと実験配置

　応用植物科学の研究は，調査（観測）と実験という2つのタイプに分けられる．調査とは研究対象を自然の状態のまま観察して研究対象の性質や実態を知る（例えば，圃場に栽培されている水稲の収量を調べる）ことであり，実験とは研究対象に処理を施して性質の変化を観測し，変化を支配する原因を探る（例えば，水稲の収量に及ぼす施肥量の効果を調べる）あるいは原理を確かめることである．

　調査であれ実験であれ，研究対象のすべて（母集団）を調べることは普通できないため，母集団からサンプルを取り出して調べる．統計学的方法に即した研究では，まず何を研究対象にしているのか，すなわち母集団を明確に規定する．母集団が決まったら，そこからサンプルを取り出して（サンプリング），計測したり，実験計画法に従って実験を設計する．サンプリングと実験計画の基本は無作為化である．

乱数列を用いたサンプリングと実験配置

乱数列の作り方

　サンプリングや実験における処理区の配置は無作為に行う．無作為化には乱数列が必要である．乱数列は，関数電卓やパソコンから得ることができる．関数電卓には2桁（00～99）の一様乱数がキーを押すだけで出力できるものがある．パソコンの基本ソフトには通常，0～1の一様乱数を発生させる関数が組み込まれている．BASICでは，1からNまでの乱数列が必要な場合，Nを定義した後 PRINT INT (RND(0)＊N+1) を必要な数だけ実行すればよい（基本ソフトによりRND関数の使い方に違いがある）．また，パソコン用の表計算ソフトには乱数を発生させる関数が用意されている．Microsoft社のExcelでは，1からNまでの乱数列が必要な場合には，ひとつのセルに =INT(RAND( )＊N+1) または =RANDBETWEEN(1,N) と入力し，そのセルを必要な数だけコピーすればよい．統計学の教科書には乱数表が載っており，これを用いて乱数列を作ってもよい．

無作為サンプリング

例　50個体から5個体を無作為サンプリングする．
1) 50個体に通し番号をつける（このつけ方にはどんな方法を用いてもよい）．
2) 1～50の乱数列を得る．5, 22, 6, 19, 6, 21, 32, 44, 17, 42, 35, 20, 15, ……
3) 乱数列の先頭から5個の数字を，サンプリングする個体の通し番号と決める．ただし重複した番号は除く．この場合，5, 22, 6, 19, 21番の個体をサンプリングする．

実験配置

　A～Eの5つの実験処理を4回ずつ繰り返す実験を考える．

例1　合計20の試験区からなる実験の場に，A～Eの5つの実験処理を無作為に配置する（完全無作為化法による配置）．
1) 20の試験区に通し番号をつける（このつけ方にはどんな方法を用いてもよい）．
2) 1～20の乱数列を得る．11, 4, 13, 14, 9, 13, 1, 17, 3, 17, 20, 16, 9, 6, 15, 20, 6, 10, 20, 11, 5, 5, 14, 13, 5, 20, 1, 12, 7, 9, 15, 10, 20, 18, 3, 5, 2, 11, 19, 13, 18, 10,

8, 11, 15, ...
3) 乱数列の先頭から4個の数字を処理Aに割りふる実験区の通し番号，次の4個を処理Bに割りふる実験区の通し番号，.....と決める．ただし重複した番号は除く．この場合（A：11, 4, 13, 14, B：9, 1, 17, 3, C：20, 16, 6, 15, D：10, 5, 12, 7, E：18, 2, 19, 8）となり，（1, 2, 3, 4, 5, ···, 19, 20）の試験区に，処理を（B, E, B, A, D, ···, E, C）と配置する．

例2 実験の場を4つの反復区（ブロック）に分割し，それぞれのブロック内にA～Eの5つの実験処理を無作為に配置する（乱塊法による配置）．
1) A～Eの5つの処理にそれぞれ1～5の数字を割り当てる．
2) 1～5の乱数列を得る．3, 4, 1, 5, 3, 2, 5, 4, 3, 3, 1, 2, 1, 2, 3, 5, 5, 4, 5, 1, 3, 5, 1, 2, 1, 4, ...
3) 乱数列の先頭から5個の数字をブロック1での処理の番号と決める．ただし重複した番号は除く．この場合，（3, 4, 1, 5, 2）となる．
4) 同じ乱数列を用いてこの作業を継続し，1～5の数の組を4つ作る．最終的に（3, 4, 1, 5, 2）(5, 4, 3, 1, 2)(1, 2, 3, 5, 4)(5, 1, 3, 2, 4)となり，ブロック1～4内に処理をそれぞれ（C, D, A, E, B）···（E, A, C, B, D）と配置する．

（中山祐一郎・山口裕文）

12.2 データの要約と分布型

データの種類

統計学では測定される形質を変数といい，個々の測定値（データ）を変量という．変数は，性質の違い（尺度）によって名義・順序・間隔・比率という4つに分類される．尺度には水準があり，高い方から比率，間隔，順序，名義となる．高い尺度の変数は低い尺度の変数の性質も備えている．変数の尺度水準によって用いられる統計学的方法の種類が決まる．

データの要約

一般に，研究で得られるデータにはばらつきがあり，ばらつきの両端の値をとるデータは少なく，中央付近の値をとるデータが多いといった，ある傾向の分布を示す．このようなデータは，数値や図に要約して，その分布の様子を表現する．

数値による方法

データの分布を表現する数値（統計量）には，分布の位置を代表する代表値と，分布の広がりを示す散布度とがある．

代表値：モード（最頻値），中央値，平均値などがあり，変数の尺度水準によってどの代表値を用いるかが決まっている．間隔や比率の場合にはどの代表値を用いてもよいが，ふつう平均値を用いる．平均値$\bar{x}$は次式で求められる．

$$\bar{x} = \frac{1}{n}\sum_{i=1}^{n} x_i$$

x_i：i番目の測定値，n：データの数

散布度：レンジ（範囲），四分偏差，分散あるいはその平方根である標準偏差などがあり，変数の尺度水準によって用いる散布度が決まっている．間隔や比率の場合にはどの散布度を用いてもよいが，ふつう分散や標準偏差を用いる．

分散Vとは，各データから平均値を引いた差（偏差）の2乗和（偏差平方和または平方和）の平均であり，次式で求められる．

$$V = \frac{1}{n-1}\sum_{i=1}^{n}(\bar{x} - x_i)^2$$

尺度水準

名義尺度：類別尺度ともいう．雄か雌か，花の色が紫か白かといった，質的に表現される変数．データの間に大小関係は定義されない．

順序尺度：順位尺度ともいう．競争の順位（1位，2位，3位，...）や葉の色（淡，中，濃）といった，量的な特性の順序関係で表現される変数．データ間の大小関係のみが定義され，その距離（間隔）は定義されない．数値は離散的（不連続）である．

間隔尺度と比率尺度：温度，長さ，重さなどの量的な変数で，データ間の大小だけでなくその距離も定義される．数値は連続的であることが多い．間隔尺度（温度など）には真の0がなくデータ間の比に意味がない（0℃は任意に決められたものであり，10℃が5℃の2倍高いとは言えない）が，比率尺度（重さなど）には真の0があり，データ間の比も意味をもつ（0kgとは重さがないことであり，10kgは5kgの2倍重い）．実用上は両者に区別をつける必要はない．

（中山祐一郎）

標準偏差 s は分散の平方根である．

これらの統計量は，平均値±標準偏差という形式で表すことが多い．

変動係数 $CV = \dfrac{s}{\bar{x}} \times 100$ (%) は，異なる測定値間（長さと重さなど）や平均値が異なる集団間での分布のばらつきを比較するのに使われる．

ここで求めた平均値や分散は，サンプルが取り出されてきた母集団での真の値（母数）の推定値となる．平均値の推定値の信頼性を示す指標として標準誤差 $\dfrac{s}{\sqrt{n}}$ があり，平均値±標準誤差という形式で表すことが多い．ある一定の確からしさ（信頼度）のもとでの平均値を表したいときには区間推定する（石居，1975；Sokal and Rohlf, 1995）．

グラフによる方法

データが連続変数の場合，ヒストグラム（柱状図）はデータの分布の様子をよく示す．類別変数や離散変数の場合は，棒グラフを用いるのがよい．統計量を図示するには，平均値を点で示し，その上下に標準偏差または標準誤差を長さで示す棒（エラーバー）をつけたグラフを用いる．このグラフは，特定の分布型（正規分布など）を仮定できるときには有益な情報を与えるが，データがひずんでいたり，尺度水準が順序の場合には，中央値と四分偏差などを表すボックスプロット（箱ひげ図）が良い．

分布型と適合度検定

分布型

応用植物科学分野で扱われる変数には，特定の分布型（確率分布）を仮定できる場合が多い．このような分布のうち，もっとも基本的なものが正規分布である．

正規分布は平均値 μ と分散 σ^2 によって定まり，正規分布集団の確率密度関数 $f(X)$ は次の式で与えられる．

$$f(X) = \dfrac{1}{\sigma\sqrt{2\pi}} e^{-\dfrac{(X-\mu)^2}{2\sigma^2}} \cdots\cdots (1)$$

また，$\mu = 0$，$\sigma^2 = 1$ のときを標準（基準）正規分布とよび，これは，

$$f(Z) = \dfrac{1}{\sqrt{2\pi}} e^{-\dfrac{z^2}{2}}$$

で与えられる．

正規分布は間隔や比率尺度の連続変数にひろく当てはまる．重要な分布には，正規分布のほかに二項分布とポアソン分布がある．発芽か未発芽か，羅病か否か，生存か死亡か，といった2種類の名義変数の出現回数（度数）やその比率（発芽率，羅病率，生存率）は二項分布する．輸入飼料中に混入している雑草種子の飼料 100 g あたりの個数や，培養液中に存在する細菌の溶液 1 μl あたりの数といった，非常にまれな事象の起こる回数はポアソン分布をする．

分布型の適合度検定

実際に得られたデータと，特定の確率分布に基づく期待値とを比較して，研究対象の特徴に影響する要因を検証する（例えば，ある形質に自然選択が働いていることを正規分布からのずれにより検証する）．また，いくつかの統計学的手法はデータが特定の確率分布に従うときにのみ適用できるので（例えば，分散分析における正規分布），データの分布型を判定する．データの分布と想定している分布型との適合性を判定するには，データの度数分布のヒストグラムをつくり，確率分布に基づく期待値と比較する．

実　験

植物の特定の器官の大きさや数は正規分布するか．分布を統計学的に検定し，その結果を生物学的に考察する．

測　定

まとまった集団を決め，測定部位を設定してデータをとる．データの数は各自 100 とする．（例）イネの止葉の長さ，ジャガイモの塊茎の重さ．測定する個体は無作為サンプリングする．

ヒストグラムと理論分布曲線の作成：

1) 中央値が整数になるように級（クラス）間隔 h を選び，ヒストグラムを作る．級の数は 6〜10 が望ましい．

2) 各級の期待値 $nhf(X)$ を求める．n：データの総数，h：柱の幅，：確率密度

   まず，平均値と分散 $V = s^2$ を求める．この値より，$\mu = \bar{x}$，$\sigma = s$ とおき，(1)式から各級での $f(X)$ を求め，これに nh を掛けると，その級における期待値となる．各級での期待値をヒストグラム上にプロットし，これをなめらかな曲線で結んだものが理想分布曲線である．

適合度検定： 2クラス以上からなる1つの母集団から無作為にとられたデータの度数（観測度数）が期待値（理論度数）に適合しているかは，χ^2 適合度検定法や対数尤度比検定法（G 検定法）によって判定できる．

χ^2 適合度検定法：理論度数からの偏りを示す統計量は X^2 次の式で与えられる．

$$X^2 = \sum_{i=1}^{k} \dfrac{(f_i - \hat{f}_i)^2}{\hat{f}_i}$$

f_i:級iにおける観測度数,$\hat{f_i}$:級iにおける理論度数,k:級の数

正規分布に適合していれば,統計量はχ^2分布に近似するので,求めた値がχ^2分布表の有意水準α,自由度$k-3$での値より小さければ正規分布であると判定する.

G検定法:「理論度数と観測度数が同じであると仮定したときに観測度数の得られる確率」と「理論度数のもとで観測度数が得られる確率」の比(尤度比)を用いて検定する.対数尤度比Gは次の式で与えられる.

$$G = 2\sum_{i=1}^{k} f_i \ln\left(\frac{f_i}{\hat{f_i}}\right) = 2\left\{\sum_{i=1}^{k} f_i \ln f_i - \sum_{i=1}^{k} f_i \ln \hat{f_i}\right\}$$

f_i:級iにおける観測度数,$\hat{f_i}$:f級iにおける理論度数,k:級の数

正規分布に適合していれば,Gはχ^2分布に近似するので,求めたG値がχ^2分布表の有意水準α,自由度$k-3$での値より小さければ正規分布であると判定する.

ただし,理論度数$\hat{f_i}$が5以下の級が,級の数の20%以上含まれる場合には,その級を中央に近い級にプールして検定する.

レポート:1) 植物名,器官と測定部位,2) 測定集団の記録,3) 測定値(全データ),測定値の尺度水準,4) 理論式と計算式,5) 検定の結果,6) 考察および展開.

正規分布の適合度は,正規分布からのへだたりを表す統計量である歪度や尖度を用いても検定できる.また,χ^2適合度検定法やG検定法は,理論分布の型によらず適用できる(ただし,二項分布の場合の自由度は$k-2$,ポアソン分布の場合は$k-1$).Kolmonogov-Smirnovの1試料検定法は,測定値が順位変数以上の場合,どの分布型に対しても適用できる(石居,1975;Sokal and Rohlf,1995).

はずれ値の取り扱い

一群のデータの中に他とはかけ離れた値(はずれ値)があるとき,Smirnovの棄却検定法によってそれを棄却すべきかどうかを判断する(市原,1990).

この方法の適用にあたっては,次の点に注意する.
1) Smirnovの棄却検定法は,データの正規分布を前提としているので,あらかじめ適合度検定する.
2) はずれ値が重要な情報を示していることがある.検定によってはずれ値と判断されても,機械的に削除すべきではない.

正規分布しないときの取り扱い

分布検定によって正規分布でないと判断された場合にとり得る方策には次の3つがある.
1) データに適当な変数変換を施して正規化させる.
・対数変換 $\log_{10} X$ または $\ln X$:分散が平均値に比例して変化するときや,相乗的効果がある形質(バイオマスなど)の場合.
・平方根変換 $\sqrt{X}$ または $\sqrt{X+\frac{1}{2}}$:ポアソン分布変数の場合.
・逆正弦変換(角変換)$\sin^{-1}\sqrt{X}$($X=0$は$\frac{1}{4n}$,$X=1$は$1-\frac{1}{4n}$としてから変換する):二項分布変数(発芽率などの%データ)の場合.
・プロビット変換:累積度数(薬量-死亡率曲線など)の場合.
2) 正規性からのずれを無視する.

データの数が少ないときには分布が偏っていても'正規分布でないとはいえない'と判定され,データの数が非常に多いときには正規分布からのわずかな偏りも検出されてしまう.実際に得られたデータがきれいな正規分布になることはまれであるが,正規性からのずれにはあまり影響されない頑健性のある統計学的手法(分散分析など)では,わずかなずれは無視して差し支えない.
3) データの分布型によらない統計学的手法(ノンパラメトリック法)を用いる.

ノンパラメトリック法(表12.1)は,名義や順序尺度のデータや,間隔・比率尺度の正規分布しないデータの分析に使われる.正規分布しないデータに対してはノンパラメトリック法を積極的に用いる.

(中山祐一郎・山口裕文)

データ間の対応関係

ある群に属するデータが,他の群のデータと何らかの対応関係をもつとき,データ間に対応があるという.例えば,ある薬品の効果を調べるために,同じ個体を投薬の前と後に測定して得たデータや,同じ親(系統)をもつ兄弟(後代)の一方には薬を与え他方には与えずに得たデータには,対応がある.乱塊法などの反復区(ブロック)を設ける実験計画で得たデータ間にも対応がある.一方,完全無作為配置の実験ではデータ間に対応がなく,独立である.

(中山祐一郎)

表 12.1　代表的な統計学的手法（Sokal and Rohlf (1995) および石居 (1975) より作成）

設　計	変数の尺度水準			
	名義以上	順序以上	間隔・比率（一般）	間隔・比率（正規分布）
	ノンパラメトリック法			パラメトリック法
1変数独立2群	Fisherの正確確率検定法　Gの検定法 *	Mann-WhitneyのU検定法 *	独立2群無作為化検定法	t検定法 *
1変数対応2群	McNemarの検定法	Wilcoxonの符号順位検定法	対応2群無作為化検定法	対応2群t検定法
1変数独立多群	R×C独立性検定 *	Kruskal-Wallisの検定法 *		一元配置分散分析法 *
1変数対応多群	CochranのQ検定法	Friedmanの検定法		二元配置分散分析法 *
要因実験				二〜多元配置分散分析法 *
枝分かれ実験				枝分かれ（すごもり型）分散分析法
2変数1群	連関性の検定	順位相関分析		相関分析 *　回帰分析 *
多変数多群	多変量解析			

* は本章で紹介した手法.

12.3　データ群の比較：検定の方法

応用植物科学分野では，1種類の形質のデータを2つ以上の群について比較・検討することがよくある．この場合にも，まず群ごとにデータを要約して分布型を判定した後，以下の手順に従って群間の違いを検定する．

検定法の種類

検定にどの方法を適用するかは，変数の尺度水準と調査・実験の設計によって決まる（表12.1）．変数の尺度水準には，1) 名義以上，2) 順序以上，3) 間隔・比率および4) 間隔・比率尺度で正規分布する場合に応じた方法がある．設計は，a) 変数の数，b) データ間の対応関係，c) 比較する群数の3つの要素の組み合わせで決まる．また，要因実験や枝分かれ実験などの特殊な実験設計がある．

検定の考え方と手順

「群間に違いがある」ことを検定するには，「群間に違いがない」という仮説を調べ，「違いがないとすると矛盾する」ことを証明する．検定は，以下の手順で行う．

1) 「群間に違いがない」という仮説（帰無仮説 H_0）を立てる．同時に対立仮説 H_1「群間に違いがある」が立てられる．
2) 群の違いを表現できる数値，検定統計量（G値やT値など）を求める．
3) 帰無仮説が成り立つ場合での検定統計量の分布（理論分布）を描く．代表的な検定統計量には，特定の理論分布（χ^2分布，t分布など）が適用できる．
4) 帰無仮説を棄却する基準となる確率（有意水準 α）を定める．通常，5％か1％を用いる．
5) 理論分布において，有意水準にあたる範囲（棄却域）を求める．通常は統計数値表（石居，1975；Rohlf and Sokal，1995 など）を参照し，有意水準 α での理論値を得る．
6) データから求めた検定統計量の値が棄却域に入っていれば帰無仮説を棄却し，対立仮説を採択する．棄却域に入っていなければ帰無仮説は棄却できない．この場合は「違いがない」ことを証明したわけではないので，「有意な違いがあるとはいえなかった」と表現する．また，判定を保留し，再調査・実験をするなどしてさらに検討する．

検定の誤りと有意水準

検定の誤りには，帰無仮説が正しいのに棄却してしまう誤り（第1種の過誤）と，帰無仮説が正しくないのにそれを採択してしまう誤り（第2種の過誤）とがある．第1種の過誤をおかす確率は危険率とよばれる．どちらの誤りの確率もともに十分小さくなるように設定するのが望ましいが，両者は相補的な関係にあり，また第2種の過誤をおかす確率は実際には制御できない．第1種の過誤をおかす悪影響の方がより大きいので，まず危険率を十分小さい値（5％や1％）に定める．これが有意水準である．

（中山祐一郎）

2群間の差の検定

通常の実験では，完全無作為配置で2群を比較する．ここでは独立2群間の差の検定法を解説し，対応2群間の差の検定法については名称と参考文献を挙げる．

名義変数の場合

A，B，2つの品種に対してある1つの実験処理を行った場合や1つの品種に対してA，B，2種類の実験処理を行った場合の，名義変数のデータ（反応のあるなし，生存数と死亡数などの計数データ）は，表12.2のような分割表の形にまとめるができる（この場合は2×2分割表という）．分割表による独立性検定にはいくつかの種類があるが，ここではG検定法を紹介する．

表12.2 測定値の分割表

	変数値（反応の有無）		合計
	あり	なし	
群A	a	b	$a+b$
群B	c	d	$c+d$
合計	$a+c$	$b+d$	$a+b+c+d=n$

「実験処理に対する反応に2群間に違いがない」と仮定すれば，$a:b=c:d$ すなわち $ad=bc$ が成り立つので，期待値（理論値）は表12.3のようになる．

測定値（観測値）f_i と期待値 $\hat{f}_i$ を用いて対数尤度比 G を求め，検定する．また，測定値から直接 G を求めても良い．

成分1 $= a \ln a + b \ln b + c \ln c + d \ln d$
成分2 $= (a+b)\ln(a+b)+(c+d)\ln(c+d)$
$\qquad\qquad +(a+c)\ln(a+c)+(b+d)\ln(b+d)$
成分3 $= n \ln n$
$G = $（成分1 $-$ 成分2 $+$ 成分3）

なお，$\dfrac{(a+b)(c+d)}{n} < 10$ のときには，G を $\dfrac{G}{q}$ と補正する（ただし，
$$q = 1 + \frac{(\frac{n}{a+b}+\frac{n}{c+d}-1)(\frac{n}{a+c}+\frac{n}{b+d}-1)}{6n}).$$

2×2 分割表では G は近似的に自由度1の χ^2 分布をとるので，求めた G 値が χ^2 分布表の有意水準 α，自由度1での値より大きければ，帰無仮説を棄却して「2群間の反応に違いがないとは認められない」と判定し，対立仮説を採択して「2群間の反応に違いがある」と解釈する．

なお，2×2 分割表では，5以下の値をとる期待値が1つでもある場合にはG検定は使えない．その場合にはFisherの正確確率検定法を用いる（石居，1975；Sokal and Rohlf, 1995）．また，対応2群間の差の検定には，McNemarの検定法を用いる（石居，1975）．

順序変数の場合

順序以上の尺度水準で独立2群間の差の検定には，いくつかの方法がある．Mann-WhitneyのU検定法は，中央値と分布の傾向の違いを検出できる．

ある果樹で2つの品種A，Bの果実の色を黄色〜赤までの10段階にわけて測定し，表12.4のような結果を得たとする．

表12.4 ある果樹における果実の色

品種	測定値					データ数
A	9	7	5	10	5	$n_1=5$
B	4	2	8	7		$n_2=4$

まず，一方の群（品種）の個々の測定値について，その測定値より大きい値をとるものが他方の群にいくつあるかを数える．同じ値があるときは0.5個とみなす．そして各群についてその数の合計 U_1 および U_2 を求める（表12.5）．U_1 および U_2 のうち小さい方を検定統計量 U とする．

表12.5 各測定値より大きい値をとる他方の群のデータ数

品種	データの数					合計
A	0	1.5	2	0	2	$U_1=5.5$
B	5	5	2	2.5		$U_2=14.5$

また U は，すべての測定値にその大小により順位（同じデータには平均の順位）をつけ，群ごとに順位の合計 R_1，R_2 を求め（表12.6），

表12.3 期待値の分割表

	変数値（反応の有無）		合計
	あり	なし	
群A	$(a+b)(a+c)/n$	$(a+b)(b+d)/n$	$a+b$
群B	$(c+d)(a+c)/n$	$(c+d)(b+d)/n$	$c+d$
合計	$a+c$	$b+d$	$a+b+c+d=n$

表12.6 測定値の大小による順位

品種	順位					合計
A	8	5.5	3.5	9	3.5	$R_1 = 29.5$
B	2	1	7	5.5		$R_2 = 15.5$

$$U_1 = n_1 n_2 + \frac{n_1(n_1+1)}{2} - R_1$$

$$U_2 = n_1 n_2 + \frac{n_2(n_2+1)}{2} - R_2$$

としても求められる.

有意水準5％，$n_1=5$ および $n_2=4$ での U の理論値 1 は，ここで求めた U 値 5.5 より小さく，帰無仮説が棄却できないので，「果実の色に違いはない」と解釈する.

n_1 か n_2 のいずれかが 20 より大きいときには，U の理論値は正規分布に近似するので，求めた U 値を

$$z_U = \frac{U - \mu_U}{\sigma_U}$$

（ただし，$\mu_U = \frac{n_1 n_2}{2}, \sigma_U = \sqrt{\frac{n_1 n_2 (n_1+n_2+1)}{12}}$）

により変換し，標準正規分布の z 値と比較する（z_U が 1.96 より大きければ 5％水準で有意となる）.

なお，データの中に同一値がいくつかあるときには U 値を補正する（Sokal and Rohlf, 1995）. Mann-Whitney の U 検定法は，間隔・比率変数で正規分布しない場合にも有効である. 対応2群間の差の検定には，Wilcoxon の符号順位検定法を用いるとよい（石居，1975；Sokal and Rohlf, 1995）.

間隔・比率変数で正規分布する場合

データが間隔・比率変数で正規分布する場合，2群の違いを調べるには，「2群が同一の正規母集団に属す」という帰無仮説を立てて平均値と分散について検定し，どちらかが同質でなければ2群は異質であると結論する.

《2群の等分散性の検定：F 検定法》

2つの群 A（データ数 n_1）および B（データ数 n_2）について，分散 s_1^2, s_2^2 をそれぞれ求め，

$$分散比\ F = \frac{s_1^2}{s_2^2}$$

（分散の大きい方を分子にとる）が，F 分布表の有意水準 α，分子の自由度 $n_1 - 1$，分母の自由度 $n_2 - 1$ での値よりも小さければ，「分散に差があるとはいえない」と判定し，等分散性を認める.

《2群間の平均値の差の検定》

t 検定法は，2群の分散が等しいときに「2群が同じ平均値をもつ母集団に属す」という帰無仮説（$H_0: \mu_1 = \mu_2$）を検定する. 帰無仮説では2群の平均値の差の $|\bar{x}_1 - \bar{x}_2|$ 期待値は 0 である. この差とその標準誤差から検定統計量

$$T = \frac{|\bar{x}_1 - \bar{x}_2|}{\sqrt{\frac{s_1^2(n_1-1) s_2^2(n_2-1)}{n_1+n_2-2}} \sqrt{\frac{1}{n_1} + \frac{1}{n_2}}}$$

を求め，T が t 分布表の有意水準 α，自由度 $n_1 + n_2 - 2$ での値よりも大きければ帰無仮説を棄却し，「2群間の平均値に有意な差がある」と判定する.

不等分散の場合には，特殊な t 検定法（Cochran-Cox 法や Aspin-Welch 法など）や Mann-Whitney の U 検定法を用いる. 対応2群間の差の検定には，正規変数・等分散の場合には対応2群 t 検定法を，これらの仮定が成り立たないときには Wilcoxon の符号順位検定法を用いる（石居，1975；Sokal and Rohlf, 1995）.

3つ以上の群間の差の検定

比較したい群が3つ以上ある場合，2群間の差の検定を繰り返すと，すべての比較のうちどこかで第1種の過誤をおかす確率は群が増えるにしたがって大きくなる. そこで，すべての群を同時に検定して，全体として違いがあるかどうかを判定する. どの群間に違いがあるのかを知りたければ多重比較を行う.

名義変数の場合

独立多群の名義変数のデータは，R × C 分割表（表12.7）にまとめ，R × C 独立性検定を行う.

$$G = 2(\sum_{j=1}^{m}\sum_{i=1}^{l} f_{ij} \ln f_{ij} \sum_{i=1}^{l} R_i - \sum_{j=1}^{m} C_j \ln C_j - n \ln n)$$

を求め，χ^2 分布表の有意水準 α，自由度1での値と比較する. 対応多群間の差の検定には，Cochran

表12.7 測定値の R × C 分割表

		変数値					合計
		B_1	B_2	…	B_j	…	B_m	
群	A_1	f_{11}	f_{12}	…	f_{1j}	…	f_{1m}	R_1
	A_2	f_{21}	f_{22}	…	f_{2j}	…	f_{2m}	R_2
	⋮	⋮	⋮		⋮		⋮	⋮
	A_i	f_{i1}	f_{i2}	…	f_{ij}	…	f_{im}	R_i
	⋮	⋮	⋮		⋮		⋮	⋮
	A_l	f_{l1}	f_{l2}	…	f_{lj}	…	f_{lm}	R_l
合計		C_1	C_2	…	C_j	…	C_m	n

の Q 検定法を用いる（石居，1975；Sokal and Rohlf, 1995）．

順序変数の場合

順序以上の尺度水準で独立多群間の差の検定には，Kruskal-Wallis の検定法がよく用いられる．Mann-Whitney の U 検定法と同じように，すべての測定値にその大小により 1～N までの順位（同じデータには平均の順位）をつけ，群ごとに順位の合計 R_i を求め，

検定統計量 $H = \dfrac{12}{N(N+1)} \sum_{i=1}^{k} \dfrac{R_i^2}{n_i} - 3(N+1)$ を計算する

（n_i は群 i におけるデータ数）．$k=3$ かつ $n_i \leq 5$ のときには有意水準 α での H の理論値と，それ以外の場合には χ^2 分布表の有意水準 α，自由度 $k-1$ での値と比較する．データの中に同一値が個以上あるときには H 値を補正する．対応多群間の差の検定には Friedman の検定法を用いる（石居，1975；Sokal and Rohlf, 1995）．

間隔・比率変数で正規分布する場合

データが間隔・比率変数で正規分布する場合には，2 群の差の検定と同様，分散と平均値を検定する．

《多群の等分散性の検定：Bartlett の検定法》

k 個の群について，分散 $s_1^2, s_2^2, \cdots, s_k^2$ をそれぞれ求める．各群のデータ数を $n_1, n_2, \cdots, n_k$，その合計を N として，

平均的な分散 $\bar{s}^2 = \dfrac{\sum_{i=1}^{k}(n_i-1)s_i^2}{N-k}$ を求める．

また，分散の偏り度 M と，データ数に対する補正係数 C を次式により求める．

$$M = (N-k)\ln \bar{s}^2 - \sum_{i=1}^{k}(n_i-1)\ln s_i^2$$

$$C = 1 + \dfrac{1}{3(k-1)}\left(\sum_{i=1}^{k}\dfrac{1}{n_i-1} - \dfrac{1}{N-k}\right)$$

標準化した偏り度 $\dfrac{M}{C}$ の理論値は χ^2 分布に近似するので，この値を χ^2 分布表の有意水準 α，自由度 $k-1$ での値と比較する．

《多群間の平均値の差の検定》

分散分析法は，正規分布・等分散という条件を満たす間隔・比率尺度の変数での多群間の平均値の差の検定に用いられる．実験計画法と関連してさまざまな分散分析法がある．完全無作為配置で，分析対象とする要因（因子）が 1 つの実験計画では，一元配置分散分析法を用いる．

分散分析法の仕組み

群（または処理）数 k，繰り返し数（各群のデータ数）n の場合，全体で kn 個のデータが得られる．群 A_i における j 番目のデータを x_{ij} とすると，実験データは表 12.8 のようになる．

表 12.8 群 A_i のデータ x_{ij}

群	データ					平均値
A_1	x_{11}	x_{12}	$\cdots$ x_{1j} $\cdots$		x_{1n}	$\bar{x}_1$
A_2	x_{21}	x_{22}	$\cdots$ x_{2j} $\cdots$		x_{2n}	$\bar{x}_2$
$\vdots$	$\vdots$	$\vdots$	$\vdots$		$\vdots$	$\vdots$
A_i	x_{i1}	x_{i2}	$\cdots$ x_{ij} $\cdots$		x_{in}	$\bar{x}_i$
$\vdots$	$\vdots$	$\vdots$	$\vdots$		$\vdots$	$\vdots$
A_k	x_{k1}	x_{k2}	$\cdots$ x_{kj} $\cdots$		x_{kn}	$\bar{x}_k$

一元配置分散分析法では，個々のデータが全体の平均 μ，群の違いによる変動（処理効果）a_i，および誤差（残差）ε_{ij} から成り，$x_{ij} = \mu + a_i + \varepsilon_{ij}$ であると考える．これをデータの構造模型という．

総平均，処理効果および残差はそれぞれ，

$$\mu = \dfrac{\sum_{i=1}^{k}\sum_{j=1}^{n} x_{ij}}{kn} = \bar{\bar{x}}, \quad a_i = \dfrac{\sum_{j=1}^{n} x_{ij}}{n} - \bar{\bar{x}} = \bar{x}_i - \bar{\bar{x}}, \quad \varepsilon_{ij} = x_{ij} - \bar{x}_i$$

と推定できる．

これらの推定値に基づくデータの構造式，
$x_{ij} = \mu + a_i + \varepsilon_{ij} = \bar{\bar{x}} + (\bar{x}_i - \bar{\bar{x}}) + (x_{ij} - \bar{x}_i)$ は，
$x_{ij} - \bar{\bar{x}} = (\bar{x}_i - \bar{\bar{x}}) + (x_{ij} - \bar{x}_i)$ と変形できる．この式の両辺を 2 乗して整理し，i, j についての和をとると，

$$\sum_{i=1}^{k}\sum_{j=1}^{n}(x_{ij} - \bar{\bar{x}})^2 = n\sum_{i=1}^{k}(\bar{x}_i - \bar{\bar{x}})^2 + \sum_{i=1}^{k}\sum_{j=1}^{n}(x_{ij} - \bar{x}_i)^2$$

が成り立つ．

この式は，全データのばらつきが，群間のばらつきと群内のばらつきの 2 つの成分からなることを示す．「群間に違いがない」という帰無仮説のもとでは，群間のばらつきは群内のばらつきと同程度と考えられる．この検定は，正規分布・等分散のときには「群間の平均値に差がない」ことの仮説検定になる．このようにデータのばらつきを要因に応じて分割して検定するのが分散分析法である．

一元配置分散分析法の手順

1) 平方和の計算

総平方和 S_T，群間平方和 S_A，残差平方和 S_E を次式によって求める．

表12.9 分散分析表（完全無作為化法による1因子実験）

要因	平方和	自由度	平均平方（分散）	分散比	平均平方の期待値
処理（群間）	S_A	$k-1$	$V_A = S_A / (k-1)$	V_A/V_E	$\sigma_E^2 + n\sigma_A^2$
残差（群内）	S_E	$kn-k$	$V_E = S_E / (kn-k)$		σ_E^2
全体	S_T	$kn-1$			

補正項 $CT = \dfrac{(\sum_{i=1}^{k}\sum_{j=1}^{n} x_{ij})^2}{kn}$ として，

$$S_T = \sum_{i=1}^{k}\sum_{j=1}^{n}(x_{ij}-\bar{\bar{x}})^2 = \sum_{i=1}^{k}\sum_{j=1}^{n}x_{ij}^2 - CT$$

$$S_A = n\sum_{i=1}^{k}(\bar{x}_i-\bar{\bar{x}})^2 = \dfrac{\sum_{i=1}^{k}(\sum_{j=1}^{n}x_{ij})^2}{n} - CT$$

$$S_E = S_T - S_A$$

2）分散分析表の作成

平方和を自由度で平均化して，分散（平均平方）V_A および V_E を求める．

$$V_A = \dfrac{S_A}{k-1}, \quad V_E = \dfrac{S_E}{k(n-1)}$$

これらの計算結果は，分散分析表（表12.9）にまとめる．

各群での繰り返し数が異なる場合には，群 A_i での繰り返し数を n_i，全データ数を N とすると，V_A および V_E は，

$$V_A = \dfrac{\sum_{i=1}^{k}n_i(\bar{x}_i-\bar{\bar{x}})^2}{k-1}, \quad V_E = \dfrac{\sum_{i=1}^{k}\sum_{j=1}^{n_i}(x_{ij}-\bar{x}_i)^2}{N-k}$$

で求められる．

3）F検定

「群間に違いがない」という帰無仮説のもとでは，分散比 V_A/V_E は F 分布する．分散比が F 分布表の有意水準 α，分子の自由度 $k-1$ および分母の自由度 $kn-k$ での値よりも大きければ帰無仮説を棄却し，「群の平均値間に差がある」と判定する．

分散分析は，正規性や等分散性からのずれに対しわりあい頑健であるが，各群での繰り返し数が異なる場合にはずれの影響が大きい．このような場合には変数変換を行って修正する．修正が十分でない場合には，Kruskal–Wallis の検定法を用いる（石居，1975；Sokal and Rohlf, 1995）．

多重比較法

3群以上の比較において，「どの群間に差があるのか」を知るために用いる手法を総称して多重比較法という．多重比較法には過誤率の修正の方法と想定している帰無仮説の異なるいくつかの方法があるので，それぞれの性質と問題点を理解した上で使用する．ここでは Welsch の step-up 法を述べる．

群数 k，繰り返し数 n で，群 A_i における j 番目のデータを x_{ij}，群 A_i の平均値を $\bar{x}_i$，全体の平均値を $\bar{\bar{x}}$ とする．

1）群の平均値の標準誤差 $s_{\bar{x}}$ を求める．

$$s_{\bar{x}} = \sqrt{\dfrac{V_E}{n}} \quad \text{ただし} \quad V_E = \dfrac{\sum_{i=1}^{k}\sum_{j=1}^{n}(x_{ij}-\bar{x}_i)^2}{k(n-1)}$$

2）$Q_{\alpha_j[k,v]}$（Student 化された範囲の $100\alpha_j\%$ 点の値）を Welsch の step-up 法のための表（Rohlf and Sokal, 1995）より得て，比較する群数 $j = 2, 3, \cdots, k$ ごとに最小有意範囲 MSR_j を次式により求める．

変量型因子と分散成分の推定

データの構造模型 $x_{ij} = \mu + a_i + \varepsilon_{ij}$ において，誤差（残差）ε_{ij} は平均値 0，分散 σ_E^2 の正規分布に従う確率変数である．処理効果 a_i は，比較に取り上げた群（処理）そのものの差に関心がある場合には $\sum_{i=1}^{k}a_i = 0$ をみたす母数と考え，母数型（固定型）とよぶ．一方，特定の群間の差ではなく，群間の変異の有無およびその大きさに関心がある場合には，処理効果 a_i を，平均値 0，分散 σ_A^2 の正規分布から取り出された確率変数とみなし，変量型（無作為型）とよぶ．因子が変量型の場合には，分散分析後に分散成分 σ_A^2 の推定を行う（4.3 植物集団の遺伝の群内相関の項参照）．

（中山祐一郎）

$$MSR_j = Q_{\alpha_j, [k,v]} \times s_{\bar{x}}$$

α_j：比較する群数jでの有意水準 $\alpha_j = \alpha \times \dfrac{j}{k}$（ただし$j=k-1$のときは$\alpha_{k-1}=\alpha$）$v$：残差の自由度 $v=k(n-1)$

3) 群の平均値を大きさの順に並べる（小さいものから順に$\bar{x}_{1'}, \bar{x}_{2'} \cdots \bar{x}_{k'}$とする）．

4) まず2群について検定する．隣り合う2つの平均値の差$\bar{x}_{2'}-\bar{x}_{1'}, \bar{x}_{3'}-\bar{x}_{2'}, \cdots, \bar{x}_{k'}-\bar{x}_{(k-1)'}$を求め，$MSR_{j=2}$と比較する．$MSR_{j=2}$より大きい差のあった2群間と，その2群を含む範囲には有意差ありと判定し，その後の検定は行わない．

5) $j=2$では有意差の認められなかった群に対し，今度は3群について検定する．連続する3つの平均値のうち，最大の値と最小の値との差（例えば$\bar{x}_{3'}-\bar{x}_{1'}$）を求め，$MSR_{j=3}$と比較して検定する．

6) 同様の方法を$j=4, 5, \cdots, k$について繰り返す．

多重比較法にはこの他に，Ryanの方法（REGW法またはTukey-Welschの方法），Tukeyの方法やSchefféの方法，ノンパラメトリックの場合に用いる方法がある（Hochberg and Tamhane, 1987；永田・吉田，1997；Sokal and Rohlf, 1995）．

（中山祐一郎・山口裕文）

12.4 回帰分析と相関分析

1個体につき複数の形質（変数）を測定し，形質間の関連性について分析すれば，より有効な情報が得られる．2つの変数間の関係を扱う手法には回帰分析と相関分析とがある．回帰分析はある特性の変化を何らかの要因の変化に依存して理解する目的に，相関分析は2つの特性間の変化の関係を理解する目的に用いる．分析の目的は大きく異なるが，その計算のステップはほとんど変わらないため，相互に用法を取り違えていることが多い．

回帰分析

特性の変化に対する要因数が1種類の場合の回帰分析を単回帰，2種類以上の場合を重回帰という．応用植物科学分野では，作物の生長解析や薬剤反応におけるプロビット分析，親子回帰による遺伝率の推定など，その応用範囲は広い．

回帰直線の推定

回帰直線は，ある特性の値（説明される変数，従属変数y）と要因の値（説明する変数，独立変数x）との間に構造模型$y = bx + a + e$を当てはめ，y切片aと回帰係数bを推定して求める．eは回帰直線からのy軸（縦）方向へのずれで，誤差または残差とよぶ．

n個体からなる群について得られた2つの変数の測定値を$x_1, x_2, \cdots, x_n$および$y_1, y_2, \cdots, y_n$，それらの平均値を$\bar{x}$および$\bar{y}$とする．測定値(x_i, y_i)と期待値（回帰式$Y = \hat{b}X + \hat{a}$上の点(x_i, Y_i)）とのずれ（残差e_i）は，$e_i = Y_i - (\hat{b}x_i + \hat{a})$である．この残差をすべての測定値について合計した値（残差平方和）が最小になるように，次式によって$\hat{a}$および$\hat{b}$を求める．

$$\hat{b} = \frac{\sum_{i=1}^{k}(x_i-\bar{x})(y_i-\bar{y})}{\sum_{i=1}^{n}(x_i-\bar{x})^2}, \quad \hat{a} = \bar{y} - \hat{b}\bar{x}$$

回帰直線の検定

推定した回帰直線によってy軸上の変動がどれだけ説明されたか，すなわち回帰直線の信頼性の検定には，分散分析法を用いる．データ全体のばらつきを，回帰直線の勾配によるばらつき（$Y_i - \bar{y}$）と回帰直線からのずれ（残差$e_i = y_i - \bar{y}$）に分割し，両者の分散を比較することによって，回帰直線の勾配（回帰係数の推定値）の有意性を検定する．

また，n組の測定値に対する残差e_iをデータの順に並べたダービン・ワトソン比dによって，残差の周期性を調べることができる．残差に周期性がみとめられるときにはデータの変数変換による直線化や曲線回帰を試みる．

多重比較法における有意水準

k個の群に対して2群間の差の検定を繰り返すと，検定の総数は$_kC_2 = \dfrac{k(k-1)}{2}$となる．有意水準5%（0.05）ですべてを検定すると，どこかで第1種の過誤をおかす確率は$1-0.95^{\frac{k(k-1)}{2}}$となり，群が10のときには危険率が90%にもなってしまう．そこで，適切な多重比較法ではそれぞれの検定における有意水準（比較あたりの過誤率）を修正して，比較全体での危険率（実験あたりの過誤率）を制御する．Welschのstep-up法では，比較あたりの過誤率を$\alpha_j = \alpha \times \dfrac{j}{k}$により修正し，実験あたりの過誤率を$\alpha$以下に保つ．Duncanの多重範囲検定法は過誤率の修正方法に問題があり，群の数が増えるにつれ実験あたりの過誤率が大きくなるので，多重比較には不適当である（永田・吉田，1997）．

（中山祐一郎）

実 験

発芽後2カ月間の水稲の草丈と分けつ数を1週間間隔で計測し,生長の速度を発芽後日数による回帰分析によって検討する.

回帰直線の推定と検定:

1) 平均値 $\bar{x}$ および $\bar{y}$,平方和 Sx および Sy,偏差積和 Sxy を求める

$$\bar{x} = \frac{\sum_{i=1}^{n} x_i}{n}, \bar{y} = \frac{\sum_{i=1}^{n} y_i}{n}$$

$$Sx = \sum_{i=1}^{n}(x_i - \bar{x})^2, \quad Sy = \sum_{i=1}^{n}(y_i - \bar{y}_i)^2$$

$$Sxy = \sum_{i=1}^{n}(x_i - \bar{x})(y_i - \bar{y}_i)$$

2) y 切片 $\hat{a}$ および回帰係数 $\hat{b}$ を求める

$$\hat{b} = \frac{S_{xy}}{S_x}, \quad \hat{a} = \bar{y} - b\bar{x}$$

3) 回帰係数を検定する

回帰直線の勾配によるばらつきの平方和 S_L,回帰直線からのずれ(残差)の平方和 S_E を求め,分散分析表(表12.10)を作成する.

$$S_L = Sxy \times \hat{b}$$
$$S_E = Sy - S_L$$

表 12.10 回帰直線の検定のための分散分析表

要因	平方和	自由度	平均平方	分散比
回帰直線	S_L	1	$V_L = S_L$	V_L/V_E
残差	S_E	$n-2$	$V_E = S_E/(n-2)$	
全体	S_y	$n-1$		

分散比が F分布表の有意水準 α,分子の自由度 $n-2$,分母の自由度1での値よりも大きければ,「回帰直線は有意である」と判定する.逆に,小さい場合には,この回帰直線をひくことに意味がない.

4) 残差の時系列分析とダービン・ワトソン比 d の計算.

$$d = \frac{\sum_{i=2}^{n}(e_i - e_{i-1})^2}{\sum_{i=1}^{n}e_i^2} = \frac{\sum_{i=2}^{n}(e_i - e_{i-1})^2}{S_E}$$

d の値は,残差がまったくランダムであれば約2になり,残差に周期性(自己相関)があれば2よりも大きいかまたは小さくなる.d についての統計的限界の表(奥野ほか,1971)を用いて検定する.

レポート:1) 測定値の図示,2) 回帰直線の推定,3) 回帰係数の検定と残差の検討,4) 考察

相関分析

相関分析は,2変数間に従属関係がないか,あってもそれに関心がないときに,2変数間の関連の程度を知るために行う.回帰分析は,一方の変数(独立変数)が母数型であるときにも用いられるが,相関分析では2変数とも変量型でなければならない.もちろん,2変数とも正規分布する間隔・比率変数であることが条件である.このような条件を満たす2変数間の関係の緊密度やその方向を数量的に表す統計量が相関係数(積率相関係数)r である.

相関係数の推定値は,回帰分析で求めた平方和と偏差積和から,

$$r = \frac{S_{xy}}{\sqrt{S_x S_y}}$$

によって求められる.

相関係数は-1から1までの値をとり,符号が正負によって2変数間の関係の方向性が,絶対値の大きさによって関係の緊密度が示される.

相関係数の有意性は,無相関という帰無仮説のもとで作られた r の表を用いて,有意水準 α,自由度 $n-2$ での値と比較して検定する.または,r の値を次式によって F や T に置き換えてF検定やt検定する.

$$F = r^2 \times \frac{(n-2)}{1-r^2} \quad \text{あるいは} \quad T = r\sqrt{\frac{(n-2)}{1-r^2}}$$

応用植物科学の分野では,取り扱う2変数の一方もしくは両方の尺度が順序であったり,間隔・比率変数でも正規分布しない場合,2変数間に直線関係が成り立たない場合などがある.このような変数間の関係を表すのが順位相関係数である.順位相関係数の推定と検定には Spearman の方法や Kendall の方法がある.また,名義変数における相関の程度は,分割表の行・列連関度を表す偶然係数 C によって示される(石居,1975; Sokal and Rohlf,1995).

(山口裕文・中山祐一郎)

12.5 実験計画法

作物の品種試験や栽培技術の評価試験では,人為的に実験条件を設定し,比較を行うことを目的としている.この手法は,シャーレや試験管などの培養器具を試験区やブロックに見立てることにより室内試験の計画に,地域や年代を試験区やブロックに見

立てることによって野外調査や疫学的調査研究の計画に汎用することができる．的確な比較のためには，1)調査の対象に本質的に含まれる誤差の認識，2)偶然的に生じる誤差の平均化，3)実験精度の向上が計られなければならない．そのために，実験計画では，1)反復を設定する，2)無作為化を計る，3)ブロック（反復区）を設定し，ブロック内を均一に管理する（局所管理）の3点を配慮する．これらはFisherの3原則とよばれる．完全無作為化法はこのうちの1と2を考慮したものである．3原則をすべて考慮したものには乱塊法とラテン方格法があり，得られたデータは分散分析法によって評価される．

乱塊法による実験配置と分散分析

実験配置

水稲の4品種A，B，C，Dの収量比較を4反復で行う．まず，試験区をブロックに分割する．光や温度，土壌の肥沃度など，測定値に影響を与える条件が，ブロック間ではばらついていても，ブロック内ではできるだけ均一になるようにする．次に，乱数列を用いてブロック内に処理（ここでは品種）を配置する（図12.1）．乱塊法では，ブロック内の管理（局所管理）が均一に行われれば，処理数，ブロック数ともに制限はない．

分散分析法

処理数 n，ブロック数 m で，x_{ij} を i 番目の処理，j 番目のブロックのデータとすると，乱塊法による1因子実験での構造模型は $x_{ij} = \mu + a_i + g_j + \varepsilon_{ij}$ と表せる．乱塊法では，完全無作為化法の場合に一括して実験誤差として扱った成分からブロック間の差異による誤差の効果 g_j が除かれるので，処理効果 a_i の比較の精度が増す．

1) 平方和の計算

全体の平方和は，処理の平方和，ブロックの平方和および誤差（残差）の平方和に分割できる．各平方和は次式によって求める．

補正項 $CT = \dfrac{(\sum_{i=1}^{n}\sum_{j=1}^{m}x_{ij})^2}{nm}$ とすると，

全体 $S_T = \sum_{i=1}^{n}\sum_{j=1}^{m}x_{ij}^2 - CT$

処理 $S_A = \dfrac{1}{n}\sum_{i=1}^{n}(\sum_{j=1}^{m}x_{ij})^2$

ブロック $S_G = \dfrac{1}{m}\sum_{j=1}^{m}(\sum_{i=1}^{n}x_{ij})^2 - CT$

誤差（残差） $S_E = S_T - S_A - S_G$

2) 分散分析表の作成

自由度と平均平方（分散）を求め，分散分析表（表12.11）を得る．

3) F検定

分散比 V_A/V_E，V_G/V_E について，それぞれ有意水準 α で F検定を行う．

なお，乱塊法で，正規性や等分散性からのずれが大きい場合には，Friedmanの検定法を用いる（石居，1975；Sokal and Rohlf，1995）．

ラテン方格法による実験配置と分散分析

実験配置

水稲の4品種A，B，C，Dの収量比較を4反復で行う．以下の手順で試験区に処理を配置する（図12.2）．

1) 標準方格を作る．これは，処理を第1行に順番に書き，次の行ではひとつずつずらしたものである．
2) 行について，乱数列を用いて無作為に並べ替える．

ブロック				
1	A	C	B	D
2	D	A	C	B
3	B	A	C	D
4	C	D	A	B

図12.1 乱塊法による配置の例
太枠および数字はブロック，A〜Dは処理（品種）を示す．

表12.11 分散分析表（乱塊法による1因子実験）

要因	平方和	自由度	平均平方	分散比	平均平方の期待値
処理（品種）	S_A	$m-1$	$V_A = S_A/(m-1)$	V_A/V_E	$\sigma_E^2 + n\sigma_A^2$
ブロック	S_G	$n-1$	$V_G = S_G/(n-1)$	V_G/V_E	$\sigma_E^2 + m\sigma_G^2$
残差	S_E	$(m-1)(n-1)$	$V_E = S_E/(m-1)(n-1)$		σ_E^2
全体	S_T	$mn-1$			

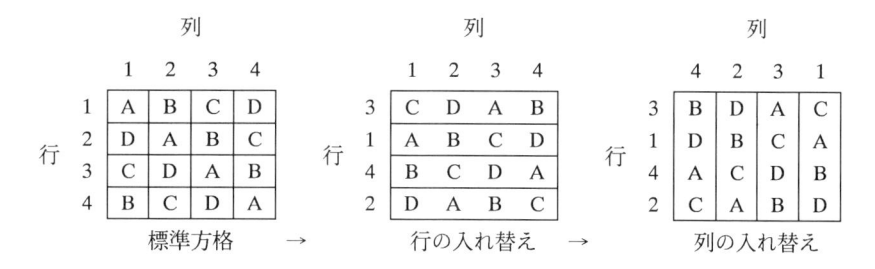

図12.2 ラテン方格法による配置の例

表12.12 分散分析表(ラテン方格法による1因子実験)

要因	平方和	自由度	平均平方	分散比	平均平方の期待値
処理(品種)	S_A	$m-1$	$V_A = S_A/(m-1)$	V_A/V_E	$\sigma_E^2 + m\sigma_A^2$
行	S_R	$m-1$	$V_R = S_R/(m-1)$	V_R/V_E	$\sigma_E^2 + m\sigma_R^2$
列	S_C	$m-1$	$V_C = S_C/(m-1)$	V_C/V_E	$\sigma_E^2 + m\sigma_C^2$
残差	S_E	$(m-1)(m-2)$	$V_E = S_E/(m-1)(m-2)$		σ_E^2
全体	S_T	m^2-1			

3) 列について,乱数列を用いて無作為に並べ替える.

ラテン方格法では,処理数と反復数(行と列の数)を同じにしなければならない.

分散分析法

処理,行および列の数をともに m,$x_{(i)jk}$ を i 番目の処理をうけた j 行 k 列のデータとすると,ラテン方格法による1因子実験での構造模型は $x_{(i)jk} = \mu + a_i + r_j + c_k + \varepsilon_{ij}$ と表せる.ラテン方格法では,完全無作為化法における実験誤差から行列2つの系統的誤差効果 r_j および c_k が除かれるので,処理効果 a_i の比較の精度が乱塊法よりもさらに増す.

1) 平方和の計算

全体の平方和は,処理の平方和,行の平方和,列の平方和および誤差(残差)の平方和に分割できる.各平方和は次式によって求める.

T_i を i 番目の処理をうけたデータの和,

補正項 $CT = \dfrac{(\sum_{j=1}^{m}\sum_{k=1}^{m} x_{(i)jk})^2}{m^2}$ とすると,

全体 $S_T = \sum_{j=1}^{m}\sum_{k=1}^{m} x_{(i)jk}^2 - CT$

処理 $S_A = \dfrac{1}{m}\sum_{i=1}^{m} T_i^2 - CT$

行 $S_R = \dfrac{1}{m}\sum_{j=1}^{m}(\sum_{k=1}^{m} x_{(i)jk})^2 - CT$

列 $S_C = \dfrac{1}{m}\sum_{k=1}^{m}(\sum_{j=1}^{m} x_{(i)jk})^2 - CT$

誤差(残差) $S_E = S_T - S_A - S_R - S_C$

2) 分散分析表の作成

自由度と平均平方(分散)を求め,分散分析表(表12.12)を得る.

3) F検定

分散比 V_A/V_E,V_R/V_E,V_C/V_E について,それぞれ有意水準 α で F 検定を行う.

要因実験

因子が複数の場合(温度と日長の違いが水稲の出穂まで日数に及ぼす影響など)には,1因子の実験を2組行うよりは,2因子を同時に取り扱う実験計画の方が効率や精度の点で優れている.2つ以上の因子を組み合わせて処理が構成されている実験を要因実験とよぶ.要因実験の解析には二~多元配置分散分析法を用いるが,因子の種類や実験の設計によって平方和や分散比の計算が異なる.

実 験:p 種類の水稲品種の収量に及ぼす q 種類の肥料の効果を評価する.この実験では,品種(因子A)と肥料(因子B)の種類(水準)を組み合わせた pq 個の処理が構成される.各処理を n 回ずつ繰り返し,完全無作為化法で配置する.

繰り返しのある二元配置分散分析法

二~多元配置分散分析法では,分散比の計算が因子の型によって異なるので,必ずデータの構造模

表 12.13　分散分析表（完全無作為化法による 2 因子要因実験）

要因	平方和	自由度	平均平方	分散比	平均平方の期待値
処理	S_{AB}	$pq-1$			
因子 A（品種）	S_A	$p-1$	$V_A = S_A/(p-1)$	V_A/V_E	$\sigma_E^2 + qn\sigma_A^2$
因子 B（肥料）	S_B	$q-1$	$V_B = S_B/(q-1)$	V_B/V_E	$\sigma_E^2 + pn\sigma_B^2$
交互作用	$S_{A \times B}$	$(p-1)(q-1)$	$V_{A \times B} = S_{A \times B}/(p-1)(q-1)$	$V_{A \times B}/V_E$	$\sigma_E^2 + n\sigma_{A \times B}^2$
残差	S_E	$pq(n-1)$	$V_E = S_E/pq(n-1)$		σ_E^2
全体	S_T	$pqn-1$			

型を用いて平均平方の期待値（分散の構成式）を求め，検定の構造を明らかにする．ここでは両因子とも母数型とする．

x_{ijk} を因子 A の水準 i（$i=1, 2, \cdots, p$），因子 B の水準 j（$j=1, 2, \cdots, q$）の k 番目の繰り返し（$k=1, 2, \cdots, n$）でのデータとすると，データの構造模型は $x_{ijk} = \mu + a_i + b_j + (ab)_{ij} + \varepsilon_{ijk}$ と表せる．a_i および b_j はそれぞれ因子 A および因子 B の主効果，$(ab)_{ij}$ は因子 A と B の交互作用効果という．交互作用効果とは，2 つ以上の因子間の特殊な働き合いによって生じる成分である．

1）平方和の計算

全体の平方和，処理の平方和および誤差（残差）の平方和を次式によって求める．

補正項 $CT = \dfrac{(\sum_{i=1}^{p}\sum_{j=1}^{q}\sum_{k=1}^{n} x_{ijk})^2}{pqn}$ とすると，

全体 $S_T = \sum_{i=1}^{p}\sum_{j=1}^{q}\sum_{k=1}^{n} x_{ijk}^2 - CT$

処理 $S_{AB} = \dfrac{1}{n}\sum_{i=1}^{p}\sum_{j=1}^{q}(\sum_{k=1}^{n} x_{ijk})^2 - CT$

誤差（残差）$S_E = S_T - S_{AB}$

処理の平方和は因子 A および因子 B の主効果とそれらの交互作用効果に起因する成分からなっている．これらの成分は次式によって求められる．

因子 A　$S_A = \dfrac{1}{qn}\sum_{i=1}^{p}(\sum_{j=1}^{q}\sum_{k=1}^{n} x_{ijk})^2 - CT$

因子 B　$S_B = \dfrac{1}{pn}\sum_{j=1}^{q}(\sum_{i=1}^{p}\sum_{k=1}^{n} x_{ijk})^2 - CT$

交互作用　$S_{A \times B} = S_{AB} - S_A - S_B$

2）分散分析表の作成

自由度と平均平方を求め，分散分析表（表 12.13）を得る．

3）F 検定

分散比 V_A/V_E，V_B/V_E，$V_{A \times B}/V_E$ について，それぞれ有意水準 α で F 検定を行う．

交互作用 $V_{A \times B}/V_E$ が有意である場合は，収量に及ぼす肥料の効果が品種ごとに異なると解釈し，品種別に肥料の種類の間での比較を行うか，肥料の種類別に品種間の違いを検討する．交互作用が有意でないときには，肥料の効果が品種によって変わらないと解釈できるので，それぞれの品種と肥料ごとに主効果（a_i または b_j）あるいは平均値（$\mu + a_i$ または $\mu + b_j$）を比較検討する．

なお，処理間での繰り返し数が異なる場合の分散分析は，一般には線形重回帰モデルに基づいて行われ，ここで紹介した手順とは異なる．あらかじめ繰り返し数を多めにするなどして，欠測値が出ないように配慮する．

分割区法や枝分かれ実験，直交表実験などの実験計画法については，奥野・芳賀（1969）を参照されたい．

（中山祐一郎・山口裕文）

引用・参考文献

（引用・参考文献のうち，実験の手助けとなる主要なもののみを記述）

【第1章】
朝倉健太郎 1991. 顕微鏡のおはなし　日本規格協会
野島　博（編）1997. 顕微鏡の使い方ノート　羊土社
化学同人編集部（編）1993. 実験を安全に行うために　化学同人
脇　リギオ 1984. 新版写真技術ハンドブック　ダビッド社

【第2章】
Fahn, A. 1990. Plant Anatomy, 4th ed. Pergamon Press, Oxford.
原　襄 1975. 基礎生物学選書3（植物の形態）裳華房
原　襄 1984. 植物の形態（増訂版）朝倉書店
原　襄 1994. 植物形態学　朝倉書店
原　襄ら 1995. 植物観察入門［花・茎・葉・根］培風館
星川清親 1987. 解剖図説イネの生長　農文協
岩波洋造 1980. 花粉学　講談社サイエンティフィク
片山　佃 1951. 稲・麦の分げつ研究－稲・麦の分げつ秩序に関する研究　養賢堂
粉川昭平・田村道夫 1975. 植物の系統と進化　日本放送出版会
小西国義 1991. 花の園芸用語辞典　川島書店
中山広樹・西方敬人 1995. バイオ実験イラストレイテッド1　遺伝子解析の基礎　秀潤社
西山市三（編）1961. 新編細胞遺伝学実験法　養賢堂
小倉　謙 1968. 植物解剖および形態学　養賢堂
大阪府立大学農学部園芸学教室（編）1981. 園芸学実験・実習　養賢堂
杉浦　明ら（編）1991. 新果樹園芸学　朝倉書店
高橋正道 1986. 花粉を電子顕微鏡で観察する方法　日本植物分類学会会報 6：30－32.
高野泰吉 1991. 園芸通論　朝倉書店
館岡亜緒 1957. イネ科植物の解説　明文堂
Weberling, F. 1989. Morphology of Flowers and Inflorescences. Cambridge University Press, Cambridge
八杉龍一ら（編）1996. 岩波生物学事典（第4版）岩波書店
川田信一郎・野口弥吉（編）1987. 農学大事典　養賢堂

【第3章】
Brown A. H. D. *et al.* (eds.). 1990. Plant Population Genetics, Breeding and Genetic Resources. Sinauer Associates, Sunderland.
Glick, B. R. & J. E. Thompson (eds.). 1993. Methods in Plant Molecular Biology and Biotechnology. CRC Press, London.
西方敬人 1997. バイオ実験イラストレイテッド5　タンパクなんてこわくない　秀潤社
Sambrook, J. *et al.* 1989 Molecular Cloning : A Laboratory Manual. Cold Spring Harbor Laboratory Press, N. Y.
島本　功・佐々木卓治 1997. 新版植物のPCR実験プロトコール　秀潤社
下西康嗣ら（編）1996. 新生物化学実験のてびき3　化学同人

【第4章】
Darlington, C. D. & L. F. La Cour. 1976. The Handling of Chromosomes. 6th Ed. Geroge Allen & Unwin Ltd.
Dyer, A. F. 1979. Investigating Chromosomes. Edward Arnold.
Jones, R. N. & A. Karp. 1986. Introducing Genetics. John Murray.
木原　均（編）1954. 改著小麦の研究　養賢堂
松尾孝嶺（編）1990. 稲学大成第三巻　遺伝編　農文協
西山市三（編）1961. 新編細胞遺伝学実験法　養賢堂
Suzuki, D. T. *et al.* 1981. An Introduction to Genetic Analysis, 2nd Ed. W. H. Freeman and Company.
谷坂隆俊（編）1995. 植物遺伝育種学実験法　朝倉書店
常脇恒一郎（編）1982. 植物遺伝学実験法　共立出版
山口彦之（編）1977. 植物遺伝学・形態形成と突然変異　裳華房

【第5章】
江上信雄・吉田精一（編）1982. 実験生物学講座3（アイソトープ実験法）丸善
北条良夫・石塚潤爾（編）1985. 最新作物生理実験法

農業技術協会
加藤　栄・吉田精一（編）1983. 実験生物学17（植物生理学3）丸善
勝見允行・増田芳雄（編）1983. 実験生物学講座15, 16（植物生理学1, 2）丸善
熊沢喜久雄（編）1981. 植物生理学5　朝倉書店
京都大学農学部農芸化学教室1957. 新改版農芸化学実験書（増補）第三巻　産業図書
大阪府立大学農学部園芸学教室（編）1981. 園芸学実験・実習　養賢堂
新免輝男　1991. 現代植物生理学（4）環境応答　朝倉書店
植物栄養実験法編集委員会（編）1990. 植物栄養実験法　博友社
Slocum, R. D. & H. E. Flores（eds.）. 1991. Biochemistry and Physiology of Polyamines in Plants. CRC Press, London.
牛島忠弘ら1981. 生態学研究法講座7 植物の生産過程測定法　共立出版

【第6章】
島本　功・佐々木卓治（監修）1997. 新版植物のPCR実験プロトコール　植物細胞工学シリーズ7　秀潤社
藤巻　宏ら　1996　植物育種学（上）培風館
Mather, K. and J. L. Jinks. 1971. Biometrical Genetics, 2nd Ed. Chapman & Hall
松尾孝嶺（監修）1989　植物遺伝資源集成　講談社サイエンティフィク
中島哲夫・櫛渕欣也（監修）1987. 新しい植物育種技術　養賢堂
Nelson J. C. 1997. QGENE : software for marker-based genomic analysis and breeding. Mol. Breed. 3 : 239－245.
西山市三（編）1961. 新編細胞遺伝学研究法　養賢堂
農業生物資源研究所（編）1992. 植物遺伝資源特性調査マニュアル　全5分冊　農業生物資源研究所
SAS Institute, Inc. 1988. SAS Users Guide : Statistic. SAS Institute, Cary, N. C.
田中正武ら 1989. 植物遺伝資源入門　技報堂出版
常脇恒一郎（編）1982. 植物遺伝学実験法　共立出版
鵜飼保雄 1988. 量的形質のダイアレル分析のためのパソコン用プログラム　DIALLの作成　育種学雑誌 39：107－109

【第7章】
George, E. F., D. J. M. Puttock & H. J. Geroge. 1987. Plant Cell Culture Media – Formulations and Uses, Exegetics, Edington.
気象庁（編）1996. 地上気象観測指針　気象庁
日本農業気象学会（編）1997. 新訂農業気象の測器と測定法　農業技術協会
日本農作業研究会（編）1985. 新版農作業便覧　農林統計協会
野口弥吉（監修）1975. 農学大事典　養賢堂
農政調査委員会（編）1966. 体系農業百科事典　作物園芸編　農政調査委員会
横山直隆　1990. パソコン機械制御と製作実習入門　技術評論社

【第8章】
千葉県（編）1990. 農林公害ハンドブック　千葉県
関東地方公害対策推進本部大気汚染部会・一都三県郊外防止協議会 1980. 植物からみた関東地方の光化学スモッグ被害の実態
土壌微生物研究会（編）1992. 新編土壌微生物実験法　養賢堂
藤原俊六郎ら1996. 土壌診断の方法と活用　農文協
半谷高久・安部善也（編）1972. 水質汚濁研究法　丸善
石井龍一（編）1994. 植物生産生理学
黒岩澄雄 1990. 物質生産の生態学　東京大学出版会
宮脇　明（編）1977. 日本の植生　学研
日本分析化学会北海道支部（編）1966. 水の分析　化学同人
農林省農林水産技術会議事務局1976. 大気汚染による農作物被害症状の標本図譜
農林省農林水産技術会議事務局土壌養分測定法委員会（編）1970. 土壌養分分析法　養賢堂
Poole, R. W. 1974. An Introduction to Quantitative Ecology. McGrow-Hill Kogakusha, Tokyo.
佐藤昭二ら（編）1983. 植物病理学実験法　講談社
高橋信孝（編）1989. 植物化学調節実験法　植物化学調節学会　全農教
牛島忠弘ら1981. 生態学研究法講座7 植物の生産過程測定法　共立出版

【第9章】
Goodwin, T. W.（ed.）. 1976. Chemistry and Biochemistry of Plant Pigments Vol. 2. Acad. Press.
林　弘通 1989. 食品物理学　養賢堂
Linskens, H. F. & J. F. Jackson（eds.）. 1996. Modern Methods of Plant Analysis Vol. 17,

Plant Cell Wall Analysis. Springer-Verlag.
松本幸雄・山野善正（編）1981. 食品の物性 第7集 食品資材研究会
中村 良ら（編）1996. 新・食品分析法 光琳
日本ビタミン学会（編）1990. ビタミン分析法 化学同人
日本食品科学工学会新・食品分析法編集委員会（編）1996. 新・食品分析法 光琳
大阪府立大学農学部園芸学教室（編）1981. 園芸学実験・実習 養賢堂
食品鑑別・検査法研究会（編）1986. 食品鑑別・検査法ハンドブック 建帛社
植村振作ら 1992. 残留農薬データーブック 三省堂

【第10章】

土壌微生物研究会（編）1992. 新編土壌微生物実験法 養賢堂
後藤正夫 1981. 新植物細菌病学 ソフトサイエンス社
後藤正夫 1990. 植物病原細菌学概論 養賢堂
樋浦 誠 1987. 改訂・増補植物病原菌類解説 養賢堂
池上八郎ら 1996. 新編植物病原菌類解説 養賢堂
岸 国平（編）1998. 日本植物病害大事典 全国農村教育協会
Matthews R. E. F. (ed.). 1993. Diagnosis of Plant Virus Diseases. CRC Press, Boca Raton.
日本植物病理学会（編）1983〜1993. 日本有用植物病名目録 第1巻〜第5巻 日本植物病理学会
農山漁村文化協会（編）1967〜1997. 原色病害虫診断防除編 第1巻〜9巻 農文協
大畑 貫ら（編）1995. 作物病原菌研究技法の基礎 分離・培養・接種 日本植物疫協会
大木 理 1997. 植物ウイルス同定のテクニックとデザイン 日本植物防疫協会
佐藤昭二ら（編）1983. 植物病理学実験法 講談社
獅山慈孝（監修）1989. 植物病理学実験マニュアル 養賢堂
新版土壌病害の手引編集委員会（編）1984. 新版土壌病害の手引 日本植物防疫協会
八杉龍一ら（編）1996. 岩波生物学事典 第4版 岩波書店

【第11章】

日高敏隆・高橋正三・礒江幸彦・中西香爾（編）1979. 昆虫の生理と化学 喜多見書房
平嶋義宏・森本 桂・多田内修 1989. 昆虫分類学 川島書店
一瀬太良・石原 廉・松本義明・大羽 滋・岡田益吉・斎藤哲夫・吉武成美（編）1980. 昆虫実験法 学会出版センター
石井象二郎 1982. 昆虫生理学 培風館
石原 保 1963. 害虫・防除農業昆虫学大要 養賢堂
伊藤嘉昭・桐谷圭治 1971. 動物の数は何できまるか（NHKブックス）日本放送協会
伊藤嘉昭・法橋信彦・藤崎憲治 1980. 動物の個体群と群集 東海大学出版会
木元新作 1976. 動物群集研究法 I 多様性と種類構成 共立出版
木元新作・河内俊英 1986. 集団生物学入門 共立出版
小山長雄 1981. 昆虫の実験 第3版 信州昆虫学会
村上陽三 1982. 害虫の天敵（グリーンブックス）ニューサイエンス社
日本環境動物昆虫学会（編）1998. チョウの調べ方 文教出版
佐藤芳文 1988. 寄生バチの世界 東海大学出版会
Snodograss, R. E. 1935. Principles of Insect Morphology. McGraw-Hill Book Co., New York & London
高林純示・田中利治 1995. 寄生バチをめぐる「三角関係」講談社
内田俊郎 1972. 動物の人口論（NHKブックス）日本放送協会
梅谷献二 1981. マメゾウムシの生物学 インセクタリゥム18巻
湯嶋 健 1976. 昆虫のフェロモン 東京大学出版会

【第12章】

長谷川政美・岸野洋久 1996. 分子系統学 岩波書店
Hochberg, Y. & A. C. Tamhane. 1987. Multiple Comparison Procedures. John Wiley and Sons, Inc.
市原清志 1990. バイオサイエンスのための統計学 − 正しく活用するための実践理論 − 南江堂
石居 進 1975. 生物統計学入門 − 具体例による解説と演習 − 培風館
小林四郎 1995. 生物群集の多変量解析，蒼樹書房
永田 靖・吉田道弘 1997. 統計的多重比較法の基礎 サイエンティスト社
根井正利 1990. 分子進化遺伝学（五條堀孝・斎藤成也訳）培風館
奥野忠一ら 1971. 多変量解析法 日科技連出版
奥野忠一・芳賀敏郎 1969. 新統計学シリーズ2 実験

計画法　培風館
Rohlf, F. J. & R. R Sokal. 1995. Statistical Tables, 3rd Ed. W. H. Freeman and Company.
Sokal, R. R. & F. J. Rohlf 1995. Biometry, 3rd Ed. W. H. Freeman and Company

柳川　堯 1982. 新統計学シリーズ9 ノンパラメトリック法　培風館

索　引

〈あ行〉

アイソザイム ………… 37, 39
アイソトープ ………………… 68
アオムシコマユバチ ……… 162
アズキマメゾウムシ ……… 163
アスマン通風乾湿計 ……… 109
アセチレン還元活性 ……… 120
アセチレン還元法 ………… 119
圧ポテンシャル …………… 71
圧力調整器 ………………… 13
アブシジン酸 ………… 82, 94
アブラムシ接種 …………… 150
アベナ伸長テスト ………… 81
アポミキシス ……………… 23
アミノ酸 …………………… 137
アミロース ………………… 60
アミロペクチン …………… 60
アルカリ SDS ……………… 44
アルコール抽出 …………… 7
アルビノ …………………… 62
安全確保 …………………… 14
アントシアニン …………… 139
アンモニア態窒素 ………… 117
エライザ法 ………………… 152
一眼レフカメラ …………… 4
一元配置分散分析 ………… 176
一次組織 …………………… 27
一様分布 …………………… 165
遺伝資源 …………………… 99
遺伝子診断 ………………… 154
遺伝子頻度 ………………… 63
遺伝分析 …………………… 59
遺伝率 ………………… 65, 101
イネ科植物 ………………… 17
イマージョン ……………… 3
いもち病菌 ………………… 147
引火 ………………………… 14
ウイルスの精製 …………… 151
ウルチ性 …………………… 60
運動 ………………………… 84
穎果 ………………………… 16
栄養障害診断 ……………… 75
液果 ………………………… 22
エキソヌクレアーゼ ……… 49
エラーバー ………………… 171
塩基配列 …………………… 49

遠心分離 …………………… 12
オーキシン …………… 81, 94
オゾン ……………………… 121

〈か行〉

外穎 ………………………… 16
開花反応期間 ……………… 89
外果皮 ……………………… 22
外観評価 …………………… 131
回帰関数 …………………… 179
回帰直線 …………………… 178
回帰分析 …………………… 178
塊茎 ………………………… 26
カイコ ……………………… 159
開口数 ……………………… 1
塊根 ………………………… 27
カイ2乗適合度検定法 …… 171
カイ2乗分布 ……………… 172
階層構造 …………………… 64
開度 ………………………… 29
解発フェロモン …………… 163
外部形態 …………………… 157
改変 CTAB 法 ……………… 46
改良点滴法 ………………… 82
カイロモン ………………… 163
花粉母細胞 ………………… 30
化学成分 …………………… 133
化学的酸素消費量 ………… 124
化学物質 …………………… 15
化学薬品 …………………… 13
核型 ………………………… 56
拡散ポロメーター ………… 72
画線培養 …………………… 148
がく片 ……………………… 18
学名 ………………………… 16
確率分布 …………………… 171
花式図 ……………………… 19
可視光 ……………………… 11
果実 ……………… 21, 24, 131
可視被害 …………………… 122
果樹 ………………………… 22
花熟 ………………………… 90
花序 ………………… 16, 19, 21
花床 ………………………… 18
ガスクロマトグラフィー
 ………………………… 69, 81

ガスクロマトグラフィー
 質量分析 ………………… 81
花成 ………………………… 91
花成刺激 …………………… 90
花成誘導 …………………… 89
画像解析 …………………… 3
画像解析ソフト …………… 4
画像処理 …………………… 113
活性染色 …………………… 41
ガニング変法 ……………… 76
可燃性ガス ………………… 12
果皮 ………………… 21, 24
花粉 …………………… 30, 98
花粉稔性 …………………… 98
花粉母細胞 ………………… 57
花弁 ………………………… 18
カラーフィルム …………… 5
ガラス器具 ………………… 10
カラムクロマトグラフィー
 ……………………………… 79
カロチノイド ……………… 138
稈 …………………………… 16
乾果 ………………………… 22
間隔尺度 …………………… 170
環境評価 …………………… 167
頑健性 ……………………… 172
完全花 ……………………… 18
完全無作為化法 …………… 169
乾燥系 ……………………… 3
官能検査 …………………… 141
キアズマ …………………… 62
偽果 ………………………… 22
棄却域 ……………………… 173
危険物 ………………… 13, 14
危険率 ……………………… 173
記号駆逐法 ………………… 164
気孔コンダクタンス ……… 72
気孔抵抗 …………………… 71
基質親和性 ………………… 84
寄主探索行動 ……………… 162
気象観測 …………………… 109
キセニア …………………… 60
基礎らせん ………………… 29
基底状態 …………………… 11
基本構造 …………………… 16
基本単位 …………………… 8
基本培地 …………………… 105

188　索　引

基本秤量 …………………… 9
帰無仮説 …………………… 173
球茎 ………………………… 26
吸光度 ……………………… 11
球根 …………………… 23, 25
吸収スペクトル …………… 11
休眠 ………………………… 87
休眠覚醒 …………………… 87
休眠打破処理 ……………… 127
休眠誘導 …………………… 87
強制休眠 …………………… 87
共生窒素固定 ……………… 118
局所管理 …………………… 180
局所的配偶者獲得競争 …… 163
局部病斑算定法 …………… 152
切り枝法 …………………… 87
切り出し法 ………………… 87
緊急措置 …………………… 14
菌類病 ……………………… 144
区画法 ……………………… 164
茎 …………………………… 28
茎切片法 …………………… 72
屈性 ………………………… 85
組み換え …………………… 52
組換え率 …………………… 62
グルコースオキシターゼ … 134
グロースポウチ …………… 120
クローニング ……………… 52
クロロフィル ………… 66, 138
群内相関 …………………… 65
群落 ………………………… 115
景観 ………………………… 127
形質転換 …………………… 52
形質転換タバコ …………… 107
傾性 ………………………… 85
形成層 ……………………… 28
系統維持 …………………… 100
劇毒物 ……………………… 13
欠乏試験 …………………… 76
ゲル ………………………… 38
限界適日長 ………………… 89
限界日長 …………………… 89
検索表 ……………………… 18
減数分裂 …………………… 57
懸濁培養 …………………… 107
検定交配 …………………… 61
検定統計量 ………………… 173
顕微鏡写真 ………………… 4
高圧ガス …………………… 12
光化学オキシダント ……… 121

光学顕微鏡 ………………… 1
後期 ………………………… 56
香気成分 …………………… 138
光合成 ……………………… 66
光合成速度 ………………… 67
交互作用効果 ……………… 182
光質 ………………………… 85
光周性 ……………………… 88
光周的花成誘導 …………… 88
抗春化 ……………………… 91
酵素 ………………………… 39
構造模型 …………………… 176
酵素活性 …………………… 83
高速液体クロマトグラフィー
　　　　　　　　　　　　80
酵素精製 …………………… 83
耕地雑草 …………………… 126
交配 ………………………… 96
交配計画 …………………… 101
合弁花 ……………………… 18
護穎 ………………………… 16
呼吸 ………………………… 69
後休眠 ……………………… 87
呼吸量 ………………… 68, 132
固定指数 …………………… 64
コドラート法 ……………… 128
5倍性雑種 ………………… 58
コバネイナゴ ……………… 158
こみあい効果 ……………… 166
コメ ………………………… 131
根茎 ………………………… 27
昆虫 ………………………… 156
コンデンサー ……………… 1
根粒菌 ……………………… 118

〈さ 行〉

細菌病 ……………………… 148
サイクロメーター ………… 71
採集 ………………………… 156
最適 pH …………………… 84
彩度 ………………………… 132
サイトカイニン ……… 82, 94
再分化 ……………………… 106
細胞分裂 …………………… 57
細胞壁成分 ………………… 140
酢酸カーミン ………… 56, 98
さく葉 ……………………… 18
さく葉標本 ………………… 145
サザンブロット法 ………… 42
雑種 ………………………… 97

雑草 ………………………… 125
さび病菌 …………………… 147
サンゴジュハムシ ………… 164
残差 ………………………… 176
酸性雨 ……………………… 123
酸素 ………………………… 133
酸素消費量 ………………… 69
散布度 ……………………… 170
サンプリング ……………… 169
サンプリング法 …………… 99
産卵規制物質 ……………… 163
残留農薬 …………………… 139
シークエンス ……………… 49
紫外光 ……………………… 11
師管液 ……………………… 68
色素 ………………………… 138
色相 ………………………… 132
嗜好テスト ………………… 142
自殖 ………………………… 98
自殖性 ……………………… 96
施設環境 …………………… 110
実験 ………………………… 169
実験あたりの過誤率 ……… 178
実験計画法 ………………… 169
湿室 ………………………… 145
実体顕微鏡 ………………… 3
質量分析 …………………… 81
指定値 ……………………… 171
支燃性ガス ………………… 12
シノモン …………………… 163
自発休眠 …………………… 87
指標植物 …………………… 121
師部 ………………………… 28
四分子期 …………………… 58
ジベレリン ………………… 82
子房 ………………………… 21
子房下位 …………………… 22
子房上位 …………………… 22
子房中位 …………………… 22
尺度 ………………………… 170
尺度水準 …………………… 170
写真撮影 …………………… 4, 6
汁液接種 …………………… 150
収穫物 ……………………… 131
集合果 ……………………… 22
収集 ………………………… 99
重窒素希釈法 ……………… 120
集中分布 …………………… 165
シュート …………………… 29
収量構成要素 ……………… 113

重力ポテンシャル……71	生態的地位……167	対応……172
主効果……182	生長解析……111	大気汚染……121
種子春化……91	生長曲線……23	大腸菌……52
種子稔性……99	性フェロモン……163	ダイデオキシ・シークエンス法……50
樹脂包埋切片……35	生物間相互作用……129	第2種の過誤……173
種多様度……167	生物検定……81, 94	代表値……170
受粉……97	生物指標……167	対物レンズ……1
順位法……142	生物多様性……127	対立仮説……173
春化……91	赤外線ガスアナライザー……66	ダイレクトネガテイブ染色法……149
順化……106	セジロウンカ……161	多重比較法……177
順序……170	接眼レンズ……1	他殖性……97
硝酸態窒素……117	接写……7	脱春化……91
蒸散流……72	接種……147	脱水……33, 35
小穂……16	切片……28, 33, 35	脱離……93
蒸着……32	遷移……127	多胚種子……93
焦点距離……5	剪穎法……97	多様度……128
焦点深度……5	全刈り法……113	単為結果……23
消防……14	前期……56	単為生殖……23, 93
蒸留装置……77	前休眠……87	単一病斑分離……151
植物ウイルス……154	洗浄……11	単因子遺伝……59
植物集団……63	染色……34, 38	単果……22
植物試料……7	染色液……34	炭酸ガス固定速度……66
植物図鑑……17	染色体……56	短日植物……88
植物組織……34	染色体対合……58	炭水化物……133
植物体春化……91	染色法……98	タンパク質……37, 137
植物標本……18	前処理……56	チアミン……137
植物分類……16	選択イオンモニタリング法……81	窒素……74, 117
植物ホルモン……78	全窒素……74, 117	窒素固定……118
植物命名規約……16	相関関係……179	中央値……170
除雄……96	相関分析……178	中果皮……22
処理効果……176	走査型電子顕微鏡……30	中期……56
試料の採取……7	走性……85	中心柱……28
真果……22	相対湿度……110	中性植物……88
真休眠……87	相対照度……115	抽だい……87
シンク……67	草地性昆虫……168	調査……169
芯だし操作……2	相同染色体……56	長日植物……88
診断……144, 154	層別刈り取り……115	チョウ目……159
浸透ポテンシャル……71	ソース……68	彫紋……30
心皮……18, 21	測定値……170	貯蔵……142
水耕法……73	測容器具……10	通導性……71
水質……123	組織培養……105	坪刈り……112
水素イオン濃度……116	測光……4	ツマグロヨコバイ……161
水素炎型検出器……133	ソモギ-ネルソン法……134	低温感応……91
水分生理……70	〈た行〉	低温処理……88, 91
スキャナ……3	ダービン・ワトソン比……178	低温単位……88
スンプ法……85	ダイアレル交配……101	低温量……88
生活型……127	体細胞遺伝……56	抵抗性……126
正規分布……171	第1種の過誤……173	データ……170, 176
制限酵素断片長多型……43		
生産構造図……116		

索引

テクスチャー ……………… 131
デジタルカメラ …………… 3
電気泳動 …………………… 37
電気伝導度 ………………… 123
電子顕微鏡 ………………… 149
電照 ………………………… 90
田畑輪換 …………………… 126
デンプン ……………… 59, 133
でんぷんゲル ……………… 39
転流 ………………………… 67
転流速度 …………………… 67
糖 …………………………… 134
透過 ………………………… 11
導管 ………………………… 28
統計量 ……………………… 170
凍結真空乾燥 ……………… 8
同定 …………………… 17, 161
等分散性 …………………… 175
透明化 ……………………… 35
毒性 ………………………… 12
特性評価 …………………… 99
独立 ………………………… 172
徒手切片 …………………… 27
土壌糸状菌 ………………… 147
土壌−植物−大気系 ……… 70
土壌診断 …………………… 116
土壌性動物 ………………… 168
トノサマバッタ …………… 158
トラップ …………………… 156
トランスフォーメーション
 …………………………… 52
トランセクト調査 ………… 167
トレーサー実験 …………… 68

〈な 行〉

内穎 ………………………… 16
内果皮 ……………………… 22
内部形態 …………………… 159
二因子遺伝 ………………… 61
二項分布 …………………… 171
二重拡散法 ………………… 153
根 …………………………… 27
ネガフイルム ……………… 5
熱伝導型検出器 …………… 133
熱パルス法 ………………… 72
稔実粒数 …………………… 114
稔性 …………………… 96, 98
粘度 ………………………… 132
農業生態系 ………………… 115
ノーザンブロット法 ……… 46

ノンパラメトリック法 …… 172

〈は 行〉

葉 …………………………… 29
ハーディワインベルグの配列
 …………………………… 63
Bartlett の検定法 ………… 176
廃棄 ………………………… 15
配偶行動 …………………… 162
胚形成 ……………………… 92
配置法 ……………………… 122
胚乳 ………………………… 60
ハイブリダイゼーション … 49
培養液 ……………………… 73
はずれ値 …………………… 172
発芽 ………………………… 32
発芽孔 ……………………… 30
発芽抑制 …………………… 143
発光分光分析法 …………… 130
バッタ目 …………………… 158
花 …………………………… 18
花芽分化 …………………… 89
パネルメンバー …………… 141
パラフィン切片 …………… 33
パラフィン包埋 …………… 33
パラフィン誘導 …………… 33
繁殖器官 …………………… 126
汎用機器 …………………… 10
PAN ………………………… 121
PCR ………………………… 53
PVPP カラムクロマトグラフィー
 …………………………… 79
比較あたりの過誤率 ……… 178
光 …………………………… 11
光中断 ……………………… 90
被写界深度 ………………… 5
ヒストグラム ……………… 171
皮層 ………………………… 28
ビタミン B_1 ……………… 137
ビタミン C ………………… 137
ビタミン E ………………… 138
人里植物 …………………… 126
ヒドラジン法 ……………… 137
非破壊計測法 ……………… 86
ピペット …………………… 11
病害 ………………………… 124
標識再捕法 ………………… 164
標準誤差 …………………… 171
標準偏差 …………………… 170
標徴 ………………………… 144

病徴 ………………………… 144
評点法 ……………………… 142
表皮 ………………………… 27
標本 ………………………… 156
表面殺菌 …………………… 105
比率 ………………………… 170
微量拡散法 ………………… 117
微量要素 …………………… 73
品種名 ……………………… 16
ピント ……………………… 4
Fisher の 3 原則 …………… 180
フィトクローム …………… 85
フィルム …………………… 5
封入 ………………………… 35
フェノール物質 …………… 139
フェロモン ………………… 162
フォト CD ………………… 3
不完全花 …………………… 18
複合環境制御 ……………… 111
腐食性 ……………………… 12
物質生産 …………………… 115
不定芽 ……………………… 106
不定胚 ……………………… 106
部分刈り法 ………………… 113
プライマー ………………… 53
プラスミド DNA ………… 44
プラスミド精製 …………… 45
フレーミング ……………… 6
プレッシャーチェンバー … 71
プレッシャープローブ …… 71
プレパラート ……………… 56
プローブ …………………… 48
ブロック …………………… 170
プロトプラスト …………… 107
分解能 ……………………… 1
分割表 ……………………… 174
分げつ ……………………… 29
分光光度計 ………………… 11
分散 ………………………… 170
分散成分 …………………… 177
分散比 ……………………… 175
分散分析 …………… 65, 176, 177
分枝 ………………………… 29
分子量 ……………………… 84
分析試料 …………………… 7
分布型 ……………………… 171
分布様式 …………… 128, 164
分離 ………………………… 60
分類 ………………………… 161
平均こみあい度 …………… 165

平均値 …………………… 170	免疫電子顕微鏡法 ………… 150	励起状態 …………………… 11
平衡致死 …………………… 62	面積測定 …………………… 4	冷凍貯蔵 …………………… 8
平衡密度 …………………… 167	メンデル集団 ……………… 63	レグヘモグロビン ………… 119
平方和 ………………… 170, 176	毛状根 ……………………… 109	連 …………………………… 17
ペクチン物質 ……………… 140	モード ……………………… 170	連鎖 ………………………… 61
ペテルセン法 ……………… 165	木部 ………………………… 28	レンジ ……………………… 170
偏差平方和 ………………… 170	モチ性 ……………………… 59	連続切片 …………………… 33
変数 ………………………… 170	モデル植物 ………………… 55	老化 ………………………… 94
変数変換 …………………… 172	元村の法則 ………………… 167	露出 ………………………… 4
変性ゲル電気泳動 ………… 47	モニタリングフィールド調査	露出補正 …………………… 7
変動係数 …………………… 171	……………………………… 122	ロゼット化 ………………… 87
鞭毛染色 …………………… 148	モンシロチョウ …… 159, 162	
変量 ………………………… 170	〈や行〉	〈わ行〉
変量型 ……………………… 177	薬品 ………………………… 13	ワールブルグ検圧計 ……… 69
ポアソン分布 ………… 165, 171	有意水準 …………………… 173	矮性イネ苗テスト ………… 82
ホイルゲン染色 …………… 56	有機酸 ……………………… 136	わく法 ……………………… 164
膨圧 ………………………… 70	有性生殖 …………………… 92	英文字
苞穎 ………………………… 16	誘導フェロモン …………… 163	Bartlettの検定法 ………… 176
訪花昆虫 …………………… 129	油浸系 ……………………… 3	C_{18}カラムクロマトグラフィー
胞子発芽試験法 …………… 124	要因実験 …………………… 181	……………………………… 80
放射線照射 ………………… 143	幼若期 ……………………… 90	CA貯蔵 …………………… 142
防除 ………………………… 124	葉序 ………………………… 29	CGR ……………………… 111
防除価 ……………………… 125	幼植物根試験法 …………… 123	CO_2排出速度 ……………… 70
ポジティブコントロール … 54	要素過剰 …………………… 74	COD ……………………… 124
穂重 ………………………… 114	要素欠乏 …………………… 74	CTAB ………………… 40, 46
母集団 ……………………… 169	溶媒分画 …………………… 78	DAPI法 …………………… 98
捕食寄生者 ………………… 162	幼苗接種試験法 …………… 125	DEAカラムクロマトグラフィー
穂数 ………………………… 114	養分吸収特性 ……………… 73	……………………………… 80
母数 ………………………… 171	葉面積 ……………………… 113	DNA増幅 ………………… 53
母数型 ……………………… 177	葉面積指数 ………………… 116	DNA抽出 ………………… 39
ボックスプロット ………… 171	葉緑体 ……………………… 66	DNAマーカー …………… 102
ボンベ ……………………… 13	四分偏差 …………………… 170	DN法 ……………………… 149
〈ま行〉	〈ら行〉	EC …………………… 116, 123
マーク法 …………………… 164	ライティング ……………… 6	ELISA法 ………………… 152
マスフローポロメーター … 72	ラテン方格法 ……………… 180	EV値 ……………………… 7
マッピング ………………… 102	乱塊法 ………………… 170, 180	FID ………………………… 133
マトリックポテンシャル … 71	乱数列 ……………………… 169	Fisherの3原則 …………… 180
ミクロメーター …………… 2	ランダム分布 ……………… 165	F検定法 …………………… 175
水ポテンシャル …………… 70	離層 ………………………… 93	GFP遺伝子 ………………… 54
密度効果 …………………… 32	リバーサルフイルム ……… 5	GUS活性 ………………… 108
密度調節フェロモン ……… 163	離弁花 ……………………… 18	G検定法 …………………… 171, 174
無機態窒素 ………………… 117	量的形質 …………………… 64	HPLC ………………… 80, 135
無作為化 …………………… 169	量的形質遺伝子座 ………… 103	Iδ（アイデルタ）指数
無配偶生殖 ………………… 93	理論分布 …………………… 173	……………………… 128, 164
無皮りん茎 ………………… 25	リンカーン法 ……………… 165	Km値 ……………………… 84
芽 …………………………… 87	臨界点乾燥法 ……………… 31	Kruskal-Wallisの検定法
名義尺度 …………………… 170	りん茎 ……………………… 23	……………………………… 176
明度 ………………………… 132	ルートセンサス …………… 167	LAI …………………… 111, 116
メタ個体群 ………………… 63		LAR ……………………… 111

LMC ……………………… 163	PCR ………………………… 53	RNA ………………………… 46
LV 値 …………………………… 7	pH ………………………… 116	SDS‐PAGE ……………… 37
LWR ……………………… 111	PVPPカラムクロマトグラフィー ……………………………… 79	SI単位系 ……………………… 8
Mann‐Whitney の U 検定法 ……………………………… 174	QTL ……………………… 103	SLA ……………………… 111
MA 貯蔵 ………………… 142	R × C 独立性検定 ……… 175	TCD ……………………… 133
NAR ……………………… 111	RAPD 法 …………………… 54	t 検定法 ………………… 175
NIH Image ………………… 4	RFLP ………………… 43, 103	Welsch の step‐up 法 …… 177
PAN ……………………… 121	RGR ……………………… 111	χ^2 適合度検定法 ………… 171
		χ^2 分布 ………………… 172

Ⓡ	〈日本複写権センター委託出版物・特別扱い〉
2000	2000年6月20日 第1版発行

応用植物科学実験

著者との申し合せにより検印省略	著作代表者	山口 裕文
	発 行 者	株式会社 養賢堂 代表者 及川 清
Ⓒ著作権所有	印 刷 者	株式会社 真興社 責任者 福田真太郎
本体 3400 円		

発 行 所	〒113-0033 東京都文京区本郷5丁目30番15号 株式 会社 養賢堂 電話 東京(03)3814-0911 [振替00120 FAX 東京(03)3812-2615 [7-25700]

ISBN4-8425-0061-1 C3061

PRINTED IN JAPAN　　製本所　板倉製本印刷株式会社

本書の無断複写は、著作権法上での例外を除き、禁じられています。本書は、日本複写権センターへの特別委託出版物です。本書を複写される場合は、そのつど日本複写権センター(03-3401-2382)を通して当社の許諾を得てください。